城镇污水污泥处理处置
工程规划与设计

张　辰　李春光　主　编
胡维杰　卢义程　副主编

中国建筑工业出版社

图书在版编目（CIP）数据

城镇污水污泥处理处置工程规划与设计 / 张辰，李
春光主编；胡维杰，卢义程副主编. — 北京：中国建
筑工业出版社，2023.2
ISBN 978-7-112-28251-7

Ⅰ. ①城… Ⅱ. ①张… ②李… ③胡… ④卢… Ⅲ.
①城市污水处理－污水处理厂－污泥处理－工程设计
Ⅳ. ①X703－65

中国版本图书馆 CIP 数据核字（2022）第 240665 号

本书根据作者长期从事城镇污水污泥处理处置工程的研究、规划、设计和实践经验，介绍了城镇污水污泥处理处置工程规模确定、污泥处理处置常用工艺，工程规划和可行性研究报告文件的具体编制特点和要求，并针对常用的污泥处理处置工艺进行了详细介绍，内容包括基本原理、主要工艺和需要特别关注的技术要点；还介绍了目前备受关注的污泥协同处理处置技术的基本原理和主要工艺。针对污泥处置的困境，作者还专门介绍了污泥处理处置的系统工艺设计，根据污泥的最终出路系统性地选择适用的处理处置技术路线，使得污泥处理处置工程在满足减量化、稳定化、无害化的前提下，提高资源化利用水平，同时充分发挥环境效益。本书的工程实例采用不同的污泥处理处置工艺技术，均已稳定运行多年。

全书共分工程规模和工艺概述、工程规划编制、工程可行性研究报告编制、污泥处理工艺设计、污泥处置工艺设计、污泥协同处理处置工艺设计、污泥处理处置系统工艺设计和工程实例8章，除第8章的15个工程实例外，在其他章节里还有部分设计实例介绍。

本书可供从事环境工程、给水排水和市政工程专业的工程决策人员、设计人员、运行管理人员和大专院校师生参考。

责任编辑：于　莉
责任校对：李辰馨

城镇污水污泥处理处置工程规划与设计
张　辰　李春光　主　编
胡维杰　卢义程　副主编
*
中国建筑工业出版社出版、发行（北京海淀三里河路9号）
各地新华书店、建筑书店经销
北京红光制版公司制版
廊坊市海涛印刷有限公司印刷
*
开本：787毫米×1092毫米　1/16　印张：26　字数：644千字
2023年2月第一版　　2023年2月第一次印刷
定价：**99.00**元
ISBN 978-7-112-28251-7
（40640）

前　　言

城镇污水污泥处理处置是污水处理的一部分。我国污水处理事业得到了长足的发展，根据住房和城乡建设部发布的《2020年城乡建设统计年鉴》，2020年城市污水处理量已达到557.28亿 m^3，污水处理厂处理能力达到了1.93亿 m^3/d，2020年县城污水处理量为98.62亿 m^3，污水处理厂处理能力达到了0.38亿 m^3/d。虽然进水水质浓度偏低，住房和城乡建设部正在持续推进污水治理提质增效的工作，要求提高进水水质，提高污水处理厂的效益，但还是对城市水环境质量的改善起到了决定性作用。同时出水水质也达到了《城镇污水处理厂污染物排放标准》GB 18918—2002的一级A标准，有些水资源紧缺的地区出水水质标准甚至更高，但污泥处理处置一直得不到重视，污泥随意丢弃事件时有发生，特别是在碳达峰和碳中和背景下，如果污泥达不到有效的处理处置，污水治理的碳排放量将得不到有效控制，因此必须牢固树立泥水共治的理念，污泥处理处置是污水处理的一部分，要将污水处理进行到底，要将污泥处理处置进行到底。

上海市政工程设计研究总院（集团）有限公司（简称上海市政总院）率先提出了制定污泥处理处置泥质系列标准和开展城市污泥处理处置规划编制的重要性。污泥泥质标准和污泥规划工作主要得益于上海和各地的一些建设单位的要求，污泥处理处置工程方案的比较促成这两项工作的开展。污泥处理处置工程方案比较，没有污泥泥质标准的要求，污泥处理处置技术方案不可能在同一水平进行技术经济比较，经过干化焚烧和高温好氧发酵的产物标准不同，工程投资和运行费用也不在同一水准，没有办法开展技术经济比较。所以上海市政总院和北京市市政工程设计研究总院有限公司、天津市政工程设计研究总院有限公司等单位一起开展了污泥处理处置泥质系列标准的研究，并编制了分类、园林绿化用和混合填埋用泥质系列标准。同时在住房和城乡建设部城市建设司领导的支持下，要求在污泥处理处置方案确定前，必须编制污泥处理处置规划，根据各地特点和产业发展需求，确定污泥处置出路，再进行污泥处理方案比选。这两项工作在一定程度上促进了污泥处理处置工作的开展。

上海市政总院从"十一五"开始就注重污泥处理处置的技术研究。和同济大学戴晓虎教授合作，先后开展了国家重大专项技术研究，包括《重点流域城市污水处理厂污泥处理处置技术优化应用研究》和《污泥干化焚烧工程实证及处理处置标准政策支撑体系研究》等，提出污水污泥首先应该减量化、稳定化、无害化，并不断提高资源化利用水平，还形成了四条主流技术路线，有污泥预处理＋厌氧消化后土地利用、污泥预处理＋高温好氧发酵后土地利用、污泥热资源利用的干化焚烧后建材利用和污泥稳定化处理后应急填埋等，从处理到处置形成了全链条的技术路线。依托"十四五"重点研发计划《城市多源污泥资源环境属性解析与资源利用规划研究》，提出城市多源污泥协同处置与资源化利用综合解决方案。此外，上海市政总院还牵头开展了《污水处理厂污泥绿色低耗干化焚烧关键技术研究及示范》《城镇污水处理厂污泥焚烧处理污染物清洁排放技术研究》和《大中型城镇污水处理厂污泥核心处理工艺碳排放研究》等上海市"科技创新行动计划"科技项目。

上海市政总院在科学研究的基础上进行了一系列的工程设计。本书展示的15个污泥处理工程实例，包括了污泥厌氧消化、高温好氧发酵和干化焚烧等处理技术，还包括了污泥协同处理处置，有与热电厂的协同处理处置，更有与城市有机废弃物的协同厌氧消化，每一个工程实例从工艺流程到工程设计，从设计参数选择到主要经济指标的分析，包括单体构筑物的设计都有详细论述，可以提供污泥处理处置工程设计参考。

本书由张辰、李春光主编，胡维杰、卢义程副主编，各章节的编写人员分别为第1章王逸贤，第2章段妮娜，第3、4章胡维杰、卢骏营，第5、6章卢义程，第7章王磊，第8章胡维杰、卢骏营、姚行平、卢义程、施祖辉、王逸贤、吉红军、赵水钎等。

本书各个工程实例的设计和投产运行，得到了各地建设单位领导和技术总师的大力支持，在此表示衷心的感谢。

鉴于参编人员的学识水平和编著时间所限，书中疏漏和不足之处在所难免，殷切希望同行和读者批评指正。

目　　录

第 1 章　工程规模和工艺概述··· 1

　　1.1　处理处置工程规模　·· 1
　　　　1.1.1　污泥产量　·· 1
　　　　1.1.2　设施规模　·· 8
　　1.2　污泥处理工艺　·· 8
　　　　1.2.1　机械减容　·· 9
　　　　1.2.2　生物稳定　·· 11
　　　　1.2.3　热处理　··· 13
　　1.3　污泥处置工艺　·· 16
　　　　1.3.1　土地利用　·· 17
　　　　1.3.2　建材利用　·· 18
　　　　1.3.3　污泥填埋　·· 19

第 2 章　工程规划编制··· 21

　　2.1　规划编制原则和依据　·· 21
　　　　2.1.1　规划特点　·· 21
　　　　2.1.2　规划原则　·· 21
　　　　2.1.3　规划依据　·· 23
　　2.2　规划编制内容和步骤　·· 28
　　　　2.2.1　规划文本内容　·· 28
　　　　2.2.2　规划编制步骤　·· 28
　　2.3　规划方案编制实例　·· 34
　　　　2.3.1　昆明市　··· 35
　　　　2.3.2　常州市　··· 45

第 3 章　工程可行性研究报告编制··· 56

　　3.1　污泥处理处置工程特点　·· 56
　　3.2　编制深度　·· 56
　　3.3　编制主要内容　·· 57
　　3.4　可行性研究报告实例　·· 65
　　　　3.4.1　报告章节组成　·· 65
　　　　3.4.2　编制主要内容　·· 65

第 4 章　污泥处理工艺设计··· 81

　　4.1　污泥浓缩　·· 81
　　　　4.1.1　基本原理　·· 81
　　　　4.1.2　主要工艺　·· 82

4.1.3　实例介绍 ･･ 83

4.2　污泥厌氧消化 ･･･ 84

4.2.1　基本原理 ･･･ 84

4.2.2　主要工艺 ･･･ 85

4.2.3　污泥厌氧消化新技术 ･･･････････････････････････････ 91

4.3　污泥好氧发酵 ･･･ 96

4.3.1　基本原理 ･･･ 96

4.3.2　主要工艺 ･･･ 97

4.3.3　实例介绍 ･･･ 103

4.4　污泥机械脱水 ･･･ 104

4.4.1　基本原理 ･･･ 104

4.4.2　主要工艺 ･･･ 104

4.4.3　污泥深度脱水 ･････････････････････････････････････ 106

4.5　污泥干化 ･･･ 107

4.5.1　基本原理 ･･･ 107

4.5.2　工艺选择 ･･･ 110

4.5.3　主要工艺 ･･･ 111

4.6　污泥焚烧 ･･･ 121

4.6.1　基本原理 ･･･ 121

4.6.2　污泥燃料特性 ･････････････････････････････････････ 122

4.6.3　主要工艺 ･･･ 124

4.6.4　焚烧系统构成 ･････････････････････････････････････ 132

4.6.5　实例介绍 ･･･ 139

第5章　污泥处置工艺设计 ･････････････････････････････････････ 141

5.1　污泥土地利用 ･･･ 143

5.1.1　基本原理 ･･･ 143

5.1.2　主要工艺 ･･･ 146

5.1.3　适用标准 ･･･ 147

5.2　污泥建材利用 ･･･ 149

5.2.1　基本原理 ･･･ 149

5.2.2　主要工艺 ･･･ 149

5.2.3　有毒有害物质控制 ･････････････････････････････････ 150

5.2.4　污泥建材利用理化性能 ･････････････････････････････ 151

5.3　污泥填埋 ･･･ 151

5.3.1　基本原理 ･･･ 151

5.3.2　主要工艺 ･･･ 152

第6章　污泥协同处理处置工艺设计 ･････････････････････････････ 154

6.1　协同厌氧消化工艺 ･･･････････････････････････････････････ 154

6.1.1　基本原理 ･･･ 154

   6.1.2 主要工艺 ······························ 156

  6.2 协同焚烧工艺 ······························· 158

    6.2.1 基本原理 ······························ 158

    6.2.2 主要工艺 ······························ 159

    6.2.3 协同焚烧标准汇总 ··················· 162

第7章 污泥处理处置系统工艺设计 ······· 164

  7.1 污泥处理处置技术应用评估 ··············· 164

    7.1.1 调研范围 ······························ 164

    7.1.2 污泥处理方式分析 ··················· 164

    7.1.3 污泥处置方式分析 ··················· 168

    7.1.4 污泥处理处置技术路线分析 ··········· 170

    7.1.5 污泥处理处置技术应用评估 ··········· 171

  7.2 污泥处理处置技术路线设计 ··············· 176

    7.2.1 基本原则 ······························ 176

    7.2.2 污泥处置技术适用边界条件分析 ······· 176

    7.2.3 污泥处理技术适用边界条件分析 ······· 179

    7.2.4 污泥处理处置适用技术路线 ··········· 182

第8章 工程实例 ································ 188

  8.1 上海市白龙港污泥厌氧消化处理工程 ······· 188

    8.1.1 项目概况 ······························ 188

    8.1.2 污泥处理工艺 ······················· 189

    8.1.3 主要工程设计 ······················· 192

    8.1.4 工程特点 ······························ 201

  8.2 上海市白龙港污泥干化焚烧处理工程 ······· 204

    8.2.1 项目概况 ······························ 204

    8.2.2 污泥处理工艺 ······················· 204

    8.2.3 主要工程设计 ······················· 210

    8.2.4 工程特点 ······························ 220

  8.3 上海市石洞口污泥处理二期工程 ··········· 221

    8.3.1 项目概况 ······························ 221

    8.3.2 污泥处理工艺 ······················· 222

    8.3.3 主要工程设计 ······················· 226

    8.3.4 工程特点 ······························ 232

  8.4 上海市石洞口污泥处理改扩建工程 ········· 232

    8.4.1 项目概况 ······························ 232

    8.4.2 污泥处理工艺 ······················· 233

    8.4.3 主要工程设计 ······················· 236

    8.4.4 工程特点 ······························ 242

  8.5 昆明市主城区城市污水处理厂污泥处理处置工程 ······· 244

8.5.1　项目概况　　　　　　　244

8.5.2　污泥处理工艺　　　　252

8.5.3　主要工程设计　　　　254

8.5.4　主要经济指标　　　　266

8.6　常州市污泥焚烧中心一期工程　　266

8.6.1　项目概况　　　　　　　266

8.6.2　污泥处理工艺　　　　268

8.6.3　主要工程设计　　　　270

8.6.4　主要经济指标　　　　282

8.7　郑州市污泥厌氧消化干化工程　　283

8.7.1　项目概况　　　　　　　283

8.7.2　污泥处理工艺　　　　285

8.7.3　主要工程设计　　　　290

8.7.4　主要经济指标　　　　300

8.8　苏州市工业园区污泥处置和资源化利用工程　　300

8.8.1　项目概况　　　　　　　300

8.8.2　污泥处理工艺　　　　301

8.8.3　主要工程设计　　　　302

8.8.4　主要经济指标　　　　313

8.9　扬州市污泥处置和资源化利用工程　　313

8.9.1　项目概况　　　　　　　313

8.9.2　污泥处理工艺　　　　314

8.9.3　主要工程设计　　　　317

8.9.4　主要经济指标　　　　325

8.10　上海市奉贤区污泥高温好氧发酵处理工程　　325

8.10.1　项目概况　　　　　　　325

8.10.2　污泥处理工艺　　　　326

8.10.3　主要工程设计　　　　327

8.10.4　工程特点　　　　　　333

8.11　合肥市东方热电污泥处理工程　　334

8.11.1　项目概况　　　　　　　334

8.11.2　污泥处理工艺　　　　335

8.11.3　主要工程设计　　　　336

8.11.4　工程特点　　　　　　342

8.12　苏州市相城区有机废弃物协同厌氧处理项目　　342

8.12.1　项目概况　　　　　　　342

8.12.2　污泥处理工艺　　　　344

8.12.3　主要工程设计　　　　345

8.12.4　主要经济指标　　　　359

8.13　镇江市污泥协同处理处置工程 ……………………………………… 360

　　8.13.1　项目概况 ……………………………………………… 360

　　8.13.2　协同处理工艺 ………………………………………… 361

　　8.13.3　主要工程设计 ………………………………………… 362

　　8.13.4　工程特点 ……………………………………………… 373

　　8.13.5　主要经济指标 ………………………………………… 373

8.14　泰州市污泥协同处理处置工程 ……………………………………… 374

　　8.14.1　项目概况 ……………………………………………… 374

　　8.14.2　协同处理工艺 ………………………………………… 375

　　8.14.3　主要工程设计 ………………………………………… 376

　　8.14.4　工程特点 ……………………………………………… 389

　　8.14.5　主要经济指标 ………………………………………… 389

8.15　上海市海滨污泥处理处置工程 ……………………………………… 390

　　8.15.1　项目概况 ……………………………………………… 390

　　8.15.2　污泥处理工艺 ………………………………………… 390

　　8.15.3　主要工程设计 ………………………………………… 392

　　8.15.4　主要经济指标 ………………………………………… 401

参考文献 ………………………………………………………………… 402

第1章 工程规模和工艺概述

1.1 处理处置工程规模

1.1.1 污泥产量

城镇污水处理厂污泥是污水处理的产物，主要来源于污水处理厂的初沉池和二沉池，是污水中的固体颗粒、病原体和溶解性污染物等经物理、化学和生物作用后所形成的沉淀固体。污泥产量根据污水量和污泥产率预测，污泥产率可通过历史数据或借鉴类似项目经验获取，也可根据进出水水质通过理论计算得到。

1. 经验污泥产率

1）整体特征

污水处理厂经验污泥产率一般为 $1\sim2\text{tDS}/万\text{ m}^3$，具体污泥产率取决于排水体制、进水水质、污水和污泥处理工艺、水温、排放标准等因素。上海市政工程设计研究总院（集团）有限公司依托"十二五"水体污染控制与治理科技重大专项（简称水专项）课题"重点流域城市污水处理厂污泥处理处置技术优化应用研究"（2013ZX07315-003），对全国 6 个重点流域（太湖、巢湖、滇池、海河、辽河和三峡库区及其上游）11 个典型城市（上海、无锡、常州、太仓、嘉兴、合肥、昆明、天津、唐山、重庆和赤峰）的 106 座污水处理厂开展调研，经验污泥产率平均值为 $1.62\text{tDS}/万\text{ m}^3$，其中 80% 置信区间内污水处理厂经验污泥产率为 $0.91\sim2.41\text{tDS}/万\text{ m}^3$，平均值为 $1.57\text{tDS}/万\text{ m}^3$；去除单位 BOD_5 的污泥产率平均值为 $1.34\text{kgDS}/\text{kgBOD}_5$，其中 80% 置信区间内污水处理厂去除单位 BOD_5 的污泥产率为 $0.64\sim2.17\text{kgDS}/\text{kgBOD}_5$，平均值为 $1.28\text{kgDS}/\text{kgBOD}_5$。

2）地域差异

调研范围内，合肥、昆明、天津 3 座城市的经验污泥产率相对较低，平均值均不超过 $1.50\text{tDS}/万\text{ m}^3$，其余城市的经验污泥产率相对较高，平均值为 $1.65\sim1.92\text{tDS}/万\text{ m}^3$。造成不同城市经验污泥产率差异的主要原因是进水水质（有机物含量、悬浮固体含量）的不同，影响进水水质的因素包括排水体制、管网破损程度、工业废水排放和气候特征等。

3）季节波动

污水处理厂不同月份的污泥产率波动较大，调研范围内最大月和最小月污泥产率比值的平均值为 2.92。进水以生活污水为主的污水处理厂，污泥产率均呈现出显著的季节性变化规律，冬季（12—次年 2 月）和春季（3—5 月）污泥产率较高，夏季（6—8 月）和秋季（9—11 月）污泥产率相对较低。其中，春季污泥产率最高，平均值为 $1.79\text{tDS}/万\text{ m}^3$，秋季污泥产率最低，平均值为 $1.52\text{tDS}/万\text{ m}^3$，春季污泥产率比秋季高出 20%。

污泥产率呈现出季节性变化规律的原因主要有以下三个方面：（1）进水以生活污水为主的污水处理厂，进水水质呈现出季节性规律，冬春季节进水 SS 和 BOD_5 浓度较高，夏秋季节反之。污水处理单元混凝剂投加量与进水 SS 呈正相关性，进一步加大了污泥产率随 SS 波动的幅度。（2）污泥产率与水温呈负相关性，我国大部分地区四季分明，温度季节性变化显著，污泥产率伴随温度相应发生变化。（3）低温条件下硝化菌代谢活性较差，为保证污水硝化效果，污水处理厂冬季生化池 MLSS 较高，而夏季反之，MLSS 越高则微生物量越多，污泥产率越高。为控制污泥浓度，污水处理厂春季逐渐增加排泥量，秋季减小排泥量，导致冬春季节污泥产率高，而夏秋季节污泥产率低。

4）处理工艺

调研范围内 106 座污水处理厂中，污水生物处理单元主体工艺可分为 AAO/AO、氧化沟、SBR 和 MBR 等类型。不同污水处理工艺的污泥产率如表 1-1 所示。污水处理主体单元采用 AAO/AO 和氧化沟工艺的污水处理厂污泥产率显著高于采用 SBR 和 MBR 工艺的污水处理厂。

不同污水处理工艺的污泥产率   表 1-1

工艺类型	污水处理厂数量 （座）	设计总污水处理量 （万 m³/d）	实际总污水处理量 （万 m³/d）	实际总污泥产量 （tDS/d）	经验污泥产率 （tDS/万 m³）
AAO/AO	35	758	618	838	1.36
氧化沟	38	304	252	407	1.62
SBR	12	118	110	134	1.22
MBR	2	9	7	8	1.14

5）排放标准

执行不同排放标准的污水处理厂污泥产率如表 1-2 所示。执行一级 A 和一级 B 排放标准的污水处理厂经验污泥产率分别为 1.49tDS/万 m³ 和 1.45tDS/万 m³，执行一级 A 排放标准的污水处理厂污泥产率更高。究其原因，一级 A 排放标准对出水氮、磷提出了更严格的要求，而我国污水处理厂普遍存在碳源不足问题，为确保氮、磷的同步稳定达标，通常需要将碳源优先用于生物脱氮，在生物除磷之后投加混凝剂辅以化学除磷，二沉池出水后投加铝盐或铁盐进行化学除磷时，污泥产量通常增加 20%～35%。此外，当内部碳源不能满足生物脱氮要求时，执行一级 A 排放标准的污水处理厂通常需要辅以外加碳源，导致污泥产率升高。与一级 A 和一级 B 排放标准相比，二级排放标准对污水中有机物、悬浮固体、总磷等污染物的去除率要求较低，去除污染物过程中产生的污泥量也相应较少，执行二级排放标准的污水处理厂经验污泥产率显著低于执行一级 A 和一级 B 排放标准的污水处理厂。

执行不同排放标准的污水处理厂污泥产率   表 1-2

排放标准	污水处理厂数量 （座）	设计总污水处理量 （万 m³/d）	实际总污水处理量 （万 m³/d）	实际总污泥产量 （tDS/d）	经验污泥产率 （tDS/万 m³）
一级 A	48	434	347	518	1.49
一级 B	42	499	436	633	1.45
二级	15	586	480	564	1.18

6）规模差异

不同规模污水处理厂污泥产率如表 1-3 所示。总体而言，规模较大的污水处理厂（Ⅰ类和Ⅱ类）经验污泥产率低于规模较小的污水处理厂（Ⅲ类、Ⅳ类和Ⅴ类），其中Ⅰ类、Ⅱ类、Ⅲ类污水处理厂污泥产率随着规模的增加而呈现出减少趋势。Ⅴ类污水处理厂数量占调研污水处理厂总数的 40%，但负荷率整体较低，不同污水处理厂污泥产率差异较大，平均污泥产率为 1.60tDS/万 m³。

不同规模污水处理厂污泥产率 　　　　　　　　　表 1-3

类别	规模*（以污水处理量计）（万 m³/d）	污水处理厂数量（座）	负荷率（%）	经验污泥产率（tDS/万 m³）
Ⅰ类	50～100	4	85	1.14
Ⅱ类	20～50	13	89	1.35
Ⅲ类	10～20	19	87	1.73
Ⅳ类	5～10	26	90	1.62
Ⅴ类	1～5	41	82	1.60

* 含下限值，不含上限值。

2. 理论污泥产率

污水处理厂污泥包括初沉污泥、剩余污泥和化学污泥。

1）初沉污泥

初沉污泥量可按式（1-1）计算：

$$\Delta X_C = \alpha \cdot Q \cdot SS \tag{1-1}$$

式中　ΔX_C——初沉污泥量，kg/d；

　　　α——损失系数，当排泥周期为 2d、水温为 10～30℃时，宜为 0.5～0.7；

　　　Q——设计平均日污水量，m³/d；

　　　SS——初沉池进水悬浮固体浓度，kg/m³。

2）剩余污泥

剩余污泥量包括微生物降解基质过程产生的有机污泥量和进水 SS 形成的污泥量两部分，按污泥产率系数、衰减系数及不可生物降解及惰性悬浮物计算，如式（1-2）所示：

$$\Delta X_S = Y \cdot Q \cdot (S_o - S_e) - K_d V X_V + f \cdot Q \cdot (SS_o - SS_e) \tag{1-2}$$

式中　ΔX_S——剩余污泥量，kg/d；

　　　Y——污泥产率系数，kgVSS/kgBOD₅，20℃时宜为 0.3～0.8；

　　　S_o——生物反应池进水 BOD₅ 浓度，kg/m³；

　　　S_e——生物反应池出水 BOD₅ 浓度，kg/m³；

　　　K_d——衰减系数，d⁻¹；

　　　V——生物反应池的容积，m³；

　　　X_V——生物反应池内混合液挥发性悬浮固体平均浓度，gMLVSS/L；

　　　f——SS 的污泥转换率，宜根据试验资料确定，无试验资料时可取 0.5～0.7gMLSS/gSS；

　　　SS_o——生物反应池进水悬浮固体浓度，kg/m³；

3

第一章　工程规模和工艺概述

SS_e——生物反应池出水悬浮固体浓度，kg/m^3。

污泥产率系数 Y 是指单位 BOD_5 降解后产生的微生物量。由于微生物在内源呼吸时要自我分解一部分，因此其值随内源衰减系数（泥龄、温度等因素的函数）和泥龄的变化而变化，不是一个常数。污泥产率系数 Y，采用活性污泥法去除碳源污染物时为 0.4～0.8，采用 A_NO 法时为 0.3～0.6，采用 A_PO 法时为 0.4～0.8，采用 A/A/O 法时为 0.3～0.6，范围为 0.3～0.8。"十二五"水专项课题"重点流域城市污水处理厂污泥处理处置技术优化应用研究"（2013ZX07315-003）中对全国 106 座污水处理厂的污泥产率系数 Y 进行了研究和解析，发现采用 AAO/AO 工艺和氧化沟工艺的污水处理厂污泥产率系数经过数据拟合得到的平均值分别为 $0.782kgVSS/kgBOD_5$ 和 $0.755kgVSS/kgBOD_5$。

由于污水中有相当数量的惰性悬浮固体，它们性质不变地沉积到污泥中，在许多不设初沉池的处理工艺中其值更甚。计算剩余污泥量必须考虑原水中惰性悬浮固体的含量，否则计算所得的剩余污泥量往往偏小。由于水质差异很大，因此悬浮固体的污泥转换率相差也很大。德国 ATV 推荐取 0.6，日本指南推荐取 0.9～1.0。悬浮固体的污泥转换率，有条件时可根据试验确定，或参照相似水质污水处理厂的实测数据。当无试验条件时可取 0.5～0.7gMLSS/gSS。

3）化学污泥

化学污泥量可按式（1-3）计算：

$$\Delta X_H = Beta \cdot P \cdot M \cdot 10^{-3} \tag{1-3}$$

式中　ΔX_H——化学污泥量，kg/d；

　　　$Beta$——化学脱磷添加系数，mol/mol；

　　　P——化学脱磷的量，mol/d；

　　　M——Fe 或 Al 盐的摩尔量，g/mol。

3. 污泥产量调研实例

对某城市的污泥产量进行了调研，分析经验污泥产率特征。调研时间为 2012 年 1 月—2014 年 12 月，污水处理量、污泥产量和污泥含水率等数据均来源于所调研污水处理厂的运行日报表，经验污泥产率采用式（1-4）进行计算：

$$Y' = \frac{M \times (1-\omega)}{Q} \tag{1-4}$$

式中　Y'——经验污泥产率，$tDS/万 m^3$；

　　　M——脱水污泥产量，t/d；

　　　ω——脱水污泥含水率，%；

　　　Q——污水处理量，$万 m^3/d$。

调研范围内共有 10 座污水处理厂，污水处理厂概况如表 1-4 所示。

污水处理厂概况　　　　　　　　　　　　表 1-4

污水处理厂	设计规模 （万 m^3/d）	实际处理量 （万 m^3/d）	污水类型	污水处理工艺	排放标准
A	6	4.7	生活污水为主	改良型氧化沟	一级 A
B	7	4.1	生活污水为主	C-TECH	一级 A

污水处理厂	设计规模 （万 m³/d）	实际处理量 （万 m³/d）	污水类型	污水处理工艺	排放标准
C	2	0.7	生活污水为主	DE 氧化沟	一级 A
D	0.5	0.4	生活污水为主	改良型氧化沟	一级 A
E	2	1.0	生活污水为主	AO，氧化沟	一级 A
F	2	1.4	工业废水为主	厌氧水解＋AAO	设计标准
G	1	0.8	生活污水为主	改良型氧化沟	一级 A
H	1	0.7	生活污水为主	改良型 SBR	一级 A
I	1	0.3	生活污水为主	改良型氧化沟＋混凝过滤	DB32/T 1072—2007
J	1	0.7	生活污水为主	改良型氧化沟	一级 A

根据污水处理厂运行报表，得到 2012—2014 年调研范围内各污水处理厂的月平均污泥产量，如表 1-5 所示。

污水处理厂污泥产量（tDS/d）　　　　　　　　表 1-5

时间	污水处理厂									
	A	B	C	D	E	F	G	H	I	J
2012.01	7.43	4.07	—	0.30	0.54	2.30	0.21	0.30	—	0.71
2012.02	9.14	4.00	—	0.15	0.68	0.99	0.42	0.45	0.07	1.52
2012.03	8.64	3.83	—	0.39	0.72	5.04	0.62	0.43	0.23	1.41
2012.04	7.50	4.00	—	0.53	0.71	7.40	0.47	0.51	0.18	1.79
2012.05	8.66	3.62	—	0.61	1.00	7.16	0.42	0.69	0.19	1.88
2012.06	5.40	3.50	—	0.47	1.05	10.79	0.27	1.15	0.33	1.50
2012.07	7.91	5.69	1.77	0.45	1.20	6.22	0.60	0.37	0.20	0.59
2012.08	7.68	5.46	0.66	0.49	1.07	2.99	0.37	0.47	0.24	0.59
2012.09	6.00	5.54	0.93	0.56	1.10	5.83	0.23	1.42	0.25	0.67
2012.10	7.72	5.78	2.28	0.55	0.90	8.92	0.08	0.77	0.35	0.80
2012.11	6.56	5.11	—	0.57	0.95	5.37	0.24	0.71	0.33	0.58
2012.12	3.00	5.69	—	0.46	0.99	10.27	0.31	0.46	0.17	0.76
2012 年平均	**7.14**	**4.69**	**1.41**	**0.46**	**0.91**	**6.11**	**0.35**	**0.64**	**0.23**	**1.07**
2013.01	9.32	2.95	0.10	0.43	—	7.27	0.29	0.20	0.47	1.13
2013.02	5.18	3.40	0.13	0.40	1.04	6.13	0.34	0.35	0.28	0.57
2013.03	9.23	6.44	2.74	0.44	1.76	9.13	0.58	1.19	0.40	—
2013.04	10.08	7.14	1.75	0.52	1.96	10.80	1.03	1.50	0.31	2.20
2013.05	12.37	5.71	1.47	0.60	1.95	8.11	1.65	1.07	0.42	1.75
2013.06	9.05	3.48	1.15	0.58	2.39	9.52	1.20	0.52	0.59	—
2013.07	8.28	2.55	2.74	0.73	—	6.49	1.76	0.54	0.54	—
2013.08	8.95	3.10	2.26	0.92	2.16	6.92	0.73	0.45	0.88	1.32

时间	污水处理厂									
	A	B	C	D	E	F	G	H	I	J
2013.09	9.08	5.49	0.22	0.82	2.05	8.38	2.12	0.68	0.90	1.05
2013.10	5.30	3.51	0.36	0.64	2.05	9.98	0.51	0.63	0.59	—
2013.11	8.17	8.58	2.11	0.70	1.90	8.29	1.23	0.61	0.72	0.88
2013.12	6.26	8.19	1.60	0.45	1.76	7.12	0.98	0.55	0.74	0.95
2013 年平均	**8.44**	**5.04**	**1.39**	**0.60**	**1.90**	**8.18**	**1.03**	**0.69**	**0.57**	**1.23**
2014.01	5.67	5.68	1.86	0.47	1.58	6.28	1.43	0.53	0.96	1.04
2014.02	10.20	6.82	1.47	0.49	1.79	5.60	0.43	0.67	0.92	0.91
2014.03	8.91	2.40	1.14	0.49	2.27	7.36	1.12	0.61	0.61	—
2014.04	11.69	5.54	2.25	0.61	1.34	7.65	1.72	0.71	0.46	1.01
2014.05	9.25	3.19	3.36	0.69	1.04	4.84	1.55	0.80	0.64	1.31
2014.06	8.45	4.78	2.19	0.80	1.16	4.18	2.44	1.35	0.42	1.49
2014.07	6.13	4.75	0.74	0.85	1.44	3.47	1.37	0.69	0.92	1.89
2014.08	4.79	3.39	—	0.75	1.65	2.33	1.76	0.26	0.79	—
2014.09	5.49	3.42	—	0.86	1.54	1.78	2.06	0.11	0.83	1.13
2014.10	7.40	2.03	0.54	0.81	1.42	2.24	0.74	0.53	0.90	0.76
2014.11	10.42	4.71	0.51	0.64	—	2.75	1.13	0.46	0.47	—
2014.12	6.93	4.83	1.23	0.45	—	0.91	1.18	0.16	0.81	1.24
2014 年平均	**7.94**	**4.30**	**1.53**	**0.66**	**1.52**	**4.12**	**1.41**	**0.57**	**0.73**	**1.20**

根据污水处理量和污泥产量数据，计算得到 2012—2014 年调研范围内各污水处理厂的经验污泥产率，如表 1-6 所示。

污水处理厂污泥产率（tDS/万 m³）　　　　　　　　　　　表 1-6

时间	污水处理厂									
	A	B	C	D	E	F	G	H	I	J
2012.01	2.10	1.45	—	1.01	0.82	3.79	0.50	0.49	—	1.58
2012.02	2.59	1.02	—	0.63	0.88	1.07	0.76	0.77	0.76	2.67
2012.03	2.51	0.84	—	1.24	0.87	4.58	1.03	0.68	2.48	2.38
2012.04	2.14	0.90	—	1.54	0.91	6.79	0.81	1.03	1.89	3.23
2012.05	2.51	0.85	—	1.68	1.27	5.79	0.76	1.51	1.49	3.39
2012.06	1.34	0.83	—	1.19	1.33	8.33	0.46	1.69	1.31	2.87
2012.07	1.73	1.37	2.72	1.14	1.37	4.90	0.99	0.55	0.74	1.14
2012.08	2.12	1.31	1.13	1.22	1.38	2.64	0.61	0.68	0.99	1.12
2012.09	1.20	1.26	1.39	1.40	1.47	4.87	0.29	2.12	0.93	1.01
2012.10	1.56	1.43	4.07	1.38	1.26	7.70	0.10	1.07	1.23	1.35
2012.11	1.46	1.29	—	1.42	1.23	4.12	0.31	0.88	1.15	0.85
2012.12	0.76	1.67	—	1.23	1.13	8.55	0.39	0.58	0.75	1.14
2012 年平均	**1.84**	**1.18**	**2.33**	**1.26**	**1.16**	**5.26**	**0.58**	**1.01**	**1.25**	**1.89**

时间	污水处理厂									
	A	B	C	D	E	F	G	H	I	J
2013.01	2.17	0.85	0.23	1.19	—	6.77	0.37	0.26	2.82	1.66
2013.02	1.28	0.90	0.22	1.08	1.32	5.67	0.43	0.43	1.04	0.84
2013.03	2.35	1.80	4.51	1.14	2.15	7.36	0.70	1.43	2.04	—
2013.04	2.48	1.94	3.32	1.42	2.22	8.85	1.86	1.66	1.61	3.14
2013.05	2.83	1.49	2.69	1.62	2.29	6.27	3.04	1.45	1.80	2.45
2013.06	2.06	1.04	1.35	1.47	2.40	6.55	2.02	1.00	1.74	—
2013.07	1.79	0.77	4.75	1.89	—	4.52	2.16	0.70	1.68	—
2013.08	1.94	0.75	3.04	2.30	2.47	5.05	0.95	0.53	2.66	1.98
2013.09	1.77	1.20	0.32	2.05	2.47	5.95	3.13	0.84	2.66	1.45
2013.10	0.86	0.80	0.49	1.62	2.24	5.98	0.67	1.14	1.51	—
2013.11	1.68	1.89	3.60	1.79	2.21	5.78	1.74	0.73	3.61	1.26
2013.12	1.31	2.40	2.91	1.16	2.11	5.48	1.46	0.89	5.26	1.37
2013年平均	**1.88**	**1.32**	**2.29**	**1.56**	**2.19**	**6.19**	**1.54**	**0.92**	**2.37**	**1.77**
2014.01	1.66	1.57	3.57	1.28	2.04	5.50	2.30	0.66	7.96	1.56
2014.02	2.35	1.82	2.10	1.37	2.04	4.56	0.75	0.93	5.89	1.53
2014.03	1.71	0.58	1.46	1.37	2.12	5.62	1.38	0.80	3.00	—
2014.04	2.52	1.35	2.92	1.66	1.10	4.94	2.12	1.26	1.37	1.38
2014.05	1.97	0.79	4.54	1.80	1.13	3.42	2.03	0.89	1.60	1.64
2014.06	1.91	1.18	2.59	1.96	1.19	2.95	3.26	1.60	1.72	1.88
2014.07	1.31	1.02	0.86	2.08	1.25	2.36	1.71	1.11	2.17	2.58
2014.08	1.02	0.73	—	2.34	1.19	1.52	1.99	0.45	1.60	—
2014.09	1.30	0.72	—	2.18	1.18	1.16	2.54	0.24	1.91	1.47
2014.10	1.92	0.44	0.84	2.00	1.40	1.65	0.95	1.45	3.86	1.44
2014.11	2.89	1.18	0.72	1.61	—	1.97	1.40	1.58	2.21	—
2014.12	2.24	1.26	1.76	1.20	—	0.60	2.57	0.30	5.64	1.51
2014年平均	**1.90**	**1.05**	**2.14**	**1.74**	**1.46**	**3.02**	**1.92**	**0.94**	**3.24**	**1.67**
2012—2014年平均	**1.87**	**1.18**	**2.25**	**1.52**	**1.60**	**4.82**	**1.35**	**0.96**	**2.29**	**1.78**

调研范围内各污水处理厂的平均污泥产率为1.88tDS/万m³。其中，F厂污泥产率显著高于其他各厂，这与其进水以工业废水为主、进水COD和SS浓度较高有关。其余污水处理厂中，C厂、I厂污泥产率相对较高，平均达到2.0tDS/万m³以上，H厂污泥产率相对较低，低于1.0tDS/万m³。不同季节污泥产率均值和波动范围如图1-1所示。由图可见，经验污泥产率波动较大，具有一定的季节性变化规律，总体来说春季较高，夏秋季节较低。

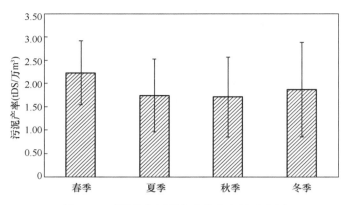

图 1-1 不同季节污泥产率均值和波动范围

1.1.2 设施规模

污泥处理处置设施的规模应以污泥产量为依据，并综合考虑排水体制、污水处理厂现状运行负荷、进水水质、处理工艺、出水执行标准、季节变化、提标改造计划等因素对现状、近期和远期污泥产量的影响，合理确定。处理截流雨水的污水系统，其污泥处理处置设施的规模还要考虑截流雨水的水量、水质，可在旱流污水量对应的污泥量基础上增加20%。例如，《上海市污水处理系统和污泥处理处置规划（2017—2035 年）》考虑到污水处理厂出水水质标准提升、初期雨水处理、污泥峰值产量等因素，按日均污泥产量的 1.2 倍确定污泥处理规模。

根据《室外排水设计标准》GB 50014—2021，污泥应当得到全量处理处置。对于服务于某一片区的污泥处理处置设施而言，污泥是每天都产生的，但泥量不是恒定不变的，还要考虑温度的变化，有的地区春季排泥量特别大，主要是因为冬季为保证污水处理效果减少排泥甚至不排泥，春汛和春季首场降雨冲刷管道沉积等，有的地区最大月和最小月的污泥产率比值达到 2 倍以上，设计时要考虑上述因素，通过放大设施的设计能力、设置污泥贮存池或冗余设施等满足全量处理处置的要求。不同的污泥处理处置设施有不同的运行和维护保养周期，应以规模为依据，综合考虑设备维护需求和经济性等因素合理确定污泥处理处置设施的设计能力，满足设施检修维护时的污泥处理处置要求，当设施检修时，仍能全量处理处置产生的污泥。此外，在特殊工况条件下污泥产量会超出原有规模，而设备不可能永远满负荷运行，因此污泥处理处置设施的设计能力还要留有富余，使污水处理产生的污泥得到全量处理处置。

1.2 污泥处理工艺

污泥处理工艺分为机械减容、生物稳定和热处理三种类型。机械减容主要包括浓缩和脱水，生物稳定主要包括厌氧消化和好氧发酵，热处理主要包括干化和焚烧等。污泥处理工艺应根据污泥性质、处理后的泥质标准、当地经济条件、污泥处置出路、占地面积等因素合理选择。

1.2.1 机械减容

1. 浓缩

浓缩是污泥处理的第一阶段，也是污泥减量化的基本步骤，一般在污水处理厂内进行。污泥浓缩的主要目的是通过分离污泥中的游离水，减少污泥体积，减小后续处理构筑物和处理设备的规模，便于污泥运输和后续处理。污泥浓缩可采用重力浓缩、机械浓缩和气浮浓缩等方式。

污泥浓缩工艺根据所采用的污水处理工艺、污泥特性、后续处理处置方式、环境要求、场地面积、投资和运行费用等因素综合确定，重力浓缩一般可用于初沉污泥单独浓缩或初沉污泥和剩余污泥混合后的浓缩，考虑到浓缩的可靠性和有效性以及减少污泥中磷的释放，剩余污泥单独浓缩采用机械浓缩，气浮浓缩实际应用相对较少，一般适合于人口密度高、土地稀缺的地区。根据"十二五"水专项课题"重点流域城市污水处理厂污泥处理处置技术优化应用研究"（2013ZX07315-003）中对全国 106 座污水处理厂的调研，48％的污水处理厂污泥采用重力浓缩，29％的污水处理厂污泥采用机械浓缩，16％的污水处理厂无单独浓缩单元，采用浓缩脱水一体机，7％的污水处理厂在分期建设过程中采用不同的浓缩策略，既有重力浓缩，又有机械浓缩。

污泥浓缩作为污泥处理的基本工艺，应用时间长、工艺成熟度高。然而，随着污水处理工艺的更新换代，一方面，污水处理工艺从以单一去除 COD 为目的转变成以脱氮除磷为目的，产生的剩余污泥中氮、磷含量显著增加；另一方面，膜生物反应器等工艺产生的剩余污泥性质也和传统的剩余污泥性质差异巨大。基于工艺和设备的进步，污泥浓缩工艺的发展主要体现在以下几个方面：

1）机械浓缩逐步取代重力浓缩。

传统的重力浓缩工艺浓缩剩余污泥存在处理效果差、氮磷释放严重等缺陷，在新建或改建的污水处理厂，只有初沉污泥才会采用重力浓缩，剩余污泥主要采用机械浓缩，或者初沉污泥和剩余污泥混合后全部由机械浓缩处理。如何进一步提高浓缩效率、降低运行成本，也是机械浓缩的重要发展方向。

2）浓缩脱水一体化组合工艺的应用。

污泥浓缩脱水一体化组合工艺将浓缩和脱水两种技术有机结合，以实现污泥机械减容的连续运行，具有占地面积小、工艺流程简单、工艺适应性强、自动化程度高、运行连续、控制操作简单和过程可调节性强等一系列优点，正得到越来越多的设计单位和用户特别是中小污水处理厂用户的关注。由于污泥浓缩脱水一体机一般适用于含水率在 99.5％以下的进泥，实际应用中一体化设备对进泥含固率的要求更高，需进一步研究开发针对低浓度剩余污泥的浓缩脱水技术。

2. 脱水

污泥经浓缩处理后，含水率仍在 95％左右，呈流动状态。对于采用厌氧消化处理的污泥，如果排放上清液，则其含水率与消化前基本相当或略有降低，如果不排放上清液，则其含水率会升高。因此浓缩或厌氧消化处理后的污泥还需要进一步脱水处理。污泥脱水包括常规脱水和深度脱水。

常规脱水也是污泥减量化处理的基本工艺，可将污泥含水率降至 80％左右。污泥常规脱水主要采用机械方式，包括带式压滤、板框压滤、离心和螺旋压榨等。污泥脱水效率与污泥性质、脱水机械等直接有关，具体选择何种类型的脱水机械，应根据污泥沉降性质、粒径分布、现场条件等，综合考虑技术、经济、环境和运行管理等因素，全面分析后进行合理选择。带式压滤是我国污水处理厂应用最广泛的常规脱水方式，但不适用于黏性较大的污泥；离心脱水的应用数量仅次于带式压滤；板框压滤可得到较低含水率的泥饼，多用于污泥深度脱水。根据"重点流域城市污水处理厂污泥处理处置技术优化应用研究"课题研究，在调研范围内，采用带式压滤和离心脱水的污水处理厂数量分别占到60%和32%，而两种工艺处理的污泥量分别占污泥总量的32%和61%，显示出离心脱水在中大型污水处理厂中应用较多。

深度脱水是我国特有的一种污泥脱水工艺，我国已经有超过100座污水处理厂采用污泥深度脱水工艺，很多工程是在《城镇污水处理厂污泥处置 混合填埋用泥质》GB/T 23485—2009出台后建成的，以达到污泥含水率60%以下的填埋要求。污泥深度脱水工艺通过调理预处理，改善污泥的脱水性能，一般采用化学调理后隔膜压滤的方式。所投加化学药剂主要包括无机金属盐药剂、有机高分子药剂、各种污泥改性剂等，投加量一般为干污泥量的10%～20%。隔膜压滤机对于细粒物料的截留效果好，可获得更低的滤饼含水率，尤其对于黏性物料的过滤和对含水率要求较高的情况，更有其独特的优势。总体来说，污泥深度脱水工艺减容减量效果明显，泥饼的剪切强度和抗压强度大幅提高，能够减轻污泥后续处理处置和运输的难度，甚至可直接满足部分污泥处理处置方式的含水率要求，并降低投资和运输管理费用。另一方面，也应该认识到，深度脱水起不到污泥稳定的作用，也未达到真正意义上的减量化，由于干基物质增加，甚至会降低污泥的干基热值和有机质含量，最终降低后续资源化利用的价值，在环境效益和消纳途径等方面存在一定局限性。

污泥脱水工艺成熟，对于大部分污水处理厂来说，污泥在厂内进行浓缩脱水处理后外运，或进行集中处理处置。但是，由于常规脱水处理后污泥含水率仍较高，存在运输量大、运输成本高、二次污染等问题，投加的药剂也会影响后续处理效果，尤其是深度脱水投加了大量化学药剂，导致后续处理处置方式的选择极为有限，通常只能进行填埋处置。基于上述问题，污泥脱水工艺的发展主要体现在以下几个方面：

1) 开发新型脱水工艺、提高污泥脱水效率。

随着对污泥低含水率要求的提高和机械设备的改进，高压压榨脱水技术已逐步得到实际应用。与普通压滤相比，高压压榨的压力要大10～15倍，可更高效地降低污泥滤饼含水率，在较少的调理剂添加条件下即可达到深度脱水效果。也有研究将污泥脱水和酸处理、热处理等物理化学方法及生物沥浸、酶处理等生物降解方法相结合，使污泥的脱水性能和经济性等各方面达到最优。例如，低温真空辅助干化的隔膜压滤脱水技术集成脱水和干化技术，可将污泥含水率降低到40%以下，已经达到污泥干化的水平，目前已在多个工程中推广应用。

2) 开发绿色高效的新型调理药剂。

基于污泥泥质特性、脱水污泥的后续处理处置方式，开发可迅速对污泥进行破壁、减少污泥胞外聚合物中蛋白质含量、降低污泥黏度的脱水工艺调理药剂，如新型高分子改性调理剂、生物基废弃物调理剂等，在显著改善污泥脱水性能的同时，还能够减少药剂投加量，不影响甚至增加污泥热值，有利于后续处理处置。

1.2.2 生物稳定

1. 厌氧消化

厌氧消化是在无氧条件下，使污泥中的有机物生物降解的过程，处理过程的产物得到稳定并产生污泥气。厌氧消化可实现污泥减量化、稳定化、无害化和资源化。减量化方面，厌氧消化过程中约40%的挥发性固体转化为甲烷、二氧化碳和水，降低了固体总量，在需要远距离运输和最终污泥处置时，这一优点更为突出。稳定化和无害化方面，厌氧消化过程可削减污泥中的有机物含量，减少臭气，并杀死部分病原菌和寄生虫卵，消化后的污泥性能稳定，适宜进行土地利用。资源化方面，厌氧消化过程可产生甲烷这一能源气体，用于满足厌氧消化自身的能量需求，同时多余的甲烷气体可以用于供热、发电、驱动鼓风机和作为汽车燃料等。但是厌氧消化也存在一些缺点，如存在甲烷泄漏、火灾和爆炸风险，对操作控制和安全管理的要求较高，消化后产生的沼液含有较高浓度的 COD、悬浮物和氮、磷，需进一步处理，尤其是规模较大的厌氧消化工程要考虑沼液对污水处理厂脱氮除磷的影响，厌氧消化并脱水后的污泥出路仍受限，尚需进一步降低污泥含水率等。

厌氧消化是一种有利于能源回收、氮磷回收的污泥处理工艺，特别是在"碳达峰、碳中和"目标的要求下，污泥处理工艺的选择除考虑技术经济因素外，还需要将碳排放作为衡量指标之一，通过综合比选尽量实现污泥低碳处理。厌氧消化将污泥中的有机质转化为能源气体，可替代化石燃料作为热源或进行发电，对于实现污水处理厂的碳循环和能量自给是一种有力支撑。厌氧消化工艺用于大型污水处理厂污泥的就地处理，或者多个污水处理厂污泥的集中处理具有显著的优势，通常规模越大，综合效益越明显。当污泥处理产物具备土地利用出路时，优先考虑采用厌氧消化工艺，且原污泥不应含有影响土地利用的重金属、持久性有机污染物等有毒有害物质。当采用污泥焚烧处理时，也可考虑将厌氧消化作为前端减量化和稳定化手段，回收生物质能，并降低焚烧处理量和成本。采用厌氧消化工艺的污泥应具有较高的有机质含量，有机质含量太低将导致厌氧消化效能降低甚至无法正常运行，可考虑和其他有机废弃物协同处理，实现物料特性互补、处理设施共享。

我国自"九五"开始推广污泥厌氧消化技术，"十一五"和"十二五"期间又陆续颁布了多项政策和指南，鼓励城镇污水处理厂采用厌氧消化工艺进行污泥稳定化，厌氧消化工程建设逐渐增多。传统的厌氧消化工程采用常规浓度厌氧消化工艺，进料含固率一般为3%～5%，消化池容积和设施数量需求较大，设施的占地面积较大，投资和运行成本较高，且有机负荷相对较低，产气率不高，使得能量回收率低，因此早期建成的污泥厌氧消化设施中能够稳定运行的比例较低。近年来，以提升污泥厌氧消化效率为目标，我国在污泥改性、处理效率和资源化产物品质提高、产物资源化利用等方面进行了诸多有益探索，储备了系列原创技术和引进再创新技术，形成了一批代表性示范工程。总结起来，污泥厌氧消化工艺的发展主要体现在以下几个方面：

1）厌氧消化工艺从常规浓度向高含固工艺发展。

随着污泥输送和搅拌等技术和装备水平的提升，进泥含固率由传统的3%～5%提高至8%～12%，通过提高处理负荷，所需池体容积大大减小，保温能量需求降低，工程效益显著提高。对于收集多家污水处理厂污泥进行集中处理的厌氧消化工程，采用高含固厌氧消化工艺，有助于降低投资和运行费用。预处理工艺的发展进一步推动了高含固厌氧消化工艺的应用。针对污泥厌氧消化过程中水解酸化进程缓慢、产甲烷底物不足、消化过程周期长且产气率低的特点，在厌氧消化前增加高温热水解预处理工艺，采用高温、高压对污泥进行热水解和闪蒸处理，使污泥中的胞外聚合物和大分子有机物发生水解并破解污泥中微生物的细胞壁，起到增加悬浮性颗粒污泥可溶性、降低污泥黏滞度的作用，改善污泥厌氧消化性能。高温高压反应条件和较长的反应时间还能杀灭污泥中的病原菌等有害微生物，提高污泥无害化水平。

2）将污泥和厨余垃圾等城市有机废弃物协同厌氧消化。

协同厌氧消化优化了系统的 C/N，有利于厌氧消化系统的高效运行，厨余垃圾和污泥协同互补，降低了氨氮和重金属离子等抑制物的浓度，缓冲能力得到提升，提高了厌氧消化系统的运行稳定性。协同厌氧消化的优势体现在不同的废弃物共享处理设施，减少废弃物处理分支流程，便于进行集中式规模化处理，发挥规模效应，降低运行成本。

3）逐步重视沼液的处理和资源化利用。

沼液是厌氧消化的液态产物，不仅含有较高浓度的污染物，而且含有较高浓度的氮、磷营养物质。沼液如直接排放至污水处理厂，会加重污水处理系统的氮磷负荷，影响正常运行，因此对于污泥厌氧消化工艺来说，必须综合考虑沼液的处理和资源化利用问题。沼液的适用处理工艺包括厌氧氨氧化、膜浓缩、氨汽提和鸟粪石提取等，其中，厌氧氨氧化在北京、长沙等污泥厌氧消化工程中均已有规模化应用。

2. 好氧发酵

好氧发酵是通过好氧微生物的生物代谢作用，使污泥中的有机物转化成二氧化碳和稳定的腐殖质，实现污泥稳定化、无害化和资源化的一种处理工艺。稳定化方面，好氧发酵处理后，污泥中有机物含量降低，有机养分成为游离形态有利于植物吸收。无害化方面，代谢过程中产生热量，堆体温度可升高至 55℃ 以上，有效杀灭病原菌、寄生虫卵和杂草种籽，提高好氧发酵产物的安全性。资源化方面，好氧发酵可形成无臭气、可销售的最终产物，相对污泥来说公众接受度较高。好氧发酵工艺对于设备和操作的要求较简单，投资和运行成本相对较低。但是污泥好氧发酵也存在局限性，如好氧发酵过程需要较大的场地，因工业废水排入，某些城镇污水处理厂污泥中重金属可能会超标，影响产物的后续处置，应用范围会受到一定限制，辅料需要外购时会提高运行成本，好氧发酵过程需要臭气控制，操作环境较差等。

对于具备土地利用条件的分散式污泥处理工程，或者规模相对较小的集中式污泥处理工程，可优先考虑污泥好氧发酵工艺。处理后的产物一般考虑以土地利用作为首要出路，因此原料中的重金属、持久性有机污染物等有毒有害物质含量要符合国家、行业和地方标准的有关规定。污泥好氧发酵工艺使用的辅料来源应稳定，因地制宜，尽量利用当地的废料，如秸秆、木屑、锯末、园林废弃物等，达到处理和综合利用的目的。由于占地面积大、辅料投加量大、臭气污染控制困难等原因，好氧发酵一般适合土地资源富裕的城郊或偏远地区，且处理规模不宜过大。

好氧发酵是我国污泥稳定化处理的主要技术之一，但在很长一段时期内，好氧发酵停留在较低的技术水平阶段，随着城镇化发展提速，污水处理厂污泥产量迅速增加，也在一定程度上促进了污泥好氧发酵工艺的快速发展。污泥好氧发酵工艺的发展主要体现在以下几个方面：

1）工艺形式逐渐发展为槽式和装备式。

条垛式好氧发酵一般在敞开的室外或者加盖的场地进行，设备简单、操作方便、建设和运行费用较低，但占地面积较大，自动化程度低。槽式好氧发酵机械化程度较高，与条垛式好氧发酵相比，其占地面积相对较小，发酵周期较短，发酵过程中散失的臭气更易收集处理，因此更符合大型规模化处理的污泥工程要求。近年来，随着我国在污泥好氧发酵方面装备水平的提升，开发了不同类型的好氧发酵装备，如立式发酵罐、机械滚筒、一体化智能发酵设备等，主要应用于一些小型的污泥好氧发酵工程。

2）机械化、自动化和智能化。

早期的条垛好氧式发酵主要依靠人工完成物料的混合和翻堆，随着装备水平的提升，发展出混料机、布料机、翻抛机、筛分机等设备，部分装备式发酵采用机器人进行取料、布料、混料、翻抛、出料等一体化操作。这些机械设备的应用，大幅降低了人力成本，提高了污泥好氧发酵处理效率。从过程控制的发展来看，控制策略已从简单的人工控制、定时器控制向温度反馈控制、氧气含量反馈控制发展，过程监测方法也从手工监测、单点温度监测向在线监测、多点温度监测等方向发展。更进一步，已有工艺结合好氧发酵过程温度、氧气和臭气等关键参数的在线监测和反馈控制，可实现对输送、发酵、供氧、翻抛、除臭等功能的集成设计和全过程智能化控制。

3）臭气控制逐渐受到重视。

好氧发酵过程会产生较多的湿气和臭气物质，加上翻抛等作业环节，臭气释放的影响范围更广，对周边环境的污染风险较大。臭气控制除末端除臭处理外，也更加重视对臭气源的控制，包括臭气源隔离、过程控制两方面，前者包括在发酵仓上方抽气形成微负压防止臭气逸出、设置玻璃墙实现巡视通道和生产区隔离等，后者包括改善混合物料配比、优化发酵过程参数等，从源头上减少臭气的产生和释放。

1.2.3 热处理

1. 干化

污泥干化是指通过渗滤或蒸发等作用，从脱水污泥中去除部分水分的过程，包括热干化、自然干化和生物干化等。热干化是利用人工热源和工业化设备将脱水污泥中部分水分以较快速率蒸发去除的过程，是污泥干化的主流技术。自然干化、生物干化分别是利用太阳能、生物反应产生的热能将水分蒸发去除的过程，受场地、天气、二次污染风险等限制，在我国应用相对较少。

作为污泥减量化的重要技术手段，热干化可显著降低污泥质量和体积，相对于含水率 80% 的脱水污泥，若干化至含水率 10% 左右，则干化后的污泥量仅为原来的约 $1/5$，有利于减少后续贮存、输送和处理处置的成本。由于干化过程去除了污泥中的大部分水分，提高了污泥热值，为后续焚烧创造了条件，使其具有热能回收利用的价值。干化过程可杀灭污泥中的部分病原菌，提高污泥的无害化程度，有利于后续通过土地利用实现资源循环。但是，污泥热干化也存在一些局限性，例如投资成本较高、能耗较大、运行成本较高、设计或运行不当时可能引发火灾和爆炸等安全问题，由于热干化对于有机物的去除没有作用，对于未经稳定化处理（如厌氧消化）的污泥干化产物，其稳定性是暂时的，贮存和处理不当会滋生微生物，产生臭气。

热干化作为污泥处理的重要单元技术，后续常与污泥焚烧、气化和碳化等热处理技术联用，不宜单独设置。热干化和焚烧等技术的联用一方面可将污泥焚烧产生的余热充分用于热干化过程，实现能量循环和能量平衡，避免单独设置热干化导致的能耗显著增加；另一方面也可避免干化后的污泥长距离运输或长时间贮存带来的焖烧、板结、粉尘等诸多问题。由于能耗是导致热干化运行成本高的主要因素，所以热干化要尽量降低一次热源的使用量，除上面提到的焚烧余热外，还可尽量利用垃圾焚烧、热电厂等热处理过程的余热。当污泥热干化前端设置厌氧消化设施时，可利用其污泥气作为能源。在具体干化工艺和设备的选择上，还需要综合考虑工程特点和实际需求及工艺特征，前者包括热源情况、处理规模、泥质泥量变化情况、干化产物后续处理处置需求、环保要求等，后者包括设备安全性、抗波动能力、处理附着性污泥能力、运行灵活性、系统复杂性、占地面积、尾气特征、设备寿命、维护需求、运行和投资成本等。

低温热干化属于热干化技术，近年来应用逐步广泛。低温热干化的常见类型包括热泵低温热干化和真空低温热干化，前者通常用于常规脱水污泥，通过空气热泵加热循环空气，干化后的污泥含水率可降至20%～30%；后者采用脱水干化一体化设计，适用于浓缩污泥，含水率可降至40%以下。低温热干化的热媒温度一般低于100℃，通常利用空气、低品位蒸汽或热水等低位热源。由于温度低、污泥和所接触的设备间没有相对运动，干化过程中粉尘、臭气的产生量和浓度均远低于传统热干化工艺，二次污染控制难度小。因此与传统热干化相比，低温热干化不必依赖热处理设施提供余热或者进行臭气处理，当没有合适的高位热源、后续没有焚烧单元时，可优先考虑低温热干化。对于分散的污水处理厂来说，可在原有的浓缩脱水基础上，采用低温热干化在厂内实现污泥最大程度减量化，再进行后续集中处理，有利于减少污泥运输量和二次污染风险。

我国污泥热干化技术起步较晚，热干化技术基本采用引进或引进后自主研发的形式。随着干化焚烧＋灰渣建材利用或填埋成为污泥处理处置的主要技术路线之一，热干化和焚烧技术在我国越来越多的城市得到工程化应用，呈现快速发展势头。污泥热干化工艺的发展主要体现在以下几个方面：

1）热效率提升，经济可行性显著改善。

热干化是高耗能工艺，热能的成本是热干化工艺运行成本的重要组成部分，除选择和利用合适的热源之外，提高工艺设备的传质效率、通过系统优化设计降低热干化过程的热能损失也是提高热效率的重要方向。例如，对于热干化-焚烧联用工艺，在工艺设计时，通过能量平衡计算，确定进入焚烧炉的最佳污泥含水率，以求在污泥焚烧产生余热的基础上，补充最少的外来热量满足热干化所需的能量，同时保证焚烧炉的稳定运行，而非一味地降低干化后污泥的含水率，这种理念已被广泛接受并在多个实际工程中得到实践应用。在干化系统内部，可以通过换热器回收干化尾气中的热能，或将干化尾气处理后送回干化机循环使用，以充分利用热源，降低干化能耗和成本。

2）二次污染控制逐渐得到重视。

尾气处理是热干化工艺的重要系统，过去常常被忽视，也缺乏可借鉴的国内外权威信息，导致热干化工艺臭气浓度高、作业环境差的情况时有发生。干化尾气的控制除干化机设备的持续改进外，在尾气处理上也已形成了一套流程，包括干化污泥颗粒、粉尘的分离、水蒸气的冷凝、冷凝水的处理和臭气处理等，有效提升了热干化工艺的环境友好性。

3）提升污泥干化安全性。

污泥干化过程中污泥自燃和设备爆炸等安全事故时有发生，安全性成为污泥干化最重要的问题之一。近年来污泥干化设备不仅在向大型化发展，在安全性能上也在不断完善。例如，采用密闭系统的热传导型干化机运行时可控制氧含量小于5%，对流式干化机通过工艺气体循环可控制氧含量小于10%，根据干化工艺和干化机的燃爆风险特征设置含氧量控制阈值，超过一定阈值时报警并自动补充惰性气体，乃至自动停机等。

2. 焚烧

污泥焚烧是通过燃烧实现污泥充分减量化和无害化处理的过程，包括单独焚烧和协同焚烧。减量化方面，焚烧可去除污泥中的水分和挥发性固体，实现污泥充分减量，且处理速度快，集约高效，节省占地。无害化方面，焚烧可杀死污泥中的病原体，仅残留无机组分，产物充分稳定化和无害化。焚烧也是资源化利用的过程，产生的热量可回收利用，炉渣和经过鉴定不属于危险废物的飞灰则可进行建材利用。另一方面，污泥焚烧也存在一定的局限性，例如焚烧前一般需对脱水污泥进行热干化，由于脱水污泥的含水率较高，而我国污泥有机质比例和干基热值均低于发达国家，从焚烧过程中回收的热能几乎全部用于污泥热干化，没有多余的热能用于发电或其他用途，可能还需要额外的能量补充；另外，焚烧系统较复杂，建设投资成本较高，干化、焚烧、烟气净化过程需要消耗能源、药剂和材料等，运行成本较高，且运行维护和管理要求也较高，污泥焚烧的公众接受度有待提高，易受到邻避效应制约。

单独焚烧是指单独建设焚烧设施对污泥进行焚烧，适用于经济发达、人口稠密、土地成本较高的地区，污泥中的有毒有害物质含量较高、污泥处理产物不具备土地利用条件的地区也适用。从能量利用的角度，焚烧适用于有机质含量较高的污泥，有利于提升运行的经济性。焚烧属于末端处理工艺，常与热干化或深度脱水等可降低污泥含水率、提高污泥热值的处理工艺联用，也可采用厌氧消化作为前端减量化和稳定化手段降低焚烧处理量和成本。污泥焚烧灰渣应进一步处置，在满足条件时可作为建材添加剂进行资源化利用。

协同焚烧包括水泥窑协同焚烧、热电厂协同焚烧和垃圾协同焚烧。水泥窑协同焚烧可作为污泥建材利用的一种方式，燃烧后的残渣成为水泥熟料的一部分，不需要再对焚烧灰渣另行处置，同时水泥窑工艺特征和污染控制措施也有利于控制污泥中污染物的释放，因此水泥窑协同焚烧的二次污染风险较低。热电厂协同焚烧利用污泥作为燃料替代一部分煤，粉煤灰可进行建材利用，但协同焚烧过程的二次污染风险需要得到重视，一是由于污泥的加入可能导致热电厂烟气量大量增加，二是如采用活性炭吸附烟气中的重金属和二噁英，可能导致粉煤灰成为危险废物而难以进行建材利用。将污泥和生活垃圾混烧，同样可以利用垃圾焚烧厂的余热和已有的烟气处理设施，节省投资和运行成本。需要注意的是，污泥协同焚烧存在跨行业、跨部门的问题，需要各部门之间的政策协调，同时易受到产业结构调整和市场需求波动的影响，可能存在污泥出路不稳定、可持续性差的问题。由于需要控制污泥掺烧比，协同焚烧的规模也会受到限制，因此一般建议将协同焚烧作为其他处置方式的补充，或阶段性的污泥处理处置方案。在技术方面，一旦确定采用协同焚烧处置方式，就需考虑污泥在掺烧量、进料方式、烟气处理等方面和原有窑炉的衔接，避免对原有处理工艺和产品质量造成影响，同时最大程度降低由于污泥加入造成的二次污染风险。

污泥焚烧在发达国家是一项比较成熟的工艺，但在我国起步较晚。自 2004 年在上海石洞口建成了我国第一座污泥干化焚烧工程后，很长一段时间内，我国污泥焚烧比例仍然较低，且应用范围主要集中在经济发达地区。近年来，污泥焚烧在我国多个城市得到规模化应用，干化焚烧＋灰渣建材利用或填埋也已成为污泥处理处置的主要技术路线之一，在设计和运行方面积累了大量的经验。然而，污泥焚烧总体上仍需向绿色、低碳和循环方向发展，技术成熟度和装备集成水平仍有待提高。污泥焚烧工艺的发展主要体现在以下几个方面：

1）全流程工艺选择、设计合理性和精确性提升。

污泥焚烧属于热工和环境交叉学科，协同干化、燃烧、固体废物、气体净化等多个分支，流程和设备复杂，不同因素之间互相影响，合理设计和运行难度较大。随着污泥干化焚烧的规模化应用，实践经验不断丰富，理论水平也大幅提高。在工艺流程选择上，更加注重干化焚烧整体的热量平衡和利用，综合考虑污泥泥质、自持焚烧要求和辅料添加量等因素，选择焚烧前的预处理环节和焚烧烟气的余热利用方式。对于运行调控，经过长期实践，已在燃烧温度、供风、辅助燃料控制等方面摸索总结出系统的技术要点。目前，中国工程建设标准化协会已发布《城镇污水处理厂污泥干化焚烧工艺设计与运行管理指南》T/CECS 20008，这是我国污泥干化焚烧方面首部兼具系统性、可操作性和前瞻性的指导文件。

2）烟气达标排放要求和处理水平提高。

烟气作为污泥焚烧的主要排放物之一，其达标排放对于降低二次污染风险、实现污泥彻底无害化处理目标至关重要。我国基于多年工程运行经验已形成较为成熟的烟气净化工艺，通过采用高效的烟气除尘、脱硫和脱硝等工艺，提高烟气中各类污染物的去除效率和系统达标排放的稳定性，以满足日益提高的环保标准。上海石洞口污泥处理工程烟气排放执行上海市地方标准，较国家标准有较大程度的提高，部分污染物排放指标已和欧盟指标要求相同。另一方面，我国污泥焚烧烟气排放标准仍参考生活垃圾焚烧烟气排放标准，但污泥和垃圾的组成具有较大差异，后续需要根据污泥自身特点制定相应的污泥焚烧烟气排放标准。

3）热解气化等高温热处理工艺得到发展和应用。

作为焚烧的替代技术，热解气化、碳化等近年来发展较快，热解气化在郑州已实现工程化应用。热解气化是在高温条件下污泥和气化剂反应，有机物转化为可燃气体、无机物以炉渣形式排出的过程，碳化是在一定的温度、无氧或缺氧条件下，污泥通过裂解转化为燃油、燃气和污泥碳的过程，两者在原理上有相通之处。热解气化和碳化可集约、高效地实现污泥减量化、稳定化、无害化和资源化，适合经济发达、人口稠密、土地成本较高的地区。其优点在于烟气量小，碳排放远低于焚烧法。但对于污泥领域来说仍属于新工艺，其性能和有效性尚有待更多案例验证。

1.3 污泥处置工艺

污泥处置工艺包括协同焚烧、土地利用、建材利用和填埋，应根据污泥特性、当地自然环境条件、最终出路等因素综合考虑。协同焚烧属于焚烧的一种类型，同时也可作为污泥处置方式之一，已在上一节介绍。

1.3.1 土地利用

经稳定化和无害化处理形成的污泥产物或衍生产品，以有机肥、基质、腐殖土、营养土等形式进行土地利用，可以改善土壤条件、提高土壤肥力，是一种符合可持续发展战略的污泥资源化利用途径，充分体现了污泥的资源性特点和自然循环特点。污泥中含有相当于厩肥的氮和磷，以及钾、钙、铁、硫、镁、锌、铜、锰、硼、钼等元素，其氮、磷均为有机态，可以缓慢释放而具有长效性，可提供植物生长所需的养分。同时，污泥处理产物或衍生产品土地利用还可以改善土壤的物理、化学和生物学性质，增加土壤持水能力，提高土壤水分含量，增加土壤的透水性，防止土壤表面板结，有机物质可提高土壤的阳离子代换量，改善土壤对酸碱的缓冲能力，提供养分交换和吸附的活性点，提高对化肥的利用率，增加土壤根际微生物的群落，提高其生物活性，有利于养分的释放，并能减少某些植物的疾病。

另一方面，污泥中含有大量病原菌、寄生虫卵和生物难降解物质，特别是进水含工业废水时，污泥中可能含有较多的重金属离子和有毒有害化学物质。这些物质随污泥处理产物的土地利用进入土壤，可能会对土壤中生长的植物、地表水、地下水系统产生影响，造成环境和人类健康风险。因此，土地利用不能简单地将污泥直接施用，而是必须经过厌氧消化、好氧发酵等稳定化和无害化处理，达到《城镇污水处理厂污泥处理 稳定标准》CJ/T 510 和相应的泥质标准，保证进入土壤所带来的环境污染风险最低并且可控。土地利用时应结合土壤环境质量、作物特点等因素，制定合理的施用方案，并进行全过程的风险管理和控制。

土地利用主要包括三个方向，一是作为林地、园林绿化的林用，二是作为农作物、牧场草地的农用，三是作为沙荒地、盐碱地、废弃矿区改良基质的土壤改良。目前，污泥处理产物主要用于不进入食物链的两种土地利用途径。污泥处理产物是否应该农用曾经是很多国家长期争论的热点。在一些发达国家，农用是应用最广泛的一种土地利用方式，前提是通过制定完善的标准规范，严格控制污染物浓度和污泥施用量，合理选择施用场地，采用正确施用方法，保证公众健康和环境安全。园林利用包括介质土、盆栽肥料、成片树林等途径，与农用相比，其主要优势在于不进入食物链，泥质要求相对于农用来说较为宽松，主要的问题是污泥施用后可能会对水源造成污染。土壤改良的土地类型一般以矿山废弃地、沙荒地和退化土地为主，需要进行生态修复和植被恢复。就泥质要求来讲，由于土壤改良的对象为已退化或失去使用功能的土地，有些已存在一定程度的污染，因此对污泥所含的重金属、有机污染物等限值要求相对较为宽松。

我国污泥土地利用很早就开始了，如北京高碑店污水处理厂早期的污泥大多被当地农民作为有机肥施用于土地，大连、淄博、北京、秦皇岛和唐山等城市也有污水处理厂将污泥制成有机颗粒等，施用于农田或绿地。近年来，随着业内对污泥处理产物土地利用方式认同度的提升，也出现了一些土地利用的成功案例，如高级厌氧消化沼渣经干化后用于移动森林培育、好氧发酵产物制成多种园林绿化基质等。土地利用这一消纳途径的发展趋势可概括为以下几个方面：

1）污泥中重金属含量必须持续下降。

从全国范围内多次污泥泥质调研结果可以看出，我国污水处理厂污泥中重金属含量呈现出显著的降低趋势，且超标的重金属元素类型已从以往具有工业源特征的铬、铅、镉等转变为具有显著生活源特征的汞、锌等。其原因一方面在于工业企业清洁生产水平的不断提高和重污染行业产业结构的调整，从源头减少了重金属工业废水排放；另一方面得益于含重金属工业废水治理力度和技术水平显著提高，达标排放率不断提高。随着工业向园区集中和废水源头监管的不断完善，我国污泥中重金属等污染物含量还将进一步下降，污泥泥质整体会向更有利于资源化利用的方向变化，这一改变也为土地利用提供了基础保障。

2）土地利用模式进一步拓展。

传统的土地利用模式为污泥经稳定化处理后进行相应方式的施用，例如北京市中心城区污泥经过高级厌氧消化和深度脱水处理后施用于林地，打通了污泥稳定处理＋土地利用技术路线。另一种土地利用模式为将达标的处理产物作为原料，根据相关行业市场的需求进行加工，形成达到一定质量目标、符合行业需求的衍生产品，例如重庆市从园林市场对土壤、基质和肥料的三大主要需求方向入手，对污泥稳定化产物进行产品化和市场化利用，形成了园林工程系列、园林栽培基质系列、园林土壤改良系列等一系列产品。需要注意的是，当污泥处理产物形成产品进入市场时，应遵循相应的产品质量标准。

3）法律法规还需进一步完善。

污泥土地利用存在潜在的环境健康安全风险，如果法律法规不健全、监管不完善，易造成环境二次污染。目前我国还未制定具有法律效力的城市污泥土地利用法规性文件，尤其对于污泥农用，利益相关方和管理方处在资源和责任之间的长期博弈，对污泥农用争议的出发点差异较大，导致迟迟未能形成共识。现有的相关标准和技术文件虽然对土地利用的泥质要求、重点关注的环境风险、方案设计做出了操作层面的规定，但缺乏强制性，其实际执行难以保证。因此，需进一步完善污泥土地利用的监管体系和标准，以推进我国污泥处理产物或衍生产品安全有序地进行土地利用。

1.3.2 建材利用

污泥中无机物的主要成分硅、铝、铁、钙等与建筑原料成分相近，具备建材利用的潜质。建材利用是指污泥处理产物作为原料或原料的一部分制成可在各种类型建筑工程中使用的材料制品，而无需依赖土地作为其最终消纳归宿的一种处置方式，可以减少建材制品对黏土、天然岩石等自然资源的消耗，具有资源保护的意义，部分利用方式还能够充分利用污泥中的燃烧热值，因此是一种很有发展潜力的污泥处置方式。研究表明，制成建材后，污泥中的重金属等有毒有害物质会通过固化失去游离性，通常不会随浸出液渗透到环境中，因此不会对环境造成较大的危害，但建材产品的应用仍有一定的局限性。

污泥处理产物建材利用通常包括两种方式，一是污泥经过一定预处理后作为原料制造建筑材料。如污泥脱水或干化后进入水泥窑协同焚烧处理即属于这种方式；二是利用污泥焚烧等热处理后的灰渣制造建筑材料，这也是目前在我国土地资源紧缺的大中型城市鼓励采用的建材利用方式。当污泥不具备土地利用条件时，可考虑经焚烧、碳化或气化等热处理后将其产物进行建材利用，或者直接作为原料进行水泥窑协同处置。进行建材利用的污泥处理产物应符合相应的泥质标准，对于污泥焚烧灰渣，首先鉴别其是否属于危险废物。建材利用的设施设计要注重已有生产线和污泥处置之间的衔接，严格控制建材生产过程中的二次污染，并遵循相关的标准规范，如《水泥窑协同处置污泥工程设计规范》GB 50757 等。建材产品质量应符合建材行业相关国家、行业和地方标准要求，例如在水泥、烧结砖、陶粒等方面均已有成熟的产品标准。

污泥生产建材是很有发展潜力的污泥处置和资源化利用方式，体现了循环经济的理念。我国城市污泥建材利用方式主要包括污泥制砖、制陶粒、生产水泥等。早期的研究和应用大多是脱水或干化污泥直接制砖和陶粒，由于含水率和有机质含量较高，成品质量和稳定性难以保证，相对于普通建材制品经济上也缺乏优势，没有形成市场化和产业化运营。水泥窑协同处理污泥生产生态水泥在广州、北京、重庆等大城市已建成生产线，但在实际工程中仍存在运营成本高、污泥中水分和成分影响水泥品质等问题，同时水泥行业本身也属于高能耗行业，面临产能过剩的问题。近年来，我国也在逐步开展污泥焚烧灰建材利用的探索和研究。污泥建材利用这一消纳途径的发展趋势总结如下：

1）鼓励污泥焚烧后灰渣建材利用的方式。

未来污泥的建材利用方式主要是经焚烧等热处理后灰渣进行建材利用，包括用于制备水泥、混凝土、砖块、沥青填料、路基材料等。日本、荷兰、丹麦、法国等国家将大部分污泥焚烧灰渣用于市政工程建设，如日本东京都和神户市用污泥焚烧灰代替沥青细骨料，用作铺路材料，大阪市把污泥焚烧灰和管道中产生的洗砂、陶管屑等混合用于制造透水性砖。目前，我国污泥焚烧灰渣的主要处置方式仍为填埋，对于灰渣建材利用，正在完善生产工艺和配方、提高产品质量、防止污染物扩散、降低二次污染和长期使用风险等方面开展深入研究，例如上海将污泥焚烧灰作为原料生产铁质校正料和水泥混合材替代原料等，同时《上海市污水污泥处理处置规划（2016—2035）》也已将建材利用列为远期污泥焚烧灰渣处置的主要方式。

2）建材利用的政策引导还需进一步加强。

目前我国对污泥建材利用的支持政策不明确，相应的质量标准、管理条例、法律法规基本空白。虽然在住房和城乡建设部、国家发展和改革委员会联合发布的《城镇污水处理厂污泥处理处置技术指南（试行）》中建材利用已被列为污泥资源化利用方式之一，2020年 7 月国家发展改革委和住房城乡建设部颁布的《城镇生活污水处理设施补短板强弱项实施方案》中也提出推广将生活污泥焚烧灰渣作为建材原料加以利用，但总体来说尚缺乏具体的实施方法、管理条例、管理职责和相应配套扶持政策的规定。因此，还需进一步完善污泥建材利用和产品标准体系，保证建材本身的产品质量，同时加强在政府补贴、融资形式和市场化运营方面的政策引导，规范污泥建材利用市场，真正使其进入良性循环。

1.3.3 污泥填埋

污泥填埋主要是借鉴城市生活垃圾填埋场的工程经验进行污泥处置的一种方式。污泥填埋技术简单可靠、可操作性强，在国内外均有较多的工程实例。但污泥填埋一方面需要占用大量土地资源，易对原有生态环境造成破坏；另一方面存在很大的二次污染风险，例如产生的大量渗滤液如未经处理或处理不达标，可能会对地表水和流经填埋区的地下径流造成污染，产生的臭气和填埋气会对大气造成污染，填埋场滋生的害虫、昆虫、啮齿动物及在填埋场觅食的鸟类和其他动物可能会传播疾病。同时填埋的污泥要得到彻底稳定化需要经历一个漫长的过程，也不符合污泥资源化的趋势。

全世界范围内污泥填埋的比例正在逐步下降，并逐步面临淘汰，美国和欧洲的许多地方已经禁止污泥填埋。发达国家对于污泥填埋处置技术标准要求也越来越高，如所有欧盟国家在 2005 年以后，有机物含量大于 5％的污泥都被禁止填埋，在德国这一有机物含量指标仅为 3％。

虽然污泥填埋占地面积较大、环境影响大，但由于其具有建设周期短、投资省、可分期投入、管理方便、见效快、处置量大等特点，目前仍是我国最主要的污泥处置方式，主要在城市生活垃圾填埋场进行混合填埋，大部分污泥未经过稳定化处理，污泥中有机物含量高，填埋渗滤液和填埋气产量多，存在较大的环境和安全隐患。从长远来看，随着处理技术标准要求的提高、可供填埋空间的减少和污泥量的增加，填埋在污泥处置出路中所占的比例将逐渐减小，污泥填埋仅作为一种阶段性、应急性的处置方式已成为共识。对于污泥处置方式的选择来说，当污泥处理产物的性质不适合土地或建材利用，或当地不具备资源化利用条件，或上述资源化利用方式无法全量消纳污泥处理产物时，才考虑采用填埋处置。国家相关政策也已明确提出严格限制并逐步禁止未经稳定化处理的污泥直接填埋，东部地区地级和以上城市、中西部地区大中型城市加快压减污泥填埋规模等要求。对于填埋工艺本身，则需要加强污染控制，将污泥填埋的环境影响降至最低。

第2章 工 程 规 划 编 制

2.1 规划编制原则和依据

2.1.1 规划特点

为满足各地城乡建设的总体规划要求，实现与地区的生态保护、环境卫生、水资源保护和土地利用等有关规划相协调，在建设污泥处理处置设施之前，需要首先编制污泥处理处置规划。污泥处理处置规划是在调研规划区域内现状污泥产量、处理处置情况和主要问题，特别是因地制宜地分析研究当地污泥处置条件和工艺的基础上，融合区域经济社会发展、生态文明建设等多因素的污泥处理处置愿景，是区域污泥处理处置的综合性、系统性战略和落实方案。

污泥处理处置规划在时间上具有阶段性，在总体规划规定的年限中，根据近期和远期的目标和内容，可制定一次规划、分期实施方案。污泥处理处置规划在空间上具有区域性，规划编制需紧密结合本区域发展需求，与城市和区域发展规划协调统一。由于各区域产业分布不同，泥量、泥质差别较大，所以分区域编制因地制宜的规划方案具有重要意义。在区域内进行污泥处理处置设施的合理布局，有助于实现污泥减容减量、稳定无害、资源化利用的目标，充分发挥设施的投资和运行效益。

2.1.2 规划原则

《国家发展改革委办公厅、住房城乡建设部办公厅关于进一步加强污泥处理处置工作组织实施示范项目的通知》（发改办环资〔2011〕461号）对制定污泥处理处置规划提出了一系列要求：各地要在对污泥处理处置现状进行详细调查的基础上，综合分析本地区污泥泥质特性、自然环境条件、经济社会发展水平等因素，全面统筹，制定科学合理的污泥处理处置规划和实施计划。我国相继颁布了《城镇污水处理厂污染物排放标准》GB 18918、《城镇污水处理厂污泥处理处置污染防治最佳可行技术指南（试行）》HJ-BAT-002等标准和文件，规定我国对于污泥处理处置的原则是对人们身体健康和环境的安全环保，控制污泥造成的二次污染。各地区的环保、国土和相关部门协调配合，与城乡建设总体规划相结合，统一制定地区规划，合理布局污泥处理处置设施地址，对现有污水处理厂的运行状况进行实时监控，保证污泥处理处置符合技术要求，对污泥处理厂的周边经常性巡视，进行污染源调查和抽查，掌握污泥的产量和污泥的质量资料；规划建设要制定正常情况和紧急情况的规划备用方案，保证处理处置设施安全运行的同时，提高污泥的综合利用率，创造为社会可用的财富。

在确定规划的时间、空间和对象方面，遵循区域统筹、因地制宜、统一规划和远近结合的原则。

区域统筹和因地制宜是以系统思维、协同理念解决污泥处置问题的有效手段。污泥处理处置规划应充分融合区域统筹和多元协同理念，结合当地的污泥泥质特性和处理处置问题、相关资源情况、产业特性和经济社会发展水平等因素，统筹处理对象、设施、资源和管理等要素。主要体现在相同属性的固体废物协同处置、企业间上下游协同利用、区域内区域间协同消纳、处置设施间协同共生等。例如，污泥处理处置规划与管渠污泥、疏浚底泥、城市有机废弃物（如有机生活垃圾、厨余垃圾、园林废弃物）等相关规划、处理处置资源相协调，统筹管理。通过静脉产业园模式进行协同处置，形成规模化效应，并方便政府有效监督控制和节约用地。构建、延伸综合利用产业链，实现原生产业和综合利用产业的跨产业协同。

统一规划和近远结合是规划发挥连续性和稳定性战略指导作用的必要前提。统一规划旨在以区域发展为大目标，结合城市总体规划、污水处理专项规划，统一部署、分步实施，确保一张蓝图绘到底。在规划的地域范围内，以城市为中心，兼顾乡镇，统筹考虑区域内规划对象属性、处理处置需求和资源条件。在规划的时间范围内，根据污泥处理处置的阶段性特点，明确近期和远期规划年限，同时考虑阶段性、永久性和应急性方案，最终保证永久性方案的实现。在永久性方案完成前，可把充分利用其他行业资源进行污泥处理处置作为阶段性方案，并编制应急处理处置方案，防止污泥随意弃置，保证环境安全。

在规划实现目标方面，遵循安全环保、资源利用、绿色低碳、稳妥可靠、经济可行的原则。安全环保强调控制二次污染、确保公众健康和环境安全；资源利用和绿色低碳体现了资源节约、可持续发展的基本理念；稳妥可靠和经济可行的处理处置技术路线，才具有可操作性。

安全环保是污泥处理处置必须坚持的基本要求。污泥中含有病原体、重金属和持久性有机物等有毒有害物质，在进行污泥处理处置时，对所选择的处理处置方式，根据必须达到的污染控制标准，需要采取相应的污染控制措施，确保公众健康和环境安全。

资源利用是污泥处理处置应努力实现的重要目标。资源利用体现在污泥处理处置过程中充分利用污泥中所含有的有机质、无机质、营养元素和能量。污泥资源利用，一是通过厌氧消化回收污泥中的生物质能，或通过焚烧等热处理技术回收利用污泥的热能；二是土地利用，将污泥中的有机质和营养元素补充到土地；三是建材利用，将污泥中的无机组分用于建材产品生产。

绿色低碳是污泥处理处置应充分考虑的重要因素。避免采用消耗大量一次能源、优质清洁能源、物料和土地资源的处理处置技术，实现污泥低碳处理处置。鼓励利用污泥厌氧消化过程中产生的生物质能、垃圾和污泥焚烧余热、发电厂余热或其他余热作为污泥处理处置的热源。

稳妥可靠是污泥处理处置贯穿始终的必需条件。优先采用先进成熟的技术，对于研发中的新技术，需经过严格的评价、生产性应用和工程示范，确认可靠后方可采用。

经济可行是污泥处理处置方案得以落实的必要条件。结合当地经济发展现状和趋势，综合考虑环境生态效益、处理处置设施建设投资和运营成本，确保规划方案的经济可行性。

污泥处理处置规划的编制和落实需要遵循"三同时"原则，即污泥处理处置设施和污水处理设施同时规划、同时建设、同时运行。污泥处理处置规划和污水处理系统规划相协调，确保污泥和污水同步得到处理。一方面，在选择污水处理工艺时，需要统筹兼顾污泥的处理处置，使污水处理和污泥处理的综合效益得到提高；另一方面，需要遵循"三同时"原则完成污泥处理处置设施和相关安全设施的建设，确保污泥处理处置设施的安全运行。

2.1.3 规划依据

污泥处理处置规划以环境保护、污染防治及国家、行业和地方相关法律、法规、政策、规范、标准、技术文件和当地相关规划为依据。相关国家法律和法规主要包括《中华人民共和国水法》、《中华人民共和国水污染防治法》、《中华人民共和国环境保护法》、《中华人民共和国土壤污染防治法》、《水污染防治行动计划》、《城镇排水与污水处理条例》等。相关国家政策主要包括《城镇污水处理厂污泥处理处置及污染防治技术政策（试行）》等。相关技术文件主要包括《城镇污水处理厂污泥处理处置污染防治最佳可行技术指南（试行）》HJ-BAT-002、《城镇污水处理厂污泥处理处置技术指南（试行）》等。

在编制规划过程中，各类通用和专用规范标准可用于指导污泥处理处置各环节的规划，其中通用标准包括规划设计类、泥质标准类、排放和检测类；专用标准包括机械减容技术和产品类、生物稳定技术和产品类、热处理技术和产品类。

规划设计类通用标准指适用于污泥处理处置过程的多个环节，对多种处理技术或处置方式的规划、设计建设、运行等要求进行规定的相关标准，主要规定了污泥规划、处理和处置过程中通用的技术和管控要求，主要标准和内容如表 2-1 所示。

我国污泥处理处置通用标准和主要内容——规划设计类   表 2-1

类别	名称和标准号	主要内容
国家标准	《城镇污水处理厂污泥处置 分类》GB/T 23484	按照污泥的最终消纳方式对污泥处置进行了分类，包括污泥土地利用（农用、园林绿化、土地改良）、污泥填埋（单独填埋、混合填埋）、污泥建筑材料利用（制水泥、制砖、制轻质骨料）、污泥焚烧（单独焚烧、与垃圾混合焚烧、污泥燃料利用）四大类和 11 个应用范围
	《室外排水设计标准》GB 50014	指出污泥的处置方式包括作肥料、作建材、作燃料和填埋等。并对污泥浓缩、污泥消化、污泥机械脱水、污泥输送、污泥干化焚烧和污泥综合利用等提出了要求
	《城市排水工程规划规范》GB 50318	规定了污泥应进行减量化、稳定化、无害化、资源化的处理和处置，并说明了污泥量的确定方法、污泥处理处置设施的布置原则和污泥处置的泥质要求
行业标准	《城镇污水处理厂污泥处理技术规程》CJJ 131	规定了污泥处理的方案选择和设计要求，以及污泥堆肥、石灰稳定、热干化和焚烧处理的设计、施工验收、运行管理、安全措施和监测控制要求
	《城镇污水处理厂污泥处理稳定标准》CJ/T 510	规定了污水处理厂污泥稳定处理产物的稳定性判定指标，以及 5 种稳定方法（厌氧消化、好氧发酵、好氧消化、热碱分解和石灰稳定）的过程控制指标

泥质标准类通用标准指污泥经减容或稳定化等处理后进行混合填埋、农用、园林绿化、林地利用、土地改良、单独焚烧、水泥窑等处置时应达到的泥质标准，主要规定了污泥进行上述处理处置时的准入条件，主要标准和内容如表 2-2 所示。

类别	名称和标准号	主要内容
国家标准	《农用污泥污染物控制标准》 GB 4284	规定了污泥农用（耕地、园地和牧草地）时的污染物指标（总镉、总汞、总铅、总铬、总砷、总镍、总锌、总铜、矿物油、苯并芘和多环芳烃）、卫生学指标（蛔虫卵死亡率和粪大肠菌群菌值）、理化指标（含水率、pH、粒径和有机质）、年累计施用量和连续施用年限，以及污泥产物的采样、检测、监测和取样方法
	《土壤环境质量　农用地土壤污染风险管控标准》 GB 15618	规定了农用土壤污染风险筛选值和管制值，以及监测、实施和监督要求
	《城镇污水处理厂污泥处置混合填埋用泥质》 GB/T 23485	规定了污泥进入生活垃圾卫生填埋场混合填埋的基本指标（含水率、pH、混合比例）、污染物指标（总镉、总汞、总铅、总铬、总砷、总镍、总锌、总铜、矿物油、挥发酚和总氰化物）及限值；规定了污泥作填埋场覆盖土的基本指标（含水率、臭气浓度、横向剪切强度）、污染物指标（同混合填埋）、生物学指标（粪大肠菌群菌值和蛔虫卵死亡率）及限值；此外，还规定了取样和监测分析方法
	《城镇污水处理厂污泥处置园林绿化用泥质》 GB/T 23486	规定了污泥园林绿化利用的外观和嗅觉要求，稳定化要求，理化指标（pH和含水率）、养分指标（总养分和有机物含量）、生物学指标（粪大肠菌群菌值和蛔虫卵死亡率）、污染物指标（总镉、总汞、总铅、总铬、总砷、总镍、总锌、总铜、硼、矿物油、苯并芘和可吸附有机卤化物）及限值，种子发芽指数要求，施用量确定方法，跟踪、监测和二次污染防控要求；此外，还规定了取样和检测方法
	《城镇污水处理厂污泥泥质》 GB/T 24188	规定了污泥稳定化处理的污染物排放要求；指出污泥不应向划定的污泥处理、处置场以外的任何区域排放；规定了污泥泥质基本控制指标（pH、含水率、粪大肠菌群菌值、细菌总数）、选择性控制指标（总镉、总汞、总铅、总铬、总砷、总铜、总锌、总镍、矿物油、挥发酚和总氰化物）及限值；此外，还规定了取样和监测分析方法
	《城镇污水处理厂污泥处置土地改良用泥质》 GB/T 24600	规定了污泥土地改良利用的外观和嗅觉要求，稳定化要求，理化指标（pH和含水率）、养分指标（总养分和有机物含量）、生物学指标（粪大肠菌群菌值、细菌总数和蛔虫卵死亡率）、污染物指标（总镉、总汞、总铅、总铬、总砷、总硼、总铜、总锌、总镍、矿物油、可吸附有机卤化物、多氯联苯、挥发酚和总氰化物）及限值，施用量，不宜施用情况、二次污染防控要求；此外，还规定了取样、监测和分析方法
	《城镇污水处理厂污泥处置单独焚烧用泥质》 GB/T 24602	规定了污泥单独焚烧时的理化指标（pH、含水率、低位热值和有机物含量）、污染物指标（烷基汞、汞、铅、镉、总铬、六价铬、铜、锌、铍、钡、镍、砷、除氟化钙外的无机氟化物、氰化物）及限值；建议考虑燃烧设备和燃烧传递条件慎用腐蚀性强的氯化铁类污泥调理剂；规定了焚烧烟气、恶臭、工艺废水和噪声的二次污染控制要求及焚烧残余物的处置要求；此外，还规定了取样、监测和分析方法
	《城镇污水处理厂污泥处置制砖用泥质》 GB/T 25031	规定了污泥制烧结砖利用的嗅觉要求，稳定化指标要求，理化指标（pH和含水率）、烧失量、放射性核素，污染物指标（总镉、总汞、总铅、总铬、总砷、总镍、总锌、总铜、矿物油、挥发酚和总氰化物）及限值，污泥用于制砖与人群接触场合时的卫生学指标（粪大肠菌群菌值、蛔虫卵死亡率、传染性病原菌）及限值，以及污泥运输和贮存时的大气污染物排放要求；规定了混合比例和成品质量要求，以及取样、监测和分析方法

类别	名称和标准号	主要内容
行业标准	《城镇污水处理厂污泥处置 农用泥质》CJ/T 309	规定了污泥农用（农田、园地和牧草地等）时的污染物指标（总砷、总镉、总铬、总铜、总汞、总镍、总铅、总锌、苯并芘、矿物油和多环芳烃）、物理指标（含水率、粒径和杂物）、卫生学指标（蛔虫卵死亡率和粪大肠菌群值）、营养学指标（有机质含量、氮磷钾含量和酸碱度）和种子发芽指数等要求；规定了年累计施用量和连续施用年限，禁止施用区域，取样、监测和分析方法，以及标准实施和监督要求
	《城镇污水处理厂污泥处置 水泥熟料生产用泥质》 CJ/T 314	规定了污泥制结砖利用的稳定化要求、基于入炉方式和生产工艺的理化指标和添加比例控制要求、污染物指标（总镉、总汞、总铅、总铬、总砷、总锌、总镍、总铜）及限值，生产过程的尾气、臭气、工艺废水和噪声的二次污染控制要求，以及产品水泥的质量要求；此外，还规定了取样、监测和分析方法，以及标准实施和监督要求
	《城镇污水处理厂污泥处置 林地用泥质》CJ/T 362	规定了污泥林地用的泥质要求，包括理化指标（pH、含水率、粒径和杂物）、养分指标（有机质和氮磷钾养分）、卫生学指标（粪大肠菌群菌值和蛔虫卵死亡率）、污染物指标（总镉、总汞、总铅、总铬、总砷、总镍、总锌、总铜、矿物油、苯并芘和多环芳烃）及限值，种子发芽指数要求，年累计施用量和连续施用年限，禁止施用区域，以及取样、监测和分析方法

排放和检测类通用标准主要包括污泥处理处置的污染物排放和控制标准，以及污泥检验方法，主要标准和内容如表2-3所示。

我国污泥处理处置通用标准和主要内容——排放和检测类　　　　　表2-3

类别	名称和标准号	主要内容
国家标准	《工业企业厂界环境噪声 排放标准》GB 12348	规定了工业企业和固定设备厂界环境噪声排放限值及其测量方法
	《恶臭污染物排放标准》 GB 14554	规定了8种恶臭污染物（氨、三甲胺、硫化氢、甲硫醇、甲硫醚、二甲二硫、二硫化碳和苯乙烯）的一次最大排放限值、复合恶臭物质的臭气浓度限值及无组织排放源的厂界浓度限值
	《生活垃圾焚烧污染 控制标准》GB 18485	规定了污泥、一般固体废弃物的专用焚烧炉等排放烟气中颗粒物、二氧化硫、氮氧化物、氯化氢、重金属及其化合物、二噁英等污染物的排放控制要求，以及焚烧厂选址、技术、运行、监测、实施和监督等要求
	《城镇污水处理厂污染物 排放标准》GB 18918	规定了城镇污水处理厂出水、废气排放和污泥处置（控制）的污染物限值。要求污泥进行稳定化处理，规定了厌氧和好氧稳定化控制指标；要求污泥进行脱水处理，并规定脱水后污泥含水率小于80%；还规定了处理后污泥农用时的污染物含量要求；此外，给出了取样和监测分析方法
行业标准	《城市污水处理厂污泥 检验方法》CJ/T 221	对24项污泥指标（包括物理、化学及微生物指标）的分析技术操作进行了规定，共包括54个检测方法

机械减容技术和产品类专用标准主要包括污泥浓缩、脱水和深度脱水方面的技术规程和产品标准，主要标准和内容如表2-4所示。

我国污泥处理处置专用标准和主要内容——机械减容技术和产品类　　　　表 2-4

类别	名称和标准号	主要内容
行业标准	《重力式污泥浓缩池周边传动浓缩机》CJ/T 507	规定了重力式污泥浓缩池周边传动浓缩机的定义、型式、型号和基本参数、要求、试验方法、检验规则、标志、包装、运输和贮存
	《环境保护产品技术要求 污泥脱水用带式压榨过滤机》HJ/T 242	规定了污泥脱水用带式压榨过滤机的定义、分类命名、要求、试验方法、检验规则、标志、包装、运输和贮存
	《环境保护产品技术要求 污泥浓缩带式脱水一体机》HJ/T 335	规定了污泥浓缩带式脱水一体机的技术要求、试验方法和检验规则
	《污泥深度脱水设备》JB/T 11824	规定了污泥深度脱水设备的定义、型式和基本参数、技术要求、试验方法、检验规则、标志、包装、运输和贮存
	《污水处理厂鼓式螺压污泥浓缩设备》JB/T 11832	规定了污水处理厂鼓式螺压污泥浓缩设备的型式和基本参数、技术要求、试验方法、检验规则、标志、包装、运输和贮存
	《叠螺式污泥脱水机》JB/T 12578	规定了叠螺式污泥脱水机的定义、型式和命名、技术要求、试验方法、检验规则、标志、包装、运输和贮存
团体标准	《城镇污水处理厂污泥隔膜压滤深度脱水技术规程》T/CECS 537	规定了污泥隔膜压滤深度脱水工程的设计、施工、验收及运行管理要求
	《污泥隔膜压滤机》T/CECS 10006	规定了污泥隔膜压滤机的型式和基本参数、要求、试验方法、检验规则、标志、包装、运输和贮存
	《城镇污水处理厂污泥深度脱水工艺设计与运行管理指南》T/CECS 20005	规定了污泥深度脱水工艺设计和运行管理要点

生物稳定技术和产品类专用标准主要包括污泥好氧发酵和厌氧消化方面的技术规程和产品标准，主要标准和内容如表2-5所示。

我国污泥处理处置专用标准和主要内容——生物稳定技术和产品类　　　　表 2-5

类别	名称和标准号	主要内容
行业标准	《好氧堆肥氧气自动监测设备》CJ/T 408	规定了有机废物好氧堆肥氧气自动监测设备的定义、型号、使用条件、要求、试验方法、检验规则、标志、包装和贮存
	《一体化好氧发酵设备》CJ/T 505	规定了一体化好氧发酵设备的术语和定义、分类和型号、组成、使用条件、要求、试验方法、检验规则、标志、包装、运输和贮存
	《污泥堆肥翻堆曝气发酵仓》JB/T 11245	规定了污泥堆肥翻堆曝气发酵仓的术语和定义、型号、基本参数、技术要求、试验方法、检验规则

类别	名称和标准号	主要内容
团体标准	《城镇污水处理厂污泥厌氧消化技术规程》T/CECS 496	规定了污泥厌氧消化工程的设计、施工、验收及运行管理要求
	《城镇污水处理厂污泥好氧发酵技术规程》T/CECS 536	规定了污泥好氧发酵工程的设计、施工、验收及运行管理要求
	《城镇污水处理厂污泥好氧发酵工艺设计与运行管理指南》T/CECS 20006	规定了污泥好氧发酵工艺设计和运行管理要点
	《城镇污水处理厂污泥厌氧消化工艺设计与运行管理指南》T/CECS 20007	规定了污泥厌氧消化工艺设计和运行管理要点

热处理技术和产品类专用标准主要包括污泥干化焚烧和水泥窑协同处置等技术规程和产品标准，主要标准和内容如表 2-6 所示。

我国污泥处理处置专用标准和主要内容——热处理技术和产品类　　表 2-6

类别	名称和标准号	主要内容
国家标准	《水泥窑协同处置固体废物污染控制标准》GB 30485	规定了协同处置固体废物（包括城市和工业污水处理污泥等）的水泥窑设施技术要求、入窑废物特性要求、运行操作要求、污染物排放限值、生产的水泥产品污染物控制要求、监测和监督管理要求
	《水泥窑协同处置污泥工程设计规范》GB 50757	规定了污泥进行水泥窑协同处置新建、改建和扩建新型干法水泥熟料生产线工程的设计要求
行业标准	《城镇污水处理厂污泥焚烧处理工程技术规范》JB/T 11826	规定了污泥单独焚烧处理工程的技术方案选择、工程设计、施工和验收等要求
	《城镇污水处理厂污泥焚烧炉》JB/T 11825	规定了污水处理厂污泥单独焚烧的污泥焚烧炉的技术要求、检验规则、检查和验收、标志、油漆、包装和随机文件
	《水泥窑协同处置固体废物环境保护技术规范》HJ 662	规定了利用水泥窑协同处置固体废物（包括城市和工业污水处理污泥等）的设施选择、设备建设和改造、操作运行以及污染控制等方面的环境保护技术要求
团体标准	《城镇污水污泥流化床干化焚烧技术规程》CECS 250	规定了污泥流化床干化和流化床焚烧技术要求、运行维护和管理要求
	《城镇污水处理厂污泥干化焚烧工艺设计与运行管理指南》T/CECS 20008	规定了污泥干化焚烧工艺设计和运行管理要点

规划编制还应参照其他相关地方标准。根据污泥处理处置规划原则和要求，还需与本区域其他的规划相协调，例如总体规划、污水处理系统专业规划、水（环境）功能区划规划、雨水排水规划等。

2.2 规划编制内容和步骤

2.2.1 规划文本内容

规划在成果形式上主要包括规划文本、说明书和图集。规划文本是对规划的各项目标和内容提出规定性要求的文件，简明扼要阐述规划结果；说明书则是规划文本的技术支撑，其内容包括分析现状、论证规划意义、解释规划文本等；图集主要包括城市区位图、城市总体规划总图、排水分区图、现状和规划排水设施分布图、规划方案近远期布局图等，是对规划文本中规划范围、分区、设施布局等内容的图纸表现。

规划文本的内容主要包括：总则、污泥处理处置规划方案、建设项目和投资估算、落实方案和保障措施等。总则包括污泥处理处置规划编制的目的、指导思想、规划原则、规划依据、规划目标、规划范围、规划期限等内容；污泥处理处置规划方案是规划文本的核心内容，包括近期和远期的规划污泥量预测、污泥处理处置技术路线和应急保障方式、规划设施规模、用地和布局；建设项目和投资估算包括近期、远期的建设项目和投资估算；落实方案和保障措施包括规划实施的计划和相关法规性、行政性、技术性、经济性和政策性等措施。

2.2.2 规划编制步骤

污泥处理处置规划编制前，需进行区域概况和污泥处理处置现状调研。区域概况调研包括发展概况、水环境特点、污水处理现状和规划。发展概况主要包括区域的行政分区、人口分布、产业分布、自来水供应量、污水产生量、城市污水处理能力和处理率、绿化面积等。水环境特点主要包括水系构成、水文特征、水质状况。污水处理现状和规划主要包括区域内污水处理厂的数量和空间分布、处理能力、处理工艺、排放标准、现有污水处理系统规划。污泥处理处置现状调研包括区域污水处理厂空间分布、污泥产量、现有污泥处理工艺、处置方式和处理设施。

1. 预测污泥产量

预测污泥产量是污泥处理处置规划方案编制的重要内容，是规模确定的直接依据，污泥产量预测是否合理直接关系到规划设施处理量、处置相关资源需求量等的准确性。

污泥产量根据污水量和污泥产率预测。污泥产率可通过历史数据或借鉴类似项目经验获取，也可根据进出水水质通过理论计算得到。确定污水处理厂污泥产量时，应针对规划范围涉及的各污水处理厂，分析近3~5年污水量和实际污泥产量的对应关系，结合排水规划等提供的污水量预测信息、实际污水量和水质变化趋势，以及提质增效、提标改造等相关计划，确定近远期各污水处理厂的污水量和污泥产率，以此预测近远期污泥产量。

2. 确定处置方式

处置是污泥的最终安排，确定处置方式是构建污泥处置方案的核心内容。污泥处置方案的确定应以污泥能够稳定和可持续地全量消纳为基本前提，以资源利用为导向，并应综合考虑泥质特性和变化趋势、当地土地资源和环境背景、可利用的工业窑炉、资源利用产品市场、经济社会发展水平等因素。确定污泥处置方案时应分别对不同处置方式的可行性和消纳能力进行分析，构建近远期的污泥处置方案。污泥处置方案需明确所采用的处置方式或组合、每种处置方式对应的污泥消纳量和来源、方案在全量消纳方面的主要风险和应对措施，同时，还应明确应急和临时处置措施。

处置方式筛选的前提条件是全面掌握区域污泥特性。结合表 2-2 中污泥处置的国家和行业现行标准，对污泥进行全面检测，根据泥质特性筛选出达到准入条件的处置方式，例如土地利用、建材利用、协同焚烧、填埋等。

1）土地利用

土地利用，是将污泥处理产物施用于土地表面或地表以下，或混入土壤，起到改良土壤或为植物提供营养作用的处置方式。土地利用按施用对象可分为林地利用、园林利用、土地改良和农业利用。目前污泥处理产物主要用于不进入食物链的前三种土地利用途径。土地利用途径相对于其他处置途径对污泥泥质的要求最高。进行污泥土地利用途径分析时，首先分析污泥的资源属性（有机质和营养元素含量）和污染属性（源头是否有工业废水混入、重金属和有机污染物含量），依据土地利用相关泥质标准中不同处置方式对污泥处理产物的要求，判断各城镇污水处理厂污泥经一定处理后是否能够达到土地利用的准入条件，如《城镇污水处理厂污泥处置 林地用泥质》CJ/T 362、《城镇污水处理厂污泥处置 园林绿化用泥质》GB/T 23486、《城镇污水处理厂污泥处置 土地改良用泥质》GB/T 24600、《农用污泥污染物控制标准》GB 4284；针对符合相应准入条件的土地利用方式，结合所收集的土地资源信息，估算各方式的污泥消纳量和随施用年限的变化情况。

2）建材利用

建材利用，是将污泥作为制作建材部分原料的处置方式。建材利用按利用形式主要包括：污泥经预处理后替代部分原料制备传统建筑材料，如砖、陶粒、水泥熟料、混凝土；污泥在工程建设中直接被利用，如道路、回填等工程利用。由于部分建材利用过程对重金属、有机污染物有固化、无害化作用，故建材利用途径相对于土地利用途径对泥质中污染物的限值较宽。

污泥用于制水泥熟料时，污泥泥质可参照《城镇污水处理厂污泥处置 水泥熟料生产用泥质》CJ/T 314，设施的设计和污染物排放需符合《水泥窑协同处置污泥工程设计规范》GB 50757、《水泥窑协同处置固体废物污染控制标准》GB 30485 的规定，产品质量需符合《通用硅酸盐水泥》GB 175 的规定，且产品按《水泥胶砂强度检验方法（ISO 法）》GB/T 17671 制成棱柱试体并按《固体废物 浸出毒性浸出方法 硫酸硝酸法》HJ/T 299 进行重金属浸出检测，确保产品重金属浸出浓度满足其使用范围对应的限值要求。

污泥用于制烧结砖时，污泥泥质可参照《城镇污水处理厂污泥处置 制砖用泥质》GB/T 25031，烧结砖质量需符合《烧结普通砖》GB/T 5101、《烧结多孔砖和多孔砌块》GB/T 13544、《烧结空心砖和空心砌块》GB/T 13545 等相关产品标准的规定。

进行污泥建材利用途径分析时，在调研建材生产、使用单位的基础上，需重点分析建材产品加工过程和后续消纳环节中工艺稳定、产品质量对掺加污泥的泥质和泥量的需求，结合建材加工和准入泥质相关标准的要求，估算不同建材利用企业、工程可协同消纳的污泥量。

3）协同焚烧

协同焚烧，是将污泥借助燃煤电厂、垃圾焚烧厂等工业窑炉协同燃烧的处置方式。考虑到协同焚烧受其他产业制约，可能存在污泥出路、可持续不稳定的问题，一般将其作为其他处置方式的补充，或阶段性处置方案。进行污泥协同焚烧途径分析时，根据当地是否有燃煤电厂、垃圾焚烧设施等信息，以不影响设施原工艺和二次污染风险可控为基本原则，估算污泥的掺烧比例和消纳量。由于高含水率污泥的热值较低，对原工艺的技术和经济性有一定影响，因此协同焚烧时多将污泥进行半干化预处理，掺烧比例通常为5%～10%，进行掺烧消纳能力估算时可作为参考。

4）填埋

填埋，是将污泥稳定化或无害化处理后在填埋场填埋的处置方式。当前三种途径无法全量稳定消纳规划的污泥量时，消纳量缺口一般采用填埋作为托底的处置途径。进行填埋的消纳量分析时，需要考虑满库容后的处置途径。污泥经稳定化处理后可作为垃圾填埋场覆盖土，未经稳定化的污泥直接填埋只能作为污泥处理处置的阶段性、应急处置方案。污泥或污泥处理产物进行填埋时，泥质应满足《城镇污水处理厂污泥处置 混合填埋用泥质》GB/T 23485 的要求。应严格限制并逐步禁止未经稳定化处理的污泥直接填埋，对于东部地区地级和以上城市、中西部地区大中型城市，应加快压减污泥填埋规模。泥质标准中规定，污泥用于混合填埋时，在含水率符合小于60%的要求下，同一时期内进入生活垃圾填埋场的污泥量和生活垃圾量的质量比不应大于8%，可据此估算混合填埋可消纳的污泥量。

3. 确定技术路线

不同的处置方式对所接纳的物料有特定要求，通过对具备一定泥质基础的污泥采用适用工艺进行处理可达到要求。确定污泥处置方案后，需对处置方案中各处置方式所适用的污泥类型和处理技术进行分析，并调查现状处理设施，主要包括生物稳定、热处理和应急脱水等处理设施的规模、可使用年限、存在的主要问题等情况。结合现状处理设施情况，筛选适用的处理处置技术路线，并综合考虑技术、经济、碳排放等因素后，确定各污水处理厂污泥处理处置的最终技术路线。根据实际情况可参考以下7种常见的处理处置技术路线。

1）厌氧消化后土地利用

厌氧消化后土地利用的常见方式如图2-1所示。以城镇生活污水为主产生的污泥通常有机质含量较高、重金属等污染物含量较低，能够使污泥得到减量化（污泥量减少30%～50%）和稳定化，同时可以回收污泥的生物质能，降解污泥中的易腐有机物，杀死部分病原菌，实现污泥无害化，处理产物可进行干化焚烧、土地利用。一般情况下，厌氧消化后的污泥泥质能够达到林地利用、园林绿化、土地改良或限制性农业利用标准，可优先考虑采用，并结合实际情况进行必要的后腐熟后综合利用。

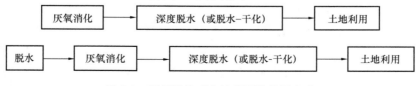

图 2-1　厌氧消化后土地利用的常见方式

2）好氧发酵后土地利用

好氧发酵后土地利用的常见方式如图2-2所示。以城镇生活污水为主产生的污泥通常有机质含量较高、重金属等污染物含量较低，能够实现污泥充分稳定化，污泥产物中的腐殖质和营养元素得到高效利用。一般情况下，好氧发酵后的污泥泥质能够达到园林绿化、林地利用、土地改良或限制性农业利用标准。

图2-2 好氧发酵后土地利用的常见方式

3）独立焚烧后灰渣建材利用或填埋

独立焚烧后灰渣建材利用或填埋的常见方式如图2-3所示。焚烧后污泥的减量化和稳定化程度较高，且焚烧设施高效、集约，占地面积较小。适用于污泥中的有毒有害物质含量较高且短期不可能降低，当地不具备土地利用条件，经济发达、人口稠密、土地成本较高的地区。此外，焚烧属于末端处理工艺，需充分考虑在污泥处理流程前端采用经济高效的减量化和降低含水率的工艺，如厌氧消化、深度脱水等，减少末端焚烧规模，提高焚烧工艺的经济性。

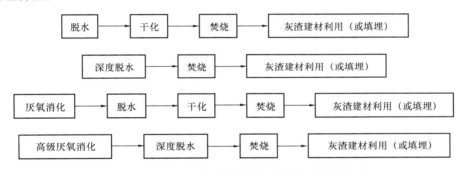

图2-3 独立焚烧后灰渣建材利用或填埋的常见方式

4）热电厂/水泥窑协同焚烧利用

热电厂/水泥窑协同焚烧利用的常见方式如图2-4所示。利用工业窑炉协同焚烧污泥，其本质仍属于焚烧，但利用现有窑炉，可降低建设投资、缩短建设周期。目前应用较多的是水泥窑和热电厂协同焚烧利用。当具备可供利用的工业窑炉时，可进行必要的改造，增加污泥进料、输送和二次污染控制等措施，在对原工艺影响和二次污染风险可控的情况下采用该类方式。若污泥中的有毒有害物质在较长时期内不可能降低时，需规划独立的焚烧设施作为永久性处置方案。

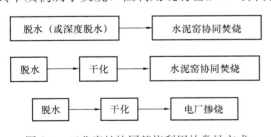

图2-4 工业窑炉协同焚烧利用的常见方式

5）热碱处理后产物多元利用

热碱处理后产物多元利用的常见方式如图2-5所示。以城镇生活污水为主产生的污泥通常有机质含量较高、重金属等污染物含量较低，能够实现污泥中有机质、营养元素等较大程度的回收利用。目前已有案例证实，热碱水解处理后的污泥经复配加工等程序后形成产品，能够达到相关行业的标准，可跨行业进入市场。

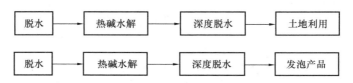

图 2-5　热碱处理后产物多元利用的常见方式

6) 碳化后产物多元利用

碳化后产物多元利用的常见方式如图 2-6 所示。以城镇生活污水为主产生的污泥通常有机质含量较高、重金属等污染物含量较低，碳化后污泥的减量化和稳定化程度较高，产物可进行多元化利用，且碳化设施高效、集约，占地面积较小，适合经济发达、人口稠密、土地成本较高和因邻避效应无法进行污泥焚烧的地区。

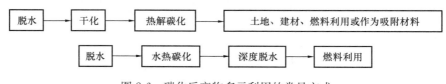

图 2-6　碳化后产物多元利用的常见方式

7) 热解气化后渣体建材利用或填埋

热解气化后渣体建材利用或填埋的常见方式如图 2-7 所示。热解气化处理后污泥的减量化和稳定化程度较高，残渣可建材利用，且工艺流程较干化焚烧简单，气化设施高效、集约，占地面积较小。适用于污泥中的有毒有害物质含量很高且短期不可能降低，当地不具备土地利用条件，经济发达、人口稠密、土地成本较高和因邻避效应无法进行污泥焚烧的地区。

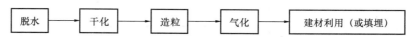

图 2-7　热解气化后渣体建材利用或填埋的常见方式

可结合以上技术路线，根据当地的资源禀赋确定污泥处理处置技术路线和方案，同时应对所选方案进行资源循环、能耗物耗、技术经济和主要风险等方面的综合分析。对于较大规模的污泥处理处置设施，还应对污泥处理处置方案进行碳排放综合评价，实现污泥的低碳处理处置。基于目前我国部分典型污泥处理处置工程，对以上常见技术路线进行综合分析和评价，如表 2-7 所示。确定技术路线时，可根据实际情况参考表 2-7 进行优化比选。

污泥处理处置常见技术路线的综合分析和评价　　表 2-7

评价内容	土地利用		建材利用			协同焚烧	其他产品化利用	
	厌氧消化＋土地利用	好氧发酵＋土地利用	厌氧消化＋独立焚烧＋建材利用	独立焚烧＋建材利用	热解气化＋建材利用	工业窑炉协同焚烧	热碱处理＋多元利用	碳化＋多元利用
技术路线成熟度	高	高	较高	较高	较低	较高	较低	较低

评价内容		土地利用		建材利用			协同焚烧	其他产品化利用	
		厌氧消化+土地利用	好氧发酵+土地利用	厌氧消化+独立焚烧+建材利用	独立焚烧+建材利用	热解气化+建材利用	工业窑炉协同焚烧	热碱处理+多元利用	碳化+多元利用
适用污泥		生活污水污泥	生活污水污泥	生活污水和工业废水混合污泥	生活污水和工业废水混合污泥	生活污水和工业废水混合污泥	生活污水和工业废水混合污泥	生活污水污泥	生活污水污泥
环境安全性	污染因子	恶臭、病原微生物	恶臭、病原微生物	恶臭、烟气	恶臭、烟气	恶臭、烟气	恶臭、烟气	恶臭	恶臭、烟气
	安全性	总体安全	总体安全	总体安全	总体安全	总体安全	总体安全	总体安全	总体安全
资源循环	循环要素	有机质、氮磷钾、能量	有机质、氮磷钾	有机质、无机质	无机质	无机质	无机质	有机质、氮磷钾	炭、氮磷钾
	资源利用	高	较高	高	中等	中等	中等	高	较高
能耗物耗	能耗	低	较低	中等	高	较高	高	低	较低
	物耗	低	较高	中等	较高	低	高	较低	低
技术经济	建设费用	较高	较低	较高	高	较高	低	较低	较高
	占地	较少	较多	较少	较少	较少	少	少	较少
	运行费用	较低	较低	中等	高	较高	高	较低	较高
主要风险		防火防爆；产物土地利用受季节和市场影响大	产物土地利用受季节和市场影响大	防火防爆；高温	防火防爆；高温	防火防爆；高温	稳定性受其他产业制约	产物利用受市场需求影响大	防火防爆；高温
碳排放		负碳排放或低水平碳排放	中等水平碳排放	较低或中等水平碳排放	中等或较高水平碳排放	中等水平碳排放	中等水平碳排放	中等水平碳排放	中等水平碳排放

4. 优选规划方案

确定了污泥处理处置技术路线后，为初步确定设施布局和用地，需结合现有设施情况，对污泥的分散和集中处理处置方案进行对比，重点考察污泥运输、贮存、处理处置设施的建设运营投资和环境成本。一般情况下，集中处理处置方案适用于各污水处理厂分布较集中、泥质较统一、运输成本较低的区域，处理处置设施需具有较大设计能力或处于易于扩建和远离居民区的位置；分散处理处置方案适用于较偏远片区、各污水处理厂分布分散或泥质差别较大的情况。对于集中式、分散式污水处理厂并存的区域，需充分考虑各污水处理厂关系的科学协调后确定。

针对初步形成的多个可选规划方案，需对各方案的技术、经济、环境、社会、管理等多方面效益和风险进行综合比选分析，选择最合理的方案。

1）技术方面，主要考虑各方案在污泥处理处置功能发挥方面的稳定性、可持续性和潜在风险，确保规划期内污泥得到全量处理处置。此外，还需考虑方案的前瞻性和先进性，分析所选技术与相关领域技术发展趋势是否一致，在国内外同类技术中的水平。对于拟采用较新的技术或处置方式的方案，还需考虑技术支撑条件。

2）经济方面，主要考虑各方案建设和运行在经济上的可行性和主要风险，即投资和运行成本是否在当地财政可接受的范围，对可能造成成本超出预期的主要风险进行分析。此外，还需考虑处理处置上下游相关产业可能受到的间接经济影响。

3）环境方面，主要考虑各方案二次污染的可控性和潜在风险、碳排放情况，以及方案在支撑当地环保相关目标实现方面的作用。

4）社会方面，主要考虑各方案与当前社会环境和未来社会发展趋势的协调性，焚烧的邻避效应风险，资源循环利用相关产业生存和发展的社会条件、政策支撑等。

5）管理方面，主要考虑各方案的管理难度和风险，如监管、调度的可操作性。

5. 明确布局方案

比选出最优规划方案后，还需进一步细化，明确近期和远期的污泥处理设施选址、规模、服务范围、工艺路线和产物处置方案。

在污泥处理设施选址方面，需要与自然保护区、公共设施、人口居住区和水源地保持一定的距离，防止污泥处理处置对周围环境安全造成威胁。除了符合规划、防洪、地灾、环境等常规要求外，还需兼顾污泥处理工艺附带的水、气、渣等处理或利用，如厌氧消化、热干化、焚烧等处理设施尽量建在污水处理厂内，便于解决回用水、沼液、废液和臭气处理等问题。高温热处理设施通常伴随污泥热干化处理，为了尽量降低一次热源的使用，其选址通常考虑利用垃圾焚烧、热电厂、污泥焚烧等热处理过程的余热。

污泥处理设施规模的确定对污泥全量、稳定处理和后续全量消纳处置至关重要。因此，规划方案在确定规模时应以设施服务的污水处理厂污泥近远期产量为依据，进行适当放大。放大规模应综合考虑排水体制、污水处理量、水质和工艺、季节变化等因素对污泥产量的影响后进行合理确定，近远期污泥产量和放大系数的乘积即为全量处理的要求。

2.3 规划方案编制实例

为了便于理解污泥处理处置规划方案编制过程，分别以昆明市和常州市污泥处理处置规划方案编制实例进行简要介绍。规划方案编制实例来源于水专项"重点流域城市污水处理厂污泥处理处置技术优化应用研究"课题研究成果，并对原规划方案文本进行了节选。

昆明市和常州市污泥处理处置规划方案实例中，规划范围分别为昆明市主城区（包括五华区、盘龙区、西山区、官渡区）和常州市区（包括武进区、新北区、天宁区、钟楼区）；规划对象为污水处理厂污泥，包括污水处理厂产生的初沉污泥、剩余污泥和化学污泥；规划年限近期为2020年、远期为2030年；规划方案所依托的基础信息来自课题研究团队于2015—2016年对城市污泥产量、泥质、处理处置情况、相关规划和处置资源的系统调研。

2.3.1 昆明市

1. 城市概况

昆明市地处云贵高原中部，云南省的中东部，金沙江、珠江、红河三大流域分水岭地带，下辖 6 个市辖区（五华区、盘龙区、官渡区、西山区、呈贡区和东川区）、1 个县级市（安宁市）、4 个县（晋宁县、富民县、嵩明县和宜良县）、3 个自治县（石林彝族自治县、寻甸回族彝族自治县和禄劝彝族苗族自治县）。2014 年全市常住人口为 662.6 万人。昆明市主城区东、西、北三面环山，南临滇池。

昆明市主城区污水系统的划分原则主要是根据早期建成的 7 座污水处理厂（第一～第七、八污水处理厂）所在的位置及相配套的污水主干管网所服务的范围和区域确定的。主城区污水系统已基本形成了 5 个分区，即城北片区、城西片区、城南片区、城东片区和城东南片区。截至 2015 年底，昆明市主城区建有城镇污水处理厂 13 座，设计污水处理能力为 151.5 万 m³/d，实际污水处理量为 125.55 万 m³/d。

2. 污泥处理处置现状

2015 年昆明市主城区污水处理厂污泥产量为 172tDS/d，折合脱水污泥量为 860t/d（含水率 80%）。截至 2016 年 3 月，第九污水处理厂和第十一污水处理厂尚处于调试阶段，未统计污泥产量。污泥处理方式主要为带式压滤和离心脱水，脱水污泥均进行填埋处置。昆明市主城区污水处理厂 2015 年污泥产量和处理处置概况如表 2-8 所示。

昆明市主城区污水处理厂 2015 年污泥产量和处理处置概况 表 2-8

排水系统片区	污水处理厂名称	污泥产量（tDS/d）	污泥处理方式	污泥处置方式
城南	第一污水处理厂	13.7	带式压滤、离心脱水	填埋
城东	第二污水处理厂	12.9	离心脱水	填埋
城西	第三污水处理厂	18.4	带式压滤、离心脱水	填埋
城北	第四污水处理厂	6.5	离心脱水	填埋
城北	第五污水处理厂	31.9	离心脱水	填埋
城东南	第六污水处理厂	26.8	带式压滤脱水	填埋
城南	第七、八污水处理厂	37.3	离心脱水	填埋
城西	第九污水处理厂	——		填埋
城东	第十污水处理厂	9.9	离心脱水	填埋
城东南	第十一污水处理厂	——		填埋
城东南	第十二污水处理厂	7.5	离心脱水	填埋
城东南	倪家营污水处理厂	7.5	带式压滤脱水	填埋
合计		172	——	——

昆明市主城区城市污水处理厂污泥处理处置工程已于 2014 年建成，位于第七污水处理厂的东面（金家河和环湖东路之间），采用高含固厌氧消化＋干化的处理工艺，处理规

模为 100tDS/d，暂未运行。

综上，昆明市主城区污水处理厂脱水污泥均进行填埋处置，污泥处理处置主要存在以下问题：污泥处理处置方式单一，缺乏稳定处置出路；污泥稳定化处理程度低，存在二次污染风险；污泥资源化利用水平低，未能利用泥质优势。

3. 预测污泥产量

根据《昆明中心城区排水专项规划（2009—2020）》，昆明市主城区的第一～第六污水处理厂均已无扩建用地。近期第十二污水处理厂规模拟扩建至 10 万 m³/d，倪家营污水处理厂规模拟扩建至 14 万 m³/d。拟新建第十三污水处理厂和阿拉乡污水处理厂，规模分别为 10 万 m³/d 和 3 万 m³/d。

目前昆明市主城区已建和在建污水处理厂污水排放标准均执行一级 A 标准，在进行污泥产量预测时污泥产率取各污水处理厂最近 3 年污泥产率的平均值。预测得近期（2020年）昆明市主城区污水处理厂污泥产量为 244tDS/d，折合含水率 80%脱水污泥 1260t/d，如表 2-9 所示。

昆明市主城区污水处理厂近期（2020 年）污泥产量　　　　　表 2-9

污水处理厂名称	处理规模（万 m³/d）		污泥产率	近期（2020 年）污泥产量
	现状（2015 年）	近期（2020 年）	（tDS/万 m³）	（tDS/d）
第一污水处理厂	12	12	1.19	14
第二污水处理厂	10	10	1.31	13
第三污水处理厂	21	21	1.05	22
第四污水处理厂	6	6	1.20	7
第五污水处理厂	18.5	18.5	1.28	24
第六污水处理厂	13	13	2.26	29
第七、八污水处理厂	30	30	1.38	41
第九污水处理厂	10	10	1.35	14
第十污水处理厂	15	15	1.35	20
第十一污水处理厂	6	6	1.35	8
第十二污水处理厂	5	10	1.50	15
第十三污水处理厂	—	10	1.35	14
倪家营污水处理厂	5	14	1.35	19
阿拉乡污水处理厂	—	3	1.35	4
合计	151.5	178.5	—	244

远期（2030 年）昆明市主城区污水处理厂污水处理量将达到 212 万 m³/d，污泥产量将达到 286tDS/d，折合脱水污泥量为 1430t/d（含水率 80%）。

4. 确定处置方式

1）泥质分析

昆明市主城区第一～第七、八污水处理厂规模较大，污水处理量和污泥产量均占60%以上，其泥质具有代表性。因此，对上述污水处理厂污泥进行了泥质检测分析。对照污泥泥质标准，分析比较如表 2-10 所示。

昆明市主城区第一～第七、八污水处理厂污泥泥质分析比较　表 2-10

标准		第一污水处理厂	第二污水处理厂	第三污水处理厂	第四污水处理厂	第五污水处理厂	第六污水处理厂	第七、八污水处理厂
《城镇污水处理厂污泥泥质》GB 24188—2009		✓	✓	×镉、砷	✓	✓	✓	✓
《城镇污水处理厂污泥处置 农用泥质》CJ/T 309—2009	A级	×镉	×镉	×镉、砷、镍、锌	✓	✓	×镉	×镉
	B级	✓	✓	×镉、砷	✓	✓	✓	✓
《城镇污水处理厂污泥处置 土地改良用泥质》GB/T 24600—2009	酸性土壤	✓	✓	×镉、砷	×硼	×硼	×镉	✓
	中碱性土壤	✓	✓	×镉、砷	✓	✓	✓	✓
《城镇污水处理厂污泥处置 园林绿化用泥质》GB/T 23486—2009	酸性土壤	✓	✓	×镉、砷、EC值	×硼	×硼	×镉	✓
	中碱性土壤	✓	✓	×镉、砷、EC值	✓	✓	✓	✓
《城镇污水处理厂污泥处置 林地用泥质》CJ/T 362—2011		✓	✓	×镉、砷	✓	✓	✓	✓
《城镇污水处理厂污泥处置 混合填埋用泥质》GB/T 23485—2009		✓	✓	×镉、砷	✓	✓	✓	✓
《城镇污水处理厂污泥处置 水泥熟料生产用泥质》CJ/T 314—2009		✓	✓	×镉、砷	✓	✓	✓	✓
《城镇污水处理厂污泥处置 单独焚烧用泥质》GB/T 24602—2009		×有机物含量	×有机物含量	×有机物含量	×有机物含量	×有机物含量	×有机物含量	×有机物含量
《城镇污水处理厂污泥处置 制砖用泥质》GB/T 25031—2010		✓	✓	×镉、砷	✓	✓	✓	✓

注：✓表示符合，×表示不符合。

　　根据泥质分析和现有处置资源情况，昆明市主城区第一污水处理厂、第二污水处理厂、第四污水处理厂、第五污水处理厂、第六污水处理厂和第七、八污水处理厂污泥泥质整体较好，适用于土地利用，也可建材利用。可采用的土地利用方式包括园林绿化、土地改良和林地。昆明市主城区第三污水处理厂进水中工业废水比例高，污泥泥质较差，重金属超标严重，限制了污泥的土地利用、建材利用等资源化利用，仅适合进行焚烧处置。

　　2）土地利用

　　根据《昆明市土地利用总体规划（2006—2020）》，至 2020 年昆明市园地面积将达到 57000hm²，林地面积将达到 1090500hm²，园地和林地面积增加空间较大。2015—2020 年期间，昆明市中心城区平均每年新增绿地 9km²，按照 1km² 绿化建设施用 15000t 污泥（以干基计）作为介质土，则每年可消纳污泥量为 1.35×10^5 tDS，远超过昆明市主城区污泥产量。此外，位于昆明市主城区西南方的安宁市拥有丰富的磷矿资源，位于主城区西北方的富民县拥有丰富的钛矿资源，矿山开采产生了大量的废弃矿坑亟需修复，污泥土地利用消纳量充裕。

昆明市主城区污水处理厂污泥土地利用可结合生态隔离林带建设工程、绿色通道建设工程、城镇绿化建设工程开展。生态隔离林带建设工程将在呈贡新区、高新技术产业开发区、滇池旅游度假区之间，以及主城区、空港新区之间建设生态隔离林带，形成大型绿色走廊带，建成后整个城市生态隔离林带为 $11733hm^2$。绿色通道建设工程将主城区二环、三环、绕城高速内环、绕城高速外环、主城昆曲高速等八条主要出口道路以及昆禄公路等五条辅助出口道路和王筇公路等四条补充出口道路林网纳入生态建设，新增绿地面积为 $2533hm^2$。城镇绿化建设工程以拆违建绿、治脏变绿、见缝插绿、庭院绿化为主。

3）焚烧

昆明市有红狮水泥厂、拉法基水泥厂、昆钢嘉华水泥厂、国资水泥有限公司等，可利用干法水泥窑对污泥进行协同处置。其中，红狮水泥厂已运行两条日产 4000t 的新型干法水泥熟料生产线，并配套 18MW 装机容量的纯低温余热发电系统，设备先进、工艺领先，是云南省目前单线产能最大，生产技术、环保设施和装备最先进的生产线之一，具备协同处置污泥的条件。

昆明市主城区生活垃圾以焚烧发电为主，在东郊和西郊分别建有垃圾焚烧发电厂，可对污泥进行掺烧处理处置，或者在垃圾焚烧发电厂附近新建污泥干化和焚烧设施，利用垃圾焚烧发电余热作为热源干化污泥。

4）混合填埋

昆明市主城区附近有西郊和东郊 2 个垃圾填埋场。西郊垃圾填埋场占地面积为 $65hm^2$，其中近期工程占地面积为 $30hm^2$，2000 年 5 月建成使用，总库容为 $9.7×10^6 m^3$，设计近期工程服务年限约为 11 年。东郊垃圾填埋场占地面积为 $48.6hm^2$，其中近期工程占地面积为 $33.3hm^2$，2000 年 5 月建成使用，总库容为 $1.1×10^7 m^3$，设计近期工程服务年限为 13 年。由于城市发展迅速，目前 2 个垃圾填埋场均已达到设计库容并准备封场关闭。另据昆明市政府相关文件精神，今后昆明城市垃圾主要依靠东郊、西郊 2 座垃圾焚烧发电厂解决，不再新建垃圾填埋场。因此，昆明市主城区缺乏污泥填埋消纳空间。

5. 确定技术路线

根据昆明市主城区污水处理厂污泥泥质特性，结合已有的处理设施、当地可利用社会资源、经济发展水平、污泥处置方向，近期和远期可供选择的污泥处理处置技术路线主要包括：高含固厌氧消化+深度脱水/干化+土地利用，干化+水泥窑协同处置，高温热水解+厌氧消化+深度脱水/干化+焚烧+建材利用。

1）高含固厌氧消化+深度脱水/干化+土地利用

适用于重金属含量低、土地利用条件较好的污泥。可充分利用污泥中的有机物和植物性养分，回收污泥气能源，减少温室气体排放，资源化利用程度高；可实现减量化、稳定化和无害化；厌氧消化过程安全要求较高；远期可考虑污泥和有机废弃物协同厌氧消化；需预留产品贮存空间，以应对最终产物土地利用的季节性变化和市场波动；需制定应对泥质超标等突发事件的应急预案。

2）干化＋水泥窑协同处置

适用于土地利用处置方式受限制的污泥，热干化设施尽量选择在可就近持续、稳定获得余热热源的地方。污泥和水泥同炉焚烧，不再建专用焚烧炉；炉窑容积大，稳定性好；1050～1800℃高温煅烧，气体停留时间长（大于 8s），湍流度高；分解出 CaO、MgO，呈碱性环境，可吸附酸性气体；产生的高温气体与常温污泥进行热交换，实现余热利用；处理的灰渣可直接烧成水泥熟料。

3）高温热水解＋厌氧消化＋深度脱水/干化＋焚烧＋建材利用

适用于有机质含量高、土地利用处置方式受限制的污泥。可充分利用污泥中的有机物回收生物质能，减少温室气体排放，资源化利用程度高；可实现减量化、稳定化和无害化；厌氧消化过程安全要求较高；深度脱水/干化为可选技术，可根据已有设施情况、污泥泥质等因素进行选择。

6. 优选规划方案

综合考虑近期昆明市污泥处理处置技术路线、污水处理厂地理位置分布和当地可利用社会资源状况，规划提出 3 种污泥处理处置方案：

1）方案一：土地利用为主，协同处置为辅，组团集中布局

方案采用以下 2 条污泥处理处置技术路线：

（1）高含固厌氧消化＋深度脱水/干化＋土地利用。将昆明市主城区已有的城市污水处理厂污泥处理处置工程搬迁至富民县的环保产业园，在此基础上新建污泥资源化处理处置中心，服务范围包括第一污水处理厂、第二污水处理厂、第四污水处理厂、第五污水处理厂、第六污水处理厂、第七、八污水处理厂、第九污水处理厂、第十污水处理厂、第十一污水处理厂、第十三污水处理厂等进水以生活污水为主的污水处理厂，干化后的产物用于富民县钛矿矿山土地修复。

（2）干化＋水泥窑协同处置。在昆明市宜良县红狮水泥厂新建污泥干化设施，并对水泥窑进行改造，利用水泥窑协同处置污泥，服务范围包括第三污水处理厂、第十二污水处理厂、倪家营污水处理厂、阿拉乡污水处理厂等进水中含有一定比例工业废水的污水处理厂。

方案主要污泥处理处置设施布局示意如图 2-8 所示。

方案具有如下特点：

（1）富民县属于昆明市的郊县，毗邻主城区，而且拥有丰富的钛矿资源，废弃矿坑修复消纳污泥的空间巨大。在富民县环保产业园新建污泥资源化处理处置中心，既易于选址，又不会导致污泥运输距离过远，还能够就近消纳污泥生物质碳土；工程可在昆明市主城区城市污水处理厂污泥处理处置工程搬迁的基础上建设，充分利用已有的污泥厌氧消化、热干化等设备，降低投资成本。

（2）红狮水泥厂位于昆明市宜良县工业园区，毗邻昆明市主城区。红狮水泥厂已运行两条日产 4000t 的新型干法水泥熟料生产线，并配套 18MW 装机容量的纯低温余热发电系统，可年产高强度等级水泥 400 万 t，设备先进、工艺领先，是云南省目前单线产能最大，生产技术、环保设施和装备最先进的生产线之一。利用水泥窑协同处置污泥具有以下优点：污泥和水泥同炉焚烧，不再建专用焚烧炉；炉窑容积大，稳定性好；高温煅烧，气体停留时间长，湍流度高；呈碱性环境，可吸附酸性气体；产生的高温气体与常温污泥进行热交换，实现余热利用；处理的灰渣可直接烧成水泥熟料。

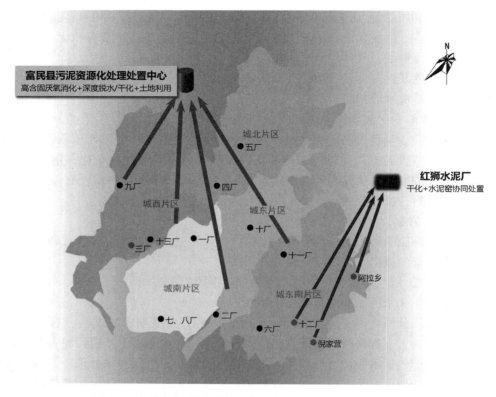

图 2-8　昆明市主要污泥处理处置设施布局示意图（方案一）

2）方案二：土地利用为主，干化焚烧为辅，组团集中布局

方案采用以下 2 条污泥处理处置技术路线：

（1）高含固厌氧消化＋干化＋土地利用。扩建目前已有的主城区城市污水处理厂污泥处理处置工程，服务范围包括第一污水处理厂、第二污水处理厂、第四污水处理厂、第五污水处理厂、第六污水处理厂、第七、八污水处理厂、第九污水处理厂、第十污水处理厂、第十一污水处理厂、第十三污水处理厂等进水以生活污水为主的污水处理厂，干化后的产物用于安宁市磷矿矿山土地修复。

（2）干化＋焚烧＋建材利用/填埋。在昆明市东郊垃圾焚烧发电厂附近新建污泥干化焚烧生产线，服务范围包括第三污水处理厂、第十二污水处理厂、倪家营污水处理厂、阿拉乡污水处理厂等进水中含有一定比例工业废水的污水处理厂。

方案主要污泥处理处置设施布局示意如图 2-9 所示。

方案具有如下特点：

（1）充分利用已有的主城区城市污水处理厂污泥处理处置工程，并在预留场地基础上进行扩建。但由于工程距离居民区较近，周围居民反对强烈，需要充分考虑邻避效应。

（2）在昆明市东郊垃圾焚烧发电厂附近新建污泥干化焚烧生产线，可充分利用垃圾焚烧所产生的蒸汽进行污泥干化，降低运行成本。但污泥焚烧飞灰需经危险废物鉴定后按要求处置。

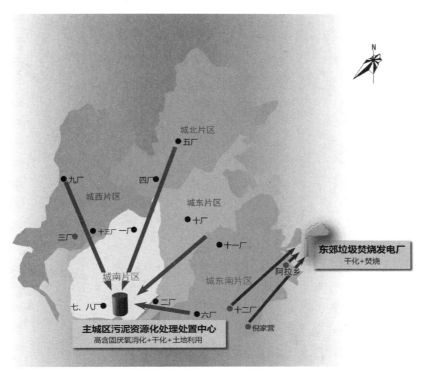

图 2-9 昆明市主要污泥处理处置设施布局示意图（方案二）

3）方案三：全部污泥焚烧，处置组团集中，处理适当分散

方案采用以下 2 条污泥处理处置技术路线：

（1）高含固厌氧消化＋干化＋焚烧＋建材利用/填埋。扩建目前已有的主城区城市污水处理厂污泥处理处置工程，服务范围包括第一污水处理厂、第二污水处理厂、第四污水处理厂、第五污水处理厂、第六污水处理厂、第七、八污水处理厂、第九污水处理厂、第十污水处理厂、第十一污水处理厂、第十三污水处理厂等污水处理厂，干化后的污泥运往东郊垃圾焚烧发电厂进行焚烧发电。

（2）干化＋焚烧＋建材利用/填埋。在昆明市东郊垃圾焚烧发电厂附近新建污泥干化焚烧生产线，服务范围包括第三污水处理厂、第十二污水处理厂、倪家营污水处理厂、阿拉乡污水处理厂等经济开发区污水处理厂，焚烧污泥包括上述污水处理厂的干化污泥和从昆明市主城区城市污水处理厂污泥处理处置工程外运来的干化污泥。

方案主要污泥处理处置设施布局示意如图 2-10 所示。

方案具有如下特点：

（1）充分利用已有的主城区城市污水处理厂污泥处理处置工程，并在预留场地基础上进行扩建。但由于工程距离居民区较近，周围居民反对强烈，需要充分考虑邻避效应。

（2）昆明市主城区大部分污水处理厂进水以生活污水为主，泥质整体较好，具有土地利用前景。全部污泥进行焚烧处置，浪费了污泥中所蕴含的有机质、养分等资源。

综上所述，各方案的特点如表 2-11 所示。经综合比较，采用方案一，即"土地利用为主，协同处置为辅，组团集中布局"，该方案污泥处理处置设施建设成本相对较低，设

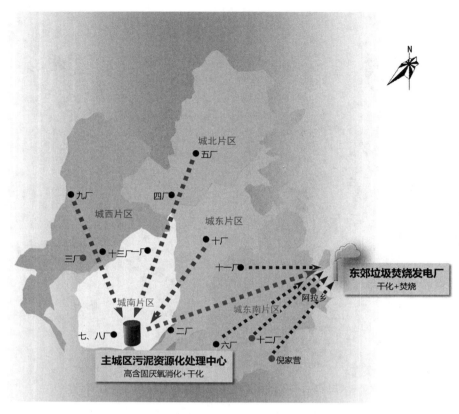

图 2-10　昆明市主要污泥处理处置设施布局示意图（方案三）

施运行可充分发挥规模效应，污泥资源化利用水平较高，与周围环境相容性好，并可衔接远期规划。因此，方案一为规划的推荐方案。

昆明市不同污泥处理处置方案比较　　　　　　　　　　　　表 2-11

比较项目	方案一	方案二	方案三
处理处置设施建设成本	需搬迁已有污泥厌氧消化和干化设施，建设成本较低	新建设施和利用已有设施相结合，建设成本适中	新建设施和利用已有设施相结合，建设成本适中
处理处置设施运行成本	充分发挥规模效应，干化热源利用污泥气和水泥窑烟气余热，运行成本较低	充分发挥规模效应，干化热源利用污泥气和垃圾焚烧余热，运行成本较低	充分发挥规模效应，干化热源利用污泥气和垃圾焚烧余热，运行成本较低
污泥运输成本	东、西部分别布局集中处理处置中心，运输成本适中	东、西部分别布局集中处理处置中心，运输成本适中	所有污泥集中处理处置，运输成本较高
污泥处理处置效果	土地利用为主，协同处置为辅，因地制宜实现减量化、稳定化、无害化和资源化，处理处置效果较好	土地利用为主，干化焚烧为辅，可实现污泥减量化、稳定化、无害化和资源化，处理处置效果较好	全部污泥焚烧，可实现减量化、稳定化和无害化，但缺乏资源化利用

比较项目	方案一	方案二	方案三
与周围环境相容性	选址于郊县，周围居民较少，环境相容性好	污泥厌氧消化和干化设施靠近居民区，环境相容性差	污泥厌氧消化和干化设施靠近居民区，环境相容性差
与远期规划衔接性	污泥处理处置中心建设时可为远期预留场地，与远期规划衔接性较好	污泥厌氧消化和干化设施位于主城区，改扩建难度较大，与远期规划衔接性较差	全市污泥集中焚烧处置，污泥运输、贮存等环节运行调度困难，与远期规划衔接性较差

7. 明确布局方案

按照"土地利用为主，协同处置为辅，组团集中布局"的方案原则，科学制定污泥处理处置方案和布局。

1）近期布局方案

近期（2020年）昆明市主城区将形成"5个片区，2个中心，2条路线"（简称"522"）污泥处理处置格局。

5个片区，即昆明市主城区的城东片区、城西片区、城南片区、城北片区和城东南片区，与排水系统片区一一对应。

2个中心，即昆明市富民县污泥资源化处理处置中心、昆明市宜良县红狮水泥厂污泥处理处置中心。

2条路线，即高含固厌氧消化＋深度脱水/干化＋土地利用、干化＋水泥窑协同处置2条污泥处理处置技术路线。

污泥处理处置设施布局示意如图2-11所示。

（1）昆明市富民县污泥资源化处理处置中心

服务范围：近期服务范围为昆明市主城区大部分进水以生活污水为主的污水处理厂，包括第一污水处理厂、第二污水处理厂、第四污水处理厂、第五污水处理厂、第六污水处理厂、第七、八污水处理厂、第九污水处理厂、第十污水处理厂、第十一污水处理厂、第十三污水处理厂，近期污水处理能力为131万 m³/d，污泥产量为184tDS/d。

规划选址：拟选址于昆明市富民县环保产业园，拟由主城区城市污水处理厂污泥处理处置工程搬迁重建而成。主城区城市污水处理厂污泥处理处置工程建成于2014年，位于第七污水处理厂的东面（金家河和环湖东路之间），采用高含固厌氧消化＋干化的处理工艺，处理规模为100tDS/d，因周边居民反对暂未运行，拟将工程进行整体搬迁。

技术路线：近期服务范围内的污水处理厂进水均以生活污水为主，污泥泥质整体较好，规划拟采用高含固厌氧消化＋深度脱水/干化＋土地利用的技术路线，厌氧消化污泥气经净化后用于厌氧消化池加热和污泥热干化，干化后的生物碳土用于富民县废弃钛矿矿坑修复。

处理规模：近期服务范围内的污水处理厂污泥产量为184tDS/d，因此污泥处理设施规模为190tDS/d。其中，污泥厌氧消化有机物降解率为40%，污泥中有机物含量为50%，厌氧消化污泥气产率为1.1Nm³/kgVS（去除），则厌氧消化污泥气产量预计将达到41800m³/d。

处置方式：厌氧消化后污泥经脱水/干化后可产生含水率40%的稳定化产物为380t/d，

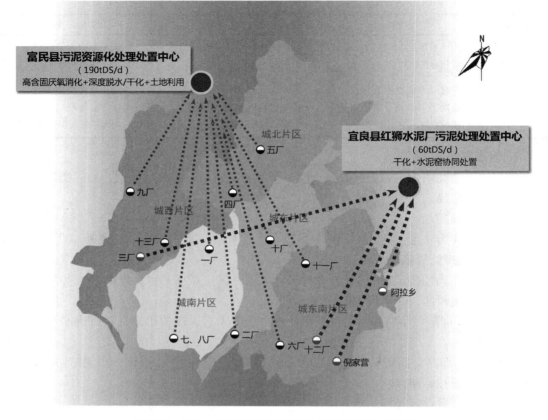

图 2-11　2020 年昆明市污泥处理处置规划布局示意图

用于富民县钛矿土地改良。

（2）昆明市宜良县红狮水泥厂污泥处理处置中心

服务范围：近期服务范围为昆明市主城区进水中工业废水比例较高的污水处理厂，包括第三污水处理厂、第十二污水处理厂、倪家营污水处理厂和阿拉乡污水处理厂，近期污水处理能力为 49 万 m^3/d，污泥产量为 60tDS/d。

规划选址：拟选址于昆明市主城区东部的宜良县红狮水泥厂。红狮水泥厂已运行两条日产 4000t 的新型干法水泥熟料生产线，并配套 18MW 装机容量的纯低温余热发电系统，设备先进、工艺领先，是云南省目前单线产能最大，生产技术、环保设施和装备最先进的生产线之一。

技术路线：服务范围内污水处理厂进水中含有较高比例的工业废水，污泥泥质较差，规划近期拟采用干化＋水泥窑协同处置的技术路线。其中，污泥热干化利用水泥窑的废热烟气作为热源，干化后污泥含水率降低至 30％以下，从分解炉处进入水泥窑，分解炉开口位置应设置污泥打散设施。

处理规模：污泥处理处置中心近期服务范围内污水处理厂污泥产量为 60tDS/d，因此规划污泥处理规模为 60tDS/d。

2）远期布局方案

根据预测，远期（2030年）昆明市主城区污水量将达到212万 m³/d，污泥产量将达到286tDS/d，折合脱水污泥量为1430t/d（含水率80%）。远期随着昆明市产业结构的调整和工业废水监管体系的完善，污泥中重金属等污染物含量将逐渐减小，污泥中有机物含量将逐渐提高，污泥通过土地利用、建材利用等方式进行处置的环境安全性将逐渐提高。

远期昆明市主城区污泥处理处置将以实现"三个转变"为发展方向，即由体现污泥泥质特点向满足滇池流域环境保护工作需要转变，由实现污泥安全处置向提高污泥资源化利用水平转变，由单纯建设污泥处理处置设施向建设污泥能源工厂转变，全方位解决制约昆明市污泥处理处置的瓶颈问题，高标准打造符合时代发展要求和国际化城市定位的污泥处理处置模式。

远期昆明市主城区污泥处理处置设施将延续近期布局思路，规划形成"5个片区，2个中心，2条路线"（简称"522"）污泥处理处置格局。

5个片区，即昆明市主城区的城东片区、城西片区、城南片区、城北片区和城东南片区，与排水系统片区一一对应。

2个中心，即昆明市富民县污泥资源化处理处置中心、昆明市呈贡区污泥资源化处理处置中心。

2条路线，即高级厌氧消化＋深度脱水/干化＋土地利用、高级厌氧消化＋深度脱水/干化＋焚烧＋建材利用2条污泥处理处置技术路线。

（1）昆明市富民县污泥资源化处理处置中心

规划远期昆明市富民县污泥资源化处理处置中心转型为污泥能源工厂，污泥和厨余垃圾等有机废弃物协同厌氧消化，从生物质中回收利用污泥气能源。污泥处理规模为200tDS/d，厨余垃圾等有机废弃物处理规模为150t/d，服务范围为昆明市主城区城东片区、城西片区、城南片区和城北片区4个区域的污水处理厂，包括第一污水处理厂、第二污水处理厂、第三污水处理厂、第四污水处理厂、第五污水处理厂、第六污水处理厂、第七、八污水处理厂、第九污水处理厂、第十污水处理厂、第十一污水处理厂、第十三污水处理厂。采用高级厌氧消化＋深度脱水/干化＋土地利用的技术路线，处理产物可用于富民县和安宁市的矿坑修复。

（2）昆明市呈贡区污泥资源化处理处置中心

规划远期昆明市呈贡区污泥资源化处理处置中心处理规模为86tDS/d，服务范围包括昆明市主城区城东南片区所有位于经济开发区的污水处理厂，采用高级厌氧消化＋深度脱水/干化＋焚烧＋建材利用的技术路线，焚烧灰渣可回收磷资源，并进行建材利用。

2.3.2 常州市

1. 城市概况

常州市地处长江三角洲平原，江苏省南部，下辖溧阳、金坛两市和武进、新北、天宁、钟楼、戚墅堰五区。2013年全市常住人口为469.2万人。市区位于市域的东北部，总面积为1862km²。

截至2013年底，常州市区拥有城镇污水处理厂17座，处理能力达74.1万 m³/d，城镇生活污水集中处理率达94.2%。此外，武进滨湖污水处理厂拟于2015年启动建设，处理规模为5万 m³/d。

2. 污泥处理处置现状

2014 年，常州市区城镇污水处理厂污泥产量为 106.73tDS/d，年产脱水污泥量为 18.66 万 t。其中，常州市区的江边污水处理厂、城北污水处理厂、清潭污水处理厂、戚墅堰污水处理厂隶属常州市排水管理处管辖，2014 年污泥产量为 69.37tDS/d；武进区城镇污水处理厂隶属武进区排水管理处管辖，2014 年污泥产量为 37.36tDS/d。

2014 年常州市区城镇污水处理厂污泥处理处置概况如表 2-12 所示。江边污水处理厂、城北污水处理厂、清潭污水处理厂、戚墅堰污水处理厂的污泥在厂内脱水至含水率 80% 后，均运往常州市广泰环保科技有限公司进行协同焚烧处理处置。武进区城镇污水处理厂污泥处置方式主要为焚烧、制陶粒、制砖，污泥处置单位包括武进区的振东新型节能建筑材料厂和跨区的广安环保科技有限公司、广泰环保科技有限公司、金坛市博大陶粒制品有限公司等。

2014 年常州市区城镇污水处理厂污泥处理处置概况 　　　　表 2-12

污泥处理处置地点	污泥处理处置方式	污泥处理量（tDS/d）	服务污水处理厂范围
广泰环保科技有限公司	协同焚烧	77.11	江边污水处理厂、城北污水处理厂、戚墅堰污水处理厂、清潭污水处理厂、武南污水处理厂、漕桥污水处理厂、横山桥污水处理厂
广安环保科技有限公司	协同焚烧	16.50	武进城区污水处理厂
振东新型节能建筑材料厂	制砖	8.10	郑陆污水处理厂、奔牛污水处理厂、横林污水处理厂
金坛市博大陶粒制品有限公司	制陶粒	2.31	邹区污水处理厂、湟里污水处理厂
常州新凯源环保科技有限公司	建材利用	2.71	牛塘污水处理厂
合计	—	106.73	—

常州市污泥处理处置主要存在以下问题：污泥产量不断增加，处置缺口明显；污泥处理处置方式单一，缺乏稳定处置出路；污泥未能有效利用，资源化利用水平低。

3. 预测污泥产量

近期（2020 年）常州市区城镇污水处理厂污水量根据《常州市城市排水规划（2011—2020）》确定，污泥产率取各污水处理厂 2012—2014 年污泥产率的平均值。预测得近期（2020 年）常州市区城镇污水处理厂污泥产量为 204tDS/d，折合脱水污泥量为 1020t/d（含水率 80%），如表 2-13 所示。

远期（2030 年）常州市区城镇生活污水集中处理率按照 100% 计，预测污水量将达到 152 万 m³/d，污泥产量将达到 259tDS/d，折合脱水污泥量为 1295t/d（含水率 80%）。

常州市区城镇污水处理厂近期（2020 年）污泥产量 　　　　表 2-13

污水处理厂名称	处理规模（万 m³/d）		污泥产率（tDS/万 m³）	近期（2020 年）污泥产量（tDS/d）
	现状（2014 年）	近期（2020 年）		
江边污水处理厂（一、二期）	20	20	1.71	34.20
江边污水处理厂（三期）	5	10	1.05	10.50

污水处理厂名称	处理规模（万 m³/d）		污泥产率（tDS/万 m³）	近期（2020 年）污泥产量（tDS/d）
	现状（2014 年）	近期（2020 年）		
江边污水处理厂（四期）	—	20	1.71	34.20
城北污水处理厂	15	15	1.84	27.60
戚墅堰污水处理厂	5	10	1.40	14.00
清潭污水处理厂	1.5	1.5	1.39	2.09
武进城区污水处理厂	8	8	2.36	18.88
武南污水处理厂	4	8	1.76	14.08
郑陆污水处理厂	1	2	1.71	3.42
横山桥污水处理厂	1	4	1.71	6.84
横林污水处理厂	2	4	1.71	6.84
漕桥污水处理厂	0.5	2	1.71	3.42
湟里污水处理厂	1	2.5	1.71	4.28
邹区污水处理厂	1	4	2.19	8.76
武进纺织园污水处理厂	3	3	1.71	5.13
滨湖污水处理厂	—	5	1.71	8.55
奔牛污水处理厂	0.5	0.5	1.71	0.86
合计	68.5	119.5	—	204

注：根据《常州市城市排水规划（2011—2020）》，至 2020 年西源污水处理厂污水将并入江边污水处理厂，马杭污水处理厂将停用，牛塘污水处理厂将改为亚邦厂自用。

4. 确定处置方式

1）泥质分析

江边污水处理厂、城北污水处理厂、戚墅堰污水处理厂、清潭污水处理厂、武进城区污水处理厂和武南污水处理厂污泥产量较大，污泥产量占常州市区城镇污水处理厂污泥产量的比例接近 90%，其泥质具有代表性。因此，对上述污水处理厂的泥质进行了检测分析。对照污泥泥质标准，分析比较如表 2-14 所示。

常州市区各污水处理厂污泥泥质分析比较 表 2-14

标准		江边污水处理厂（一、二期）	江边污水处理厂（三期）	城北污水处理厂	戚墅堰污水处理厂	清潭污水处理厂	武进城区污水处理厂	武南污水处理厂
《城镇污水处理厂污泥泥质》 GB 24188—2009		×铜	√	√	×铜	√	×锌、铜	×铬、镍、锌、铜
《城镇污水处理厂污泥处置 农用泥质》 CJ/T 309—2009	A 级	×锌、铜、砷	×镍、锌、铜	×砷、多环芳烃	×锌、铜	√	×镉、铬、镍、锌、铜、矿物油	×镉、铬、镍、锌、铜、矿物油
	B 级	×锌、铜	√	√	×锌、铜	√	×铬、镍、锌、铜	×铬、镍、锌、铜

标准		江边污水处理厂(一、二期)	江边污水处理厂(三期)	城北污水处理厂	戚墅堰污水处理厂	清潭污水处理厂	武进城区污水处理厂	武南污水处理厂
《城镇污水处理厂污泥处置 土地改良用泥质》GB/T 24600—2009	酸性土壤	×锌、铜	×镍、锌、铜	✓	×锌、铜	✓	×镉、铬、镍、锌、铜	×镉、铬、镍、锌、铜
	中碱性土壤	×铜	✓	✓	×锌、铜	✓	×铬、镍、锌、铜	×铬、镍、锌、铜
《城镇污水处理厂污泥处置 园林绿化用泥质》GB/T 23486—2009	酸性土壤	×锌、铜、EC值	×镍、锌、铜	✓	×锌、铜	✓	×镉、铬、镍、锌、铜	×镉、铬、镍、锌、铜
	中碱性土壤	×铜、EC值	✓	✓	×锌、铜	✓	×铬、镍、锌、铜	×铬、镍、锌、铜
《城镇污水处理厂污泥处置 林地用泥质》CJ/T 362—2011		×锌、铜	✓	✓	×锌、铜	✓	×锌、铜	×铬、镍、锌、铜
《城镇污水处理厂污泥处置 混合填埋用泥质》GB/T 23485—2009		×铜	✓	✓	×铜	✓	×锌、铜	×铬、镍、锌、铜
《城镇污水处理厂污泥处置 水泥熟料生产用泥质》CJ/T 314—2009		×铜	✓	✓	×锌、铜	✓	×锌、铜	×铬、镍、锌、铜
《城镇污水处理厂污泥处置 单独焚烧用泥质》GB/T 24602—2009		✓	×有机物	✓	×锌、铜	✓	✓	×铬、镍、锌、铜
《城镇污水处理厂污泥处置 制砖用泥质》GB/T 25031—2010		×铜	✓	✓	×锌、铜	✓	×锌、铜	×铬、镍、锌、铜

注：✓表示符合，×表示不符合。

根据泥质分析和现有处置资源情况，重金属是常州市区城镇污水处理厂污泥中的主要污染物，也是制约污泥处置方式选择的主要因素，其中以锌和铜的超标最为严重。城北污水处理厂、清潭污水处理厂污泥泥质较好，适用于土地利用、建材利用等各种处置方式。江边污水处理厂（三期）污泥泥质总体较好，除镍、锌、铜含量偏高不适用于农用 A 级、园林绿化和土地改良酸性土壤外，对于其他土地利用、建材利用等处置方式均能满足要求。戚墅堰污水处理厂污泥中锌和铜含量超标，但超标幅度较小，通过加强对进水水质的控制，即可使污泥中重金属含量满足园林绿化、土地改良等泥质标准要求。江边污水处理厂（一、二期）、武进城区污水处理厂和武南污水处理厂污泥泥质较差，仅适合焚烧处置。

2）焚烧

常州市武进城区污水处理厂、武南污水处理厂等进水中工业废水比例较高，污泥中重金属含量偏高，可采用焚烧的方式进行处理处置。常州市有广泰环保科技有限公司、广安环保科技有限公司等可对污泥进行协同焚烧处理处置，但考虑到污泥通过热电厂协同焚烧处置易受产业结构调整和市场需求波动影响，污泥处置出路不稳定，建议新建单独焚烧设施对污泥进行处理处置，或者将污泥和垃圾协同焚烧处理处置。综合考虑污泥焚烧对选址的要求和公众对焚烧设施的邻避效应，常州市区适合进行污泥焚烧的地点主要有新北区春江镇江边污水处理厂附近和武进区雪堰镇夹山。

3）土地利用

常州市江边污水处理厂（三期）、城北污水处理厂和清潭污水处理厂等进水以生活污水为主，产生的污泥适合土地利用，可采用的土地利用方式包括园林绿化、土地改良和林地用泥。根据《2013年常州市国民经济和社会发展统计公报》，截至2013年底，常州市区绿地面积达7232.85hm²，建成区绿化覆盖率达42.87%，建成区绿地率为38.95%。根据《常州市城市总体规划（2011—2020）》，至2020年市区绿地面积将达到11622hm²，建成区绿化覆盖率将达45%，建成区绿地率将达39%。2013—2020年期间，常州市区平均每年新增绿地6.27km²，按照1km²绿化建设施用15000t污泥（以干基计）作为介质土，则每年可消纳污泥量为9.4×10^4 tDS；污泥用于园林绿化施用量按照不超过7.5tDS/（hm²·年）计，则每年可消纳污泥量为5.4×10^4 tDS。综上所述，常州市区园林绿化每年可消纳污泥1.48×10^5 tDS，远超过常州市区污泥产量。此外，常州市新北区兴隆生态园正在建设，且毗邻江边污水处理厂，可以园林绿化土形式消纳污泥。

4）建材利用

常州市目前已有振东新型节能建筑材料厂、金坛市博大陶粒制品有限公司等污泥建材生产公司，未来可考虑建立集中式大型污泥建材生产公司，加强对建材生产用泥质的监控，重视采用国内外先进工艺技术和设备，提高建材产品质量性能，并健全建材产品去处追踪和环境风险评估。

5. 确定技术路线

根据常州市区城镇污水处理厂污泥泥质特性，结合已有的处理设施、当地可利用社会资源、经济发展水平、污泥处置方向，近期和远期可供选择的污泥处理处置技术路线主要包括：深度脱水/干化＋焚烧＋建材利用/填埋，高温热水解＋高含固厌氧消化＋脱水/干化＋焚烧＋建材利用/填埋，高温热水解＋高含固厌氧消化＋脱水/干化＋土地利用。

1）深度脱水/干化＋焚烧＋建材利用/填埋

适用于有机组分和重金属含量较高、土地利用条件受限制的污泥。减量化显著，可实现稳定化和无害化；污泥热干化和焚烧系统宜组合建设；焚烧产物经鉴定为非危险废物的，可直接作为骨料、路基材料掺混到混凝土或其他建筑材料中。形成的焚烧残渣性质稳定，贮存和运输方便，建材利用时受市场波动影响较小；多数污泥焚烧需补充外部热源，为降低污泥单独焚烧的外部热源补充量，确保焚烧产物的安全处置和利用，可对焚烧前污泥进行调理，使污泥改性，并降低含水率。

2）高温热水解＋高含固厌氧消化＋脱水/干化＋焚烧＋建材利用/填埋

适用于有机质含量较高、土地利用处置方式受限制的污泥。可充分利用污泥中的有机物回收生物质能，减少温室气体排放，资源化利用程度高；可实现减量化、稳定化和无害化；厌氧消化过程安全要求较高；脱水/干化为可选技术，可根据已有设施情况、污泥泥质等因素进行选择。

3）高温热水解＋高含固厌氧消化＋脱水/干化＋土地利用

适用于重金属含量较低、土地利用条件较好的污泥。可充分利用污泥中的有机物和植物性养分，回收生物质能，减少温室气体排放，资源化利用程度高；可实现减量化、稳定化和无害化；厌氧消化过程安全要求较高；远期可考虑污泥和有机废弃物协同厌氧消化；需预留产品贮存空间，以应对最终产物土地利用的季节性变化和市场波动；需制定应对泥质超标等突发事件的应急预案。

6. 优选规划方案

综合考虑近期常州市污泥处理处置技术路线、污水处理厂地理位置分布和当地可利用社会资源状况，规划提出 3 种污泥处理处置方案：

1）方案一："南夹山、北江边"集中处理处置

武进片区：污泥在各污水处理厂分别进行脱水或者深度脱水处理，脱水污泥运往夹山集中干化焚烧，采用深度脱水/干化＋焚烧＋建材利用/填埋的技术路线。

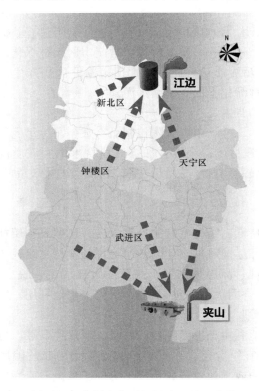

图 2-12　常州市主要污泥处理处置设施
布局示意图（方案一）

常州市区北部片区：脱水污泥运往江边污水处理厂，采用高温热水解＋高含固厌氧消化＋脱水/干化＋焚烧＋建材利用/填埋的技术路线集中处理处置。

方案主要污泥处理处置设施布局示意如图 2-12 所示。

方案具有如下特点：

（1）在武进区雪堰镇夹山南麓布局污泥干化焚烧中心，集中处理处置武进片区主要污水处理厂所产生的污泥。对于武进城区污水处理厂、武南污水处理厂等规模较大、距离较远的污水处理厂，可在厂内建设污泥深度脱水设施，降低污泥含水率，减少污泥体积，以降低污泥运输成本。

（2）在江边污水处理厂附近布局集中式污泥处理处置设施，采用高温热水解＋高含固厌氧消化＋脱水/干化＋焚烧＋建材利用/填埋的技术路线，服务范围包括常州市区北部片区所有城镇污水处理厂，可充分发挥厌氧消化规模效

益，而且干化设施可利用焚烧余热，降低污泥处理处置成本。

（3）夹山污泥焚烧处理处置中心、江边污水处理厂附近居民均较少，不仅可为近期污泥处理处置提供良好的外部环境，还能够为远期污泥处理处置设施的改扩建提供可能，有利于充分衔接近远期规划。

2）方案二："南夹山、北广泰"集中处理处置

武进片区：污泥运往雪堰夹山，采用深度脱水/干化＋焚烧＋建材利用/填埋的技术路线。

常州市区北部片区：污泥运往广泰环保科技有限公司协同焚烧处置。

方案主要污泥处理处置设施布局示意如图 2-13 所示。

方案具有如下特点：

（1）可充分利用广泰环保科技有限公司已有的污泥深度脱水、太阳能干化和协同焚烧设施，降低污泥处理处置设施建设成本。然而随着产业结构调整，广泰环保科技有限公司所服务的纺织园区工业热电需求呈现萎缩趋势，协同焚烧污泥能力将逐渐减小，存在污泥处置出路不稳定的弊端。

（2）广泰环保科技有限公司周围已被居民区包围，远期需要重新规划建设污泥处理处置点，近远期规划无法充分衔接。

3）方案三："南夹山、北江边"集中处置，大厂就地处理

武进片区：在武进城区污水处理厂和武南污水处理厂分别建设污泥深度脱水设施，脱水泥饼运往夹山集中焚烧。

常州市区北部片区：采用高温热水解＋高含固厌氧消化＋脱水/干化＋焚烧＋建材利用/填埋的技术路线，在城北污水处理厂和江边污水处理厂分别建设污泥厌氧消化设施，消化污泥脱水后运往江边污水处理厂进行干化焚烧集中处理处置。

方案主要污泥处理处置设施布局示意如图 2-14 所示。

图 2-13　常州市主要污泥处理处置设施布局
示意图（方案二）

图 2-14　常州市主要污泥处理处置设施布局
示意图（方案三）

方案具有如下特点：

针对江边污水处理厂、城北污水处理厂、武进城区污水处理厂和武南污水处理厂等规模较大的污水处理厂，分别建设污泥处理设施，处理后污泥再分别运往江边污水处理厂和

夹山污泥焚烧处理处置中心进行集中焚烧。但是厌氧消化和深度脱水设施分散建设成本较高，运行管理复杂，无法发挥规模效应。此外，目前城北污水处理厂等均已被居民区包围，环境相容性较差，未来也不具备改扩建条件，无法有效衔接近远期规划。

综上所述，各方案的特点如表 2-15 所示。经综合比较，采用方案一，即"南夹山、北江边"集中处理处置，该方案污泥处理处置设施建设和运行成本相对较低，设施运行可充分发挥规模效应，污泥资源化利用水平较高，与周围环境相容性好，并可衔接远期规划。因此，方案一为规划的推荐方案。

常州市不同污泥处理处置方案比较 表 2-15

比较项目	方案一	方案二	方案三
处理处置设施建设成本	厌氧消化、脱水、干化、焚烧设施集中建设，建设成本较低	充分利用广泰环保科技有限公司已有设施，建设成本较低	厌氧消化和深度脱水设施分散建设，建设成本较高
处理处置设施运行成本	充分发挥规模效应，干化设施利用焚烧余热，运行成本较低	广泰环保科技有限公司污泥脱水、干化、焚烧设施运行成本较低	无法发挥规模效应，运行管理复杂，运行成本较高
污泥运输成本	部分污泥减量后再运往集中处置中心，运输成本适中	武进片区部分污水处理厂距离夹山较远，运输成本较高	污泥减量后再运往集中处置中心，运输成本较低
污泥处理处置效果	污泥资源化利用水平较高，处理处置效果较好	污泥资源化利用水平低，处理处置效果一般	污泥资源化利用水平较高，处理处置效果较好
与周围环境相容性	江边和夹山周围居民较少，环境相容性较好	广泰环保科技有限公司已被居民区包围，环境相容性较差	城北污水处理厂已被居民区包围，环境相容性较差
与远期规划衔接性	江边和夹山污泥处理处置中心均可改扩建为污泥能源工厂，与远期规划衔接性较好	随着产业调整，广泰环保科技有限公司近期可能停产，与远期规划衔接性较差	城北污水处理厂已被居民区包围，未来不具备改扩建条件，与远期规划衔接性较差

7. 明确布局方案

1）近期布局方案

近期（2020 年）常州市区将形成"2 个片区，2 个中心，3 条路线"（简称"223"）污泥处理处置格局。

2 个片区，即常州市区北部片区和武进片区，常州市区北部片区包括天宁区、钟楼区和新北区，片区污水处理系统归属常州市排水管理处管辖；武进片区包括武进区，片区污水处理系统归属武进区排水管理处管辖。

2 个中心，即江边污泥资源化处理处置中心和夹山污泥焚烧处理处置中心。江边污泥资源化处理处置中心服务范围为常州市区北部片区所有城镇污水处理厂；夹山污泥焚烧处理处置中心服务范围为武进片区所有城镇污水处理厂。其中，武进城区污水处理厂和武南污水处理厂规模较大，污泥分别在各自厂里深度脱水后再运往夹山焚烧，以实现污泥减量，降低污泥运输成本。

3 条路线，即高温热水解＋高含固厌氧消化＋脱水/干化＋土地利用、高温热水解＋

高含固厌氧消化＋脱水/干化＋焚烧＋建材利用/填埋、深度脱水/干化＋焚烧＋建材利用/填埋3条污泥处理处置技术路线。

污泥处理处置设施布局示意如图2-15所示。

图2-15 2020年常州市区污泥处理处置规划布局示意图

（1）常州市江边污泥资源化处理处置中心

服务范围：常州市排水管理处管辖的常州市区北部片区所有城镇污水处理厂，包括江边污水处理厂、城北污水处理厂、戚墅堰污水处理厂、清潭污水处理厂、郑陆污水处理厂、邹区污水处理厂、奔牛污水处理厂，近期污水处理能力为83万 m^3/d，污泥产量为136tDS/d。

规划选址：由于近期江边污水处理厂（一、二、三、四期）处理规模将达到50万 m^3/d，污泥产量为79tDS/d，占服务范围内污泥产量的59%。因此，从减少污泥运输成本角度考虑，集中式污泥处理处置中心适合选址于江边污水处理厂附近。此外，现场调研得知，常州市区人口密度较大，仅江边污水处理厂附近适合作为污泥处理处置中心地址。因此，江边污泥资源化处理处置中心选址于常州市新北区春江镇江边污水处理厂附近。

技术路线：江边污水处理厂（三、四期）、城北污水处理厂、清潭污水处理厂等进水以生活污水为主，污泥中有机质含量高、重金属等污染物含量低，泥质整体较好，适合采用高温热水解＋高含固厌氧消化＋脱水/干化＋土地利用的技术路线。江边污水处理厂（一、二期）等进水以工业废水为主，污泥中重金属等污染物含量超标严重，适合采用高温热水解＋高含固厌氧消化＋脱水/干化＋焚烧＋建材利用/填埋的技术路线，对于焚烧后的飞灰应进行危险废物鉴定。

处理规模：江边污泥资源化处理处置中心设置 2 条独立的高温热水解＋高含固厌氧消化＋脱水/干化生产线，生产线 1 处理江边污水处理厂（三、四期）、城北污水处理厂、清潭污水处理厂、戚墅堰污水处理厂等产生的污泥（污泥产量为 88.39tDS/d），规划近期处理规模为 90tDS/d，处理后污泥进行土地利用；生产线 2 处理江边污水处理厂（一、二期）、郑陆污水处理厂、邹区污水处理厂、奔牛污水处理厂等产生的污泥（污泥产量为 47.24tDS/d），规划近期处理规模为 50tDS/d。2 条生产线厌氧消化设施处理总规模为 140tDS/d，污泥中有机物含量为 55%，厌氧消化有机物降解率为 40%，厌氧消化污泥气产率为 1.1Nm³/kgVS（去除），则厌氧消化污泥气产量预计将达到 33880m³/d，可生产压缩天然气约 16000m³/d。

处置方式：厌氧消化后污泥经脱水/干化后可产生含水率 40% 的半干化污泥 109.2tDS/d。其中，生产线 1 产生含水率 40% 的半干化生物碳土 70.2tDS/d，进行土地利用处置；生产线 2 产生含水率 40% 的半干化污泥 39 tDS/d，污泥焚烧设施规划规模 60tDS/d，污泥土地利用出路受阻时，可将部分污泥暂时进行焚烧处置。焚烧后可产生灰渣 27t/d，焚烧灰渣如经鉴定不属于危险废物，则可进行建材利用。

（2）常州市夹山污泥焚烧处理处置中心

服务范围：武进区排水管理处管辖的所有城镇污水处理厂，包括武进城区污水处理厂、武南污水处理厂、横山桥污水处理厂、漕桥污水处理厂、横林污水处理厂、湟里污水处理厂、滨湖污水处理厂等，近期污水处理能力为 37 万 m³/d，污泥产量为 70tDS/d，其中武进城区污水处理厂和武南污水处理厂污泥分别在各自厂里深度脱水后再运往夹山焚烧。此外，根据江苏省《关于调整常州市部分行政区划的通知》，近期金坛市将调整为金坛区，并入常州市区范围，金坛市污水处理厂污泥在厂内脱水后可一并运往夹山污泥焚烧处理处置中心进行集中处理处置。

规划选址：夹山污泥焚烧处理处置中心拟选址于武进区雪堰镇夹山南麓。

技术路线：近期武进区各污水处理厂进水中工业废水比例较高，污泥中重金属等污染物含量较高，采用深度脱水/干化＋焚烧＋建材利用/填埋的技术路线，对于焚烧后的飞灰应进行危险废物鉴定。

处理规模：服务范围内的污水处理厂近期污泥产量为 70tDS/d；其中，武进城区污水处理厂和武南污水处理厂污泥产量为 33.0tDS/d，两厂污泥分别在各厂内进行隔膜压滤深度脱水处理，深度脱水过程中药剂投加比例（药剂干重和污泥干固体质量的比值）以 20% 计，则脱水后污泥干固体质量增加 6.6tDS/d；另外，为金坛区预留污泥处理处置能力为 8tDS/d。因此，综合考虑服务范围内污泥产量和含水率波动等因素，夹山污泥焚烧处理处置中心规划规模为 90tDS/d。

处置方式：焚烧后可产生灰渣 40.5t/d，灰渣经鉴定不属于危险废物的可进行建材利用。

2）远期布局方案

根据预测，远期（2030 年）常州市区污水量将达到 152 万 m³/d，污泥产量将达到 259tDS/d，折合脱水污泥量为 1295t/d（含水率 80％）。远期随着常州市产业结构的调整和工业废水监管体系的完善，污泥中重金属等污染物含量将逐渐减小，污泥通过土地利用、建材利用等方式进行处置的环境安全性将逐渐提高。

远期常州市区污泥处理处置设施将延续近期"南夹山、北江边"整体布局，规划形成"2 个片区，2 个中心，2 条路线"（简称"222"）污泥处理处置格局。

2 个片区，即常州市区北部片区和武进片区，常州市区北部片区包括天宁区、钟楼区和新北区，片区污水处理系统归属常州市排水管理处管辖；武进片区包括武进区，片区污水处理系统归属武进区排水管理处管辖。

2 个中心，即江边污泥能源工厂和夹山污泥资源化处理处置中心，江边污泥能源工厂服务范围为常州市区北部片区所有城镇污水处理厂，夹山污泥资源化处理处置中心服务范围为武进片区所有城镇污水处理厂。

2 条路线，即高温热水解＋高含固厌氧消化＋脱水/干化＋土地利用、高温热水解＋高含固厌氧消化＋脱水/干化＋焚烧＋建材利用 2 条污泥处理处置技术路线。

（1）常州市江边污泥能源工厂

规划远期江边污泥资源化处理处置中心转型为污泥能源工厂，污泥和厨余垃圾等有机废弃物协同厌氧消化处理，从生物质中回收利用污泥气等能源。主要采用高温热水解＋高含固厌氧消化＋脱水/干化＋土地利用的技术路线，干化污泥进行土地利用，对于重金属含量仍超标或因季节等因素土地利用消纳量不足时，采用干化后的污泥进行焚烧处置，规划污泥处理规模为 150tDS/d，厨余垃圾等有机废弃物处理规模为 100tDS/d。

（2）常州市夹山污泥资源化处理处置中心

规划远期夹山污泥资源化处理处置中心污泥处理处置采用高温热水解＋高含固厌氧消化＋脱水/干化＋焚烧＋建材利用的技术路线，处理规模为 110tDS/d，产生焚烧灰渣 44t/d。

规划远期在夹山建设建筑材料综合利用中心，利用江边和夹山 2 处污泥焚烧灰渣烧制陶粒、砖、玻璃等建筑材料，灰渣利用能力为 80t/d。采用国内外先进工艺技术和设备，加强对建材生产用泥质的监控，提高建材产品质量性能，并健全建材产品去向追踪和环境风险评估。

第3章 工程可行性研究报告编制

3.1 污泥处理处置工程特点

污泥处理处置工程不同于常规的城镇污水处理工程，其是由排水专业、热能专业、化工专业和环境专业等多专业组成的综合性工程，主体专业之间跨度较大。

污泥处理处置工程涉及的标准较多，如《农用污泥污染物控制标准》GB 4284、《锅炉大气污染物排放标准》GB 13271、《燃煤耦合污泥电厂大气污染物排放标准》DB 31/1291 等。随着环保标准的不断提高，我国部分地区执行的烟气排放标准、臭气排放标准等均已严于国家标准，且部分指标已达到世界最严标准。相应地，对污泥处理处置工程的前期研究的要求也不断提高。

与城镇污水处理工程相比，污泥处理处置工程可行性研究报告的主要特点如下：

1）污泥处理处置工程的设计和污泥性质关联度更大。根据统计数据，城镇污水处理厂污泥性质和污泥量变化大，污泥处理处置工程可行性研究报告需要充分调研污泥性质和污泥量。

2）城镇污水处理工程较为普遍，而污泥处理处置工程可行性研究报告的编制缺少大规模典型工程实例的支撑。相对而言，为编制好污泥处理处置工程可行性研究报告，需要进行更多的国内外工程调研。

3）大部分污泥处理处置工程中各类设备和各类管道所占比例较大，其中还包括多种特种设备和压力管道，因此污泥处理处置工程可行性研究报告的编制除了需对工程总体工艺流程和工程方案等进行研究之外，还需对其中的核心设备、特种设备、压力管道等进行分析研究。

3.2 编制深度

污泥处理处置工程可行性研究报告的编制深度应满足《市政公用工程设计文件编制深度规定（2013 年版）》的要求。市政公用工程设计一般分为前期工作和工程设计两部分。前期工作包括项目建议书、预可行性研究、可行性研究。工程设计包括初步设计和施工图设计。可行性研究应以批准的项目建议书为依据，其主要任务是在充分调查研究、评价预测和现场勘察工作的基础上，对项目建设的必要性、技术可行性、经济合理性、实施可能性、环境影响性等进行综合研究和论证，并对不同建设方案进行比较，提出推荐方案。可行性研究的工作成果是可行性研究报告，批准后的可行性研究报告是初步设计的依据。

3.3 编制主要内容

根据排水工程可行性研究报告的编制深度，鉴于污泥处理处置工程与传统排水工程的差异，污泥处理处置工程可行性研究报告编制的主要内容如下。

1. 前言

一般介绍项目的前期研究历程和项目的总体情况。

2. 概述

1）说明工程项目的建设目的、项目背景和建设的必要性，并简述可行性研究报告的主要研究成果和项目可行性结论。

2）编制依据

主要应包括上级主管部门有关立项的主要文件或行业主管部门批准的项目建议书、有关的方针政策性依据文件、城市总体规划和专业规划文件、建设单位的委托书和有关的合同、协议书、可行性研究报告编制采用的规范和标准等。

3）编制原则

城镇污水处理厂污泥处理处置应以城镇总体规划、排水专项规划、污泥处理处置专项规划为主要依据，从全局出发，因地制宜，以减量化、稳定化和无害化为基础，并充分利用污泥中的营养成分或能量，尽可能实现资源化利用。

污泥处理处置工程应充分考虑污水处理工程现状，还应考虑提标改造工程、扩建工程实施后污泥量和污泥泥质的变化，合理选择污泥处理处置工艺。污泥处理处置工程的规模和设施能力应充分考虑设施检修、运行安全和污泥量峰值等因素，确保污泥得到全量稳定的处理处置。在工程总平面布置、总体工艺流程等方面，应为日后可能的污泥处理处置规模扩大留有发展余地，任何阶段都要避免产生废弃工程。在环保要求上，应严格控制污废水、臭气、烟气、固体废物、噪声等二次污染，满足环评和国家、地方相关标准的要求。

4）工程建设目标

明确污泥处理处置工程的主要环保目标，包括污废水排放、臭气排放、烟气排放、固体废物排放、噪声等控制目标。

因不同的污泥处置出路对应不同的建设目标，如果采用与其他行业协同处置的方案，则污泥的泥质应达到行业的相关要求，并应满足相应的污染物控制标准。

5）前期相关批文情况

可行性研究报告编制应对前期相关批文情况进行论述，并对批文的相关要求进行响应性分析。

3. 项目背景

1）城市概况

除基本的城市概况外，还需对污水污泥处理处置现状和规划进行论述，包括但不限于城市总体规划、城市污水处理和污泥处理处置专项规划、区域污泥处理处置规划等。

2）服务范围内污水处理厂简介

应对服务范围内污水处理厂的污水处理情况进行论述，包括但不限于污水水量、水质、处理工艺等。

应对污水处理厂现状污泥处理处置情况进行重点论述，包括污泥产量、污泥泥质、污泥处理工艺、污泥处置工艺等。

3）污水处理厂污泥对环境的影响分析

应包括污水处理厂污泥的特性、污水处理厂污泥对环境的影响和污水处理厂污泥可能对环境造成的危害等。

4）项目建设必要性（略）

4. 工程基础研究

污泥处理处置工程的建设需要诸多相关资料，包括但不限于所在地区的污泥处理处置情况、污水水量和水质情况、污泥泥质特性、工程选址情况等。此外，对于污泥协同处理处置类项目，还需对协同处理处置污泥的相关工艺和设施情况进行调研分析等。

主要内容应包括：

1）污泥处理处置现状研究

应对工程所在区域可能的污泥处置出路进行调查研究，重点针对处置出路可消纳的污泥量和对泥质的相应要求进行研究，并结合污泥泥质的检测结果，合理选择污泥处置出路。

2）工程服务范围内污水处理厂污泥泥质研究

污泥处理处置工程可行性研究报告编制前，应对有代表性的污泥中的重金属、病原菌、毒性有机物、有机质、污泥热值等进行检测和分析。

污泥泥质是污泥处理处置工程设计的关键资料，其在一定程度上决定了污泥的处理处置路线。若重金属等指标超标，则污泥的土地利用等将会受到限制。此外，污泥泥质的不确定性不仅会导致工程设备选型和投资估算有较大偏差，还可能导致工程实际运营成本发生较大偏离，甚至使得工程运行不达量或不达标。

因此，在可行性研究阶段，应加强对污泥泥质的监测，确保污泥泥质监测的代表性和准确性，提高工程设计对污泥泥质的适应性，确保工程达量达标运行。

以污泥焚烧处理工程为例，污泥热值是污泥焚烧处理工程设计的核心输入参数，会影响污泥焚烧处理系统和烟气处理系统的规模，从而影响污泥焚烧处理工程的建设投资和运行成本。因此，科学合理地确定项目的污泥热值参数对污泥焚烧处理工程的设计至关重要。

3）工程规模研究

污泥处理处置工程的规模需要根据服务范围内污水处理厂的污水污泥处理现状和相关规划来确定。

污泥处理处置工程规模的确定需要对处理处置的污泥量进行预测。污泥量的预测方法主要包括污泥量历史数据统计法、设计进出水水质计算法和类似项目借鉴法。应在上述方法的基础上，考虑污水处理水量变化、水质变化、季节变化等因素的影响，合理地确定污泥量。其次，应根据服务范围内污水处理和污泥处理处置规划，合理确定工程规模。

4）工程选址方案研究

污泥处理处置工程厂址的选择需至少考虑以下因素：

（1）应符合国土空间规划、污泥处理处置专项规划，并应符合环保要求。

（2）宜选择在污水处理厂内或附近区域，并应综合考虑污泥处理服务对象的位置、运输距离、规划发展空间等因素。

（3）应满足工程建设的工程地质条件和水文地质条件，不应选择在地震断层、滑坡、泥石流、沼泽、流砂和采矿陷落区等地区。

（4）应符合现行国家标准《防洪标准》GB 50201 的有关规定。

（5）应有良好的外部道路交通条件。

（6）应有满足生产、生活的供水水源和污废水排放条件。

（7）应有必需的、可靠的电力供应。

（8）应明确与环境敏感目标的防护距离。

（9）对于集中式污泥处理处置工程，厂址选择不仅要考虑运输距离，还要考虑交通量和对道路交通的影响、对环境的影响等。

5．方案论证

1）污泥处理处置工艺论证

污泥处置决定污泥处理，污泥处理需满足污泥处置。确定潜在污泥处置出路后，需要和相关单位就污泥处置出路问题进行深入研究。研究内容包括但不限于处置出路的环境影响、污泥接纳量、处置出路的稳定性、对污泥衍生产品的特殊要求、对污泥产量波动的应对措施、应急情况下的污泥处置出路等。

污泥处置方式采用土地利用，可以充分利用污泥中的有机质和营养元素，是污泥处置的重要途径。但污泥进行土地利用之前，必须对污泥进行稳定处理，污泥处理过程应符合《城镇污水处理厂污泥处理 稳定标准》CJ/T 510 的规定。基于污泥资源化利用要求考虑，污泥厌氧消化和污泥好氧发酵可作为污泥处理产物土地利用前的必要处理工序。进行土地利用的污泥泥质必须符合相应的国家现行泥质标准。

污泥处置方式采用建材利用，主要包括污泥焚烧后灰渣的建材利用和污泥在水泥窑的协同处置等。在建材利用过程中，污泥可作为建材生产过程中的部分能源和原料。进行建材利用的污泥泥质必须符合相应的国家现行泥质标准。

污泥处置方式采用填埋，主要包括污泥深度脱水后的混合填埋和污泥焚烧后的灰渣填埋。污泥深度脱水后的填埋，由于存在资源化利用程度低、填埋库容占据大、温室气体排放量大等弊端，国内外采用该处置方式的比例均在下降，但我国在一段时期内污泥的填埋处置方式尚无法被完全取代。为降低污泥脱水后直接填埋处置方式的弊端，应采取工程手段对污泥进行减量、减容处理，并提高污泥的横向剪切强度。进行填埋的污泥泥质必须符合相应的国家现行泥质标准。

2）主要工艺系统论证

应对各个工艺系统进行方案比选，以确定最优方案，方案比选应遵循技术成熟、稳定可靠、因地制宜、经济合理的原则。

3）生产线配置方案论证

污泥处理处置工程对设施性能的基本要求是保持稳定的污泥处理处置能力，同时符合国家和地方相关的环境保护规定。

在确定污泥处理处置设施的能力时，必须考虑污泥处理处置设施的年运行时间。以污泥焚烧处理工程为例，根据国内外污泥焚烧处理工程情况，污泥焚烧处理生产线的年运行时间一般不应小于 7200h。此外，生产线的配置必须考虑关键设备的备用。

4）臭气处理工艺论证

根据国内外类似污泥处理处置工程经验，污泥处理处置工程容易产生臭气。在工程调试或检修等期间，易造成臭气扰民等问题。同时，产生的臭气对运行管理人员的身心健康也容易造成负面影响。根据以人为本的工程建设理念，污泥处理处置工程的臭气控制不仅要满足国家和地方相关标准的要求，而且还应该满足劳动卫生标准的要求。

污泥处理处置工程产生的臭气与采用的污泥处理处置工艺有关，不同污泥处理处置工艺的臭气产量和臭气性质差异较大，因此应根据污泥处理处置工艺的特点，合理选择针对性的臭气处理工艺。如采用污泥干化焚烧处理工艺时，应尽可能采用焚烧法处理污泥干化焚烧过程中产生的臭气。

6. 工程方案内容

1）工程总体工艺设计

应对污泥处理处置工程总体工艺流程进行论述，应确定总体工艺流程和总体物料平衡；对于污泥消化、干化、焚烧等热处理工艺，还应确定热平衡图。

2）总平面设计

为减少占地，提高土地有效利用率，污泥处理处置工程应采用集约化或组团式的布置方式。

在现状污水处理厂内建设污泥处理处置工程时，应最大限度保证工程建设时不影响污水处理厂的正常运行，并做到工程总平面布置与现有污水处理厂有机统一，保证交通顺畅，便于管理和维护。

污泥处理处置工程平面布置应考虑泥流和物流路径，应尽可能地减少污泥的输送距离和高度，并充分考虑污泥处理处置过程中需要消耗的物料和最终产物的进出路线，力求流程简捷顺畅。同时，工程总平面布置还需满足工程消防安全的要求。

厂区绿化应结合厂区实际情况，采用适地适树、植物隔臭等策略，以达到美化厂区景观、减少臭气的目的。所选的品种须适合当地土壤特性，采用乔木、灌木、草坪相结合的绿化方式。

3）工艺专业设计

应包括以下内容：总体平面布置，工艺流程，物料平衡，主要建（构）筑物单体工艺设计（建设规模、主要设计参数、主要设备性能等）。

4）给水排水专业设计

应包括以下内容：给水水源，给水量，给水系统，污废水量，污废水系统，雨水量，雨水系统等。

5）建筑和结构专业设计

应包括以下内容：建筑方案，建筑项目主要特征，地质概况，抗震设防烈度，结构选型，地基和基础处理，结构抗浮措施，主要结构材料，主要施工方法等。

6）电气专业设计

应包括以下内容：供电电源，用电负荷，负荷性质，供配电系统，计量和测量，功率因数补偿，操作电源，继电保护设置，主要用电设备和驱动方式，电气设备选型，变配电布置，电缆敷设，照明，防雷和接地，火灾报警等。

7）仪表和控制专业设计

应包括以下内容：控制系统功能，控制系统，控制系统硬件配置，数据通信网络，各现场控制站功能，中心控制站等。

8）暖通专业设计

应包括以下内容：供暖，供暖热媒，耗热量，供热来源和空气调节系统等。

9）除臭专业设计

污泥处理处置工程的除臭效果是项目成功与否的重要标志。工程的除臭设计首先应进行源头控制，应对污泥贮存、输送、处理等过程进行密闭处理；无法密闭的，应进行物理隔断，以将臭气控制在较小的范围，避免臭气的逸散。

污泥处理处置工程的除臭设计需结合工程机械设备多、接口点多、臭气区域需进人等特点，通过源头控制、重点强化、针对性选择除臭工艺等手段，实现对臭气的有效收集、处理和达标排放。

除臭专业设计应包括以下内容：编制依据，需要除臭的部位，除臭执行的标准，采用的除臭工艺，除臭风量，除臭设备等。

10）外线工程设计

应根据污泥处理处置工程的特点，明确外线工程的内容，合理确定外线规模。污泥处理处置工程的外线至少包括电力外线、给水外线。在污水处理厂外建设的污泥处理处置工程，还需要有污废水排放外线；对于采用诸如污泥消化、干化或干化焚烧工艺的热处理工程，一般还需要燃气外线或蒸汽外线等。

11）改扩建项目需要说明对原有固定资产的利用情况。

12）项目主要设备清单，包括各专业所需的主要设备数量、规格等内容。

7. 项目的环境影响和对策

1）项目实施过程中的环境影响和对策

需对项目实施过程中的环境影响进行分析，并阐述污染物的治理措施和控制方案。

2）项目建成后的环境影响和对策

需对项目建成后的主要污染源进行分析，并阐述污染物的治理措施和控制方案。

8. 安全生产和卫生

依据国家或行业职业卫生法律、法规、标准和技术规范等，针对建设项目施工过程和生产过程中产生或可能产生的职业病危害因素，应对职业病防护设施、措施进行设计和分析，并对其预期效果进行分析评价。设计范围应包括建设项目可能产生职业病危害因素的各主要生产设施、公用工程和辅助设施等。

1）编制依据

依据《生产过程安全卫生要求总则》GB/T 12801、《工业企业总平面设计规范》GB 50187、《工业建筑供暖通风与空气调节设计规范》GB 50019、《建筑采光设计标准》GB 50033、《建筑照明设计标准》GB 50034、《洁净厂房设计规范》GB 50073、《工业企业设计卫生标准》GBZ 1等有关标准和规范，对建设项目的总平面布置、竖向布置和建（构）筑物进行设计。

2）设计原则

应以安全生产为首要原则，使工程设计符合各项规范和国家标准；应改善劳动条件，减少和消除劳动危害，保障运行操作人员在生产过程中的健康、安全和卫生；应贯彻安全第一、预防为主、消灭危害、防止伤亡事故、发展生产的劳动保护方针；应确保项目经济合理、维修方便、管理科学等。

3）主要危害因素分析

包括自然危害因素分析和生产危害因素分析，应对建设项目的工程概况、建设地点、总体布局、生产工艺和设备布局、原辅材料和产品的名称及主要成分和用（产）量、劳动组织和工作制度、工种（岗位）设置及其作业内容和作业方法、建筑卫生学、建筑施工工艺等主要内容和结果进行分析。

4）安全卫生防范措施

9. 消防设计

应包括以下内容：结合工程总平面布置和项目特点，描述工程内容构成及其火灾危险、防火等级，消防给水系统等消防设施设置情况。

10. 节能设计

节约能源和合理利用能源是一项非常重要的国策。建设污泥处理处置工程的目的是解决污水处理厂污泥给环境带来的污染问题，切实保护环境，但污泥处理处置工程的建设和运行也消耗电能等相关能源。污泥处理处置工程一般工艺环节较多，且机械设备、用电设备较多，因此，在工程设计中必须注重各工艺环节的节能设计，并采取各种措施降低设施设备运行能耗。

应认真贯彻节约和开发并重、合理利用能源的要求，具体包括以下内容：

1）认真贯彻执行《中华人民共和国节约能源法》等有关节能的法律法规和方针政策，采用节能先进技术、设备和切实可行的措施，合理利用、节约能源，降低消耗，降低生产成本。

2）优化设计方案，采用现代先进水平的新工艺、新设备。

3）工艺设计应以性能可靠、技术先进、经济实用、节能降耗为原则，在确保设备运行稳妥可靠、确保产品质量和环保水平的前提下，优先选用高效节能设备，并优化技术方案使工程获得建设投资的最大降低和经济效益的最大提高。

4）重视环保和节能减排，采取有效控制措施，治理各类污染物污染，减少物料生产损失，确保各排放点的污染物排放浓度达到国家和地方相关标准的要求。

5）厂区总平面布置尽量使厂内物流简捷顺畅，尽量使车间布置紧凑合理以节约土地，合理规划场地使功能分区明确。

6）配置合理利用能源所需的附属设施、计量设施和电气设施。

节能措施应包括技术措施和管理措施。节能技术措施应根据专业的不同，从工艺、建筑、电气等多方面进行阐述。节能管理措施应按照《工业企业能源管理导则》GB/T 15587 的要求，按照重点用能单位管理办法中的相关要求，认真贯彻执行国家的节能法律、法规、方针、政策和标准。

11. 防腐设计

污泥处理处置工程中的污泥是一种成分复杂、条件多变的腐蚀介质。因此，污泥处理处置工程必须考虑防腐措施，减少污泥和腐蚀性气体对车间厂房、污泥处理处置设备、工业管道、管配件和钢平台等的腐蚀。

通常情况下，只要有水和氧存在时，金属表面形成局部电池而引起电化学反应，金属腐蚀就会发生。而在污泥环境下，除了有悬浮物、油脂、氮、磷、钾和有机物，还有酸、碱、盐和各种有机化学成分，腐蚀甚为复杂。在这种特殊腐蚀氛围下，对钢结构防腐涂层的要求是苛刻的。在液相中除了水的电解质腐蚀作用，还有 Cl^-、S^{2-}、NO_3^-、SO_4^{2-} 等阴离子对碳钢腐蚀强烈的自催化作用。在气相中，室外强烈阳光的照射，特别是盛夏高温季度，受热后的污水蒸汽中含有溶于水的氢氰酸侵蚀钢结构和设备，其中有些难溶解性颗粒积聚黏附在金属表面，又会产生垢下腐蚀、点蚀、坑蚀或缝隙腐蚀等局部腐蚀，使钢结构的腐蚀加剧。

污泥处理处置工程在设备选型时，应充分考虑腐蚀环境对设备的影响；对一些主要的紧固件，如螺栓、挡板等，也应采用防腐材料，解决防腐问题。

污泥处理工程的埋地管道，难免选择一些钢质管道，在设计中，根据国家规定的防腐蚀工程设计规范进行设计系统必要的外壁防腐和内壁防腐，减少腐蚀，保证管道的正常运行。

12. 工程质量安全分析

质量安全是工程建设的底线，它关系到国民经济的持续健康协调发展，关系到和谐社会的建立。近年来，随着经济的快速增长和城镇化的快速推进，我国基本建设规模逐年增大，科技含量高、施工难度大的工程日益增多，工程技术风险、质量风险、安全风险日益突出，给质量安全监管工作带来了新的困难和问题，提出了挑战。

为保证污泥处理处置工程质量安全，应对工程质量安全进行研究分析，包括以下内容：

1）概述；

2）工程地质影响；

3）自然环境影响；

4）建设方案影响；

5）工程组织实施影响；

6）工程质量安全防范措施。

13. 社会稳定风险分析

项目的社会稳定风险因素一般可以分解归纳成项目工程风险因素、项目和社会互适性风险因素两类。工程风险因素，即项目实施对社会产生负面影响而引发的社会不稳定因素，一般可以通过工程技术性措施加以避免和缓解。工程风险因素包括直接风险因素和间接风险因素，并可能存在叠加效应而加大风险程度。

与人民群众利益密切相关、影响面广、容易引发社会稳定风险的重点建设项目在审批审核和组织实施前，应对可能影响社会稳定的直接和间接风险因素开展系统的调查、研究，进行科学预测、分析和评估，制定风险应对措施和预案，有效规避、预防、控制重点建设项目实施可能产生的社会稳定风险，最大限度地减少不和谐因素，更好地保障建设项目的顺利实施。

应包括以下内容：

1）概述；

2）存在的风险分析；

3）风险对策和措施。

14. 项目实施计划和劳动定员

应包括以下内容：

1）实施原则；

2）项目建设的进度安排；

3）管理机构和定员。

污泥处理处置工程的劳动定员可参考污水处理工程建设标准，但有些污泥处理处置工程与传统污水处理工程有较大的区别，可以根据污泥处理处置工程自身的特点，参考其他行业类似建设标准，合理确定劳动定员。

15. 工程估算

应包括以下内容：

1）编制依据；

2）编制说明；

3）投资估算；

4）工程成本分析。

投资估算文件主要包括：投资估算编制说明；建设项目总投资估算和使用外汇额度；主要技术经济指标和投资估算分析；钢材、水泥、锯材、沥青和沥青制品等主材需用量；主要引进设备的内容、数量和费用；资金筹措、资金总额的组成和年度用款安排。

16. 财务评价

应进行财务分析和经济费用效益分析，包括以下内容：

1）主要依据；

2）计算原则和评价参数；

3）财务分析报表；

4）财务评价主要指标；

5）经济分析结论。

17. 工程效益分析

主要内容应包括环境效益、社会效益和国民经济效益的分析。

18. 风险分析

应对项目主要风险因素进行识别，并针对相关因素开展风险程度分析并提出防范、降低风险的措施。

19. 主要结论和建议

1）主要结论和建议

在技术、经济、效益等方面论证的基础上，提出污泥处理处置工程可行性的总体评价和推荐方案，还应包括新技术应用情况、相应的非工程性措施建议和工程分期建设安排等建议。

2）存在的问题

说明有待进一步研究解决的主要问题。

污泥处理处置工程可行性研究报告还应将项目建议书批文、相关的图纸（包括工程位置图、工程总平面布置图、工艺总体流程图、主要工艺单元布置图、建筑专业图纸、结构专业图纸、电气专业图纸、仪表和自控专业图纸等）等作为报告附件。

3.4 可行性研究报告实例

以上海市白龙港污水处理厂污泥处理处置二期工程可行性研究为例,介绍工程可行性研究报告的编制。

3.4.1 报告章节组成

根据前文介绍的要求,白龙港污水处理厂污泥处理处置二期工程可行性研究报告共计21个章节,分别包括工程概述、项目背景、项目建设的必要性、工程基础研究、污泥量和污泥泥质、工程方案论证、推荐方案工程设计、项目的环境影响和对策、安全生产和卫生、消防设计、节能设计、防腐设计、工程质量安全分析、项目实施计划、工程估算、财务评价、工程效益分析、风险分析、主要结论和建议、附件和附图。各章节的重点内容简述如下。

3.4.2 编制主要内容

1. 工程概述

1) 项目概况

项目名称:白龙港污水处理厂污泥处理处置二期工程。

项目建设单位:上海市城市排水有限公司。

工程处理对象:白龙港片区中已建和拟建污水处理厂有 6 座,包括白龙港污水处理厂、天山污水处理厂、龙华污水处理厂、长桥污水处理厂、闵行污水处理厂、虹桥污水处理厂。其中天山污水处理厂、龙华污水处理厂、长桥污水处理厂、闵行污水处理厂拟进行功能调整,因此本工程的处理对象为白龙港污水处理厂提标到一级 A 后 280 万 m^3/d 污水处理产生的污泥及虹桥污水处理厂运行后的 20 万 m^3/d 污水处理产生的污泥。

工程选址:位于白龙港污水处理厂北侧的预留用地(张家浜南侧)。

2) 编制资料、规范和标准

包括编制依据、编制资料、主要规范和标准等。

3) 设计原则

(1) 解决白龙港片区污泥消纳出路,实现白龙港片区污泥"全规划、全泥量、全系统、全过程和全循环"的处理,使本工程建设成为具有较高水准的污泥综合处理中心。

(2) 全面规划、分期实施,把已建工程和拟建工程作为一个整体工程,统筹考虑,近远期相结合,充分利用现有设施,充分注意近、远期工程的合理衔接。在平面布置、工艺流程等方面为污泥处理规模扩大留有发展余地,任何阶段都要避免产生废弃工程。

(3) 污泥处理兼顾污水处理工程现状、污水处理提标改造工程或新建污水处理厂实施后污泥量和污泥泥质变化,合理选择污泥处理处置工艺。在新建污泥处理处置设施的能力上充分考虑检修、运行安全和污泥量峰值等因素。

(4) 严格控制臭气、烟气、灰渣、噪声等二次污染,满足环评及国家、地方相关最新标准的要求。

4) 工程建设目标

（1）烟气处理目标

本工程污泥处理处置工艺推荐采用焚烧工艺，焚烧产生的烟气排放暂按《生活垃圾焚烧大气污染物排放标准》DB31/768—2013 执行，最终以环评批复为准。

（2）灰渣处理目标

污泥焚烧后产生的灰渣如用于制作建材，需满足《城镇污水处理厂污泥处置 制砖用泥质》GB/T 25031—2010、《城镇污水处理厂污泥处置 水泥熟料生产用泥质》CJ/T 314—2009 及其他相关规范和标准的要求；如用于填埋，需满足《城镇污水处理厂污泥处置 混合填埋用泥质》GB/T 23485—2009 及其他相关规范和标准的要求。

（3）污废水处理目标

本工程实行雨污分流，污废水排放至污水处理厂进行处理。

（4）臭气处理目标

厂界标准同时满足《城镇污水处理厂大气污染物排放标准》DB31/982—2016、《城镇污水处理厂污染物排放标准》GB 18918—2002 和《恶臭污染物排放标准》GB 14554—1993 的要求，最终以环评批复为准。

（5）噪声控制目标

边界噪声执行《工业企业厂界环境噪声排放标准》GB 12348—2008 中的 2 类标准，具体以环评批复为准。

5）主要相关规划

包括上海市排水规划和污泥处理处置专项规划等。

6）项目建议书批复结论及项目建议书评估报告主要结论

7）本报告对项目建议书评估报告相关建议的响应

2. 项目背景

1）城市概况

包括自然条件、城市性质和社会经济发展。

2）白龙港污水处理厂现状

包括白龙港污水处理厂整体介绍、白龙港污水处理厂现状污泥处理设施介绍，后者包括白龙港污泥厌氧消化处理工程和白龙港污泥预处理应急设施。白龙港污水处理厂现状总平面如图 3-1 所示。

3）现状污泥处理设施能力评估简介

4）污水处理厂污泥对环境的影响分析

3. 项目建设的必要性

本工程项目建设的必要性体现于：

1）贯彻国家"水十条"文件精神和相关法律法规的要求。

2）落实上海市相关政策的需要。

3）完成上海市 COD 减排任务的需要。

4）解决污水处理厂污泥出路问题的需要。

5）进一步巩固上海市在国内水务领域影响力的需要。

4. 工程基础研究

1）上海市污水处理厂污泥处理处置概况

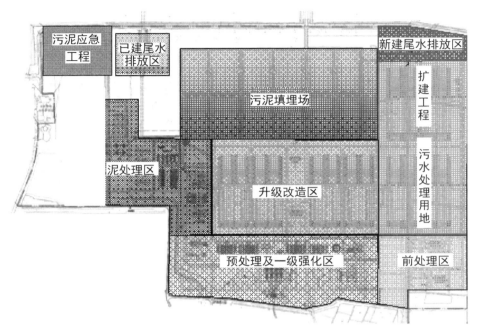

图 3-1　白龙港污水处理厂现状总平面图

截至 2014 年底，上海市共有污泥处理设施 19 座，设施总处理能力为 897.9tDS/d，其中永久设施 8 座，处理能力为 409tDS/d，应急设施 11 座，处理能力为 488.9tDS/d，应急设施规模占设施总规模的一半以上。

上海市污水处理厂污泥处理（处置）工艺主要有深度脱水、离心脱水、带式脱水、好氧发酵、干化焚烧等。根据 2014 年排水月报数据，污泥简单脱水约占 18%，深度脱水约占 60%，干化焚烧约占 15%，好氧发酵约占 7%。污泥处置方式主要有填埋、建材利用、暂存库贮存等，污泥填埋约占 68%，建材利用约占 16%，暂存库贮存约占 16%。

2）上海市污水处理厂污泥泥质特点

从有机质含量及热值分析，上海市部分污水处理厂污泥泥质满足污泥单独焚烧的条件；从微生物指标分析，污泥在没有腐熟之前，病原菌含量非常高，应在其最终消纳之前对污泥进行腐熟灭菌；从重金属含量分析，上海市大部分污水处理厂污泥重金属指标均在标准要求以内，符合土地利用的要求，但部分污水处理厂由于接入工业废水，导致有多项重金属指标超标，某些指标在标准要求的数倍以上，不具备土壤改良、园林绿化利用及农用的要求，应严格禁止这类污泥不加限制地进入自然，并杜绝重金属通过食物链对人类或其他生物造成伤害。

3）建设条件

本工程拟建于白龙港污水处理厂北侧的预留用地（张家浜南侧）。本工程用地分为 01 地块和 02 地块，分别位于现状厌氧消化池的北侧和东南侧。本工程位置如图 3-2 所示。选址具有以下优点：

（1）本工程包括部分现有污泥处理设施利旧内容，有利于新建工程和现有污泥处理设施进行衔接。

（2）有利于污泥工程和污水处理设施进行衔接；可共享污水处理厂的给水、污水等部分厂内公用工程。

（3）用地手续简单，可利用现有场地，无需新征地。

（4）可综合利用白龙港污水处理厂现有管理机构和现有人力资源。

（5）拟建场地周边污水处理厂道路、供电外线（本工程尚需扩容）已贯通，工程建设时三通一平较为容易。

（6）厂址附近有市政供气管网，工程所需外加热源具备条件。

（7）工程选址不影响白龙港污水处理厂提标改造及扩建相关工程的用地。

（8）与《上海市城镇排水污泥处理处置规划》中的相关内容一致。

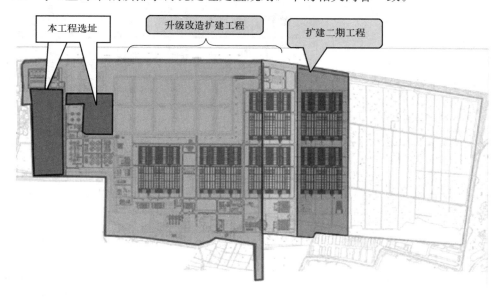

图 3-2　白龙港污水处理厂污泥处理处置二期工程位置示意图

5. 污泥量和污泥泥质

包括工程建设规模研究和污泥泥质研究等内容。

1）白龙港片区污泥量预测

白龙港片区内现状天山污水处理厂、龙华污水处理厂、长桥污水处理厂、闵行污水处理厂拟进行功能调整，片区内拟新建虹桥污水处理厂，污水处理量为 20 万 m³/d，污泥量为 38tDS/d。

白龙港片区内各污水处理厂的污泥量预测汇总如表 3-1 所示。

白龙港片区内各污水处理厂的污泥量预测汇总　　　　　　　　　　表 3-1

项目	2020 年	2040 年
范围	白龙港污水处理厂、虹桥污水处理厂	
白龙港污水处理厂水量（万 m³/d）	280	360

项目	2020 年	2040 年
范围	白龙港污水处理厂、虹桥污水处理厂	
白龙港污水处理厂污泥量（tDS/d）	448	576
虹桥污水处理厂水量（万 m³/d）	20	20
虹桥污水处理厂污泥量（tDS/d）	38	38
合计水量（万 m³/d）	300	380
合计污泥量（tDS/d）	486	614
合计污泥量（t/d，按含水率 80％折算）	2430	3070
一级强化雨期污泥	白龙港污水处理厂	
合计污泥量（tDS/d）	63	164

2）工程规模确定

通过上述对污泥量的计算和分析，确定本工程的建设规模为 486tDS/d（折合含水率 80％的污泥量为 2430t/d）。远期规模为 614tDS/d（折合含水率 80％的污泥量为 3070t/d）。

一级强化设施用于处理雨期合流溢流污水，所产生的一级强化雨期污泥近期和远期分别约为 63tDS/d 和 164tDS/d。污泥中无机物含量高，拟采用现有板框压滤机进行深度脱水，处理后送至老港填埋场进行填埋。此部分污泥不作为本工程的处理对象，其污泥量未纳入本工程的建设规模。

3）污泥泥质研究

根据上海市城市排水有限公司排水监测站自 2016 年至今的监测数据以及其他的污泥泥质检测数据可以看出，白龙港污水处理厂以污泥热值为代表的污泥泥质变化极大，最高月平均热值为最低月平均热值的 1.8 倍。

随着经济社会的发展以及居民生活水平的提高，污泥热值将会有所增长。同时白龙港污水处理厂提标改造工程和服务范围内的虹桥污水处理厂正在建设中，上述工程建成后也将给本工程污泥泥质的变化带来不确定性。考虑到本工程必须处理处置服务范围内的污水处理厂在运营期间任何季节产生的污泥，因此工程设计中必须考虑低热值污泥和高热值污泥。

根据之前的统计数据，参考上海市类似工程污泥泥质多年的变化情况，综合分析白龙港片区污泥泥质可能的变化，确定本工程污泥低热值和高热值，设定如下：

污泥低热值：10.37MJ/kg（干燥基高位发热量）；

污泥高热值：18.34MJ/kg（干燥基高位发热量）。

6. 工程方案论证

包括工程定位和方案比选原则、污泥处理处置工艺路线论证、污泥处置工艺路线比选、污泥处理工艺路线比选、污泥浓缩脱水系统利旧和扩容方案论证、热源热媒比选、污泥干化工艺、污泥焚烧工艺、烟气净化工艺和臭气处理工艺等内容。

1）工程定位

解决白龙港片区污水处理厂污泥的消纳出路，实现白龙港片区污泥"全规划、全泥量、全系统、全过程和全循环"的处理处置，使本工程建设成为具有较高水准的污泥综合处理中心。

2）方案比选原则

（1）全规划

推荐方案应能通过总平面的整体布置，顺利衔接工程的近远期设计，同时符合城市总体规划和专项规划的要求。

（2）全泥量

白龙港片区污泥量规模巨大，推荐方案应能满足片区全部污泥处理处置要求。

（3）全系统

推荐方案不仅应满足泥水同步和泥水一体，还要兼顾污水处理和臭气处理。

（4）全过程

推荐方案应有助于城投水务打造从污水输送、污水处理到污泥处理处置的全过程产业链。

（5）全循环

推荐方案应满足住房和城乡建设部、环境保护部《关于开展城镇污水处理厂污泥处理处置情况专项检查的紧急通知》（建城函［2015］28号）的要求，按照"绿色、循环、低碳"的总体要求，确定污泥处理处置的技术路线。

3）污泥处理处置工艺路线论证

根据《上海市城镇排水污泥处理处置规划》，上海市污水处理厂污泥潜在的最终出路主要为焚烧后建材利用、土地利用及卫生填埋三个方面。白龙港片区污水处理厂污泥规划由白龙港污泥处理中心处理，处理处置方式为污泥干化焚烧，其中部分污泥在干化前可经原有厌氧消化设施处理。

此外，在建材利用形成稳定出路之前，污泥焚烧后的灰渣可外运至老港填埋场填埋。据此，白龙港片区污水处理厂污泥的最终处置出路有两条：一是污泥焚烧后灰渣用于制作建材；二是污泥焚烧后灰渣填埋。两条出路均需进行污泥焚烧。

4）污泥处置工艺路线比选

污泥处置工艺路线比选如图3-3所示。

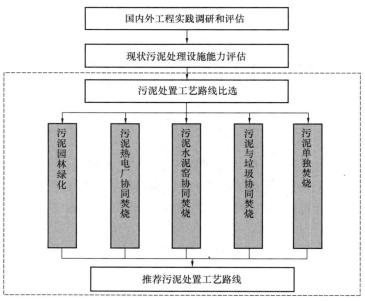

图3-3　污泥处置工艺路线比选图

5）污泥处理工艺路线比选

基于在白龙港污水处理厂内单独焚烧的污泥处置路线，遵循全面规划、分期实施和近远期相结合的基本原则，污泥处理工艺路线比选如图3-4所示。

6）污泥干化工艺

通过比选分析可知，各种干化工艺各有优势，需根据实际工程情况具体分析，选取最适合的设备类型。

研究从实际情况出发，根据干化焚烧系统的工艺要求，工程暂按薄层干化和流化床干化工艺进行干化工艺设备的设计，最终设备选型建议通过招标投标经济技术比选确定。

7）污泥焚烧工艺

流化床焚烧炉因其卓越的性能在国外污泥处理行业中得到了广泛的应用。研究从实际情况出发，根据干化焚烧系统的工艺要求，并结合上海市现有污泥焚烧设备形式，按鼓泡流化床焚烧炉进行工程设计。

与其他形式的焚烧炉相比，流化床焚烧炉（包括鼓泡床和循环床）具有以下优点：

（1）流化床焚烧炉内始终保持有数十倍于燃料的高温炉料，热容量大，能够适应污泥含水率和污泥量的变化，并保持稳定的燃烧工况。

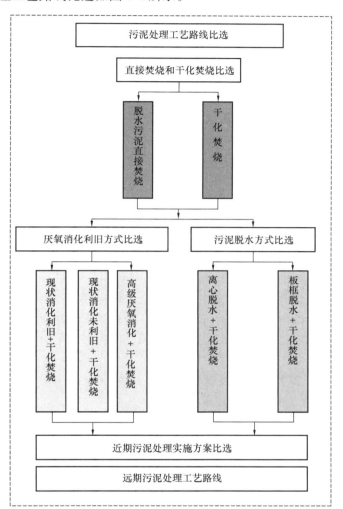

图3-4　污泥处理工艺路线比选图

（2）流化床的燃烧室体积较大，有足够的时间使污泥及分解的有机气体充分燃烧，满足控制二噁英产生的条件，并且体积热负荷较低，有利于控制 NO_x 的产生。

（3）燃料直接进入高温燃烧室，分馏过程和燃烧同时进行，并且在悬浮状态下，与空气充分混合接触，臭气不会外逸。

（4）运行控制简单，容易满足自动化较高的要求，机械部件少，维护简单，紧急停炉开停时间短。

据统计，国外污泥焚烧项目中绝大部分采用流化床焚烧炉焚烧。我国已建有多座采用流化床焚烧炉焚烧污泥的工程实例。

8）烟气净化工艺

根据分析可知，NO_x、二噁英等的排放控制主要靠焚烧炉的设计和调整运行参数保证，比如炉温、燃烧停留时间、空气输入的比例等，而 SO_2 和颗粒物的排放控制则需要采取专门的措施。

随着人们对大气环境质量关注度的提高，环境保护要求和标准必将趋于严格，从而对烟气净化系统提出更高的要求。工程的烟气净化系统拟采用 SNCR（炉内）＋预除尘＋半干法喷淋＋布袋除尘＋湿式脱酸＋烟气再热＋物理吸附工艺。

采用 SNCR 烟气脱硝工艺，确保 NO_x 满足更严格的排放标准要求。增加预除尘装置，先行去除烟气中的较大颗粒物，可有效减轻后续处理单元的负担。增加湿式脱酸洗涤塔装置，通过碱洗方式进一步减少烟气中 SO_2 和其他污染物的排放。增加物理吸附，可以对二噁英等进行进一步控制。

此外，工程将按规范安装在线监测装置，通过数据监测，及时反映烟气净化效果和烟气净化装置的运行状况，保证烟气净化系统的稳定有效运行。

9）臭气处理工艺

工程厂界标准同时满足《城镇污水处理厂大气污染物排放标准》DB31/982—2016、《恶臭（异味）污染物排放标准》DB 31/1025—2016、《恶臭污染物排放标准》GB 14554—1993 和《城镇污水处理厂污染物排放标准》GB 18918—2002 的要求，最终以环评批复为准。

结合除臭工艺比较内容，综合考虑治理投资规模、工艺适应性、运行管理成本、能源消耗、设备管理维护、使用年限、治理效率和处理后的二次污染等因素后，本工程针对不同区域的特点，推荐采用离子送风、生物法、化学洗涤、活性炭吸附、植物液喷淋等组合工艺。

7. 推荐方案工程设计

1）工程规模和建设内容

工程规模：工程建设规模为 486tDS/d，折合含水率 80％的污泥量为 2430t/d。

建设内容：新建工程主要包括新建污泥脱水、干化、焚烧、烟气处理设施及相关配套设施。

2）总体设计

（1）白龙港污水处理厂污泥

白龙港污水处理厂现状部分剩余污泥经浓缩后与初沉污泥一起进入厌氧消化处理单元，之后进入现状贮泥池。现状其余部分剩余污泥通过浓缩后进入现状贮泥池。

小部分污泥（约 35tDS/d）利用现状污泥脱水和热干化设施进行处理，干化后的污泥通过车运进入工程 02 地块新建污泥焚烧单元进行处理。

其余污泥泵送至工程新建贮泥池，之后经过新建污泥脱水单元处理后，含水率降至 80％左右。脱水污泥经新建污泥干化焚烧单元处理，污泥焚烧产生的烟气经处理后排入大气，飞灰用于制作建材或运至填埋场填埋。

（2）虹桥污水处理厂污泥

虹桥污水处理厂车运至工程的半干污泥经地磅后通过新建接收装置进入工程 02 地块新建污泥焚烧单元进行处理。

工程工艺流程和物料平衡如图 3-5 所示。

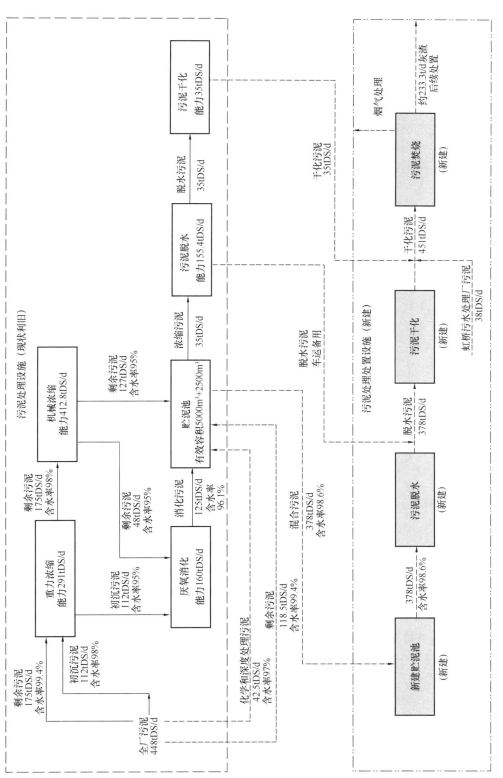

图 3-5 白龙港污水处理厂污泥处理处置二期工程工艺流程和物料平衡图

（3）总平面设计

工程除始端污泥泵房位于现状厂内贮泥池旁外，近期污泥处理处置主要包括两大块区域，分别位于东北侧的 01 地块和东南侧的 02 地块，同时在两块区域内按污泥处理处置的不同环节设置污泥脱水区（新建贮泥池、新建污泥脱水机房）、污泥干化焚烧区（新建污泥干化焚烧车间）等设施，工程总平面布置如图 3-6 所示。

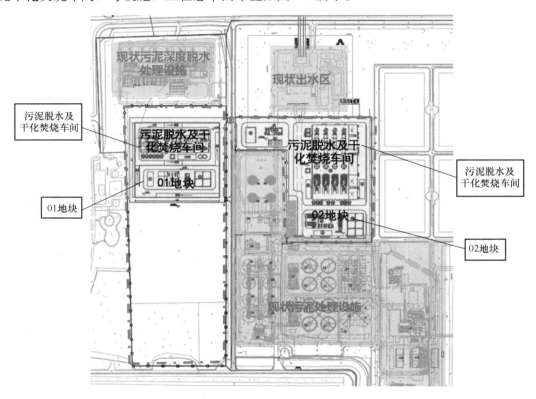

图 3-6　白龙港污水处理厂污泥处理处置二期工程总平面布置图

（4）各系统设计

包括始端污泥贮运系统、污泥脱水系统、污泥干化系统、污泥焚烧系统、余热锅炉系统、烟气处理系统设计，以及给水排水工程设计、燃气工程设计、建筑设计、结构设计、电气设计、仪表和自控设计、暖通空调设计和除臭设计等。

8. 项目的环境影响和对策

具体内容包括项目实施过程中的环境影响和对策以及项目建成后的环境影响和对策。

1）项目实施过程中的环境影响和对策

（1）扬尘控制

工程施工过程中挖出的泥土露天堆置，旱季风致扬尘和机械扬尘导致尘土飞扬，影响附近居民和工厂。为了减少扬尘对周围环境的影响，施工中遇到连续晴好天气又起风的情况时，对弃土表面洒上水，防止扬尘。工程承包单位应按照弃土处理计划，及时运走弃土，且在装运的过程中不得超载，装土车沿途不撒落，车辆驶出工地前应将泥土清洗干净，防止沿程弃土满地，影响环境整洁，同时施工者应对工地门前的道路环境实行保洁制度，一旦有弃土、建材撒落时应及时清扫。

（2）施工噪声控制

污泥处理处置工程施工开挖、运输车辆喇叭声、发动机声、混凝土搅拌声和覆土压路机声等会造成施工噪声。为了减少施工噪声对周围居民的影响，工程在距民舍200m的区域内不允许23：00至次日6：00内施工，同时应在施工设备和方法中加以考虑，尽量采用低噪声机械。对于夜间一定要施工又会影响周围居民声环境的工地，应对施工机械采取降噪措施，同时也可在工地周围或居民集中地周围设立临时的声障装置，以保证居民区的声环境质量。

（3）施工现场废弃物处理

工程建设需要大量的工人，实际需要的人工数量取决于工程承包单位的机械化程度。工程承包单位将在临时工作区域内为工人提供临时膳宿。工程承包单位应和当地环卫部门联系，及时清理施工现场的生活废弃物；工程承包单位应对施工人员加强教育，不随意乱丢废弃物，保证工人工作生活环境卫生质量。

（4）倡导文明施工

要求施工单位在施工过程中尽可能地减少对周围居民、工厂、学校造成影响，提倡文明施工，做到"爱民工程"，组织施工单位、街道及业主联络会议，及时协调解决施工过程中出现的环境影响问题。

（5）制定弃土处置和运输计划

工程建设单位将会同有关部门，为工程的弃土制定处置计划，弃土主要用于筑路、小区建设等。应和公路有关部门联系，避免在行车高峰时运输弃土和建筑垃圾。应和运输部门共同做好驾驶员的职业道德教育，按规定路线运输，按规定地点处置弃土和建筑垃圾，并不定期地检查执行计划情况。

施工过程中遇到有毒有害废弃物应暂时停止施工并及时和地方环保、卫生部门联系，采取措施处理后才能继续施工。

2）项目建成后的环境影响和对策

（1）污染治理原则

焚烧厂产生的二次污染，必须处理达标后排放。

环境污染治理采用先进、可靠的工艺，并留有一定的余地，以适应将来环境标准的提高。

（2）污染物治理措施

烟气处理采用SNCR＋静电除尘＋干法脱酸＋活性炭喷射＋布袋除尘＋湿法洗涤＋烟气再热＋物理吸附的组合工艺，该组合工艺能有效控制烟气中各类污染物，其大气污染物排放值能达到并优于《生活垃圾焚烧大气污染物排放标准》DB31/768—2013的要求。

由于全套污泥干化焚烧设施均采用密闭处理，因此，建成运行对居民的影响将不明显。

污泥干化焚烧车间产生的废水送至污水处理区。

焚烧处理过程中的灰渣主要来自于焚烧炉底部排出的炉渣，飞灰主要来自于烟气处理过程中的预除尘器和布袋除尘器。

根据焚烧控制标准和现有焚烧工程的经验，炉渣和预除尘器飞灰为一般固体废物，可外运作为建材利用或填埋，而布袋除尘器飞灰中可能会含有部分重金属或二噁英，建议将此部分飞灰按照国家相关标准进行鉴定，若为危险废物，将运往填埋场进行安全填埋。

污泥处理工程的噪声来源于污泥干化焚烧成套设备中传动机械工作时发出的噪声，有污泥输送泵、空气压缩机、冷凝器、流化床干化机等产生的噪声，以及厂区内外车辆等产生的噪声。

污泥处理处置工程内噪声较大的设备，如干化机、污泥输送泵、空气压缩机、冷凝器等均设在室内，经过机械设备本体加罩、墙壁隔声以后传播到外环境时已衰减很多。污泥干化焚烧厂噪声源和传声环境类似于工业锅炉房，其噪声主要由风机、水泵等引起。

为了使上述设备运行时，其噪声达到《工业企业厂界环境噪声排放标准》GB 12348—2008 的要求，除了在设计中采用低噪声的设备、材料外，还要对主要的噪声源进行控制。

噪声控制主要方式包括：在风机和基础之间安装减振器，尽量选择低噪声型的风机，泵、电动机安装减振装置。

9. 安全生产和卫生

具体内容包括编制依据、设计原则、主要危害因素分析、安全卫生防范措施等。

1）设计原则

（1）以安全生产为首要原则，使设计符合各项规范和国家标准要求。

（2）改善劳动条件，减少和消除劳动危害，保障运行操作人员在生产过程中的安全和健康。

（3）安全第一，预防为主，消灭危害，防止伤亡事故发生。

（4）确保项目经济合理、维修方便、管理科学、环保卫生等。

2）主要危害因素分析

工程的主要危害因素可分为两类，其一为自然因素形成的危害和不利影响，一般包括地震、不良地质、暑热、雷击、暴雨等因素；其二为生产过程中产生的危害，包括有害尘毒、火灾爆炸事故、机械伤害、噪声振动、触电事故、坠落和碰撞等因素。

3）安全卫生防范措施

（1）抗震

污泥处理工程的抗震设防烈度为 7 度第一组，设计基本地震加速度为 0.10g。建（构）筑物抗震设计均按《建筑抗震设计规范》GB 50011—2010（2016 年版）的有关要求进行。

（2）防涝

为了防止内涝，及时排出雨水，避免积水毁坏设备、厂房，在厂区内设置场地雨水排除系统。

（3）防雷

采取避雷和防雷措施，变电所和高度大于 15m 的建筑物均设防雷保护，变电所 10kV 电源进线侧装设避雷器作雷电波过电压保护。

（4）防不良地质

厂区及其周围地区无影响稳定性的活断层，无不良地质存在。

（5）合理利用风向

将值班室等人员集中区域布置在厂区夏季主导风向的上风向，避免风向因素的不利影响。

（6）防暑

为防范暑热，生产厂房采取自然通风或机械通风等通风换气措施，中央控制室和值班室等设置空调系统，污泥焚烧炉炉壁和管道系统具有良好的耐温隔热功能，外表温度低于 60℃。

（7）防火防爆

为防止干化污泥粉尘产生的爆炸事故，保证系统安全可靠运行，采用含氧量小于 8%（一般为 1%～3%）的循环气体组成的密闭循环系统，内设在线氧含量监测仪。

干化机中产生的污泥粉尘被循环气带走，防止粉尘积聚引起爆炸。

脱水污泥贮存设施和干化污泥料仓均有一定量的排出气，两条线的排出气汇入排出气总管，经风机引入焚烧炉中处理，避免排出气直接排放污染环境。脱水污泥贮存设施设置抽风口，可有效防止甲烷、硫化氢气体的积聚。抽风排气系统中设置在线流量监测报警仪，流量不足时可报警。

（8）减振降噪

污泥综合处理车间的干化机、污泥固体输送泵、鼓风机、空气压缩机等在生产过程中噪声较大，据测定未经任何防护的鼓风机运行时室外噪声高达 100dB（A）以上。工程采用进口低噪声设备，并配备减振设施和隔声罩，其噪声可大大降低，一般污泥干化车间外的噪声可降至 70dB（A）以下。

强振设备和管道间采用柔性连接方式，防止振动造成危害。

在总图布置中，建筑物布置考虑声源方向性、建筑物的屏蔽作用及绿化植物的吸纳作用等因素，减弱噪声对岗位的危害作用。

主要生产场所设置有隔声设施的操作室、休息室，以减少噪声的影响。

经采取上述措施后，对于操作人员每天接触噪声 8h 的场所，噪声均低于 85dB（A）；车间办公室、休息室、操作室等室内噪声均低于 70dB（A），办公楼内噪声低于 60dB（A）；其他生活、卫生用室室内噪声则低于 55dB（A）；对于操作工作接触噪声不足 8h 的场所和其他作业地点的噪声均满足《工业企业噪声控制设计规范》GB/T 50087—2013 中的要求。

（9）电气安全设计

电力供应是污泥处理处置工程正常可靠运行的生命线，只有供电和电力设备的安全、可靠运行，才能保证污泥处理工程的正常运转，工程电气设计采取必要的安全措施。

（10）其他

1kV 以上正常不带电的设备金属外壳设接地保护；0.5kV 以下的设备金属外壳作接零保护；设备设置漏电保护装置。

为了防止机械伤害及坠落事故的发生，生产场所梯子、平台及高处均设置安全栏杆，栏杆的高度和强度符合国家劳动保护规定。

10. 消防设计

具体内容包括编制依据、总平面布置、防火等级、消防给水系统和火灾及消防措施等。

1）总平面布置

工程总平面布置中，各建筑物间距、厂区消防道路和消防设施均符合国家有关规范、标准的规定。

主要建筑物的四周均设环形道路，以便消防车通行。

污泥干化焚烧车间和各辅助用房之间的防火间距均大于相关规范的具体要求。

2）防火等级

厂区建筑主要由污泥泵房、污泥脱水车间、污泥干化焚烧车间等组成。其中污泥干化焚烧车间（包括01地块及02地块）防火类别属于丁类，污泥泵房、污泥脱水车间等建筑防火类别属于戊类，新建建筑物的耐火等级为二级。各单体为一个防火分区，安全出口满足防火规范要求。新建建筑物和厂区原有建筑物之间的距离均满足有效的防火间距要求。各建筑单体均沿环形道路布置，通道可兼作消防道路，满足消防要求。

11. 节能设计

我国资源人均拥有量远远低于世界平均水平。而目前的一些违背自然规律的高投入、高消耗、高污染的粗放型经济增长方式，加剧了能源供求矛盾和环境污染状况。能源问题已经成为制约我国经济和社会发展的重要因素，要从战略和全局的高度，充分认识做好能源工作的重要性，高度重视能源安全，实现能源的可持续发展。解决我国能源问题，根本出路是坚持开发和节约并举、节约优先的方针，大力推进节能降耗，提高能源利用效率。节能是缓解能源约束、减轻环境压力、保障经济安全、实现全面建设小康社会目标和可持续发展的必然选择，体现了科学发展观的本质要求，是一项长期的战略任务，必须摆在更加突出的战略位置。

工程作为污泥处理处置项目，目的是解决污水处理厂污泥给环境带来的污染问题，切实保护环境。但工程同时也消耗热能和电能。因此，在工程中必须注重各环节的节能。

具体内容包括主要法规、建设过程节能分析、耗能计算和节能措施等。

12. 防腐设计

包括腐蚀状况分析、防腐措施介绍、防腐材料的选用、埋地管道防腐和选用新材料防腐等内容。

13. 工程质量安全分析

质量安全是工程建设的"底线"，它关系到投资效益的最大化，关系到国民经济的持续健康协调发展，关系到和谐社会的建立。近年来，随着经济的快速增长和城镇化快速推进，我国基本建设规模逐年增大，科技含量高、施工难度大的工程日益增多，工程技术风险、质量风险、安全风险日益突出，加之投资主体多元化格局日渐形成，给质量安全监管工作带来了新的困难和问题，提出了挑战。因此，为保证工程质量安全，必须做好以下工作：

1）既注重施工现场又注重建设项目实施全过程的质量安全监管。

2）鼓励施工企业加大安全生产的科技投入。

3）建立建设工程保险制度。

4）建立定期培训制度。

5）做好建筑工程质量控制工作。

6）建设全过程质量安全管理体系。

14. 项目实施计划

包括实施原则、人员编制和项目建设的进度安排等内容。

1）实施原则

（1）工程的实施首先应符合我国基本建设项目的审批程序。

（2）工程的建设单位将对项目筹划、筹资、招标投标、施工建设直至生产经营管理、债务偿还以及资产保值增值实行全过程、全方位负责。

（3）建设单位按照政府法规，在选定勘察、设计、施工、监理和重要设备采购等实施单位时，均实行招标制度。

（4）项目的勘察、设计、供货、施工安装、监理等履行单位应和项目法人履行必要的法律手续，合约责任按国家的有关法律、法规执行。

2）人员编制

参照《城市生活垃圾焚烧处理工程项目建设标准》（建标〔2001〕213号），并结合上海市现状实际，确定工程增加人员120人。其中管理人员和专业工程师24人；生产人员96人，采用四班三运制，每班24人。

15. 工程估算

内容包括编制依据、编制说明、投资估算和工程成本分析等。

16. 财务评价

内容包括主要依据、计算原则和评价参数、财务分析报表、财务评价主要指标和经济分析结论等。

17. 工程效益分析

工程作为城市基础设施，以服务于社会为主要目的，它既是生产部门必不可少的生产条件，又是居民生活的必要条件，对国民经济的贡献主要表现为外部效果，所产生的效益除部分经济效益可以定量计算外，大部分则表现为难以用货币量化的社会效益和环境效益，因此，应从系统观点出发，与人民生活水准的提高和健康条件的改善、工农业生产的加速发展等宏观效果结合在一起评价。具体包括环境效益、社会效益和国民经济效益等内容。

18. 风险分析

1）项目主要风险因素

工程属于具有公益性质的城市基础设施建设项目，项目投资比较大，建设周期长，与其他行业建设项目在风险因素识别方面存在显著区别。根据行业的特点，从对国内其他污水污泥处理处置设施建设和运行情况的调查，并结合上海市城市基础设施建设、城市经济发展的现状和规划情况，预测项目风险因素主要体现在财务风险、资金风险、工程风险、环境风险和事故风险等方面。

2）风险程度分析和降低防范措施

财务风险是项目的一般风险。

资金风险是项目的一般风险。通过选择信誉良好的承包商和融资渠道，合理安排建设项目，做好各建设项目资金安排计划，量力而行，可以避免出现项目资金不到位的情况。

工程风险是项目的一般风险。通过加强地质、水文勘测测量工作，并在设计阶段全面考虑工程风险因素，采取针对性的措施，可以避免或降低工程风险危害。

环境风险对项目属于重大风险，环境对项目的影响直接关系到工程的形象和周边居民对环保事业的支持程度。因此，工程在设计、建设和运行过程中，应时刻注意环境保护，提高对大气、污水、灰渣、噪声的治理等级。

事故风险的发生是以小概率事件的形式出现，具有随机性。但由于其环境影响较大，应采取措施尽可能减小事故发生的概率，减少事故风险的措施包括以下内容：

（1）应采用双电源系统，避免停电导致污泥处理设施运行停顿。

（2）设计考虑处理工艺流程分组，当一条流程故障或维修时，另外的流程和设施可以短期超负荷运行，减少事故风险对外界环境的影响。

19. 主要结论和建议

1）主要结论

（1）白龙港污水处理厂作为亚洲规模最大的污水处理厂，其污泥处理处置工程的实施，是贯彻国家和上海市相关法律法规和政策的需要，是完成国家和上海市污泥处理处置目标的需要，经过方案论证，工程建设是可行的，也是非常必要和紧迫的。

（2）工程建设规模为486tDS/d，折合含水率80%的污泥量为2430t/d；远期建设规模为614tDS/d，折合含水率80%的污泥量为3070t/d。

（3）工程选址位于浦东新区合庆镇长江口南岸，位于白龙港污水处理厂内，占地面积约15.92hm²。服务范围包括白龙港污水处理厂和虹桥污水处理厂。

（4）工程用地布置于01地块和02地块。

（5）工程污泥处理处置工艺方案推荐采用现状设施利用＋脱水＋干化焚烧。

（6）工程污泥干化工艺在现阶段采用薄层干化或流化床干化，后续结合项目特点通过招标投标技术经济比选后确定；烟气处理采用SNCR＋预除尘＋半干法喷淋＋布袋除尘＋湿式脱酸＋烟气再热＋物理吸附工艺；除臭主要采用离子送风除臭＋生物滤池＋化学洗涤＋活性炭吸附的组合处理工艺。

2）存在的问题和建议

（1）目前污泥的泥质资料中，污泥热值等工业分析值主要取自2014年至2017年期间的检测值，污泥干燥基高位热值为10.37～18.34MJ/kg，变化范围较大，这在一定程度上会要求增大污泥干化焚烧系统的设备规格，从而影响工程的投资估算与运行成本。

（2）需与相关单位抓紧时间开展对接工作，包括：

① 与燃气公司、自来水公司等抓紧时间开展对接工作，尽快落实工程所需的天然气外线、自来水外线相关事宜；

② 与工程环评单位抓紧时间开展对接工作，尽快开展工程环境影响评价。

（3）建议针对工程所涉及的关键技术开展相关研究，包括污水污泥绿色低耗干化焚烧关键技术研究、污水处理厂污泥焚烧处理污染物清洁排放技术研究等。

第 4 章　污泥处理工艺设计

污泥处理是对污泥进行减量化、稳定化、无害化处理的过程，一般包括浓缩、脱水、厌氧消化、好氧发酵、干化和焚烧等。污泥浓缩、脱水、干化的主要作用是降低污泥水分，但其干固体量没有发生变化；污泥厌氧消化的主要作用是分解、降低干固体中的有机物量；污泥焚烧可以消除有机物、可燃物质，减量化比较彻底。

4.1　污泥浓缩

污泥浓缩的主要目的是减小污泥体积，减小后续污泥处理建（构）筑物的规模和污泥处理设备的规模。

污水处理过程中产生的污泥含水率较高，一般情况下初沉污泥的含水率为 95%～97%，剩余污泥的含水率为 99.2%～99.6%。污泥经浓缩处理，体积可大大减小，如将含水率为 99.5% 的污泥浓缩至含水率 98%，浓缩后的体积仅为浓缩前的 1/4，可大大减小后续污泥处理建（构）筑物的规模，同时减少后续污泥处理设备的数量和规格。浓缩处理后的污泥仍保持流动状态。

污泥中水分的存在形式有以下 3 种：

1）游离水。这部分水存在于污泥颗粒间隙中，又称为间隙水，约占污泥中水分的 70%，一般借助外力可以实现和泥粒的分离。

2）毛细水。这部分水存在于污泥颗粒间的毛细管中，约占污泥中水分的 20%，也有可能用物理方法分离出来。

3）内部水。这部分水黏附于污泥颗粒表面和存在于其内部，约占污泥中水分的 10%，通常只有采用干化处理等方法才能实现部分分离。

通常，污泥浓缩处理只能去除污泥中的一部分游离水。

4.1.1　基本原理

1. 重力浓缩原理

重力浓缩是一种重力沉降过程，污泥中的颗粒在重力作用下向下沉降聚集，从互相接触支撑，到上层颗粒挤压下层颗粒，再到压出下层颗粒的游离水，通过重力的挤压使污泥压密而实现污泥浓缩。

2. 气浮浓缩原理

气浮浓缩是将污泥中的固体颗粒和液体分离的另一种方法。气浮浓缩与重力浓缩的不同之处是改变了污泥中固体颗粒移动的方向，以固体颗粒的向上浮起代替了重力浓缩的向下沉降。

3. 机械浓缩原理

机械浓缩是通过机械设备对污泥施加外力，辅以滤网等设施进行固液分离，使污泥得到浓缩。离心浓缩的原理是利用污泥中固体和液体的密度差，在高速旋转的离心机中，固体和液体由于受到的离心力不同而使污泥得以浓缩。

4.1.2　主要工艺

污泥浓缩工艺主要分为重力浓缩、气浮浓缩和机械浓缩。

1. 重力浓缩

重力浓缩是应用最多的污泥浓缩工艺，它是利用污泥中的固体颗粒和水之间的密度差实现泥水分离。进行重力浓缩的构筑物称为重力浓缩池。

根据运行方式不同，重力浓缩池可分为连续式重力浓缩池和间歇式重力浓缩池 2 种。前者常应用于大、中型污水处理厂中，后者常应用于小型污水处理厂中。

根据池型不同，重力浓缩池可分为圆形重力浓缩池和矩形重力浓缩池，其中圆形重力浓缩池又分为竖流式重力浓缩池和辐流式重力浓缩池。

间歇式重力浓缩池，设置进泥管和分层设置的上清液排出管，底部设泥斗和排泥管。运行时先将污泥充满浓缩池，然后静置沉降，让污泥浓缩压密，定期分层排出上清液，浓缩后的污泥通过泥斗的排泥管排出。

重力浓缩一般需要 12～24h 的停留时间。浓缩池不仅体积大，而且污泥容易腐败发臭。在较长时间的厌氧条件下，特别是同时还存在营养物质时，经除磷富集的磷酸盐会从积磷菌体内分解释放到污泥水中。这部分水和浓缩污泥分离后将回流到污水处理流程中重复处理，会增加污水处理除磷的负荷和能耗。

2. 气浮浓缩

气浮浓缩适用于活性污泥和生物滤池等颗粒密度较小的污泥。工艺采用大量的微小气泡附着在污泥颗粒的表面，使污泥颗粒的密度减小而上浮，从而实现泥水分离。气浮浓缩需要的停留时间较短，一般为 30～120min，而且是好氧环境，可避免厌氧发酵和释磷问题，因此污泥水中的含固率和磷的含量都比重力浓缩低。但气浮浓缩的运行费用较重力浓缩高，适合于用地较紧张的污泥处理工程中。

气浮浓缩根据气泡形成方式的不同，可分为压力溶气气浮、生物溶气气浮、真空气浮、化学气浮、电解气浮等。其中，污泥气浮浓缩中最常用的方法是压力溶气气浮，主要由加压泵、溶气罐、减压阀、进水室和气浮池组成。污泥和压缩空气压入溶气罐，在高压下，大量空气溶入液体，溶入大量空气的液体经过减压阀在进水室中恢复常压，所溶空气即变成微细气泡从液体中释放，大量微细气泡附着在颗粒周围。在气浮池中，微细气泡携带着颗粒上浮，在池面使污泥得到浓缩，浮泥通过刮泥设备撇除，澄清水从气浮池下部排出。

气浮浓缩池可采用矩形或圆形，处理能力小于 $100m^3/h$ 的气浮浓缩池多采用矩形池，处理能力大于 $100m^3/h$ 的气浮浓缩池一般采用圆形辐流式气浮池。

3. 机械浓缩

机械浓缩可采用的设备种类很多，根据机械设备的性质和运行方式的不同，主要可分为离心浓缩机和带式浓缩机。

离心浓缩机是污水处理厂常用的污泥机械浓缩设备，其原理、形式与离心脱水机基本相同。其差别在于用于污泥浓缩一般不需要加入絮凝剂，而用于污泥脱水则必须加入絮凝剂。离心浓缩机适用于不同性质的污泥，在不同规模的污水处理厂中均可使用。

带式浓缩机主要用于污泥浓缩脱水一体化设备的浓缩段。其主要工作原理是经过化学调理的污泥在浓缩段均匀分布到滤带上，依靠重力作用分离其中的游离水分，使污泥得到浓缩。

随着污泥处理设备的不断改进和发展，污泥浓缩脱水一体机已普遍应用于一些污水处理厂中，尤其是对于采用脱氮除磷工艺的污水处理厂，采用污泥浓缩脱水一体机是比较常用的选择。污泥浓缩脱水一体机的使用使得作为一个单独处理工艺段的污泥浓缩整合成为污泥脱水的一部分。

主要污泥浓缩工艺的优缺点比较如表 4-1 所示。

主要污泥浓缩工艺的优缺点比较 表 4-1

污泥浓缩工艺	优点	缺点
重力浓缩	贮存污泥能力强，操作要求较低，运行费用低，动力消耗小	占地面积较大，污泥易产生臭气；对于某些污泥性能不稳定，浓缩效果受到影响；存在释磷问题
气浮浓缩	浓缩效果较理想，出泥含水率较低，不受季节影响，运行效果稳定；所需池容积较小，占地面积小；能去除油脂和砂砾	运行费用高于重力浓缩，但低于离心浓缩；操作要求较高，污泥贮存能力较小；占地比机械浓缩大；存在臭气问题
机械浓缩	空间要求省；工艺性能的控制能力强；相对低的投资和电力消耗；添加一定聚合物可获得高固体收集率，可提高固体浓度	依赖于添加聚合物；操作水平要求较高，对操作人员要求相对较高

4.1.3 实例介绍

污泥浓缩在国内外污水处理厂得到了广泛的应用。上海市白龙港污泥厌氧消化处理工程中设置了重力浓缩和机械浓缩。工程对污水处理产生的化学污泥、初沉污泥和剩余污泥进行浓缩处理，将污泥含固率提高到 5% 左右。为达到含固率目标，初沉污泥和化学污泥采用重力浓缩，剩余污泥采用重力浓缩后再进行机械浓缩，污泥重力浓缩池和机械浓缩机如图 4-1 所示。

(a)　　　　　　　　　　　　　　　　　(b)

图 4-1　污泥重力浓缩池和机械浓缩机
（a）污泥重力浓缩池；（b）污泥机械浓缩机

工程设置化学污泥浓缩池和初沉污泥浓缩池共 4 座，每座浓缩池的直径为 25m，有效泥深为 4m。化学污泥停留时间为 53h，污泥固体负荷为 54kg/(m² · d)；初沉污泥停留时间为 37h，污泥固体负荷为 65kg/(m² · d)。每座浓缩池设一套直径为 25m、中心传动的立柱式污泥浓缩机。

工程设置剩余污泥浓缩池 4 座，每座浓缩池的直径为 28m，有效泥深为 5m。每座浓缩池设一套直径为 28m、中心传动的立柱式污泥浓缩机，重力浓缩后污泥含水率为 98.5％。

工程设置剩余污泥浓缩机房 1 座，将剩余污泥在重力浓缩的基础上进一步进行离心浓缩，将其含水率由 98.5％降到 95％。在剩余污泥浓缩机房中，设置离心浓缩机 5 台，4 用 1 备，每台离心浓缩机的规格为 $Q=120m^3/h$，固体负荷为 2400kgDS/h。

4.2 污泥厌氧消化

4.2.1 基本原理

污泥厌氧消化工艺是在无氧条件下，通过兼性菌和专性厌氧菌降解有机污染物的过程。污泥厌氧消化分解的主要产物是以甲烷为主的污泥气。

污泥有机物基质的厌氧消化可分为两个阶段，第一阶段为酸性消化阶段，第二阶段为碱性消化阶段。

1. 酸性消化阶段

酸性消化阶段是产酸阶段，起主要作用的细菌群落为产酸细菌，微生物种类主要包括细菌、原生动物和真菌等。

在酸性消化阶段，有机物在外酶的作用下水解和液化，代谢产物是多糖类水解成单糖类，蛋白质水解成氨基酸，脂肪水解成丙三醇、脂肪酸。在分解有机物过程中产生的能量几乎全部消耗作为有机物发酵所需的能源，只有少部分合成新细菌体，因此在酸性消化阶段细菌的增殖很少。

在酸性消化阶段，如有机物大量形成和积累，pH 可降低至 6，当产生酸的有机物完全分解时，pH 甚至可降低至 4。经酸性消化后的污泥，黏稠且不易脱水，易腐化发臭。

2. 碱性消化阶段

碱性消化阶段是产污泥气的阶段，将酸性消化阶段的代谢产物在甲烷细菌的作用下分解为污泥气。污泥气的主要成分是甲烷和二氧化碳，还有微量的硫化氢、氮和氢。由于甲烷细菌对温度、pH 要求严格，繁殖很慢，因此甲烷细菌控制着整个污泥厌氧消化过程。

在污泥厌氧消化系统中，应保持既有利于产酸细菌、又有利于甲烷细菌生长繁殖的环境条件。污泥厌氧消化系统需注意保持稳定的生态平衡，使酸性消化阶段和碱性消化阶段都处于平衡状态。产酸细菌生长繁殖快，对环境的适应能力强，而甲烷细菌则正好相反。污泥厌氧消化系统需注意保持稳定的生态平衡，消化池中的碱度要求保持在 2000～3000mg/L。

4.2.2 主要工艺

1. 工艺特点

污泥厌氧消化是分解污泥中的有机物质，实现污泥减量化、稳定化、无害化和资源化的重要处理工艺。

污泥厌氧消化工艺具有以下优点：

1）产生甲烷这一能源气体，可用于污泥厌氧消化处理自身的能量需求，同时多余的甲烷气体可以用来干化污泥、焚烧污泥、供热、发电等。

2）污泥厌氧消化过程中约40％的挥发性固体转化为甲烷、二氧化碳和水，减少了污泥固体总量，为后续处理处置减小设施规模创造了条件。当需要远距离运输和最终污泥处置时，这一优点显得更为重要。

3）污泥厌氧消化过程可消减污泥中的有机物，减少臭气，并杀死部分病原菌和寄生虫卵。消化后的污泥性能稳定，利于进行土地利用。

同时，污泥厌氧消化工艺也存在以下不足之处：

1）污泥厌氧消化系统要求较高的运行操作控制水平。

2）污泥厌氧消化系统存在甲烷泄漏、火灾和爆炸风险，对安全操作管理要求较高。

3）污泥厌氧消化和脱水处理后的污泥出路仍受限。为满足后续处理处置需求，尚需在此基础上进一步降低污泥含水率，进行土地利用前，还需进一步熟化，防止植物烧苗现象的发生。

4）污泥厌氧消化后产生的污泥水中含有较高浓度的 COD、SS 和氮、磷，需要进一步处理并达标后才能进行排放，规模较大的污泥厌氧消化处理工程应考虑污泥水回流对污水处理厂污水处理的影响。

2. 消化温度

根据消化池内生物作用的温度，污泥厌氧消化工艺可分为中温厌氧消化和高温厌氧消化，中温厌氧消化的温度一般控制在 33～38℃，高温厌氧消化的温度一般控制在 53～55℃。

高温厌氧消化比中温厌氧消化分解速率快，产气速率高，所需的消化时间短，消化池的容积小，对寄生虫卵的杀灭率可达到 90％以上，但高温厌氧消化加热污泥所消耗的热量较大，能耗较高。因此，只有在卫生要求严格或对污泥气产生量要求较高时才选用高温厌氧消化。

目前国内外常用的都是中温厌氧消化工艺，中温厌氧消化在国内外均已使用多年，技术上相对比较成熟。污泥中温厌氧消化运行能耗相对较低，运行稳定性较好，是目前应用较多的污泥厌氧消化方式。但随着污泥高温热水解等预处理工艺的出现，可考虑采用高温厌氧消化以充分利用高温热水解预处理段的热能，从而减少热损失。对于具体的污泥厌氧消化处理项目，应通过技术经济综合比较确定采用中温厌氧消化或高温厌氧消化工艺。

3. 污泥加热方法

消化池内污泥加热的目的是使新鲜污泥的温度提高到消化温度，同时补偿消化池体和管道系统中的热能损耗。

消化池内污泥加热方法有多种，包括外部加热、消化池内加热盘管换热、蒸汽直接加

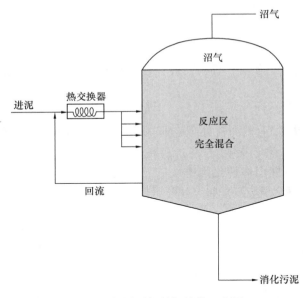

图 4-2　污泥厌氧单级消化工艺图

热、消化池前投配池内预热等方法，应用较为广泛的是外部加热法。

外部加热法通常是在污泥消化池外部设置热交换器，通过锅炉和热交换器的循环热水，对循环于污泥消化池和热交换器中的污泥进行加热。

热交换器是污泥在内管流动，而热水在外管流动的双层管式设备，污泥和热水分别以相反的方向在管内流动，污泥和热水在管内的流速都在 1.0～2.0m/s 范围。这种方法与蒸汽直接加热法相比，虽然锅炉热水系统、污泥循环泵和热交换器等设备较多，但是由于使消化污泥循环，所以有助于污泥的搅拌和消化，传热速度快、设备简单、检修方便。

4. 消化等级

污泥厌氧消化分为单级消化和二级消化，分别如图 4-2 和图 4-3 所示。

污泥单级消化只设置一个消化池，污泥在一个消化池中完成消化过程。而污泥的二级消化过程则分在两个串联的消化池内进行。一般情况下，在二级消化的一级消化池内主要进行有机物的分解，只对一级消化池进行混合搅拌和加热，不排上清液和浮渣。污泥经一级消化池排入二级消化池。二级消化池不再进行混合搅拌和加热，而是使污泥完成进一步的消化。在二级消化过程中排除上清液和浮渣。

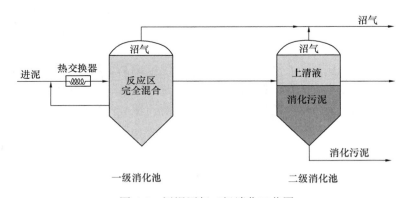

图 4-3　污泥厌氧二级消化工艺图

为了减少污泥处理工程投资，二级消化目前在国内外应用相对较少，一般采用单级消化。另外，由于二级消化池不加热，也不搅拌，基本不再有污泥气产生。国内外大量的研究和运转结果表明，采用二级消化对于污泥的继续消化和提高污泥气产量，效果均不明显，但其造价和运转管理工作量的增加却是显而易见的。

工程设计中，也有将一级消化和二级消化结合的形式，每个消化池均设置混合搅拌、加热的一级消化设施和撤除上清液、浮渣的二级消化设施，既可采用一级消化运行，也可采用二级消化运行，还可交替运行。

5. 消化相数

污泥厌氧消化工艺按照消化反应中的生物相数可分为单相消化和两相消化。

污泥单相消化是指污泥消化过程中包括水解、酸化、产甲烷等反应均在一个反应器中完成的污泥消化。

污泥两相消化是指污泥消化过程中酸化和产甲烷两个阶段分别在两个串联的反应器中进行。产酸细菌种类多，生长快，对环境变化不太敏感，而产甲烷菌则正好相反，其对环境条件要求苛刻，增殖缓慢。产酸细菌和产甲烷菌如均在最佳的环境条件下生长，则有利于充分发挥各自的活性，从而提高处理效率，提高消化池的容积负荷率，减小消化池容积。

相对于污泥单相消化，污泥两相消化因需要实现生物相的分离，从而会导致运行操作复杂，且在酸化阶段可能会产生高浓度的硫化氢，并对消化产生抑制作用。我国虽然对污泥两相消化的研究较多，但在实际应用中，污泥厌氧消化处理工程仍然以单相消化为主。

6. 消化池池形

消化池池形应具有结构条件好、防止沉淀、没有死区、混合良好、易去除浮渣和泡沫等特点。常用的池形有龟甲形、传统圆柱形、蛋形、平底圆柱形等。不同的消化池池形如图 4-4 所示。

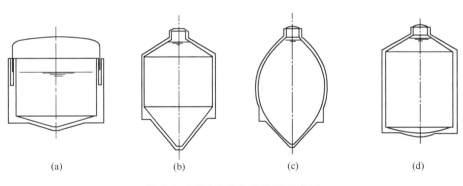

| (a) | (b) | (c) | (d) |

图 4-4　不同的消化池池形示意图
(a) 龟甲形；(b) 传统圆柱形；(c) 蛋形；(d) 平底圆柱形

1）龟甲形消化池

龟甲形消化池在英国、美国采用较多，此种池形的优点是土建造价低，结构设计简单，但要求搅拌系统具有较好地防止产生和消除沉积物的效果，因此相配套的设备投资和运行费用较高。

2）传统圆柱形消化池

传统圆柱形消化池的形状是圆柱形中部、圆锥形底部和顶部。这种池形的优点是热量损失比龟甲形小，易选择搅拌系统，但底部面积大，易造成粗砂的堆积，因此需要定期进行停池清理。更重要的是在形状变化的部分存在尖角，应力很容易聚集在这些区域，使结构处理较困难。底部和顶部的圆锥部分，在土建施工浇筑时混凝土难密实，易产生渗漏。

3）蛋形消化池

德国从 1956 年就开始采用蛋形消化池，并作为一种主要的池形，应用较为普遍。蛋形消化池最显著的特点是运行效率高，经济实用。其优点可以总结为以下几点：

（1）能促进混合搅拌均匀，单位面积内可获得较多的微生物，用较小的能量即可达到良好的混合效果。

（2）可有效地消除粗砂和浮渣的堆积，池内一般不产生死角。

（3）表面积小，耗热量较低，容易保持系统温度。

（4）上部面积小，不易产生浮渣，即使产生浮渣也易去除。

（5）消化池壳体形状使池体结构受力分布均匀，可以做到消化池单池池容的大型化。

蛋形消化池的缺点是土建施工费用比传统消化池高。然而蛋形消化池运行上的优点可提高处理过程的效率，因而可节约运行成本。如果设置多座蛋形消化池，则运行费用更具优势。对于大型污水处理厂，大体积消化池采用蛋形消化池更能体现其优点。

4）平底圆柱形消化池

平底圆柱形消化池是一种土建成本较低的池形。圆柱部分的高度和直径之比≥1。这种池形在欧洲已成功地用在不同规模的污水处理厂中。这种池形的搅拌设备大多采用可在消化池内多点安装的悬挂喷入式污泥气搅拌技术。

在我国，多年来大多采用传统圆柱形消化池。随着搅拌设备的引进，我国消化池的池形开始变得多样化，我国先后建设了多座蛋形消化池，改变了国内消化池池形单一的状况。

蛋形消化池和传统圆柱形消化池的比较，如表 4-2 所示。

蛋形消化池和传统圆柱形消化池比较 表 4-2

比较项目	蛋形消化池	传统圆柱形消化池
混合性能	较强的混合性。需要能量较低（约节省 40%～50%的能量）	低效的混合性。为了混合均匀需要较多能量
粗砂和污泥的聚集	底部面积小，可有效地消除粗砂和污泥的沉淀，使微小颗粒和污泥充分混合	底部面积大，易沉淀粗砂和污泥，需要定期清理。浪费的空间导致污泥消化效果受到影响
浮渣的堆积	污泥液面积大大减少，能有效地控制浮渣的形成和排出	因污泥液面积较大，浮渣的堆积层较难有效解决
运行效果	稳定地减少易挥发性有机物，且稳定、连续地产生污泥气，形成有效的运行处理过程	底部的死角容易被粗砂和其他沉淀物所堆积，而顶部的无效空间易堆积浮渣，从而使污泥消化效果受到影响
单池容积	结构和工艺条件较好，单池处理能力较大，故而占地面积小，因此在土地面积有限或土地价格昂贵的地方更具优势	受结构和工艺条件的限制，单池容积不宜很大，因此占地面积较大
土建施工	施工难度相对较大	施工难度相对较小

采用蛋形消化池、传统圆柱形消化池的工程实例分别举例如下。

德国科勃兰霍夫污水处理厂厌氧消化项目位于德国汉堡，采用蛋形消化池，处理对象包括汉堡城市排水公司下属 2 座大型污水处理厂产生的污泥。项目的污泥处理量约为 120tDS/d，污泥处理采用厌氧消化＋脱水＋干化＋焚烧的处理工艺。初沉污泥在重力浓缩池中浓缩，剩余污泥采用离心浓缩机进行浓缩，浓缩污泥在消化池内进行厌氧稳定。污泥厌氧消化过程中大约一半的有机物转化为污泥气，消化后污泥的含水率约为 96.7%，消化污泥在离心脱水机中脱水到含水率为 78%，然后在蒸汽加热干化机中干化到含水率为 58%，干化后的污泥和污水处理中产生的栅渣一起进入流化床焚烧炉进行焚烧处理，焚烧产生的烟气进行处理后排放。厂区平面如图 4-5 所示。

图 4-5　德国汉堡科勃兰霍夫污水处理厂平面图

　　山东青岛的麦岛污泥厌氧消化项目则采用了传统圆柱形消化池。项目处理规模为 48tDS/d，采用中温厌氧消化，设置 2 座有效容积为 12700m³ 的消化池。厂区平面如图 4-6 所示。

图 4-6　青岛麦岛污泥厌氧消化项目平面图

7. 污泥搅拌设备

1）污泥搅拌的作用

通过对消化池中污泥的充分搅拌，使生污泥和熟污泥充分接触，可提高消化处理效果，使中间产物和代谢产物在消化池内均匀分布；通过搅拌和搅拌时产生的振动，能更有效地使污泥气逸出液面；通过搅拌，使池内温度和 pH 保持均匀，有助于消化处理效果，还可以防止池内产生浮渣。

2）搅拌方式分类

消化池设计和运行中的重要问题之一是搅拌系统的选择。良好的搅拌系统必须满足下列要求：

（1）维持进料污泥和池内活性生物菌落之间的均匀分配。

（2）稀释池内产酸生物反应的最终产物，防止产物积聚对微生物生长产生不利影响。

（3）有效稀释污泥基质中的有毒物质，抑制生物反应产生有害物质。

（4）消化池的容积能够得到有效利用。

为了达到目标，对污泥厌氧消化搅拌系统进行了开发和研究，目前常用的搅拌方式是污泥气搅拌、外置泵式搅拌和机械搅拌。

污泥气搅拌是将在消化池上部收集的一部分污泥气经压缩机压缩后，再经消化池内的喷嘴或气体喷管从消化池底部喷入池内，它的搅拌作用是通过气体向上流动来实现的。由于污泥气搅拌系统是由压缩机、阀门、阻燃器、过滤器、管道等组成的一个较复杂的系统且污泥气易爆，而且污泥气的冷凝液含腐蚀成分，因此对安装中所使用的污泥气管件和安全措施有特殊要求。

外置泵式搅拌只适合于较小的带漏斗形底部和锥形顶盖的消化罐，而对于较大的消化罐，其搅拌效果较差。

机械搅拌是在消化池中间设置垂直导流管，在消化池顶部的回流管上安装一个搅拌器，搅拌器开启时，消化污泥可以在导流管内外向上或向下混合流动，由于它特殊的结构，搅拌效果较好，消化池池面的浮渣和泡沫较少。

从我国城镇污水处理厂使用污泥气搅拌的经验来看，污泥气搅拌所需的设备较多，工艺较复杂。对于蛋形消化池而言，其独特的形状使其易于选择简单的机械搅拌系统，因此国内外大部分蛋形消化池使用机械搅拌。导流管式机械搅拌因其污泥流线形和蛋形消化池结构接近一致，更适合于蛋形消化池的搅拌。

8. 关键技术因素

如前所述，甲烷细菌控制着整个污泥厌氧消化过程。在工程技术上，研究产甲烷菌的最佳 pH、最佳消化温度等是很有必要的，这将有助于最大限度地缩短污泥厌氧消化处理的时间。因此，污泥厌氧消化反应的各项影响因素主要围绕对产甲烷菌的影响因素进行研究。

1）pH

产甲烷菌适宜的 pH 应在 6.8～7.2 之间，污泥厌氧消化系统中的碱度有缓冲作用，如果有足够的碱度中和有机酸，其 pH 有可能维持在 6.8 以上，酸化和甲烷化两大类细菌就有可能共存，从而消除消化分阶段现象。消化池中的碱度要求保持在 2000～3000mg/L。此外，消化池内污泥的充分混合对调节 pH 也是十分重要的。

2）温度

从污泥厌氧消化温度来看，污泥厌氧消化分为中温厌氧消化和高温厌氧消化。中温厌氧消化的消化时间约为 20～30d，而高温厌氧消化的消化时间相对较短。因中温厌氧消化的温度与人体温度接近，故对寄生虫卵和大肠菌的杀灭率较低，而高温厌氧消化对寄生虫卵的杀灭率可达 99%，但高温厌氧消化所需要的热量比中温厌氧消化要高很多。

3）泥龄

污泥厌氧消化的效果与污泥泥龄有直接关系，污泥泥龄的表达式为：

$$\theta_c = \frac{m_r}{\phi_e}$$

式中　θ_c——污泥泥龄（SRT），d；

　　　m_r——消化池内的总生物量，kg；

　　　ϕ_e——消化池每日排出的生物量，$\phi_e = \dfrac{m_e}{t}$。其中，m_e 为排出消化池的总生物量，

　　　　　kg；t 为排泥时间，d。

消化池的水力停留时间等于污泥泥龄。由于产甲烷菌的增殖速率较慢，对环境条件的变化十分敏感，因此，要获得稳定的消化处理效果就需要保持较长的污泥泥龄。

4）搅拌和混合

污泥厌氧消化是由细菌胞内酶和胞外酶与底物进行的接触反应，因此必须对污泥进行充分搅拌，以使两者充分混合。有研究表明，产乙酸菌和产甲烷菌之间存在着严格的共生关系，这种共生关系对于厌氧消化工艺的改进有实际意义，但如果在系统内进行连续的剧烈搅拌，则会破坏这种共生关系。

5）营养和 C/N 比

基质的组成会直接影响污泥厌氧消化处理的效率和微生物的增长，但与好氧法相比，厌氧处理对 N、P 含量的要求相对较低。

6）有毒物质

（1）重金属离子的毒害作用

重金属离子对污泥消化的抑制作用主要体现在以下两个方面：

① 重金属离子和酶结合，产生变性物质，使酶的作用消失；

②重金属离子和氢氧化物的絮凝作用，使酶沉淀。

（2）H_2S 的毒害作用

脱硫弧菌（属于硫酸盐还原菌）能将乳酸、丙酮酸和乙醇转化为 H_2、CO_2 和乙酸，但在含硫无机物（SO_4^{2-}、SO_3^{2-}）存在时，它将优先还原 SO_4^{2-} 和 SO_3^{2-}，产生 H_2S，形成与产甲烷菌对基质的竞争。因此，当污泥厌氧消化系统中 SO_4^{2-}、SO_3^{2-} 浓度过高时，产甲烷过程就会受到抑制；污泥气中 CO_2 含量提高，并含有较多的 H_2S。H_2S 的存在会降低污泥气的质量并腐蚀金属设备（包括锅炉、污泥气管道等），其对产甲烷菌的毒害作用则会进一步影响整个污泥厌氧消化系统的正常工作。

（3）氨的毒害作用

当有机酸积累时，pH 降低，此时 NH_3 转变为 NH_4^+，当 NH_4^+ 浓度超过 150mg/L 时，污泥厌氧消化作用会受到抑制。

4.2.3　污泥厌氧消化新技术

针对常规污泥厌氧消化存在的消化效率较低、消化时间较长、有机质降解率较低、污泥气中硫含量较高等问题，近年已开发了多种新技术，其中已应用的新技术主要有如下 3 种。

1. 基于高温热水解预处理的高含固污泥厌氧消化技术

针对污泥厌氧消化过程中水解酸化进程缓慢、产甲烷底物不足、整个污泥厌氧消化过程周期长且产气率低的特点，开发了高效、低耗的热水解工艺，可有效提高污泥厌氧消化的速度和产气率。该工艺不仅适用于中小型污泥处理工程，更能用于大型污泥处理工程，也适合于现有污泥处理厂的改造。

1）高温热水解技术原理

在污泥处理单元中采用高温热水解预处理的主要目的包括：

（1）减少污泥量；

（2）增加污泥气产量；

（3）杀灭病原菌；

（4）改善污泥脱水性能。

由于所处理污泥具有较高的含固率，节省了加热所需的能耗，减少了反应的污泥体积，因而与污水处理单元相比，热水解处理更适合于污泥处理单元。在污泥厌氧消化前增设热水解预处理时，其加热污泥所需的能耗可通过提高的污泥气量进行供给。热水解处理在实际应用中通常是在$160\sim180℃$的反应温度下将污泥加热$0.5\sim1h$，过高的消化温度会减少生物降解产物的产生，从而影响污泥气的产量。经过热水解处理的污泥具有较好的脱水性能和较低的黏附性。

2）高温热水解污染物质转化

高温热水解对污泥中污染物质的分解有着积极的作用，主要发生如下反应：

（1）碳水化合物的水解，如纤维素、半纤维素、淀粉、葡萄糖，水解为多羟基醛类或酮类的化合物、CO_2等；

（2）蛋白质裂解成多肽，进而裂解成氨基酸；

（3）脂肪水解成甘油和高级脂肪酸。

此外，在温度为$180℃$时，污泥中的多环芳烃和咔唑也会被进一步分解，而重金属从液相中被浓缩至固相中，从而减少了对污泥上清液回流的污染。

3）工艺流程

典型的基于高温热水解预处理的高含固污泥厌氧消化工艺流程如图 4-7 所示。

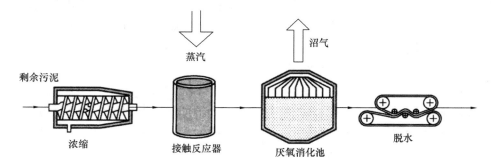

图 4-7　基于高温热水解预处理的高含固污泥厌氧消化工艺流程图

由于世界各地污泥厌氧消化技术发展侧重点的不同，污泥高温热水解预处理厌氧消化在近年来也出现了多种技术组合工艺形式，包括：

（1）初沉污泥和剩余污泥同时进行热水解，然后进入消化池消化，这也是目前比较常用的组合；

（2）剩余污泥进行热水解后和初沉污泥混合后进入消化池消化；

（3）初沉污泥和剩余污泥先进行消化，然后进行热水解，最后再进入消化池消化。

各工艺形式如图 4-8 所示。

工艺形式 1，即所有污泥经过热水解的路线，适合于对处理后污泥泥质有较高要求的场合，同时所需消化池的池容较小，但热水解单元所需的占地面积较大。

工艺形式 2，即初沉污泥不经过热水解的路线，出泥泥质不如工艺形式 1 好，但热水解单元所需的占地面积较小。

工艺形式 3，即两次厌氧消化的路线，消化池和热水解所需的总占地面积较前两者大，但能量的回收率较高，同时出泥泥质较佳。

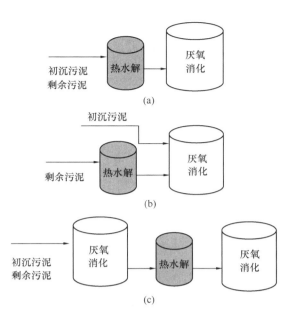

图 4-8　基于高温热水解预处理厌氧
消化的 3 种工艺形式
（a）工艺形式 1；（b）工艺形式 2；（c）工艺形式 3

因此，具体选择哪一种工艺形式取决于具体工程。

污泥高温热水解一般包括预热、反应和泄压闪蒸 3 个过程，具体操作分为以下 6 个步骤：

（1）通过传输泵将浓缩污泥输送到反应器中；

（2）使用从其他反应器中输出的闪蒸蒸汽对污泥进行预加热，以使污泥温度从 15℃提高到 80℃；

（3）利用来自于蒸汽锅炉的高温蒸汽，使热水解反应温度维持在 160～180℃，压强维持在 0.5～0.6MPa；

（4）当温度和压强达到上述反应条件时，反应时间保持 20～30min；

（5）当反应结束后，蒸汽被释放到另一个反应器中，用于预加热污泥；

（6）热水解污泥被释放到缓冲池中贮存。

污泥高温热水解预处理产生的效果对后续处理工艺主要具有如下优点：

（1）增加了悬浮性颗粒污泥的可溶性。由于溶解性物质较颗粒性污泥易降解，因此增加了污泥的生物可降解性，增加了污泥气的产量。

（2）降低了污泥的黏滞性。在相同的污泥含固率和消化温度条件下，经热水解处理后，污泥的黏滞性较热水解前降低约 10 倍。这可以使消化池处理这种低黏滞性、高含固率的污泥时易于搅拌。同时，低黏滞性的污泥也使得污泥消化池前的热交换器即使管径较小，也可减轻污泥堵塞问题。

（3）热水解工艺改善了污泥的卫生性质。反应器的高温高压反应条件和较长的反应时间能杀灭污泥中的病菌等有害微生物，实现污泥的无害化。

（4）热水解预处理后的污泥具有更好的脱水性能。污泥的脱水性能得到改善，可提高污泥体积的减量化程度。

污泥高温热水解预处理存在上述优点的同时，也会产生一些不利的影响，特别是较高的污泥降解率会使 NH_4^+ 含量上升 15%，另外 COD 含量也会上升 10%，虽然这对污泥厌氧消化反应的稳定运行没有影响，但是在处理污泥水时则必须要对污染物浓度的提高进行充分的考虑。

北京是我国目前应用污泥高温热水解预处理厌氧消化工艺最多的城市，共建设了 5 座污泥处理中心，均采用高温热水解预处理厌氧消化工艺，总处理规模达到了 6128 t/d（含水率 80%）。以高安屯污水处理厂为例，污泥处理规模为 1836t/d（含水率 80%），前端设置 4 条热水解预处理线，后端设置 8 座池容为 12000m³ 的圆柱形厌氧消化池，采用机械搅拌方式，厌氧消化后的污泥通过板框压滤的方式进行脱水。北京高安屯污泥处理中心如图 4-9 所示。

图 4-9　北京高安屯污泥处理中心

2. 污泥高含固厌氧消化技术

受污泥泥质、用地限制、污泥处理处置规划和操作管理水平等因素限制，污泥通过厌氧消化技术实现稳定化并回收能源的工艺在我国并未得到很好的推广。另外，传统的污泥厌氧消化工艺属于低含固厌氧消化领域，进泥含固率一般为 3%～5%，处理效率较低，挥发性固体容积负荷一般为 0.6～1.6kgVSS/（m³·d）。针对上述现状，研究人员提出了污泥高含固厌氧消化的工艺技术：

1）污泥经脱水处理后可统一收运，集中进行厌氧消化和后续处理处置，为污泥处理处置提供新的管理思路。

2）高含固厌氧消化处理效率高，进泥含固率一般为 8%～10%，挥发性固体容积负荷一般为 1.6～3.5kgVSS/（m³·d），反应器体积较小，加热保温能耗较低，为污泥厌氧消化技术的效率提升提供了新的技术路线。

目前，高含固厌氧消化系统在实际推广应用中还存在不少困难，如由于固体含量高，搅拌阻力较大，使得基质搅拌混合困难等。另外，过高浓度的反应基质容易造成反应中间产物在介质中传递和扩散困难，使得部分区域的中间产物过度积累，出现由于有机酸、氨氮的积累而抑制厌氧微生物活性的现象。

高含固厌氧消化技术在我国也有不少应用，如大连夏家河污泥厌氧消化项目、郑州马头岗污泥厌氧消化项目和长沙黑麋峰污泥厌氧消化项目等。以郑州马头岗污泥厌氧消化项目为例，项目处理规模为160tDS/d，采用重力浓缩＋机械浓缩方式将污泥含固率提高至10％，之后送入中温厌氧消化池进行处理。项目共设置16座污泥消化池，单池的有效容积为2200m³，采用搅拌器＋循环泵的方式对污泥进行搅拌。

3. 协同厌氧消化技术

协同厌氧消化一般指两种或两种以上的物料混合后共同进行厌氧消化处理。协同厌氧消化对于提高消化系统本身的性能和整体经济性都有着积极作用。根据协同厌氧消化方面的研究和实践，在提高污泥厌氧消化系统本身的性能方面，其优势主要体现在以下三个方面：

1）提高甲烷产率；

2）提高系统的稳定性；

3）有机废弃物能够得到更好的处理。

而在提高整体经济性方面，协同厌氧消化的优势主要体现在以下两个方面：

1）不同的有机废弃物共享同样的处理设施，可减少有机废弃物处理分支流程；

2）便于进行集中式规模化处理，从而发挥规模效应。同时，一年当中不同的有机废弃物在产量和性质方面均会有较大的波动，采用集中式协同厌氧消化方式有利于这些有机废弃物进行更稳定的处理。

协同厌氧消化发挥优势的关键在于平衡厌氧消化比较重要的物料参数，如常量营养元素、微量营养元素、C/N、pH、潜在抑制性物质或有毒物质、可降解有机物比例、含固率等。

目前与污泥进行协同厌氧消化的物料一般为城市厨余垃圾。首先，厨余垃圾占生活垃圾的比重大、含水率高，来源稳定，若将其从生活垃圾中分离出来进行集中式资源化处理，既有利于资源化利用，也有利于生活垃圾的减量和后续处理处置；其次，厨余垃圾有机质含量高，但氮素含量较低，而污泥则相反，其有机质含量较低，氮素含量较高，二者进行协同厌氧消化可以实现互补。

为改善污泥厌氧发酵基质的C/N，提高污泥厌氧消化系统的效率，可将污泥和厨余垃圾等有机物按照一定比例混合后进行协同厌氧消化。协同厌氧消化的优势主要表现在：

1）提高了系统的C/N，有利于厌氧消化系统的高效运行，同时降低了厌氧消化系统的运行成本；

2）厨余垃圾和污泥协同互补，降低了氨氮和重金属离子等抑制物的浓度，缓冲能力得到提升，提高了厌氧消化系统的运行稳定性。

污泥和厨余垃圾混合协同厌氧消化在丹麦、瑞典等国家有广泛的应用且效果良好，在我国也有所应用。镇江市餐厨废弃物和生活污泥协同处理一期工程的设计规模为260t/d，包括140t/d含水率为85％的餐厨垃圾和120t/d含水率为80％的污水污泥。工程采用高温热水解对污泥进行预处理，经预处理后的污泥再和餐厨垃圾混合进行协同厌氧消化，消化池总容积为 12800m³，厌氧消化温度为 38℃，停留时间为 25～30d，进料含固率为 8%，运行产生的污泥气中甲烷含量达到 63% 左右，产气率平均为 0.77m³/kgVSS（去除），有机物降解率平均为 51.8%。

考虑到协同厌氧消化在稀释抑制物、提高系统运行稳定性方面的优势，以及高含固厌氧消化技术在提高厌氧消化效率和工程效能方面的优势，污泥和厨余垃圾采用高含固厌氧消化工艺进行协同厌氧消化有望成为其高效资源化利用和稳定化处理的新途径。

除厨余垃圾外，禽畜粪便和一些工业有机废弃物等也可作为污泥的协同厌氧消化物料，这些有机固体废物先通过碾磨粉碎后进行分选，其他干扰物质通过筛子去除，剩下的有机固体废物先在稀释池中稀释，然后输送到消毒稳定池进行杀菌消毒，再和一定量的污泥混合后进入消化池中进行厌氧消化处理，产生的污泥气可用于发电。污泥和有机固体废物协同厌氧消化工艺流程如图 4-10 所示。整个处理系统中，除了进行厌氧消化所需的消化池以外，还有一些配套设施，包括进料设备和贮槽、预处理设备（如研磨机等）、分选设备（如筛子等）、污泥气收集（贮气罐）和能源利用系统（发电机、涡轮机、燃料电池等，多余污泥气采用燃烧装置燃烧）。

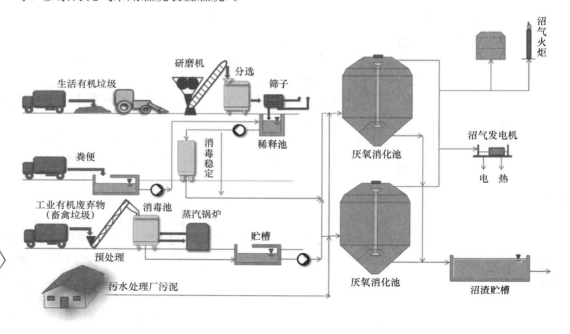

图 4-10　污泥和有机固体废物协同厌氧消化工艺流程图

4.3　污泥好氧发酵

4.3.1　基本原理

污泥好氧发酵是在污泥中加入一定比例的膨松剂和调理剂（如秸秆、稻草、木屑、园林剪枝等），通过好氧微生物群落在潮湿、有氧环境下对污泥中的多种有机物吸收、氧化、分解，转化为腐殖质。微生物通过自身的生命活动，把一部分被吸收的有机物氧化成简单的无机物，同时释放出微生物生长所需的能量，而另一部分有机物则被合成新的细胞质，使微生物不断生长繁殖，产生更多的生物体。生态动力学表明，好氧分解主要是利用菌体硕大、性能活泼的嗜热细菌群，分解氧化有机物，同时释放大量的能量。因好氧发酵工艺中热能不会全部散发到环境中，所以必然造成生物发酵物料的温度升高，生物发酵物料温度上升至 55～65℃，短时间达到 70℃，就会使一些不耐高温的微生物、病原菌和寄生虫卵死亡，而耐高温的细菌得以快速繁殖。

研究表明，经过好氧发酵的污泥质地疏松，密度减小，可被植物利用的营养成分增加。试验证明，污泥在好氧发酵装置中可达到 55℃ 以上的高温并维持超过 3d 的时间，能充分地杀灭病原微生物，达到无害化标准。

4.3.2 主要工艺

1. 工艺特点

污泥好氧发酵通过好氧微生物的生物代谢作用，使污泥中的有机物转化成二氧化碳和稳定的腐殖质，从而实现污泥稳定化和无害化。污泥好氧发酵具有如下优点：

1）污泥好氧发酵在好氧微生物的生物代谢过程中会产生热量，污泥堆体温度可提升至 55℃ 以上，有效杀灭病原菌和寄生虫卵，从而提高好氧发酵产物的安全性；

2）污泥经好氧发酵处理后，有机物含量降低，有机养分成为游离形态，有利于植物吸收；

3）污泥好氧发酵系统的运行相对较简单，且其投资和运行成本相对较低。

但污泥好氧发酵工艺也存在如下缺点：

1）需要较大的占地面积；

2）需要辅料，会提高运行成本；

3）需要严格控制臭气，否则操作环境较差，且易产生"邻避问题"。

2. 主要污泥好氧发酵技术

污泥好氧发酵是比较成熟的工艺技术，不同污泥好氧发酵技术的主要区别在于维持堆体物料均匀和通气条件所使用的技术手段和生产方式不同，这些技术可以把混匀的堆料堆成条垛式，然后定期翻堆倒垛以提供好氧条件，或者把堆料放入发酵仓中，用机械设备对物料进行连续混匀，通过通气设备进行连续通气。污泥好氧发酵技术一般分为三类：条垛式好氧发酵、发酵仓式好氧发酵、槽式好氧发酵。

1）条垛式好氧发酵系统

（1）条垛式好氧发酵的原理

条垛式好氧发酵是一种传统的生物发酵方式，即将生物发酵物料以条垛状堆置。垛的断面可以是梯形、不规则四边形或三角形。条垛式好氧发酵的特点是通过定期翻堆来实现堆体中的有氧状态。翻堆可以采用人工方式或采用特有的机械设备。最普遍的条垛形状是宽 3～5m、高 2～3m 的梯形条垛。最佳尺寸根据气候条件、翻堆使用设备、生物发酵原料性质而定。不管是为了便于操作和维持堆体形状，还是为了周围环境和渗漏问题，条垛式好氧发酵都应在沥青、水泥或者其他坚固的地面上进行。

翻堆的频率受许多因素影响。首先，翻堆的目的是提供堆体中微生物群的氧气需求，因此，翻堆的频率在生物发酵初期应显著高于生物发酵后期。其他影响翻堆频率的因素包括腐熟程度、翻堆设备的类型和能力、防止臭气的发生、占地空间需求等。条垛式好氧发酵一次发酵周期一般为 1～3 个月。

（2）条垛式好氧发酵的优缺点

尽管条垛式好氧发酵技术水平较低，但其也有许多优点：所需设备简单，成本相对较低；翻堆可加快水分的散失，易于降低污泥含水率；填充剂易于筛分和回用；因为堆腐时间相对较长，产品的稳定性相对较好。

条垛式好氧发酵的缺点也很明显：条垛式好氧发酵系统因堆体本身占地面积大，又加之堆腐周期长，因此整个系统的占地面积较大；需要翻动堆体进行通气，因此，要有大量的翻堆机械和人力；相对于其他好氧发酵系统而言，条垛式好氧发酵系统需要更频繁的监测，才能确保有足够的通气量和温度；翻堆过程会造成臭气的散失，特别是当翻堆腐生污泥或未经稳定化的污泥时，臭气问题更为严重，从而有可能会产生明显的邻避问题；条垛式好氧发酵系统在不利的气候条件下不能进行操作，如雨季会破坏堆体结构，冬季会造成堆体热量大量散失，导致温度降低影响处理效果，虽然这些问题可以通过加盖棚顶来解决，但会提高工程投资；此外，为了保证良好的通气条件，条垛式好氧发酵所需要的填充剂比例相对较大。

污泥条垛式好氧发酵如图 4-11 所示。

图 4-11　污泥条垛式好氧发酵

2）发酵仓式好氧发酵系统

（1）发酵仓式好氧发酵系统的原理

发酵仓式好氧发酵系统使污泥在部分或全部封闭的容器内，控制通气和水分条件，使污泥进行生物降解和转化。发酵仓式好氧发酵系统与其他两类系统的根本区别在于发酵是在一个或几个容器内进行，具有较高的机械化和自动化程度。

（2）发酵仓式好氧发酵系统的种类

发酵仓式好氧发酵系统按物料流向分类，可分为水平流向反应器、竖直流向反应器。

水平流向反应器包括旋转仓式、搅动仓式；竖直流向反应器包括搅动固定床式、包裹仓式。

（3）发酵仓式好氧发酵系统的优缺点

相对于条垛式好氧发酵系统，发酵仓式好氧发酵系统的优点是：设备占地面积小；能够对水、气、温度进行很好的过程控制；发酵过程不会受气候条件的影响；能够对产生的臭气进行统一收集处理，防止对环境产生二次污染，能较好地控制臭气问题；可以对热量进行回收利用。

但是发酵仓式好氧发酵系统也存在着明显的不利因素：复杂的设备和较高的投资使之比较适用于小型污泥处理项目；相对较短的生物发酵周期，使得生物发酵产品会有潜在的不稳定性，几天的堆腐不足以得到稳定的、无臭气的产品，后熟期相对延长；完全依赖专门的机械设备，一旦机械设备出现问题，发酵过程则会受到影响。

3）槽式好氧发酵系统

（1）槽式好氧发酵系统的原理

相对于前两种好氧发酵系统，槽式好氧发酵系统能更有效地确保生物反应的效果，具有较高的、较稳定的产品品质，同时可以大大减少占地面积，并且具有较好的环境控制效果。在槽式好氧发酵系统中，通气系统由一系列管路和均匀布气系统组成，这些布气系统位于堆体下部，与鼓风机连接。在管路上铺设一层木屑或者其他填充料，可以起到通气均匀和防止布气系统堵塞的作用。发酵槽上配有翻抛机。翻抛机定期对发酵槽内的物料进行翻抛，主要起到混合、均质的作用，兼有调节温度和通风供氧的作用。发酵污泥的供氧和水分去除主要依靠槽底的布气系统连接的通风系统实现。发酵污泥一般堆放于由混凝土制成的发酵槽中，污泥高度一般可以达到 1.8～2.2m。

（2）槽式好氧发酵系统的优缺点

槽式好氧发酵系统具有许多优点：相对于发酵仓式好氧发酵系统，设备的投资相对较低，更适合于大型污泥处理项目；相对于条垛式好氧发酵系统，温度和通气条件可得到更好的控制，产品的稳定性较好，能更有效地杀灭病原菌和控制臭气；由于条件控制较好，堆腐时间相对较短，一般为 2～3 周；由于堆腐期相对较短，填充料的用量较少，运行成本较低；由于物料采用翻抛机混合均质，发酵槽内污泥高度较高，因此占地面积相对较小。槽式好氧发酵系统的缺点是相对条垛式好氧发酵系统的投资较高。

4）技术比较

上述三类主要污泥好氧发酵技术比较如表 4-3 所示。

主要污泥好氧发酵技术比较 表 4-3

比较项目	条垛式好氧发酵	发酵仓式好氧发酵	槽式好氧发酵
单位投资	较低	高	较高
能耗	一般	高	低
优点	1. 设备少； 2. 运行简单	1. 占地面积小； 2. 物料均匀、处理效果好； 3. 生物发酵周期短	1. 占地面积较小； 2. 产品质量稳定； 3. 生物发酵周期短； 4. 自动化程度高； 5. 环境控制效果好

比较项目	条垛式好氧发酵	发酵仓式好氧发酵	槽式好氧发酵
缺点	1. 占地面积大； 2. 堆体温度无法有效控制； 3. 工作环境差； 4. 生物发酵周期长； 5. 辅料添加量大； 6. 自动化程度低，劳动强度大	1. 单体处理量小，工艺序列多，不适合大型污泥处理项目； 2. 工程投资高； 3. 设备控制复杂，可靠性差	设备较多，工程投资较高

3. 生产方式

污泥好氧发酵工艺按生产方式可分为连续式和序批式两大类。以槽式好氧发酵系统为例，连续式和序批式污泥好氧发酵工艺的特点如下。

1）连续式工艺

连续式工艺指翻抛机每天对发酵槽内物料翻抛一次。翻抛机对发酵物料进行破碎、混合、疏松均质的同时，将污泥每天从进料端向出料端方向移送。每次翻抛的平均移送距离约为 4m。

连续式工艺的操作过程即翻抛机从发酵槽出料端进入，首先将发酵槽出料端的污泥翻抛并直接送入出料皮带机，之后沿槽长方向自出料端向进料端翻抛并逐段向出料端移送污泥，发酵槽内污发酵被整体向出料端移送 4m，直至发酵槽进料端，使进料端空出 4～5m 的空间，以便于下一次进料。

当翻抛机完成整个发酵槽的翻抛操作后，即可对进料端进行布料。发酵槽在出料端的翻抛结合出料皮带机的工作，即完成了发酵槽内成品的出料。

发酵槽内的污泥，每天被翻抛并向出料端移动一次。发酵槽的槽长取决于发酵时间和单次翻抛的位移距离，设计长度需保证污泥在发酵槽内获得充足的发酵时间。一个发酵周期（如 21d）结束后，第一天的污泥被移动至发酵槽出料端的出料皮带机，被送出发酵槽完成整个发酵过程。

同时，将当日需要处理的污泥经与辅料、返料等混合后，向每个发酵槽进料端空余的空间进行布料，实现当日污泥的处理。

连续式生产方式的优点为污泥的进、出槽可实现自动化生产，避免车辆倒运，适合于大规模生产；此外，连续式生产方式可避免车辆对槽底布气系统的碾压堵塞，从根本上提高布气系统的有效性；而且，可以沿发酵槽长度方向划分为不同的供氧分区，针对污泥发酵的不同阶段配置风机的风量和风压参数，结合变频控制，实现更为精确的供氧通风，相对于序批式生产方式只能用一个规格的风机来覆盖整个发酵周期的供氧通风需求，连续式生产方式可提高污泥好氧发酵的处理效果和节能效果。

连续式生产方式的不足主要是对输送机械和翻抛机的可靠性要求较高，因此对设备的选择比较重要。连续式生产方式主要适合于对自动化程度要求比较高或处理规模较大的污泥处理项目。

污泥好氧发酵连续式生产方式如图 4-12 所示。

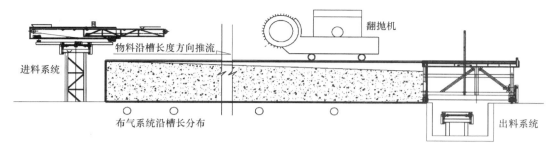

进料系统

物料沿槽长度方向推流

翻抛机

布气系统沿槽长分布

出料系统

图 4-12　污泥好氧发酵连续式生产方式

2）序批式工艺

序批式工艺即污泥由车辆送入发酵槽，填满发酵槽后，此发酵槽即不再接收新的污泥。发酵结束后，由车辆将物料移出。以一个典型的发酵周期为单位，之后重复上一个过程，污泥在发酵槽内固定经历一个发酵周期。

序批式生产方式的优点为无需专用输送机械，对翻抛机的质量和可靠性要求较低，生产管理组织要求不高。

序批式生产方式的不足主要是污泥的输送和出槽需要依靠铲车和自卸车配合实现，单次动作只能运输几立方米的物料，效率较低，自动化程度较低，需要大量的人员在发酵区活动，不利于劳动保护和环境控制，且大量车辆转运和所需人员也造成了生产成本的增加；此外，车辆进出槽会造成对布气系统的碾压堵塞，不利于通风供氧；而且，由于序批式生产方式的发酵槽需要依靠同一台风机覆盖整个发酵周期不同阶段的供氧通风需求，所需的调节范围较大，造成风机选型难以满足工艺需求，无法精确供氧通风，也会造成能源的浪费。序批式生产方式主要适合于处理规模不大或对自动化程度要求不高的污泥处理项目。

污泥好氧发酵序批式生产方式如图 4-13 所示。

图 4-13　污泥好氧发酵序批式生产方式

3）生产方式比较

以上两种污泥好氧发酵生产方式的技术经济比较如表 4-4 所示。

比较内容	连续式	序批式
进、出槽方式	输送机械自动进行；应急状态下由车辆进行	车辆进行
污泥翻抛	翻抛机在翻抛的同时实现移动	需要"正、反"双向翻抛，保证污泥位置不变
通风供氧	沿槽长划分不同供氧分区，设置不同的分区风机并采用变频控制；按发酵阶段的不同，精确提供供氧通风控制	无供氧分区划分，用同一台风机采用启停控制为物料在整个发酵周期内提供供氧通风
自动化程度	较高	较低
占地面积	较小	较大
设备规格	要求较高	要求较低
检修维护	设备全自动，检修维护量较大	设备较少，检修量较小
适合规模	适合于处理规模较大或对自动化程度要求比较高的污泥处理项目	适合于处理规模较小或对自动化程度要求不高的污泥处理项目
工程投资	较高	较低
运行成本	较低	较高

4. 供氧方式

污泥好氧发酵工艺中的供氧方式可分为负压抽吸式和正压鼓风式两大类。

1）负压抽吸式

负压抽吸式供氧方式即空气由鼓风机通过抽吸的方式流经堆体，好氧发酵反应所产生的臭气和流经堆体升温空气所带走的水汽均在通风供氧的同时被鼓风机抽吸收集，之后由鼓风机统一送至后端的除臭装置进行处理。

负压抽吸式供氧方式的优点是避免了正压供氧方式对逸散到车间内的臭气和水汽进行高换气量但低效率的二次收集，环境控制效果较好，在供氧的同时可实现良好的环境控制，且能耗较低。

对于翻抛时逸散到车间内的少量气体，通过设置在车间内的单独收集管道进行收集，相对除臭风量较少，利于最大限度地收集，并实现节能的目的。

2）正压鼓风式

正压鼓风式供氧方式即采取鼓风吹散的方式对堆体进行供氧通风。吹散出的臭气、水汽等需通过设置在车间内的收集系统，经过大倍数的换气进行收集，收集后再送入除臭装置进行处理。

正压鼓风式供氧方式相对简单，但车间内收集管道的布置比较复杂，且会增加建筑结构和安装的投资，而且车间内收集系统的运行能耗较大。

3）供氧方式比较

上述两种污泥好氧发酵供氧方式的比较如表 4-5 所示。

比较内容	负压抽吸式	正压鼓风式
工艺气体收集方式	供氧的同时实现大部分工艺气体的收集；少部分逸散到车间的气体通过车间收集系统单独收集	通过车间收集系统的大倍数换气来实现对逸散气体的收集
环境控制效果	较好；有效减少对设备和建筑物的腐蚀	较差；对设备和建筑物腐蚀较重
设备要求	对风机材质要求较高	对风机材质无特殊要求
土建影响	无特殊要求，施工简单	车间结构需考虑大量的管道布置
综合投资	较小	较大
运行成本	收集效率较高，能耗较小，运行成本较低	收集效率较低，能耗较大，运行成本较高

4.3.3 实例介绍

美国加利福尼亚州洛杉矶卫生区（LACSD）Westlake Farms 生活污泥好氧发酵项目一期工程于 2013 年开始试运行，设计规模为 10 万 t/年。

项目采用膜覆盖高温好氧发酵处理技术。建设和运营遵守美国和加利福尼亚州当地监管相关要求，达到污泥 A 级好氧发酵处理水平并符合 VOC 排放控制标准。原料为污泥和园林废弃物，项目处理污泥量为 5 万多 t/年，处理园林废弃物量为 4 万多 t/年，占地面积共约 81000m²，最终生产营养土 30000t/年。项目如图 4-14 所示。

图 4-14 美国 Westlake Farms 生活污泥好氧发酵项目

污泥和粉碎后的园林废弃物混合后，通过铲车堆置成长 50m、宽 8m、高约 3.5m 的堆体，每个堆体铺设 2 根氧气通风管道。在堆体表面覆盖特制 GORE 膜并固定，使用五点温度传感器和氧传感器实时监控堆体中的温度和氧气变化。在充分供氧和适宜水分条件下，经过 4 周完成一次发酵。一次发酵完成后，进行一次翻堆，经过 2 周完成二次发酵。二次发酵结束后，再进行一次翻堆，并在自然条件下，腐熟 2 周，以使得发酵更加完全。

发酵过程中产生的少量渗滤液，经由排水系统收集后，用于在原料含水率较低的情况下进行回喷。

经堆置生产的有机产品，首先经过筛分，筛下物即为有机营养土，筛上物则返回到预处理阶段，调节物料的含水率，增加堆料的孔隙率，以便于充氧，使反应更充分。

4.4 污泥机械脱水

4.4.1 基本原理

污泥脱水是指将流动态的原生、浓缩或消化污泥脱除水分并转化为半固态或固态泥块的一种污泥处理方法。污泥脱水是污水处理厂中应用最为普遍的污泥处理单元，应用率将近100%。污泥脱水处理不仅可以使污泥体积大幅削减，也是和后续污泥处置衔接的必需环节。经过脱水后，污泥含水率可降低到80%以下，具体视污泥的性质和脱水设备的处理效能而定。

污泥脱水通常包括预处理和机械脱水两个步骤。目前我国应用较广泛的预处理方法为絮凝剂单、双调理。单调理剂为聚丙烯酰胺，双调理则是再前置聚合铝盐或铁盐进行调理。

机械脱水中带式压滤脱水和离心脱水占比90%以上。采用这些工艺处理后脱水污泥的含水率平均在80%左右。此含水率水平和后续污泥处置衔接尚存在一定问题，如污泥进行填埋处置时，达不到填埋场的准入条件；如污泥进行焚烧处置时，因热值低，即使污泥采用预干化+焚烧工艺，也难以保证不需要外加燃料消耗；如污泥进行土地利用时，含水率同样不能满足园林绿化土等的准入条件。

随之，以隔膜压滤机为代表的板框压滤类脱水机械逐步在污泥脱水处理中得到应用，其预处理采用聚合铝盐或铁盐、石灰双调理。经过板框压滤机处理后，脱水污泥含水率可以达到60%左右，满足填埋场的准入条件。但随着填埋场的日渐饱和，经过板框压滤机深度脱水的污泥由于在脱水处理过程中添加了药剂，对其最终处置产生了一定的负面影响。

4.4.2 主要工艺

机械脱水是目前城镇污水处理厂污泥脱水的主要方向。主要脱水机械有带式压滤机、离心脱水机、板框压滤机。

1. 带式压滤机

带式压滤机开发成功的关键是滤带的开发，基于合成有机聚合物技术的发展。由于带式压滤机具有能连续运行、操作管理简单、附属设备少、机器制造容易等特点，从而使投资、能耗和维护费用都比较低，在国内外的污泥脱水中得到了广泛的应用。

一般带式压滤机由滤带、辊压筒、滤带张紧系统、滤带调偏系统、滤带冲洗系统和滤带驱动系统构成。带式压滤机是由上下两条张紧的滤带夹带着污泥层，从一连串有规律排列的辊压筒中呈S形经过，依靠滤带本身的张力形成对污泥层的压榨和剪切力，把污泥层中的毛细水挤压出来，从而实现污泥的脱水。

利用带式压滤机脱水的污泥其调理药剂一般采用合成型有机聚合物。城市污水处理厂污泥的调理，采用阳离子型聚丙烯酰胺最为有效，也可采用石灰和阴离子型聚丙烯酰胺，以及无机电解质和聚丙烯酰胺联合使用。

2. 离心脱水机

污泥离心脱水是利用转动时污泥中的固体和液体离心力不同而使污泥脱水。污泥颗粒在离心机械内的离心分离速度可以达到沉淀池中沉降速度的 1000 倍以上，可在很短的时间内使污泥中的细小颗粒和污泥水分离。此外，离心脱水技术具有固体回收率高、分离液浊度低、处理量大、占地面积小、基建费用低、工作环境卫生、操作简单、自动化程度高等优点。其动力费用虽然较高，但总体运行费用较低，是目前各国在污泥处理中采用较多的污泥脱水方法。

离心脱水机的种类很多，在污泥处理中主要使用的是卧式螺旋卸料转筒式离心机。适用于密度有一定差别的固液分离，尤其适用于剩余活性污泥等难脱水污泥。卧式螺旋卸料转筒式离心机主要由转筒、螺旋卸料器、空心转轴、变速箱、驱动轮、机罩和机架等部件组成。

在上海市白龙港污泥干化焚烧处理工程中，设置了 17 台离心脱水机，将含水率 98.6% 左右的剩余污泥脱水至含水率 80% 以下。项目中，污泥脱水系统的建设规模为 378tDS/d，脱水机为逆流型卧式螺旋卸料沉降式离心机，离心机的转鼓内径达到 850mm，进泥量达到 150m³/h，是目前国内最大的污泥离心脱水机。工程离心脱水机组如图 4-15 所示。

图 4-15　上海市白龙港污泥干化焚烧处理工程离心脱水机组

3. 板框压滤机

板框压滤机虽然为间歇操作、基建设备投资大、过滤能力也比较低，但是由于其具有脱水后污泥滤饼含固率高、滤液清澈、固体物质回收率高等优点，对于需要进行运输、干化、焚烧或卫生填埋等处理处置的污泥而言，具有降低运输费用、减少能耗、减少填埋处置占地等技术优势。

板框压滤机在国内外污泥脱水处理中得到了广泛的应用，比如上海市白龙港污泥处理应急工程中设置了26套板框压滤机，在应急工况下将污泥含水率降至60%后外运处置，工程压滤车间如图4-16所示。项目的建设规模为1500t/d（含水率以80%计），处理对象为上海市白龙港等污水处理厂的污泥，采用化学调理＋隔膜压滤工艺，化学调理采用铁盐和石灰进行调理，同时在设计上保留更换为其他药剂的可能性。工程采用的板框压滤机分两种，一种采用2m×2m滤板，单台过滤面积为800m²；另一种采用1.5m×1.5m滤板，单台过滤面积为400m²。污泥板框压滤中产生的污泥水返回污水处理区进行处理。

图4-16　上海市白龙港污泥处理应急工程压滤车间

4.4.3　污泥深度脱水

1. 工艺特点

污泥深度脱水可显著降低污泥含水率，一定程度上便于后续污泥处理处置，但也存在不足，部分脱水药剂可能会造成二次污染，如采用石灰、三氯化铁等无机化学药剂对污泥进行调理，将导致污泥干基物质的增加，并不能达到真正意义上的减量化，甚至会降低污泥的干基热值和有机质含量，从而降低污泥进行后续资源化利用的潜力。

2. 污泥深度脱水技术

污泥深度脱水的预处理方法主要有化学预处理、物理预处理和热工预处理三种类型。化学预处理所投加的化学药剂主要包括无机金属盐药剂、有机高分子药剂和各种污泥改性剂等。物理预处理是向污泥中投加不会产生化学反应的物质，降低或者改善污泥的可压缩性，采用的物质主要有烟道灰、硅藻土、焚烧后的污泥灰、粉煤灰等。热工预处理包括冷冻、中温和高温加热等预处理方式，常用的是高温热工预处理，可分为热水解和湿式氧化两种。

目前我国各种污泥深度脱水工艺总体上呈现如下特征：脱水前均需投加药剂对污泥进

行调理，部分采用板框脱水，部分采用带式脱水。下面选取目前我国较有代表性的三种污泥深度脱水技术进行介绍。

1）投加铁盐和石灰的板框压滤技术

工艺是在污泥脱水处理中投加三氯化铁和石灰对其进行调理，然后通过高压隔膜压榨，使污泥的含水率从80％降低到60％以下，或者直接将含水率98％的污泥脱水至含水率60％以下。

2）投加石灰的带式压滤技术

工艺是对常规带式压滤机进行改进，采用具有更大挤压力的高干度带式脱水机，具有滤饼含水率低、适应性强、能耗低、使用成本低和自动化程度高的特点。

脱水工艺流程中，先对湿污泥进行调理，如进泥为常规脱水污泥，则投加石灰，如进泥为浓缩污泥，则还需投加聚丙烯酰胺。调理后的污泥先进入带式脱水机的低压区进行初步挤压，然后进入高压区进行挤压脱水。

3）投加固化剂的板框压滤技术

工艺是投加特定固化剂的压滤技术，用物理、化学方法将污泥颗粒胶结、掺合并包裹在密实的惰性基材中，形成整体性较好的固化体。其中固化所用的惰性材料称为固化剂，污泥经过固化处理所形成的固化产物称为固化体。

污泥的固化机理是向污泥中加入固化剂，通过一系列物理化学反应，将有毒有害物质固定在固化形成的网链（晶格）中，使其转化成类似土壤或胶结强度很大的固化体。污泥固化处理技术既可用于特殊的工业污泥，如含重金属污泥、含油污泥、电镀污泥、印染污泥等的固化处理，也可用于城镇污水处理厂污泥的固化处理。

4.5 污泥干化

4.5.1 基本原理

污泥干化是使用外部热源，利用工业化设备，基于干化原理而实现湿污泥水分去除的技术，即将一定数量的热能传给污泥，污泥所含水分受热后蒸发，与污泥分离，失去水分的污泥和蒸发的水分被分别收集，其基础机理是水分的蒸发过程和扩散过程，这两个过程持续、交替进行。通常可以分为三个阶段，即湿污泥预热阶段、恒速干化阶段和降速干化阶段。

水分蒸发过程：污泥表面的水分汽化，由于污泥表面的水蒸气压低于介质（气体）中的水蒸气分压，所以水分从污泥表面移入介质。

水分扩散过程：是与蒸发密切相关的传质过程。污泥表面水分蒸发后，污泥表面的湿度低于污泥内部湿度，此时，需要热量的推动力将水分从污泥内部转移到污泥表面。

如从设备系统的角度分析污泥干化这一过程，则一般包括污泥的上料、干化、气固分离、粉尘捕集、水分冷凝、干化污泥的输送和贮存等。

如果因污泥的性质（如黏度、含水率等）可能造成污泥干化工艺的不稳定性，包括黏着、结块等，则有必要采用部分干化污泥和湿污泥混合的工艺，即干泥返混。此时，在污泥上料之前和干化污泥输送之后需相应增加输送、贮存、分离、粉碎、提升、混合、上料等设备。

污泥干化过程中，水分的扩散速度随着污泥干燥度的增加而不断降低，而表面水分的蒸发速度则随着污泥干燥度的增加而增加。如对于污泥干化热传导系统来说，当污泥表面含湿量降低后，其换热效率急速下降，因此必须有较大的换热表面积才能完成干化过程后段水分的蒸发。

1. 污泥干化的热能消耗

污泥干化系统的热能消耗主要包括四部分：蒸发水分、加热载气、加热污泥、热损失。

水分从20℃的环境温度升温至100℃的沸点，每升水需要吸收大约334kJ的热量，之后从液相转变为气相，每升水需要吸收大约2256kJ的热量（标准大气压力下），因此蒸发每升水至少需要消耗2591kJ的热量。在常用的污泥干化工艺中，可将工作温度控制至85℃左右，每升水从20℃升温至85℃需要耗热272kJ的热量，在85℃时汽化需要耗热2293kJ的热量，因此去除每升水至少需要消耗2566kJ的热量。可见，在不同温度下，蒸发耗热量相差不大，因此通常以2595kJ/L水蒸发量作为污泥干化系统的基本耗能。

2. 污泥干化的电能消耗

污泥干化过程中需要电能驱动干化设备。除干化机外，整个污泥干化系统中还有大量附属设备，包括供热设备、污泥输送设备、尾气处理设备等。整个污泥干化系统需要的电能因干化工艺的不同略有差异，一般每吨水蒸发量对应需要电能70~110kWh。

3. 污泥干化的加热方式

污泥干化需要依靠热量完成。根据加热方式的不同，污泥干化可以分为直接加热和间接加热两种方式。

1）直接加热

污泥的直接加热是指将高温气体直接引入干化机，通过高温气体和脱水污泥的接触、对流进行换热。高温气体和脱水污泥直接进行接触混合，使污泥得以加热，水分得到蒸发并最终得到干污泥衍生产品。特点是热交换效率高，但尾气排放量大，若不对其循环利用，将造成热效率较低；若对其循环利用，则需增加一套循环系统，且排放的尾气中粉尘量大、臭气含量高，势必增加后续处理难度，而且尾气风量大，温度低，热能回收困难。污泥进行直接加热的代表性污泥干化设备类型主要有转鼓式干化和带式干化等。

2）间接加热

污泥的间接加热是指将热量通过热交换器传给热媒，然后通过热媒对污泥进行加热。热媒可能是导热油、蒸汽或者空气。热媒在一个封闭的回路中循环，和被干化的污泥不直接接触。如以导热油为热媒的间接干化工艺为例，热源和污泥无接触，换热是通过导热油进行的。污泥的间接加热，干化温度一般低于120℃。在此温度下，污泥中的有机物不易分解，能大大改善生产环境，且废气产生量小。污泥间接加热的热交换效率相对直接加热稍低，但其排放风量小，无需风量循环利用，风量能量密度大，热量回收率较高。污泥进行间接加热的代表性污泥干化设备类型主要有桨叶式干化、薄层干化、流化床干化和圆盘干化等。

4. 污泥干化的热源

污泥干化的主要成本在于热能的消耗，降低成本的关键在于是否能够选择和利用恰当的污泥干化热源。污泥干化工艺根据加热方式的不同，其可利用的能源来源有一定区别。污泥间接加热方式几乎可以使用所有的能源，其利用的差别仅在于所用能源的温度、压力和污泥干化效率不同。污泥直接加热方式则因能源种类不同，受到一定的限制，其中燃煤炉、焚烧炉的烟气因存在腐蚀性污染物而较难得到使用。

对于污泥干化的热源，按照能源的成本排序，从低到高一般为烟气、燃煤、蒸汽、污泥气、燃油和天然气。

1）烟气：来自大型工业、环保基础设施（垃圾焚烧厂、电站、窑炉、化工设施）的废热烟气是可利用的能源。如果能够加以利用，是污泥干化的较佳能源，但其温度必须较高，地点必须较近，否则较难加以利用。

2）燃煤：相对较廉价的能源，以燃煤产生的烟气加热导热油或蒸汽，可以获得较高的经济性。但目前我国大多数大中城市均对除电力、大型工业项目以外的其他企业使用燃煤锅炉有所限制。

3）蒸汽：清洁，且较经济，可以直接全部利用，但是一般仅能用于污泥的间接干化，且部分污泥干化工艺对蒸汽的品质有一定的要求。

4）污泥气：可以直接燃烧供热，且实现资源循环，性价比高。

5）燃油：以烟气加热导热油或蒸汽，或直接加热利用，但其成本较高。

6）天然气：清洁能源，以烟气加热导热油或蒸汽，或直接加热利用，但其成本很高。

所有污泥干化处理系统都可以利用废热烟气进行污泥干化，其中污泥的间接干化系统可通过热媒如蒸汽进行换热，故对烟气无限制性要求；而污泥的直接干化系统则由于烟气和污泥直接接触，虽然其换热效率高，但对烟气的质量具有一定要求，同时干化后的尾气处理量大，且存在一定的处理难度。

污泥的间接加热工艺可利用蒸汽进行污泥干化，但并非所有的间接加热工艺都能获得较好的干化效率。一般来说，如蒸汽温度较低，则会在一定程度上影响污泥干化的处理能力。污泥干化机采用的蒸汽一般是饱和蒸汽，以充分发挥蒸汽的换热效率。

5. 污泥干化方式

污泥干化可分为自然干化和机械干化两种方式。其中，自然干化占地面积大，臭气问题严重，且易受天气影响，目前我国应用很少。

机械干化根据最终干化污泥的含水率不同又可分为全干化和半干化。一般干化污泥含固率达到85%以上称为全干化；干化污泥含固率低于85%，称为半干化。

根据污泥和热介质之间的传热方式不同，污泥干化可分为对流干化、传导干化和热辐射干化。目前主要采用对流干化和传导干化两种方式，或者两者相结合的方式。

对流干化常见于直接干化，热载体直接和污泥接触，完成对流传热干化污泥。对流干化传热条件好，热效率较高，污泥干化速率较快，但污泥中蒸发出来的水分与其他污染物和热载体混合，往往气量较大，会加重后续的处理负荷。

传导干化常见于间接干化，即先将热量传递给热介质，再通过热传导将热量传递给湿污泥。污泥的传导干化避免了热载体和污泥的直接接触，但由于间接传热的热效率低于直接传热，所以热量消耗会有所增加。

热辐射干化目前还处于研究阶段，红外线辐射由于具有穿透力强、大气吸收损失小的特点，被认为具有较好的发展前景。

污泥干化工艺可以将湿污泥干化至含固率60%左右，而这时的污泥干化处理量明显高于全干化时的处理量，其原因有两个：

1) 对于干化系统来说，蒸发水量决定了干化器的处理量。当污泥的最终含水率较高（半干化）时，需要蒸发的水量要少于最终含水率低的情况（如污泥全干化），则在单位处理时间内具有更高的处理量。

2) 污泥在不同的干化条件下失去水分的速率是不一样的。当污泥含水率较高时，失水速率高，反之则较低。大多数干化工艺需要20～30min才能将污泥从含固率20%干化至含固率90%。

4.5.2　工艺选择

为了确保能根据工程实际情况选择到合适的干化工艺，有必要首先确定干化工艺选择的主要原则。

1. 工艺安全性

污水处理厂干化污泥中有机质含量较高，且污泥干化过程中可能存在粉尘，污泥干化过程中还可能发生污泥自燃或焖烧，因此对工艺安全性具有重要影响的要素及其限值分别如下：

1) 载气粉尘浓度$<50g/m^3$；

2) 载气含氧量$<8\%$；

3) 干化过程污泥温度$<120℃$。

另外，载气湿度对工艺安全性也有重要影响。

2. 工艺运行能耗

污泥干化蒸发单位水量所需的热能，平均值小于$3300kJ/kgH_2O$。

3. 热媒选择

蒸发污泥中水分所需热量的传递介质（热媒）一般采用导热油、蒸汽、高温烟气等，需根据工程实际情况合理选择。不同类型的污泥干化设备对热媒的适用性不同。

4. 设备投资

污泥干化设备投资较高，设备价格是设备选型的重要考量因素。

5. 环境影响

污泥干化系统排放的废气等污染物均须进行处理，并满足相关环保标准的要求。

6. 抗波动能力

污泥干化系统的进泥含水率可能因为前端污泥脱水运行情况出现波动。污泥干化设备在保证出泥品质的前提下适应这种波动发生的范围越宽，则污泥干化设备对进泥含水率的抗波动能力越强。

7. 处理附着性污泥能力

含水率40%～60%的污泥具有很强的黏滞性，附着在污泥干化设备上会增加能耗，增大污泥干化和输送的难度，从而影响污泥干化系统的正常安全运行，因此污泥干化设备处理附着性污泥的能力越强越好。

8. 工艺系统简洁性

简洁的工艺系统构成便于操作管理，可有效降低系统的维护费用。

9. 占地面积

土地是宝贵的资源，因此要求污泥干化工艺在具有相同处理能力的条件下尽可能地节省占地。

10. 工艺运行灵活性

理想的污泥干化工艺应能根据干污泥颗粒的不同用途而简捷方便地调节其含水率。

4.5.3 主要工艺

当前主流的污泥干化工艺类型主要包括带式干化、桨叶式干化、流化床干化、薄层干化、圆盘干化、低温真空脱水干化等。

1. 带式干化

1）工作原理

脱水污泥铺设在透气的烘干带上后，缓慢输入干化装置内。在干化过程中污泥不需要任何机械处理，可以很容易地经过"黏糊区"，不会产生结块烤焦现象。此外，烘干过程产生的粉尘量相对较少。通过多台鼓风装置进行抽吸，使烘干气体穿流烘干带，并在各烘干模块内循环流动进行污泥烘干处理。污泥中的水分被蒸发，随同烘干气体一起被排出干化装置。整个污泥干化过程可通过输入的污泥量、烘干带的输送速度和输入的热量进行控制。

在烘干脱水污泥时，根据烘干温度的不同可采用 2 种带式烘干装置：低温烘干装置，$T=$ 环境温度至 65℃；中温烘干装置，$T=110\sim130℃$。

污泥低温烘干过程主要利用自然风的吸水能力对脱水污泥进行风干处理。若自然风干能力不够，则需额外注入热能，提高空气温度进行烘干处理，这就是中温烘干。

污泥带式干化工艺设备结构如图 4-17 所示。

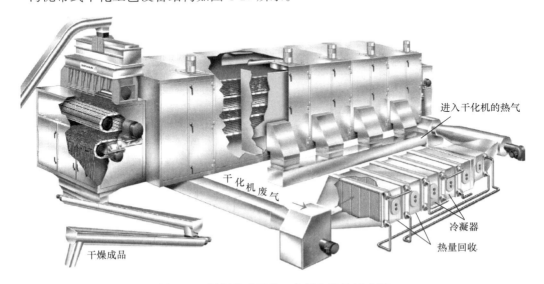

图 4-17　污泥带式干化工艺设备结构示意图

2）工艺流程

烘干带将脱水污泥送入干化装置；在干化装置内，烘干气体穿流脱水污泥，污泥中的水分被带走，气体得以冷却。通过抽风装置，烘干气体被抽吸，至处理装置进行处理。

3）工艺特点

（1）操作简单安全。

（2）连续性操作，过程控制简单，全自动化。

（3）可穿过污泥"黏糊区"。

（4）出泥固含量可以进行调节。

4）工程实例

在德国 Mainz 污泥处理厂，设置了 1 套污泥带式干化机，设计污泥处理量为 3500kg/h（含水率以 80% 计），蒸发水量为 2000kg/h，将来自离心脱水机的污泥干化至含水率 40% 左右。污泥干化采用直接加热的方式，热源采用污泥气/天然气热电联产发电机组产生的废烟气。项目带式干化机如图 4-18 所示。

图 4-18　德国 Mainz 污泥处理厂带式干化机

2. 桨叶式干化

1）工作原理

污泥加入一个封闭的筒体内，筒体内有若干纵向的空心轴穿过，空心轴内有热媒（如蒸汽或导热油）流过。轴外壁装有许多倾斜的桨叶，通过空心轴的转动，桨叶起到搅动输送污泥的作用，同时也起到加强换热效果的作用。通过向筒体内鼓入热风带走蒸发出来的水分。污泥桨叶式干化机内部结构如图 4-19 所示。

桨叶式干化机结构简单紧凑，但由于对污泥采用干态输送，容易造成污泥结块，或粘结在桨叶上影响传热，从而导致传热效率下降。由于在干化过程中需要使污泥从干化机的进口端移至干化机的出口端，才能完成传热干化过程，而污泥在加料和推移时易抱团结块，导致推动阻力增加，因此为降低传动功率和提高传热效率，需要桨叶式干化机采用行之有效的形状和结构。

为了防止污泥腐蚀干化机，干化机和污泥接触的部位一般采用 316L 不锈钢。

图 4-19　污泥桨叶式干化机内部结构

通过调整出泥挡板的高度，可调节污泥在干化机内的停留时间，从而达到调整干化机出泥含水率的目的。

2）工艺流程

脱水污泥由污泥输送泵将其从脱水污泥贮存料仓输送到桨叶式干化机。热媒（如蒸汽）经管道输送到桨叶内，作为热源用来间接加热脱水污泥。脱水污泥中的水分通过蒸汽加热蒸发，蒸发产生的水蒸气被干化机内的循环废气带走。污泥桨叶式干化工艺流程如图4-20所示。

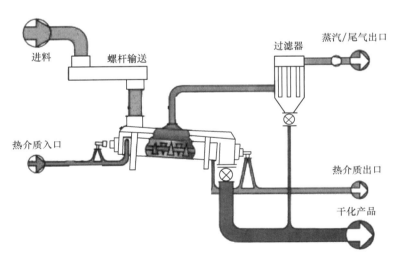

图 4-20　污泥桨叶式干化工艺流程图

带桨叶的旋转轴把进入干化机的污泥从干化机进口端推向出口端，通过翻转、压送把块状的脱水污泥粉碎，同时桨叶和污泥通过接触传热，使污泥水分得到蒸发，干化污泥从干化机末端排出。

3）工艺特点

（1）热传导效率较高。

（2）原理简单，结构紧凑，设备占地面积较小。

（3）国内外生产品牌较多，设备选择余地较大。

（4）干化时可能存在污泥附着现象，需设计特殊浆叶形状和结构以保证污泥传送。

（5）污泥出泥干度较高时，对设备的磨损较为严重。

（6）需注意脱水污泥中的含砂量，当含砂量较高时，须采取防磨措施。

4）应用情况

浆叶式干化机在国内外应用较广，在上海已有 14 台浆叶式干化机的运行实例。以上海市石洞口污泥处理改扩建工程为例，项目共设置浆叶式干化机 4 台，单台蒸发水量为 2500kg/h，干化机的蒸发面积为 200m²。来自离心脱水机的含水率为 80％的脱水污泥经螺杆泵输送至浆叶式干化机内，在干化机内水分被蒸发，最终得到含水率为 30％～40％的干化污泥，之后经由链板输送机送至流化床焚烧炉焚烧。

3. 流化床干化

1）工作原理

流化床干化机是传导干化和对流干化的组合体。流化床干化的机理是通过鼓入流化空气，形成稳定的流化床，使污泥颗粒保持悬浮和强烈的混合状态。通过流化床下部风箱，将循环气体送入流化床内，污泥颗粒在床内呈现流态化并同时混合，通过循环气体不断地流过物料层，达到污泥干化的目的。

流化床干化机从底部到顶部基本上由以下三部分组成：

（1）风箱：位于干化机的最下面。用于将循环气体分送到流化床干化机的不同区域。其底部装有一块特殊的气体分布板，用来分送惰性化气体。气体分布板具有设计坚固的特点，其压降可以调节，以保证循环气体能适量并均匀地导向整个干化机。

（2）中间段：内置有热交换器。热媒如蒸汽或导热油都可作为与污泥进行热交换的热介质。

（3）抽吸罩：作为分离的第一步，用来使流化的干颗粒脱离循环气体，而循环气体携带污泥颗粒和蒸发的水分离开干化机。

流化床内充满干颗粒且处于流态化状态。由于具有良好的热量传递条件，脱水污泥中的水分很快被蒸发，使其含固率达到 95％以上。污泥在流化床干化机内的停留时间一般为 15～45min。

流化床干化机用于污泥的全干化。由底部喷嘴输入的流化气体形成流化床，并排出释放的尾气。利用流化气呈现流化状的干化污泥受阻于干化机的上部区域，在此由于自重作用重回到流化床内。细小的粉尘颗粒在后接的旋风分离器中进行分离，并通过一个混合器和湿污泥相混合。由于湿污泥从上部输入，直接落到流化床内，并在此很快形成稳定的传热面，因此在干化机内部物料不会过度干化。循环气体被排至冷凝器，通过鼓风机重新循环入干化机。基于这一循环气体循环原理，流化床干化仅产生较少量的废气。这些废气可随后送到除臭装置中进行进一步的处理。

热量的输入通过流化床中的加热盘管实现。如同一个浸没式加热器，加热盘管内注有饱和蒸汽或导热油。由于污泥和加热盘管的接触时间短，因此流化床可在较高的温度下运行。由于流化床颗粒流化提供了自净作用，因此不会发生污泥的黏烤现象和加热盘管的过度磨损现象。

2）工艺流程

（1）污泥进料系统

脱水污泥通过污泥螺杆泵送入流化床干化机内。在流化床干化机进口段，脱水污泥由干化机配套的特殊装置将其破碎，然后和流化床内的干颗粒迅速混合，使脱水污泥中的水分得以蒸发。

（2）气体循环系统

流化床干化机在一个惰性的封闭回路中运行。用于流化的循环气体将小颗粒和水汽带出流化床外。小颗粒通过旋风分离器分离，而水汽通过冷凝洗涤装置冷凝。小颗粒和细粉尘被送入混合器中与湿污泥混合后回到流化床中，保证了最终干颗粒的粒径，干颗粒通过排出口出料，经过冷凝洗涤的循环气体则通过风机循环回到流化床内。

流化床干化系统的密闭设计可避免系统内的气体外泄，同时可避免外界的空气进入系统内。

（3）产品处理

从流化床干化机中出来的干颗粒通过冷却系统将其温度降低到40℃以下。干颗粒通过螺旋输送机送入成品料仓，可通过卸料装置卸料到运输卡车中以外运进行进一步处理处置，或通过输送设备输送至后续的处理系统，如污泥焚烧系统。

流化床污泥干化产品的特性如下：

① 颗粒含固率：95％以上；

② 颗粒直径：1～5mm；

③ 颗粒温度：40℃以下。

（4）尾气处理

从流化床干化系统排出的少量废气送到后续处理装置进行处理。

（5）控制系统

流化床干化机自动控制较简单，不需要人工操作。通过控制污泥进泥量，可以使干化污泥的含固率达到95％以上。

（6）安全措施

流化床干化需在低氧、惰性环境条件下（含氧量体积比0.5％～3％）运行。

3）应用情况

污泥流化床干化工艺在国内外有较广泛的应用。在上海已有13套污泥流化床干化系统处于运行之中。以上海市白龙港污泥干化焚烧处理工程为例，项目共设置污泥流化床干化机9套，每套干化机的水蒸发量为9600kg/h，是目前我国污泥处理项目中单机蒸发能力最大的污泥干化设备。污泥流化床干化机的设计进泥含水率为80％，设计出泥含水率为10％。污泥流化床干化机如图4-21所示。

4．薄层干化

1）工作原理

经机械脱水处理的污泥，通过螺杆泵或螺杆上料器进入一个卧式处理器中，处理器的衬套内循环有热媒，使处理器内的污泥得到均匀有效的加热。

与圆柱形处理器同轴的转子在不同位置上装配有不同曲线的桨叶，脱水污泥在并流循环的热工艺气体带动下，被旋转的转子带动叶片所形成的涡流在反应内壁上形成一层污泥薄层，污泥薄层以一定的速率从反应器的进料侧移动到出料侧，从而完成污泥的干化处

图 4-21　上海市白龙港污泥干化焚烧处理工程污泥流化床干化机

理，经过约 2~3min，干化污泥排出处理器。

理论上，薄层干化机既可实现污泥的半干化，也可实现污泥的全干化。在污泥高于黏滞阶段的高干程度的薄层干化机的运行过程中，蒸发过程不再是薄层蒸发，而是以粒状物料形式干化，接触面明显收缩，这使得热量传递减少，因此需要大的热交换传热面积。如果干化后的污泥含固率达到 65% 左右，则设计比蒸发效率为 $25\sim35H_2O/(m^2\cdot h)$。在高干化程度时，必需的蒸发效率在经济方面非常关键。由于在薄层干化机内的污泥量相对较少，因此系统的启动和关停可以在大约 1h 之内完成。

2）工艺流程

污泥从薄层干化机投料管口进入，同侧还有循环气体的入口。进入的污泥在旋转的涡轮和循环气体的共同作用下，在薄层干化机内壁表面形成污泥薄层。这个均匀和持续的污泥薄层覆盖了整个薄层干化机内壁，污泥干化到预设的含水率后，干化污泥经由一个带有冷水套的螺杆装置冷却并排出。

气态物质（含水汽、挥发性物质、可燃气体）进入一个冷凝洗涤器之中，冷凝后的气体在气液分离器内进行分离。气体被风机吸出，其中的一部分不可凝气体或引入除臭装置处理后排放，或引至燃烧装置（如污泥干化工艺之后的污泥焚烧装置）中烧掉，而大部分工艺气体则经过热交换器的预热再次进入循环系统。污泥薄层干化工艺流程如图 4-22所示。

当污泥需要进行全干化时，可选择二段法工艺，即在薄层干化机后增设一个线性干化机。线性干化机采用 U 形螺旋形式，自薄层干化机产出的半干污泥通过螺旋输送机进入线性干化机，通过调整热媒流量和温度控制实现干化污泥含固率为 65%~90%。

3）工艺特点

（1）适用于多种污泥，既可以实现半干化，也可以实现全干化。

（2）工艺简捷，操控简单。

（3）配套设备数量较少，占地面积较小。

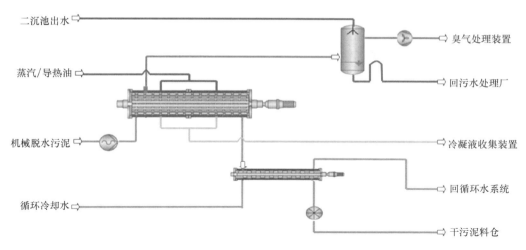

图 4-22　污泥薄层干化工艺流程图

（4）排空时间较短，启停较方便。

（5）单套处理规模范围较大。

4）工程实例

在瑞士夫里堡污水处理厂，含水率约为 75% 的城镇脱水污泥通过泵输送到薄层干化机内，污泥处理量为 150t/d（含水率以 75% 计）。污泥在薄层干化机内被干化，含水率降至 56.5%，之后输送至流化床焚烧炉进行焚烧处理。该污水处理厂设置 1 台薄层干化机，薄层干化机的水蒸发量为 2552kg/h，污泥薄层干化机如图 4-23 所示。

图 4-23　瑞士夫里堡污水处理厂污泥薄层干化机

5. 圆盘干化

1）工作原理

脱水污泥通过螺杆进料口进入一个卧式圆盘式干化机。圆盘式干化机的转子是一组中空圆盘，这些圆盘被一条中空轴贯穿连通，干化机的圆盘衬套内循环有高温介质（如蒸汽、导热油或热水），使干化机内的所有圆盘壁得到均匀有效的加热。

脱水污泥从干化机的一端进入，流过圆盘和定子之间的空隙，到达另一端，经底部的出料口排出。经过圆盘表面接触传热，脱水污泥中的水分被蒸发。干化后的颗粒进入分离料斗，一部分颗粒被分离出再返回干化机的进口端，另一部分粒径合格的颗粒则通过冷却装置冷却后送入干化污泥料仓贮存。

污泥圆盘式干化机结构如图 4-24 所示。

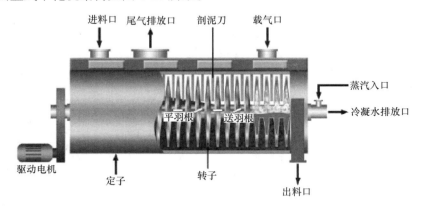

图 4-24　污泥圆盘式干化机结构示意图

干化机中的剖泥刀可防止污泥黏在圆盘表面，使污泥和圆盘表面保持连续接触，而不被粘结在圆盘表面的导热性能较差的干料阻隔，从而提高污泥干化效率。

2）工艺流程

污泥圆盘式干化工艺流程如图 4-25 所示。

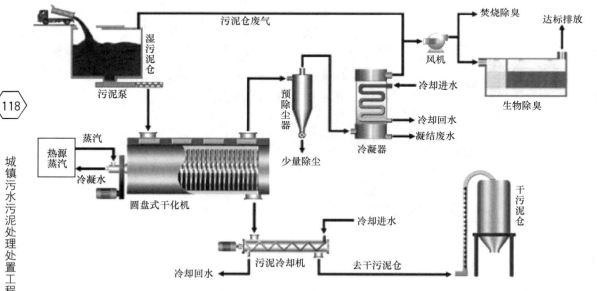

图 4-25　污泥圆盘式干化工艺流程图

为保证干化机的连续进料和定量进料，一般采用拥有滑架系统的专用污泥料仓，并通过采用和此料仓配合使用的具有精确配料功能的料仓出料螺旋输送器来调节进入干化机的污泥量。需进行干化的污泥从干化机的一端进入干化机之中，随着污泥中水分的蒸发，干化的污泥被转子上的刮板推送至干化机的另一端，并从干化机底部的出料口排出，干化机内保持适当的负压，防止臭气外逸。

3）工艺特点

（1）既适用于污泥全干化，也适用于污泥半干化。

（2）设备系统中氧气含量较低。

（3）转子转速较低，磨损较小。

（4）单套处理规模范围不大。

4）工程实例

在德国德雷斯顿市污水处理厂，离心脱水后的污泥通过柱塞泵输送到 2 台圆盘式干化机中，每台干化机的传热面积为 330m²。污泥圆盘式干化机如图 4-26 所示。

图 4-26　德国德雷斯顿市污水处理厂污泥圆盘式干化机

为了避免粉尘爆炸，整个干化系统采用惰性驱动。运行过程中的氧气含量小于 2%，并安装有一个氧气测量器，用以监控氧气含量。另外，系统还配有一套氮气应急装置，万一系统中氧气含量偏高，即可报警并输入氮气，以防粉尘爆炸。干化后的污泥（干物质含量约为 90%）经过一个冷却螺旋被冷却至 45℃ 左右。

6. 低温真空脱水干化

1）工作原理

利用水在一定的真空度下沸点会降低的原理，使用低品位热源，如低温热水等热媒对污泥进行间接加热干化，从而实现污泥干化。

2）工艺流程

低温真空脱水干化技术在污泥脱水的基础上增加了真空干化功能，将脱水和干化过程耦合。根据水分脱除的机理可分为四个阶段：进料过滤阶段、隔膜压滤阶段、吹气穿流和真空干化阶段。

进料过滤阶段：调质后的污泥，经进料泵输送到脱水干化系统，同时在线投加絮凝剂，利用泵压使滤液通过过滤介质排出，完成液固两相分离。在入料初期，滤布上的滤饼层较薄，过滤阻力较小，因此入料量较大。随着过滤的进行，滤饼层逐渐增厚，滤饼的空隙率则相对减少，导致过滤阻力增加，入料量随之相应减少，当物料充满滤室时，进料过滤期结束。

隔膜压滤阶段：在密实成饼阶段，通过隔膜板内的高压水产生压榨力，破坏物料颗粒间形成的拱桥，使滤饼压密，将残留在颗粒空隙间的滤液挤出。滤饼中的毛细水则利用压缩空气强气流吹扫进行穿流置换，使滤饼中的毛细水进一步排出，以最大限度地降低滤饼含水率。

吹气穿流和真空干化阶段：低温真空脱水干化成套技术增加了干化功能，即在隔膜压滤结束后，加热板和隔膜板中通入热水，加热腔室中的滤饼，同时开启低压抽气泵，对腔室进行抽负压操作，使其内部形成负压，从而降低水的沸点。滤饼中的水分随之沸腾汽化，被低压抽气泵抽出的汽水混合物经过冷凝器，汽水分离后，液态水定期排放，尾气经处理装置净化处理后排放。

污泥经进料过滤、隔膜压滤和真空干化等过程处理以后，污泥含水率可降低至30％以下。

3）工艺特点

（1）脱水干化一体化。

（2）对热源品质要求较低。

（3）受工艺原理影响，部分工况下出泥需要人工干预。

（4）系统配套设备较多。

（5）设备单机规模受限。

4）工程实例

上海泰和污水处理厂一期工程设计污泥处理规模为480t/d（含水率以80％计）。项目采用低温真空脱水干化一体化工艺，将含水率为94％～99.3％的污泥一次性脱水干化至含水率40％以下。工程设置污泥低温真空脱水干化机12套，10用2备，如图4-27所示。

图4-27　上海泰和污水处理厂污泥低温真空脱水干化机组

4.6 污泥焚烧

4.6.1 基本原理

污泥中的有机质类似于生物质燃料，具有一定的热值，可进行焚烧处理。污泥焚烧是在高温条件下，通过燃烧使污泥完全矿化，形成少量灰渣的处理过程。通过适当的预处理并选用合理的焚烧工艺，污泥可实现自持焚烧。污泥焚烧是目前减量化最为彻底的污泥处理方法，不仅能杀死所有病原体，最大程度减少污泥的体积和质量，而且污泥焚烧残留的灰渣还可视其特性鉴定情况进行建材利用。

污泥焚烧发生高温下的氧化反应，污泥中的 O 和 C、H、S 结合产生能量，生成燃烧产物，即 CO_2、H_2O 和 SO_2。污泥中的有机氮优先转化成氮气，但一定量的有机氮（2%~7%）也能进一步氧化成 NO。

空气中的氮也能转换成氮氧化物，当焚烧温度超过 1100℃时反应开始显著，并随温度的进一步提高而加剧。

所有的氧化燃烧反应均需要过量空气以确保反应能快速完成。所需过量空气的量与停留时间（time of stay）、温度（temperature）、湍流度（turbulence）相关，即通常所说的燃烧 3T。通常，随着湍流度的加剧，可以减少过量空气的量，因为湍流提供了污泥和氧更多的接触机会。由于过量空气会使焚烧温度降低，因此希望最大限度地减少过量空气，尤其是需要辅助燃料以维持焚烧温度时。该影响可通过空气的预热而得以降低。如污泥焚烧过程中，入炉过量空气不足或 3T 因素中缺乏 1 个或多个因素，则污泥的焚烧会生成烟和不完全燃烧产物，从而使得焚烧的运行状态出现问题。

对于污泥焚烧工程来说，污泥热值和元素成分等污泥特性分析数据是极其重要的设计参数。如果缺少此类数据，则会使实际运行和设计工况发生偏离，甚至导致污泥焚烧设施无法达到设计处理量。污泥特性分析的内容应包括物理化学性质分析、工业分析和元素分析。其中，物理化学性质分析包括污泥的含水率、含砂率和黏度等；工业分析包括污泥的含水率、固定碳、灰分、挥发分、热值等；元素分析包括全硫、碳、氢、氧、氮、氯和氟等。

此外，在污泥焚烧热量平衡计算中，需要了解污泥焚烧气态燃烧产物的特性。表 4-6 和表 4-7 给出了相关气态燃烧产物的密度、比容、比热和比焓。

气态燃烧产物的特性　　　　　　　　　　　　　　　　　　表 4-6

燃烧产物	标准状况（0℃和 101kPa）下的密度（kg/m³）	标准状况（0℃和 101kPa）下的比容（L/mol）	气体常数 R [kPa·L/(℃·mol)]
CO_2	1.955	22.50	8.3224
O_2	1.413	22.35	8.2719
N_2	1.250	22.39	8.2820
SO_x	2.797	22.88	8.4638
H_2O	0.803	22.43	8.2921
空气	1.297	22.36	8.2719

燃烧产物	比热 [kJ/(kg·℃)]	a	b	c	d	比焓 (kJ/kg)
CO_2	$C_p=a+bT$ $+d/(T+273.1)^2$	1.5046	2.6100 $\times 10^{-4}$	—	-1.8595×10^4	$aT+bT^2/2-d/$ $(T+273.1)+d/273.1$
O_2	$C_p=a+bT$ $+d/(T+273.1)^2$	1.0908	3.3741×10^{-5}	—	-2.4548×10^4	$aT+bT^2/2-d/$ $(T+273.1)+d/273.1$
N_2	$C_p=a+bT$	1.0123	1.4946×10^{-4}	—	—	$aT+bT^2/2$
SO_2	$C_p=a+bT+cT^2$	0.5941	3.1690×10^{-4}	-5.4270×10^{-8}	—	$aT+bT^2/2+cT^3/3$
水蒸气	$C_p=a+bT+cT^2$	1.9439	2.0504×10^{-4}	3.1155×10^{-7}	—	$aT+bT^2/2+cT^3/3$ $+2504.5$
NO	$C_p=a+bT$ $+d/(T+273.1)^2$	1.1318	3.2503×10^{-5}	—	-2.1804×10^4	$aT+bT^2/2-d/$ $(T+273.1)+d/273.1$
HCl	$C_p=a+bT$	0.7955	9.6436×10^{-5}	—	—	$aT+bT^2/2$

4.6.2　污泥燃料特性

污泥焚烧处理工程的建设，需要分析污泥的物理化学性质，包括污泥的化学特性和物化特性。

1. 化学特性

污泥的化学特性包括有机氯和无机氯、硫、磷和氮、其他卤素、微量有机污染物（如氯化烃类、酚类和多酚类、多氯联苯、杀虫剂和多环芳烃）、灼失量、痕量元素等。

1）硫

污泥中的硫含量通常是干基的 0.5%～2%。因部分硫以硫酸盐的形式存在，所以不是所有的硫都会在污泥焚烧过程中转化为 SO_2。硫在焚烧过程中生成的 SO_2 在低于露点温度时会和烟气处理系统或大气中的水分结合形成硫酸或亚硫酸。

2）磷和氮

污泥中的磷含量通常是干基的 1%～5%，主要取决于污水处理系统的磷负荷和除磷量。如今，污水处理中的磷浓度因洗涤剂中磷的替代而逐渐降低。在污泥焚烧过程中，磷和磷化合物转变成磷酸钙，存在于飞灰中，P_2O_5 的含量可高达 15%。

污泥中的氮含量通常是干基的 2%～12%，其在燃烧过程中转变成氮气或 NO_x，取决于炉内的温度和空气量。污泥燃烧过程中生成的 NO_x，主要包括热力型 NO_x 和燃料型 NO_x。热力型 NO_x 可以通过控制燃烧温度予以控制，燃料型 NO_x 可以通过限制空气量到最小过剩空气量和入炉风分层予以控制。

3）氯和其他卤素

有机氯化物和无机氯化物在污泥焚烧过程中对氯自由基与活性基（如 O^*、H^* 和 OH^*）相合从而形成有毒化合物的趋势起着重要的作用。氯和其他卤素也会使得污泥焚烧产生的烟气中存在腐蚀性的酸性化合物，尤其是在高温状态下。污泥中有机氯的浓度通常可以忽略不计（小于 50mg/kg 干基），但无机氯的浓度可能因使用 $FeCl_3$ 无机调理剂而较高。

4）微量有机污染物

污泥中微量有机污染物的浓度虽然在某些情况下是显著的，但是其通常不会使污泥焚烧产生问题。

5）元素分析

元素分析（C、H、O、N、S）对于烟气流量及其组成的预测、污泥焚烧系统热量和能量平衡的计算、烟气处理线的设计均是十分重要的。

6）痕量元素

对于存在于污泥中的痕量元素，须考虑其在气相状态下潜在迁移的趋势（尤其是Hg）。除Hg外，其他痕量元素会富集在除尘器中收集的飞灰中。Hg通常随烟气逃逸，但会富集在烟气洗涤器中，或由活性炭后的布袋除尘器捕集。

污泥中痕量元素浓度的变化范围很大，取决于污水中工业废水的含量。表4-8给出了污泥中痕量元素浓度的一般范围值和典型值。如今，随着对排入污水系统中污染物的更有效控制，污泥中的痕量元素浓度会逐步降低。

污泥中痕量元素浓度的一般范围值和典型值　　　　　表4-8

重金属	浓度一般范围值（mg/kg 干基）	浓度典型值（mg/kg 干基）
砷	0.3～20	2
镉	1～50	5
钴	5～30	12
铬	40～1500	70
铜	160～1600	260
铅	80～850	100
汞	1～12	2
锰	100～600	150
钼	4～35	10
镍	20～240	30
钒	—	30
锌	900～4200	1100

2. 物化特性

对于污泥焚烧处理工程，需要分析的污泥主要物化特性包括污泥含固率、物理均质性、可燃分和热值。此外，污泥的流变性对于污泥输送系统的设计也十分重要。

1）污泥含固率

在污泥焚烧过程中，污泥含固率会影响所需的燃料量和产生的烟气量。通常，提高污泥含固率有利于减少所需的燃料。但超过自持焚烧范围的污泥含固率进一步提高并不非常合适，因为这将需要更多的过量空气，尤其是当为了控制焚烧温度过高不用水降温而采用补充稀释空气的时候，当然降温水的使用会减少锅炉的可回收热量。因此，需合理设计污泥焚烧前的热干化系统，以取得最佳的污泥干化程度。为使污泥自持焚烧，可将干化污泥和脱水污泥进行相应的混合配比，以取得合适的入炉污泥含固率。

2）污泥物理均质性

污泥的物理均质性对于污泥焚烧炉的入炉和投泥系统是十分重要的。不同形式的焚烧炉对污泥物理均质性的要求是不同的。通常，焚烧炉的投料污泥应是易碎的。

3）污泥可燃分和热值

污泥热值是评估污泥焚烧工艺最为重要的参数。污泥热值反映标准状态下单位污泥焚烧产生的热量值。

如已知污泥的元素分析，则污泥的高位热值可用杜隆公式近似计算：污泥高位热值＝ $32810C+142246(H-O/8)+9273S(kJ/kg)$。其中，C、H、O 和 S 是污泥可燃分的质量分数。

上述公式会高估具有高有机氮浓度的污泥热值，因为在污泥焚烧过程中 N 会和 H 结合形成胺，而胺燃烧过程中氮氧化物的生成会减少 H 的热量释放。为考虑有机氮的影响，可采用如下公式，即污泥高位热值＝ $32810C+142246(H-O/8)+9273S-[2189N(1-u)+6489Nu](kJ/kg)$。其中，$u$ 代表 N 转化为氮氧化物的质量分数，通常在 $2\%\sim7\%$。

4.6.3 主要工艺

随着国内外污泥焚烧技术的发展和国内近 20 年的工程实践推广，污泥焚烧已成为污泥处理的主要技术之一。由于土地资源的紧缺，污泥填埋可能越来越受到限制，而污泥焚烧则具有处理效率高、占地面积小、自动化程度高等优点，对污泥的减量化处理最为彻底，而且可回收污泥中的能量，因此得到了快速的发展，并且具有很好的推广前景。

从污泥焚烧的实际应用情况来看，污泥焚烧分为单独焚烧和掺烧两种路径，而掺烧根据主体燃料不同又可分为垃圾协同焚烧、水泥窑协同处置和燃煤电厂协同处置等。

污泥单独焚烧是以污泥（脱水污泥、干化或半干化污泥）为主要燃料，根据污泥热值等泥质特性确定是自持焚烧还是需要外加辅助燃料焚烧。可用的焚烧炉有立式多膛焚烧炉、回转窑焚烧炉和流化床焚烧炉等。

垃圾协同焚烧是指在垃圾焚烧炉中掺入一定比例的污泥一起焚烧。

污泥在水泥窑的协同处置是指将干化后的污泥投入生产水泥的工业焚烧炉。工业焚烧炉内部温度可达到 1200℃，污泥焚烧产生的灰渣可熔融进入水泥产品中，有机污染物被完全分解，且焚烧过程中的细小悬浮水泥颗粒具有很大的比表面积，可高效吸附有毒有害污染物。

污泥在燃煤电厂的协同处置是指将污泥送至燃煤电厂进行焚烧处置。燃煤电厂的焚烧炉温度高达 1100℃以上，可利用燃煤电厂大容量的焚烧炉消纳污泥。早期是将脱水污泥（含水率 80％左右）直接送入焚烧炉处理，但这种做法对燃煤电厂的焚烧炉和烟气处理系统有较大负面影响。目前，污泥通常采用干化机干化后再入炉焚烧，但由于缺乏相关的环保标准，掺入污泥后燃煤电厂的烟气排放存在稀释烟气污染物浓度的问题，至今燃煤电厂协同焚烧污泥仍然存在较大争议。

1. 污泥单独焚烧

1）流化床焚烧炉

流化床焚烧炉主要由炉本体、尾部受热面、床面补燃系统、喷水降温装置、螺旋输送机、排渣阀、燃油启动燃烧室、烟气处理系统和鼓（引）风机等组成。其中，炉本体由流化床密相区和稀相区构成。流化床焚烧炉采用一定粒度范围的石灰石或石英砂作床料，一次风由风室经布风板或布风管进入焚烧炉，使炉内的床料处于流化状态。污泥由螺旋输送机送入炉内，污泥入炉后即和炽热的床料迅速混合，受到充分加热、干化并完全燃烧。

流化床床温控制在850~900℃之间，污泥呈颗粒状在流化床内燃烧，其占床料的比重很小。污泥进入流化床内即被大量处于流化状态的高温惰性床料冲散，因此，污泥在流化床内焚烧时不会发生粘结。

流化床焚烧炉主要有鼓泡流化床焚烧炉和循环流化床焚烧炉两种形式。

（1）鼓泡流化床焚烧炉

鼓泡流化床焚烧炉采用的流化速度多在0.6~2m/s之间。焚烧炉底部料层即密相区的设计高度在0.6~1.5m之间，以保证污泥完全燃烧所需的炉内停留时间及密相区内床料与流化介质的充分接触和稳定流化等。在焚烧炉内，主要的干化、着火和燃烧过程在密相区内实现，已燃烧和继续燃烧的污泥颗粒随其密度减小而进入悬浮燃烧段，在悬浮层即稀相区内燃烬，飞灰随烟气排出焚烧室。稀相区高度的选取主要取决于扬析颗粒的夹带分离高度、烟气在炉内的停留时间和受热面的布置等。鼓泡流化床焚烧炉工艺如图4-28所示。

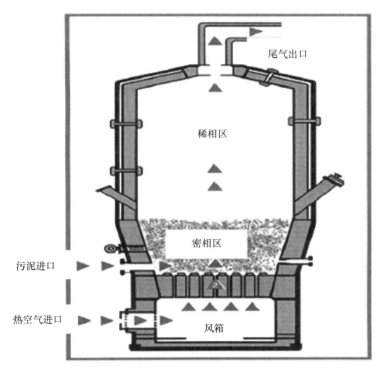

图4-28　鼓泡流化床焚烧炉工艺图

由于采用的流化速度较低，所以焚烧室内烟气对传热面的磨损较小。采用这种低流化速度的流化床进行污泥焚烧，既能使污泥有效地燃烧、燃烬，同时又能防止磨损。因此，国内外许多污泥流化床焚烧炉均采用这类低流化速度的鼓泡流化床焚烧炉，并且有较多成功的实例。

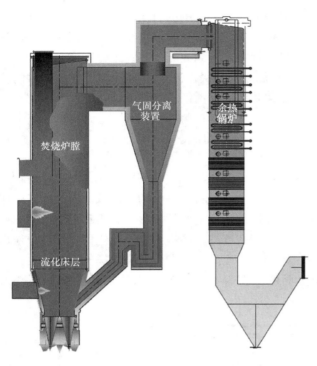

图 4-29 循环流化床焚烧炉工艺图

（2）循环流化床焚烧炉

循环流化床焚烧炉工艺如图 4-29 所示。

循环流化床焚烧炉是为了进一步提高焚烧炉的燃烧和传热效率而在流化床基础上进一步发展的一种焚烧炉。它保留了焚烧炉底部的流化床层，相对较大地提高了流化速度，流化速度为 3.6～9m/s，为鼓泡流化床焚烧炉的 2～10 倍，使整个焚烧炉内充满了较大的燃料和灰粒以及颗粒浓度较大的烟气。在此流化速度下，烟气夹带大量的细颗粒飞离炉膛，进入气固分离装置。分离出的固体颗粒经物料回送装置送入炉膛下部，形成物料的循环。这种运行方式保证了污泥固体物料在炉膛内有足够的停留时间，使污泥的燃尽率有较大的提高。高浓度的含灰粒烟气离开焚烧炉时进入分离器，收集颗粒并通过返料装置送回翻滚的料层再次被加热焚烧，而只有分离器无法收集的极细灰粒才会随烟气排出，如此通过多次循环可以取得较高的燃烧效率和传热率。

由于采用的流化速度高，故防磨措施必须周全。由于要实现循环，故必须设置分离器和返料装置及相应的其他设施，并消耗比鼓泡流化床焚烧炉要大的动力，而所有这些手段的目的是为了提高焚烧炉的热效率。

采用循环流化床焚烧炉焚烧污泥时，由于其炉内流化速度高、烟气中固体颗粒浓度高，易使受热面磨损、泄漏，甚至造成安全事故。为了安全可靠，循环流化床焚烧炉不适宜采用导热油作为吸热工质，只能采用热水作为吸热工质，并且要采用更加严格的措施防止受热面磨损。另一方面，由于污泥焚烧后的灰粒较小，不适宜采用一般的燃煤循环流化床分离装置，否则会出现收集返料少而循环受阻的现象，所以对此要采用更高效的分离装置和返料装置。

2）立式多膛焚烧炉

立式多膛焚烧炉是一个内衬耐火材料的钢制圆筒，中间是一个中空的铸铁轴，在铸铁轴的周围是一系列耐火的水平炉膛，一般分 6～12 层。各层都有同轴的旋转齿耙，一般上层和下层的炉膛设置 4 个齿耙，中间层的炉膛设置 2 个齿耙。脱水污泥从顶部炉膛的外侧进入炉内，依靠齿耙翻动向中心运动并通过中心孔进入下层，而进入下层的污泥向外侧运动并通过外侧的孔进入再下面的一层。如此反复，使污泥沿螺旋形态路线自上而下运动。空气由轴心上端鼓入，一方面使轴冷却，另一方面预热空气，经过预热的部分或全部空气从上部的空气管进入到最底层炉膛，再作为燃烧空气向上与污泥逆向运动焚烧污泥。立式多膛焚烧炉可分为三段，顶部几层主要起干化作用，称为干化段，温度约 425～760℃，污泥的大部分水分在这一段被蒸发掉；中间几层主要起焚烧作用，称为焚烧段，温度升高到约 925℃；下部几层主要起冷却灰渣并预热空气的作用，称为冷却段，温度为 260～350℃。

立式多膛焚烧炉有时会设置后燃室，以降低臭气和未燃烧的碳氢化合物的浓度。在后燃室内，立式多膛焚烧炉的废气与外加的燃料和空气充分混合，以实现完全燃烧。

为了使污泥充分燃烧，同时由于进料污泥中的有机物含量和污泥的进料量会发生变化，因此通常通入立式多膛焚烧炉的空气量应比理论需气量多50%～100%。若通入的空气量不足，污泥没有充分燃烧，就会导致排放的废气中含有大量的一氧化碳和碳氢化合物；反之，若通入的空气量过多，会导致部分未燃烧的污泥颗粒被带入废气中排放掉，同时也需要消耗更多的燃料。

立式多膛焚烧炉如图 4-30 所示。

3）回转窑焚烧炉

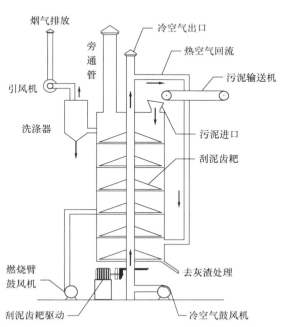

图 4-30　立式多膛焚烧炉示意图

回转窑焚烧炉是较常用的、焚烧效果较好的污泥焚烧炉。由于炉床是回转可动的，炉床上的污泥通过旋转被带起翻动，炉内设置抄板或螺旋线，可把污泥抛起，所以污泥和燃烧空气能很好地接触，从而使污泥充分焚烧。

回转窑焚烧炉为带耐火材料衬里的圆筒型设备，由挡轮、托轮支撑，水平放置轻度倾斜，靠自身筒体的回转混合搅拌炉内污泥以便其彻底焚烧。一般选择顺流式焚烧系统，即污泥流动方向和烟气流动方向相同，回转炉以每分钟几转的转速混合搅拌炉内污泥，可使污泥达到彻底处理的效果。回转窑焚烧炉工艺如图 4-31 所示。

回转窑焚烧炉处理污泥比较简单，但回转窑焚烧炉的炉温控制困难，燃烧外壁容易过热，同时对污泥发热量要求较高，一般需添加燃料稳燃。

回转窑焚烧炉的温度可通过调节窑头或窑尾的燃烧器燃料量进行控制，通常在 810～

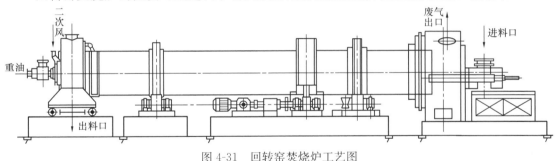

图 4-31　回转窑焚烧炉工艺图

1650℃范围内变动，采用的燃烧温度一般为900～1000℃，空气过量系数为50%。大部分余灰被空气冷却后在回转窑焚烧炉较低的一端回收并排出，飞灰由除尘器处理回收，整个系统在负压下工作，可避免烟气外泄。

2. 污泥单独焚烧工艺的选择

1）选型原则

污泥焚烧技术的选择主要以安全可靠、环境保护、节能降耗和经济可行为前提。

（1）安全可靠

污泥含水率的波动、污泥热值的变化等，都会对污泥焚烧炉的炉温、流化状态等产生影响，从而对污泥焚烧炉的安全可靠运行造成不利影响，因此在选择污泥焚烧工艺的时候，应选用能够适应污泥各方面性质的波动、能使污泥完成充分燃烧、能及时排出灰渣的工艺。

（2）环境保护

污泥焚烧系统包括烟气净化系统排放的烟气、废水、固体废物、噪声等均需要满足国家和地方相关标准的要求。

（3）节能降耗

污泥焚烧需要满足焚烧炉内烟气温度在850℃以上且停留2s以上，以避免二噁英的产生。当入炉污泥热值较高时，污泥焚烧能够达到自持燃烧，但是当入炉污泥热值较低时，则需要添加辅助燃料或提高预热空气的温度以增加入炉热量。

为了保证焚烧炉内的污泥能够完全燃烧，避免烟气中产生较多的碳氢化合物、CO等，需要往焚烧炉内注入比理论需要的空气量更多的空气，即过量空气。但是，过量空气系数越高，意味着烟气产生量越多，这样不仅会增加烟气处理系统的投资和运行成本，也会增加其运行电耗。因此，过量空气系数也是选择污泥焚烧工艺的一个重要参数。

（4）经济可行

污泥焚烧工艺的选择应结合当地社会经济发展水平，严格控制工程造价和运行费用。简洁的系统构成便于操作管理，可有效降低维护费用，因此，需要选择构造简单、操作和维护方便的污泥焚烧系统。土地是一种宝贵的资源，因此要求在具有相同处理能力的情况下，尽可能地减少占地面积。

此外，还需要考虑与前端污泥干化工艺的衔接问题。

2）焚烧炉的选择

各种污泥单独焚烧炉均有各自的特点。从国内外的应用情况来看，鼓泡流化床焚烧炉和循环流化床焚烧炉是目前污泥单独焚烧的主要设备，各自主要具有以下特点：

（1）鼓泡流化床焚烧炉的流化速度较低，使烟气对传热面的磨损较小，而且需要的能耗较少。

（2）鼓泡流化床焚烧炉无需设置分离器、返料装置及相应的其他设施，因此结构相对较简单。

（3）循环流化床焚烧炉的流化速度高，截面热负荷较高，同等规模设施占地面积较小，但投资和运行费用较高。

（4）循环流化床焚烧炉主要用于中高热值燃料的处理，国内外采用循环流化床焚烧炉处理污泥的项目绝大部分掺烧了高比例的煤、工业固体废物、垃圾衍生燃料等高热值燃料。目前我国鲜有污泥单独焚烧采用循环流化床焚烧炉的工程实例。

与鼓泡流化床焚烧炉相比，循环流化床焚烧炉总体上热容量更大，单位规模占地面积更小，适合于大规模和热值较高的焚烧项目。就污泥焚烧而言，鼓泡流化床焚烧炉是一种更为合适的污泥焚烧设备，其对污泥性质的适应性较好，且工艺成熟可靠，国内外污泥单独焚烧90%以上的工程实例均采用了鼓泡流化床焚烧炉。

3. 垃圾协同焚烧

和垃圾协同焚烧的污泥可以是脱水污泥或干化/半干化污泥。由于生活垃圾本身具有较高的含水率，若直接掺入含水率较高的脱水污泥，会显著降低燃料的整体热值，尤其会对垃圾焚烧发电效率造成不利影响。污泥经干化或半干化处理后，和垃圾按合适的比例均匀掺混进入生活垃圾焚烧炉，在850℃以上高温燃烧。在焚烧炉的高温作用下，污泥中的病原菌被彻底杀灭，有毒有害物质彻底氧化，燃烧余热可用于发电或污泥干化。

垃圾焚烧技术已日臻成熟，大多数垃圾焚烧厂配置了先进的焚烧技术和完善的烟气处理系统，垃圾中掺入适当比例的污泥协同焚烧，可节省污泥焚烧和烟气处理设施的建设费用，在国内外均有一定规模的研究和实践。日本由于土地资源十分紧张，据不完全统计，其70%以上的污泥采用和生活垃圾一起焚烧的方式处理。早期欧洲处理污泥的方式是把污泥运到垃圾焚烧厂按合适的比例和垃圾掺烧，可以解决一定量的污泥。

我国垃圾焚烧行业经过多年发展，以机械炉排炉为主的垃圾焚烧工艺已相对完善，并且具有一定规模，而且随着国内对污泥处理处置的日益重视，国内也已有不少污泥和垃圾协同焚烧的工程实例。2005年12月，在浙江绍兴上马国内首座污泥焚烧发电大型项目，项目采用了煤助燃循环流化床技术，进行污泥和垃圾混烧发电，同时也采用了浙江大学的污泥燃料化焚烧发电技术，将后道焚烧发电工序产生的烟气余热循环用于前道的污泥干化。佛山南海固废产业园污泥处理工程主要处理对象为印染厂污泥、城镇污水处理厂污泥。一期工程建设规模为300t/d（含水率80%），污泥处理采用干化＋垃圾焚烧炉掺烧工艺。其中，污泥干化设备为桨叶式干化机，干化后污泥的含水率为30%。

典型生活垃圾焚烧厂协同焚烧污泥工艺流程如图4-32所示，主要包括垃圾和污泥料仓、给料系统、焚烧炉、余热利用系统、烟气处理系统和灰渣系统等。生活垃圾焚烧采用炉排炉，需针对掺入污泥设置独立的混合和进料装置。生活垃圾和污泥均由抓斗提运至进料斗，通过滑槽落入炉内，由进料器推至炉排上。在炉排的运动下，生活垃圾和污泥不断混合、移动，经历干化、燃烧后，残余灰渣一同落入除渣机。助燃空气包括一次风和二次风，炉温控制在850~1000℃，烟气出口温度不低于850℃且停留时间大于2s，以控制二噁英的产生。焚烧富余热量经余热锅炉回收热量产生蒸汽，驱动汽轮机发电，完成热量回收的烟气经过除尘、脱酸等净化处理后排放。

污泥和生活垃圾协同焚烧主要具有以下特点：

1）无需另行建设污泥焚烧设施，可减少建设投资和运行成本，对现有垃圾焚烧设施进行一定的改造后可以实现污泥和生活垃圾协同焚烧。

2）在环保标准层面，我国污泥焚烧主要参考垃圾焚烧，在标准执行上难度较小。但毕竟污泥的特性有别于生活垃圾，污泥和生活垃圾协同焚烧存在执行不同烟气排放标准的技术问题。

3）鉴于对焚烧炉运行的影响，掺烧的污泥处理量会有一定波动。污泥和垃圾的着火

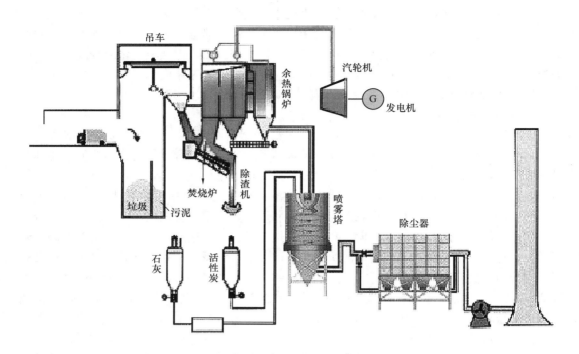

图 4-32　典型生活垃圾焚烧厂协同焚烧污泥工艺流程图

点均比较滞后，如前段炉排着火情况不好，则容易造成垃圾和污泥的不完全燃烧。

4）污泥掺烧效果不好时，需投加辅助燃料助燃，从而增加运行成本。

5）污泥和垃圾在炉排上若未充分混合，则会影响焚烧运行的稳定性。

6）成功实例尚不足，特别是大规模污泥掺烧缺少足够的技术支持。同时，设备针对性较差，不同区域的污泥性质和垃圾组分差别很大，对热值、炉温、飞灰重金属含量、炉渣、烟气中的氮氧化物和二氧化硫等指标均会产生较大不利影响，因此大规模污泥掺烧尚存在风险，工艺运行的安全可靠性问题尚需进一步开展论证研究。

4. 水泥窑协同焚烧处置

污泥的水泥窑协同焚烧处置是利用水泥烧制过程中的高温环境对污泥进行焚烧，并通过一系列物理化学反应使焚烧产物固化在水泥熟料中，达到安全处置污泥的目的。通过水泥窑协同焚烧，污泥中的有机物可彻底分解，焚烧残渣和飞灰直接成为水泥熟料的一部分，无需另行处理。水泥窑的碱性运行环境可有效抑制酸性气体和重金属的排放。水泥生产余热可用于干化脱水污泥，从而实现能量的回收利用。

污泥水泥窑协同焚烧分为脱水污泥直接混烧、干化或半干化污泥混烧两种。脱水污泥水泥窑直接混烧是指将脱水污泥运送至水泥厂进行焚烧。由于污泥含水率较高，这种焚烧方式通常需要更多的外部热量，水泥厂运行成本相应增加。另外，为提高焚烧处理效果，水泥厂需要对现有设备进行技术改造，充分利用水泥厂炉窑产生的废热对污泥进行干化处理，从而会相应增加设备投资。

干化或半干化污泥水泥窑混烧是指将污泥经适当的干化或半干化处理后，运送至水泥厂进行焚烧。与脱水污泥水泥窑直接混烧相比，干化或半干化污泥在水泥窑混烧更容易得到水泥厂的认同，且能有效降低污泥的运输成本。

污泥可用于水泥熟料的生产，在北京、重庆和上海等多个城市也曾进行过这方面的生产性研究。北京水泥厂利用水泥窑余热对污泥进行干化后，加入水泥窑中焚烧。2009年10月底，工程建成运行，处置能力为500t/d，这是我国第一条水泥窑干化和资源化利用污水污泥的生产线。

随着我国对环保的要求日益提高，水泥窑不断往人口稀少的地区搬迁，对于大中型城市而言，水泥窑协同处置污泥存在搬迁的风险，从而影响污泥安全处理处置。因此，在进行污泥处理处置技术路线选择时，应充分考虑产业因素和环保因素，确保污泥处理处置的安全性和稳定性。

污泥的水泥窑协同焚烧处置具有如下特点：

1）无需另行建设污泥焚烧设施，可利用现有水泥窑设施进行一定的改造，从而减少建设投资和运行成本。

2）水泥是一种社会商品，具有商品的属性，在进行污泥水泥窑协同焚烧时，必须确保污泥的加入不会影响水泥产品的品质，保障水泥生产企业的经济效益。

3）需加强对污泥水泥窑协同焚烧系统所产生烟气和其他污染物排放情况的跟踪监测，确保不会因污泥的加入导致水泥窑烟气超标排放。

4）污泥水泥窑协同焚烧属于跨行业协同处置行为，应加强对污泥运输、贮存、焚烧和处置全过程的跟踪监测，建立良好的转运和计量记录，加强对相关人员的培训指导，保障生产安全。选择污泥水泥窑协同焚烧作为处理处置方案时，必须考虑水泥窑维修或水泥行业滞销期间污泥的临时处理处置方案，并建立污泥处理处置的长效机制。

5. 燃煤电厂协同处置

污泥在燃煤电厂协同处置是指将脱水污泥直接掺混燃煤焚烧发电或将脱水污泥经干化后掺混燃煤焚烧发电。由于对焚烧发电设备存在潜在的腐蚀和板结影响，采用脱水污泥直接掺混燃煤焚烧发电方式产生的问题较多。所以通常利用发电余热对污泥进行干化处理，将干化污泥掺混燃煤进行焚烧发电，实现能量回收利用。燃煤电厂产生的蒸汽或烟气可为污泥干化处理提供热源。目前已有不少工程实例，这类实例的基础条件是要求燃煤电厂距污水处理厂或污泥处理厂较近，以减少污泥运输距离，而且要求燃煤电厂可以利用并改造现有设施。

根据各地的实施情况，需加强对污泥在燃煤电厂协同处置产生的烟气和其他污染物排放情况的跟踪监测，确保不会因污泥的加入导致燃煤电厂烟气超标排放，避免对燃煤电厂的运行和周边环境造成不利影响。污泥在燃煤电厂协同处置同样属于跨行业协同处置行为，需加强对污泥运输、贮存、焚烧和处置全过程的跟踪监测，建立良好的转运和计量记录，加强对相关人员的培训指导，保障生产安全。选择污泥燃煤电厂协同焚烧作为处理处置方案时，需考虑燃煤电厂发电设备维修时污泥的临时处理处置方案，建立污泥处理处置的长效机制。

以合肥市东方热电污泥处理工程为例，工程建设规模为300t/d（含水率以80％计），建设于合肥市热电集团东方热电厂内，采用干化＋燃煤电厂焚烧工艺，即利用燃煤电厂的蒸汽对脱水污泥进行干化，干化后的污泥运送至燃煤电厂，作为燃料和煤混烧后用于发电供热。污泥干化产生的载气经冷凝后排入污水管道，进入污水处理厂处理。不凝气体送至燃煤电厂锅炉进行焚烧处理。

燃煤电厂协同处置污泥具有如下特点：

1）无需另行建设污泥焚烧设施，对现有燃煤电厂锅炉设施进行一定的改造后可以进行协同处置，从而减少建设投资和运行成本。

2）将污泥以一定的比例掺入煤中，根据入炉条件将污泥和煤混合碾磨成一定粒径后送入炉膛焚烧。由于污泥的灰熔点较低，而煤的灰熔点相对较高，为了保证煤的燃烧效率并防止结渣情况发生，要求污泥和煤掺烧时严格控制污泥的掺烧比例，确保燃煤电厂锅炉燃烧的稳定性和燃烧效率。

3）污泥处理工程的厂址应尽可能靠近燃煤电厂。

4）由于烟气中蒸汽含量和酸性气体组分偏高，容易导致受热面出现积灰、腐蚀等现象，原则上脱水污泥直接掺混燃煤焚烧发电时，需要对燃煤电厂锅炉尾部受热面进行改造，增加防腐和耐磨损涂层。

5）由于缺乏相关的环保标准，掺入污泥后燃煤电厂烟气排放存在污染物稀释排放的问题，燃煤电厂协同焚烧污泥目前尚存在较大争议。应加强对污泥燃煤电厂协同焚烧系统所产生烟气和其他污染物排放情况的跟踪监测，确保不会因污泥的加入导致燃煤电厂烟气超标排放，从而避免对周边环境造成污染。

4.6.4 焚烧系统构成

1. 污泥焚烧单元

通过污泥焚烧过程，可汽化污泥中的水分并氧化污泥中的有机分。通过完全氧化，可使污泥中的有机分 C、H、O、N、P、S 转化为 CO_2、H_2O、NO_x、P_2O_5 和 SO_2。

维持燃烧室温度和充足的供气量是污泥充分燃烧的基本条件。如果在污泥焚烧过程中氧化不充分，则污泥焚烧产生的烟气中会含有 CO 和颗粒物碳。污泥焚烧灰中主要含有 SiO_2、Al_2O_3、Fe_2O_3、CaO 和 P_2O_5。如果氧化不充分，则焚烧灰中还会含有未燃尽的碳。对于污泥流化床焚烧炉而言，流化床上方的燃烧区容积须足够大以使污泥焚烧过程中的所有可燃物料能充分燃尽，要求焚烧温度在 850℃ 以上，烟气停留时间在 2s 以上，污泥焚烧工程中，需严格保证污泥焚烧温度和烟气停留时间。烟气需受控排放，通过烟囱满足国家和地方相关标准排放要求。烟囱的高度需经计算确定，以保护人身健康和环境安全。

污泥焚烧应用最广泛的焚烧炉类型是流化床焚烧炉，其他炉型包括多膛炉、回转窑、多膛炉回转窑组合型等。污泥焚烧最常见的组合形式是采用干化预处理的静态流化床焚烧炉。流化床焚烧炉是内衬耐火砖、包含砂床层的圆柱形床体。运行时由通过床层下部布风板或布风管的空气使砂床流化。流化床分为鼓泡流化床和循环流化床两类。污泥鼓泡流化床焚烧炉典型横断面如图 4-33 所示。污泥鼓泡流化床焚烧炉较循环流化床焚烧炉应用普遍，其典型设计参数列于表 4-9 中。

流化床焚烧炉具有高的湍流度，故仅要求较少的过量空气；由于有效控制焚烧温度，因此 NO_x 的产生量较少；因无移动部件，故可靠性较强；砂床具有储热容量，故可适应进料特性的波动，对冲击负荷的适应性较强，适用于脱水污泥、半干污泥、全干污泥等不同含水率的进泥；炉内可投加石灰石和白云石，去除污泥中的酸性化合物。

污泥鼓泡流化床焚烧炉 典型设计参数　　表 4-9	
参数	参数值
床直径（m）	1.5～8
干弦直径（m）	1.5～10
高度（m）	6～10
负荷值［kg/(m²·h)］	120～300
过量空气	40%～100%
散热损失比	2%～4%
床层膨胀高度	固定床高度的 1.5～3 倍
砂损失量（g/Nm³ 烟气）	0.05～0.5
底部流速（m/s）	1～1.4
干舷流速（m/s）	0.7～1.1
干舷高度（m）	5～6
热负荷（kW/m²）	500～900
床温（℃）	750
干舷温度（℃）	850
床内压力（kPa）	－0.2～0
床压头损失（kPa）	1.5～3

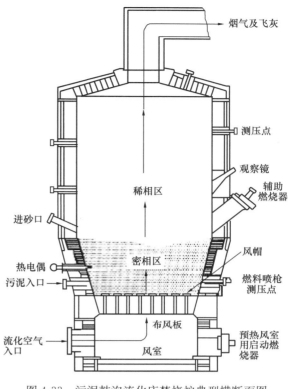

图 4-33　污泥鼓泡流化床焚烧炉典型横断面图

　　流化床焚烧炉的劣势是存在飞灰和床砂外携问题，以及低熔点盐分情况下可能产生的结焦问题。

　　流化床砂易磨损，非常细小的粉尘状砂粒会随着烟气中的飞灰排出。正常情况下，流失的砂量可由焚烧污泥中的砂量补充。如污泥不能提供充足的砂量，则必须补充外部砂量。

　　流化床焚烧炉安装有辅助燃料注入口，可用来投加燃油、燃气等辅助燃料到流化床中，提高污泥焚烧温度。

　　流化床焚烧炉安装有启动燃烧器和辅助燃烧器。在焚烧炉启动阶段，辅助燃烧器需确保燃烧温度提升到 850℃ 以上。

　　循环流化床焚烧炉不太适用于污泥的焚烧，其适用于 50MW 以上的大型热电厂或者高热值燃料的焚烧。

2. 污泥焚烧辅助单元

　　污泥焚烧炉需配备合适的辅助单元，包括污泥接收单元、污泥预处理单元、污泥贮存和输送单元、热回收单元、烟气净化单元、灰渣处理单元、废水处理单元、工艺监控单元等。

　　1）污泥接收单元

　　污泥接收单元包括污泥卸料设备和污泥贮存仓。污泥的含水率和物理性状影响污泥接收单元的选型和设计。接收的污泥通常贮存在密闭的贮存仓中，贮存仓中产生的臭气需收集并进行除臭处理。

2）污泥预处理单元

浓缩、脱水是降低污泥含水率最为常用的工艺方法。离心脱水机和带式压滤机等可用于去除污泥中的水分。虽然使用无机药剂可取得较好的污泥脱水效果，但是会使污泥中的挥发分减少，干污泥量增加。而且，当污泥中存在金属盐时，污泥在焚烧过程中可能产生结焦现象。此外，如投加的药剂中含有氯化物，则氯化物在污泥焚烧温度下会导致金属部件腐蚀加速，并可能产生烟气排放问题。聚合物 PAM 作为脱水絮凝剂的使用十分有效，采用聚合物 PAM 而非石灰和三氯化铁有助于焚烧炉的运行。

脱水污泥中水分的进一步去除可通过干化工艺实现。如污泥中水分的去除通过污泥干化工艺所需的能量少于污泥焚烧炉中燃烧所需的补充能量，则污泥干化工艺具有节能优势。污泥干化工艺可采用间接干化工艺或直接干化工艺，当可供蒸汽或约 250℃ 的导热油等热流体时，采用间接干化工艺是较为有效的，间接干化工艺产生的不凝性气体量低于直接干化工艺。

污泥干化和焚烧相结合的优势在于可以控制合适的污泥含固率，实现污泥的自持焚烧，同时产生较小的烟气量，设置污泥干化预处理的焚烧线具有较高的性价比。考虑到外加燃料所需成本，需充分提升入炉污泥热值，使污泥实现自持焚烧而无需辅助燃料。添加诸如污泥气之类的辅助燃料可减少化石燃料消耗。

污泥经脱水、干化处理后可产出适合焚烧的最佳含水率污泥。需考虑在污泥输送或泵送过程中，污泥结构可能发生改变的问题。因此，污泥脱水系统最好布置于上方或者与污泥焚烧炉近距离布置。若外来污泥运输至污泥集中焚烧处理厂进行焚烧处理，则污泥在投入焚烧炉前需进行机械破碎处理。

3）污泥贮存和输送单元

污泥焚烧处理线须有充足的脱水污泥贮存容积，以确保焚烧炉稳定的投泥。在污泥焚烧系统每年约 2～4 周的维修期间，污泥需以其他方式处理处置或进行临时贮存。如采用临时贮存方案，则需采用更大的污泥贮存容积。

污泥输送可采用螺杆泵、柱塞泵、螺旋输送机和链式输送机等输送设备，具体选型需视污泥的物理性状而定。

4）热回收单元

污泥焚烧系统热回收单元的设备主要包括余热锅炉、空气预热器和烟气再热器。其中，余热锅炉的设置可显著减少锅炉中当烟气处于 250～400℃ 时多氯代二噁英和多氯代苯并呋喃的形成。余热锅炉的蒸汽量主要取决于烟气量，蒸汽产量可按 3～8kg/kgDS 进行估算。蒸汽用途主要取决于污泥处理规模和当地条件，可用于汽轮机发电、污泥间接加热干化、入炉空气预热、烟气再热防止产生白烟、区域供暖或工业应用等。

5）烟气净化单元

烟气中的污染物有颗粒物、SO_2、HCl、CO、NO_x、重金属、二噁英和呋喃等。

（1）颗粒物

污泥焚烧产生的颗粒物变化很大，主要取决于污泥性质、投泥速度、焚烧炉类型、操作温度和湍流度等。

固体颗粒物捕获装置主要包括旋风除尘器、静电除尘器和布袋除尘器，捕获装置的选择取决于颗粒物尺寸。通过设置固体颗粒物捕获装置，通常能去除颗粒物至浓度

$5mg/Nm^3$。

旋风除尘器是圆柱形或圆锥形静态处理设备，烟气切向进入，固体颗粒由于离心力而汇集于壁上，然后从底部去除。旋风除尘器对于 $15\mu m$ 以下颗粒的去除作用很小，因而通常和其他的颗粒物捕获装置联合使用。

静电除尘器的除尘过程包括气态离子的形成、颗粒物受电、受电颗粒物向集电极的迁移、电荷中和以及分离颗粒物的收集。静电除尘器对于微米级微小粒径的颗粒物仍是有效的。

布袋除尘器由一系列烟气可穿透而颗粒物质不能穿透的布袋组成。随着过滤时间的增加，由于烟气中的颗粒物质在滤布上积聚，导致压降增加，因而需要滤布表层清洗装置。运行中，需要控制进入布袋除尘器的烟气温度，以防滤布损坏。

（2）SO_2 和 HCl

烟气中 SO_2 和 HCl 等气态污染物的去除装置主要分为干法、半干法和湿法三类。

在干法装置中，干式化学药剂通常采用消石灰或碳酸氢钠，投加至烟道系统或反应塔中。气态污染物通过吸附和化学反应去除。化学药剂和反应产物通过颗粒分离装置去除。消石灰的用量通常按钙硫比 1.5～2.5 估算。

在半干法装置中，石灰浆喷入反应器中，烟气的显热使石灰浆中的水分全部蒸发，因而没有废水产生。污染物的去除机理同干法装置。

在干法和半干法装置中，反应产物和过量药剂的循环可最大限度减少化学药剂的消耗量，并防止产生较多的飞灰量。按此，化学药剂的消耗量可降低至化学反应需量的 1.5～2 倍。

在湿法装置中，颗粒物接触液滴湿润，水中的酸性化合物会导致酸的大量形成，从而产生腐蚀问题。采用湿法装置，化学药剂的消耗量多出化学反应需量 10% 左右。

（3）CO 和 NO_x

如污泥焚烧温度和氧含量太低，或者烟气停留时间或湍流度不足，则在污泥焚烧过程中会产生一定量的 CO，同时未燃尽有机化合物的比例也会增加。

污泥焚烧过程中产生的 NO_x 主要取决于温度、空气分布、污泥中的氮含量等。烟气中的 NO_x 主要由 NO 和少量 NO_2 组成，NO_2 量虽较少，但其毒性更强。

生成的 NO_x 包括燃料型 NO_x 和热力型 NO_x。燃料型 NO_x 的形成不可避免且主要取决于污泥中所含氮的数量和化学结合类型。相反，热力型 NO_x 的形成与焚烧温度紧密相关。焚烧温度对 NO_x 生成的影响和对 CO 生成的影响相反，即高的焚烧温度可降低 CO 的生成，但会增加 NO_x 的生成。氧含量的影响存在类似的相关性，大量的过量空气即高的含氧量会由于进行充分的氧化反应而降低 CO 的排放，但同时会导致更多的 NO_x 排放。这些相关性对于控制污泥焚烧过程是十分重要的。NO_x 减排分段燃烧原理如图 4-34 所示。污泥焚烧通常采用分段法鼓风，在第一段，降低过量空气量，这会使得 CO 的生成量增加，但同时会显著减少热力型 NO_x 的生成量；在第二段，从焚烧炉上部提供二次风，使 CO 的浓度降低至排放标准要求的限值之下。

但是，即使采用上述燃烧控制，仍不能完全防止热力型 NO_x 的生成。在污泥焚烧中广泛应用的是选择性非催化还原法（Selective Non Catalytic Reduction，SNCR）。SNCR 通常投加氨水或尿素，使 NO_x 和 NH_3 发生反应。化学反应的生成物是 N_2 和 H_2O，反应

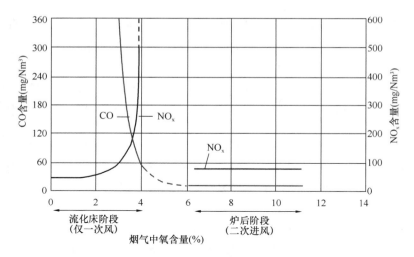

图 4-34　NOₓ 减排分段燃烧原理图

如下：

$$4NH_3 + 4NO + O_2 \longrightarrow 4N_2 + 6H_2O$$

$$2NH_3 + NO + NO_2 \longrightarrow 2N_2 + 3H_2O$$

采用 SNCR 脱硝方法时，氨水或尿素直接投入到燃烧室中。如有必要，也可于不同的燃烧室高度进行投加。如果投入点的温度太高，则 NO 的生成量会增加；如果投入点的温度太低，则化学反应产率降低，NH₃ 的逃逸量会增加。SNCR 反应的效率取决于反应药剂的剂量、注入点、反应药剂和烟气的混合情况。

污泥焚烧工程中，烟气脱硝通常不采用选择性催化还原法（Selective Catalytic Reduction，SCR）。SCR 通常使用钒基催化剂。SCR 的反应机理同 SNCR，但其要求烟气温度较 SNCR 低得多，一般在 150～300℃ 之间，因此烟气需在除尘、洗涤等前处理之后加热到规定温度。由于烟气中存在 SO₂，催化剂上会生成硫酸铵，使得催化剂有中毒趋势，因此，前处理中去除 SO₂ 对 SCR 非常重要。

烟气循环有助于减少 NOₓ 的生成。通常情况下，烟气循环代替 10%～20% 的二次风，可降低氧量和峰值温度，从而减少 NOₓ 的形成。

（4）重金属

烟气中的重金属通常和颗粒物相关，重金属的排放取决于其挥发性、污泥焚烧温度和其他化学物质的存在情况等。重金属如和氯结合，易形成挥发性化合物。

金属的挥发性按 Hg、As、Zn、Pb、Cu 的次序递减。一些金属及其化合物的熔融温度如表 4-10 所示。当金属及其化合物的熔融温度在污泥焚烧温度 90℃ 以下时即开始挥发。除温度因素之外，氯的存在也会增加 Cd、Zn、Pb 和 Cu 的挥发性。Co、Cr、Cu、Fe、Mn 和 Ni 不易挥发，其排放大约占进料中金属浓度的 2%～11%，且和烟气中颗粒物的浓度相关。

金属及其化合物的熔融温度

表 4-10

金属及其化合物	熔融温度（℃）	金属及其化合物	熔融温度（℃）
As_2O_3	193	K_2O	分解
As_4	615	K_2O_2	分解
BaO	2000	Mg	1110
$BeCl_2$	520	$MgCl_2$	1412
BeO	3900	MgO	3600
$CaBr_2$	810	Mn	1900
Ca	767	$Mn(NO_3)_2 \cdot 6H_2O$	129.5
$CaCl_2$	960	Mo	3700
CaO	900~1000	$MoCl_5$	268
Co	2900	Ni	2900
$CoCl_2$	1049	$NiCl_2$	973
Cr	2200	P_2O_5	300
CrO_2Cl_2	117	Pb	1620
Cu	2300	$PbBr_2$	918
Cu_2Cl_2	1366	$PbCl_2$	954
$CuCl$	1366	PbO	1535
$CuCl_2$	993	SeO_2	317
Fe	3000	$SnCl_2$	623
$FeCl_2$	670	V	3000
$FeCl_3$	315	VCl_1	148.5
$FeCl_3 \cdot 6H_2O$	280	Zn	907
Hg	357	Zn_3P_2	1100
$HgBr_2$	322	$ZnBr_2$	650
$HgCl$	383.7	$ZnCl_2$	732
$HgCl_2$	304	ZnI_2	624
K	720	ZnO_2	1800
KO_2	分解		

与低挥发性重金属去除相比，除尘及湿式洗涤的简单组合不足以有效去除 Hg。其原因在于高挥发性的 Hg 会从污泥中转移到烟气中，当焚烧温度大于 700℃时，其以单质 Hg 形式存在，单质 Hg 几乎不吸附在飞灰上，且其水溶性低，因此，如果不另行采取措施，则其不会在通常的烟气净化工艺中被充分去除。

可采用活性炭吸附解决 Hg 的排放问题。物理吸附的优势在于反应是可逆的，通过降低吸附物在气流中的压力或者提高温度可以解吸所吸附的污染物，而其化学成分不发生变化。由于经济方面的原因，如今在污泥焚烧厂中一般不采用活性炭的再生工艺。近年来发展了其他的处理工艺，如活性焦或活性炭和石灰一起投加或分别投加，从而避免纯活性焦或活性炭可能自燃的问题。

（5）二噁英和呋喃

二噁英和呋喃是持久性有机污染物，内含两苯环结构。氯原子的数量及其在苯环上的位置决定二噁英和呋喃的毒性、致癌特性和降解性。急性中毒以国际毒性当量 TEQ（Toxic Equivalent Quantity）表示。在污泥焚烧过程中，已知的二噁英和呋喃成因有三种：污泥中的多氯代二噁英（PCDD）或多氯代苯并呋喃（PCDF）、由污泥中存在的或燃烧过程中形成的氯酚或氯苯在污泥焚烧过程中反应生成 PCDD/PCDF、在余热锅炉等低温区由未燃有机化合物和氯合成反应生成。其中，前两种成因仅当污泥燃烧不充分时才是显著的。类似于 CO 排放，其可通过提高燃烧温度、供气量和停留时间加以控制。

在污泥焚烧过程中，应抑制二噁英和呋喃最重要的形成途径，即氯和有机化合物的合成反应。合成反应可由飞灰中的金属化合物催化并发生在低温区域，如在余热锅炉温度处于 $200\sim350℃$ 区间。

影响二噁英和呋喃排放量的一个重要因素是 S/Cl 比，污泥中 S/Cl 比与二噁英和呋喃生成量的关系如图 4-35 所示。

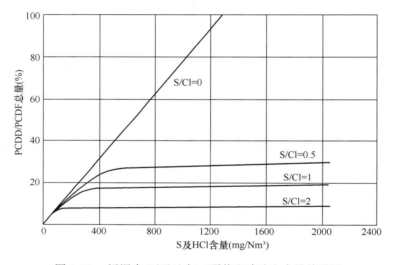

图 4-35　污泥中 S/Cl 比与二噁英和呋喃生成量关系图

污泥中 S/Cl 比一般为 7~10，污泥焚烧过程中产生的烟气中有较高浓度的 SO_2。因此，考虑到污泥中比较有利的 S/Cl 比，污泥焚烧过程中形成的二噁英和呋喃的浓度通常是非常低的。

6）灰渣处理单元

污泥焚烧的固体残渣通常分为炉渣和飞灰。在多膛焚烧炉和回转窑焚烧炉中通常是炉渣比较多，而在流化床焚烧炉中则是飞灰较多。

炉渣可以通过机械或气力（即干法）或水力（即湿法）从焚烧炉中外排。

飞灰应以合适的方式进行贮存和输送，以防止无序的飞灰外逸。在其注入飞灰料仓和容器期间，置换的空气应接管至合适的捕尘设备中。

应将飞灰和炉渣分开贮存，以便将来回收 P、K 和金属等有价值元素。

7）废水处理单元

在污泥焚烧过程中，烟气净化产生的废水和超过水环境排放限值的任何污染废水都应进行处理，以满足国家和地方标准的规定。废水中含有氯化物、亚硫酸盐、硫酸盐、磷酸盐、颗粒物质和痕量元素等。由于废水中通常不含可生物降解的有机物质，故通常采用物理化学处理工艺。

在污泥焚烧厂现场，包括相关的废物贮存区域，需合理设计以防任何污染物质违规排放至土壤、地表水和地下水中，并需提供针对焚烧装置现场污染的雨水径流或由于污泥焚烧厂溢流或者消防灭火操作引起的污染废水的贮存量。

8）工艺监控单元

为了维持污泥焚烧系统的稳定运行并确保高的处理效率，需有效控制并连续监测污泥焚烧系统中不同部位的温度、压力和氧气浓度。此外，烟囱排放口烟气流量可以间接反映焚烧炉的停留时间，因此需要在烟囱排放口对烟气进行连续监测，在烟囱排放口需要连续监控的参数通常包括 NO_x、CO、总颗粒物、TOC、HCl、HF、SO_2、O_2、温度、压力等，还应对痕量元素和一些有机微量污染物进行周期性监控。

4.6.5 实例介绍

1. 荷兰 SNB 污泥焚烧厂

荷兰 SNB 污泥焚烧厂是目前欧洲规模最大的污泥处理中心。由荷兰 5 个污水处理公司共同投资建设，项目处理污泥量约为 260tDS/d，处理量约为荷兰全国污泥总量的27％。除处理 5 座污水处理厂污泥之外，还接收其他污水处理公司的污泥。污泥处理中心共设置 4 条焚烧处理线，单条焚烧处理线的处理能力为 3.8tDS/h，运达的脱水污泥（含水率约为 76％）经干化处理后从鼓泡流化床焚烧炉的上部投入，焚烧处理后的烟气经热交换器回收热量，回收的热量用于污泥的干化处理，烟气处理包括电除尘、布袋除尘、碱洗、活性炭吸附等处理环节。荷兰 SNB 污泥焚烧厂如图 4-36 所示。

图 4-36　荷兰 SNB 污泥焚烧厂

2. 香港 T-PARK 污泥焚烧厂

香港 T-PARK 污泥焚烧厂负责处理香港 11 座污水处理厂产生的污泥，项目于 2010 年 10 月开始设计和建设，于 2015 年 4 月运营，设计规模为 2000t/d（含水率以 70％计），污泥处理采用鼓泡流化床焚烧处理工艺。香港 T-PARK 污泥焚烧厂工艺流程如图 4-37 所示。

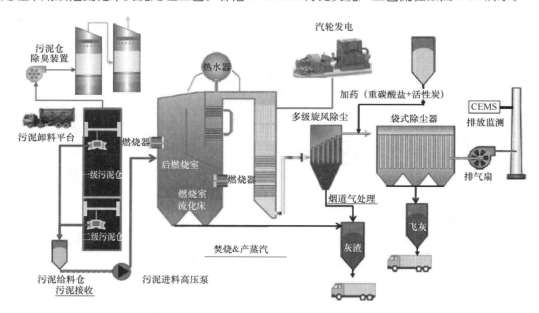

图 4-37　香港 T-PARK 污泥焚烧厂工艺流程图

外来脱水污泥首先进入接收坑，然后通过抓斗和污泥泵将其直接送入焚烧炉，污泥焚烧产生的烟气经干法脱酸和布袋除尘处理，污泥焚烧产生的热量通过余热锅炉进行回收，并用于发电。

工程占地面积约为 7hm²，共设置 4 条污泥焚烧线。污泥焚烧厂房的平面布置采用镜像布置，每侧均设置有 2 套污泥接收贮存、污泥焚烧、烟气处理等设施。香港 T-PARK 污泥焚烧厂如图 4-38 所示。

为了提升公众对可持续发展的认识，污泥焚烧厂内设置有展览厅，游客可在互动体验中了解污泥产生的背景和处理工艺。

图 4-38　香港 T-PARK 污泥焚烧厂

第5章　污泥处置工艺设计

　　污泥处置是将经过各种行之有效的处理方法处理后的污泥进行消纳。污泥处置方式是决定和影响污泥处理工艺技术路线选择的关键所在。根据《城镇污水处理厂污泥处置 分类》GB/T 23484—2009 给出的定义，污泥处置是指污泥处理后的消纳过程，一般包括土地利用、填埋、建材利用和焚烧处置等。国家有关部委制定了一系列政策规定要求倡导城市污水处理厂的污泥处理和污水处理厂同步建设、同步运行，污泥处理处置是污水处理的一部分。例如，2009 年 2 月 18 日由住房和城乡建设部、环境保护部、科学技术部联合颁布的《城镇污水处理厂污泥处理处置及污染防治技术政策（试行）》（建城〔2009〕23号），2011 年 3 月 14 日由住房和城乡建设部、国家发展和改革委员会颁布的《城镇污水处理厂污泥处理处置技术指南（试行）》（建科〔2011〕34 号），上海市政府发布的《上海市人民政府办公厅关于转发市环保局、市水务局关于加快城镇污水处理厂污泥处理设施建设确保污泥有效处理和安全处置若干意见的通知》（沪府办〔2013〕45 号）和《上海市水务局、上海市绿化市容局、上海市环保局关于应急处置本市郊区近期污泥的意见》（沪水务〔2013〕921 号）等。国家及地方政府的政策文件有效推动了污泥处理处置行业的发展。

　　2015 年 4 月 16 日，国务院发布了《水污染防治行动计划》（水十条）。水十条在第一部分全面控制污染物排放中，针对强化城镇生活污染治理，对推进污泥处理处置提出了明确要求。污水处理设施产生的污泥应进行稳定化、无害化和资源化处理处置，禁止处理处置不达标的污泥进入耕地，非法污泥堆放点一律予以取缔。

　　《上海市城市总体规划（2017—2035 年）》有关循环利用固体废物的处理处置确立了固体废物分类收集全覆盖、生活垃圾无害化全覆盖、郊区湿垃圾和建筑垃圾自建服务设施、一般工业固体废物依托老港扩建作为全市最终处置场所的基本原则和框架。为污水污泥处理处置尤其是灰渣等残余物的最终处置提供了原则参考。2018 年批准实施的《上海市污水处理系统及污泥处理处置规划（2035）》，规划至 2035 年，上海市城市污水量约为1150 万 m³/d，对应的污泥量为 2250tTS/d，考虑到污水处理厂出水水质标准提升、雨水径流污染处理、污泥峰值产量等因素，工程设计规模在原日均污水产泥量基础上考虑 1.2倍系数，预测 2035 年上海市污水处理厂规划污泥量约为 2700tTS/d，规划明确了以干化焚烧为主的处置路线。

　　江苏省 2016 年 12 月 1 日颁布的《"两减六治三提升"专项行动方案》（苏发〔2016〕47 号），主要工作举措中针对污泥处理有明确要求，即 2017 年底前，全面完成现有城镇污水处理厂污泥处理达标改造，设区市建成城镇污水处理厂污泥处理处置设施全覆盖，无害化处理处置率达到 100％。2019 年推进的提质增效三年行动方案明确要求全省加强污泥处理处置设施建设，2020 年底实现城市生活污水处理厂污泥永久性处理处置或资源化利用设施全覆盖。

　　《浙江省住房和城乡建设厅生态环境保护工作计划（2019—2020 年）》中明确提出开展

城镇污水治理提质增效行动，并编制了《浙江省城镇污水处理提质增效三年行动方案（2019—2021年）》，提出加快推进城镇污水收集处理设施建设、污水处理厂清洁排放技术改造和城镇生活小区"污水零直排区"创建。2019年，全省新增污水处理能力70万m³/d，新增生活污水处理厂污泥处理能力2000t/d。《浙江省城镇污水处理提质增效三年行动方案（2019—2021年）》制订了明确的污泥处理处置及相关设施建设的计划和目标。2019年至2021年，全省力争新建和扩建城镇污水处理厂项目76个，建设规模为412.4万m³/d；力争完成城镇污水处理厂清洁排放改造项目213个，改造规模为808万m³/d；力争新建和改建城镇污水管网长度4189km；力争新建和改扩建城镇污水处理厂污泥处置设施项目18个，建设规模为7055t/d。

广东、云南、福建等省也相继出台了相关的技术政策和地方标准，旨在引领省内的污泥处理处置行业发展走上规范化的道路。广东省2019年颁布的《广东省城镇生活污水处理厂污泥处理处置管理办法（暂行）》，第一条就明确了为加强对广东省城镇生活污水处理厂污泥处置工作规范化管理，预防和减少污泥二次污染，促进污泥的资源化利用，制定本办法。依据《城镇污水处理厂污泥处理处置及污染防治技术政策（试行）》第1.4条，污泥处理处置应遵循源头削减和全过程控制原则，加强对有毒有害物质的源头控制，根据污泥最终安全处置要求和污泥特性，选择适宜的污水和污泥处理工艺，实施污泥处理处置全过程管理。

污泥处理处置工艺设计对土地利用、建材利用、填埋等工艺技术进行规划设计。

发达国家在污泥处理处置方面走在行业前列。根据欧盟统计，欧盟国家污泥回用于土壤和农田占45%，其他利用占13%，焚烧占27%，卫生填埋占8%，其他处置占3%。美国大多数污水污泥采用土地利用方式处置，约占60%，焚烧占20%，卫生填埋占12%，还有3%用于矿山修复的覆盖。日本污水污泥焚烧占65%，土地利用占9%，卫生填埋占26%（摘自《上海市污水处理系统及污泥处理处置规划（2017—2035年）》）。2015年统计的欧盟部分国家各种污泥处置途径分布情况，如表5-1所示。

2015年统计的欧盟主要发达国家污泥处置途径分布 表5-1

国家名称	污泥总量（万t/年）	填埋（%）	农用（%）	堆肥（%）	焚烧（%）	其他（%）
比利时	10.7	0.00	17.24	0.00	82.76	0.00
丹麦	11.5	1.22	64.46	0.00	29.44	4.88
德国	180.3	0.00	23.72	12.41	63.71	0.16
芬兰	14.1	6.86	5.02	65.68	22.44	0.00
法国	93.7	3.32	44.96	32.56	18.21	0.95
希腊	11.9	33.61	19.63	7.75	33.17	5.84
意大利	95.4	48.46	33.09	0.00	3.85	14.6
卢森堡	0.9	0.00	34.36	24.12	8.28	33.24
荷兰	32.0	0.00	0.00	0.00	100.00	0.00
挪威	14.2	15.15	61.73	16.07	0.00	7.05
奥地利	23.9	1.34	16.58	32.52	49.56	0.00

国家名称	污泥总量 （万 t/年）	填埋 （%）	农用 （%）	堆肥 （%）	焚烧 （%）	其他 （%）
波兰	56.8	7.13	18.93	8.29	13.96	51.69
瑞典	18.4	1.96	27.72	32.12	1.20	37.00
瑞士	19.5	0.00	0.00	0.00	96.81	3.19
西班牙	120.5	14.90	74.56	0.00	3.90	6.64
英国	107.8	0.44	78.30	0.00	21.23	0.03

据德国环保局 2018 年 5 月颁布的联邦德国污泥处置报告，德国 2016 年统计的污水处理厂污泥处理处置技术表明，污泥农用占比约 23.9%，园林绿化或土壤改良占比约 9.6%，焚烧占 64.5%，建材利用和其他占 2%。污泥处理处置中焚烧处置的比例和经济发达程度有一定的关联。2017 年以后德国有关污泥土地利用法和污泥法的修订出台，更加坚定地指明今后发达国家或地区污泥处理处置的主要方向是焚烧处置，焚烧灰渣实现磷回收后再农用。

5.1 污泥土地利用

5.1.1 基本原理

污泥土地利用是指将处理后的污泥产品作为介质土或土壤改良的材料，用于园林绿化、土地改良、林地利用或农用等的处置方式。美国环保局相关法规定义，土地利用指的是任何有益地将生物污泥应用于土地的方式，即经过稳定后的污泥产品的分配、销售和最终用于有作物生长或自然森林或草场的土地场所。

我国于 2000 年至 2010 年出台了一系列有关污泥处理处置的政策、文件和标准规范，成为行业发展的重要依据和起点，如表 5-2 所示。

国内政策法规一览表　　　　　　　　　　　　　　　表 5-2

政策法规	颁发部门	颁发时间	分类
《城市污水处理及污染防治技术政策》	建设部、国家环境保护局及科学技术部联合发布	2000 年	国家政策
《城镇污水处理厂污泥处理处置及污染防治技术政策（试行）》	住房和城乡建设部、环境保护部及科学技术部联合发布	2009 年	国家政策
《污水处理厂污泥处理处置最佳可行技术导则》	环境保护部	2008 年	国家技术引导参考文件
《城镇污水处理厂污泥处理处置污染防治最佳可行技术指南（试行）》	环境保护部	2010 年	国家技术引导参考文件
《城镇污水处理厂污泥处理处置技术规范（征求意见稿）》	环境保护部	2010 年	技术规范
《关于加强城镇污水处理厂污泥污染防治工作的通知》	环境保护部办公厅	2010 年	政府文件

与政策法规相呼应，我国陆续制定了城镇污水处理厂污泥处置系列国家和行业标准，相关标准列举如下：

1）《城镇污水处理厂污泥处置　分类》GB/T 23484；
2）《城镇污水处理厂污泥处置　园林绿化用泥质》GB/T 23486；
3）《城镇污水处理厂污泥处置　土地改良用泥质》GB/T 24600；
4）《城镇污水处理厂污泥处置　林地用泥质》CJ/T 362；
5）《农用污泥污染物控制标准》GB 4284。

《城镇污水处理厂污泥处理处置及污染防治技术政策（试行）》有关污泥土地利用明确鼓励符合标准的污泥用于土地改良和园林绿化，并列入政府采购名单。污泥用于废弃矿场等土地改良时，应进行环境影响评价。污泥农用时，衍生产品应通过场地适用性环境影响评价和环境风险评估，并经有关部门审批后方可实施。污泥农用应严格控制施用量和施用期限。地方人民政府应优先采购符合国家标准的污泥衍生产品。污泥土地利用应实施全过程监督管理，污泥运输过程实现全过程监督管理，建立污泥转运联单制度，土地利用单位应委托第三方机构，定期对污泥衍生产品土地利用后的环境质量状况进行评价。

《城镇污水处理厂污泥处置　林地用泥质》CJ/T 362 和《农用污泥污染物控制标准》GB 4284 属于与土地利用有关的规范标准。针对园林绿化的土地改良可参照使用，结合林地主要参照国家标准的前提下对比分析林地用泥质指标的合理性。

污泥土地利用存在的风险应引起重视，包括重金属及其化合物污染、有机污染物污染、病原菌污染、恶臭和有害气体污染以及盐分（N、P、K 等）污染。

二氧化碳、废水、噪声等也是土地利用过程中易发生的污染。还需考虑污泥在施用过程中发生的臭气、粉尘散发引起的环境问题等。项目前期论证立项阶段须结合环境敏感目标的合法合规性管理和风险管理深入论证，有效开展社会稳定风险评价等工作以确保实施的顺利。

1. 美国污泥土地利用的政策法规

美国环保局鼓励污泥土地利用。据统计，2004 年全美国 55％的污水处理厂实施了生物污泥的有效土地利用，其中 74％的土地利用污泥贡献于农业用途。联邦和州立法机构管控污泥的土地利用，土地利用场地的选择和管理多数由地方政府执行，少数几个州由美国环保局直接负责合规性管理，美国污水污泥受联邦法规净水法案第 405（d）条的制约。联邦法规 40CFR 第 503 条针对土地利用有详细的特殊规定，州或地方政府根据自身特点结合联邦法规制定严格的管理规定，污水处理专家在项目可行性论证阶段以咨询方或立法机构的身份开展合规性论证，合规性论证应包括选址许可程序论证和场址论证两项最重要的内容。

1）选址许可程序论证

污泥土地利用选址须认真论证诸多因素，如选址的适用性和污泥施用负荷等。参照美国联邦法规，有两个因素可用来判别污泥可否农用，一是污泥的理化性质，如病原体或致病菌、养分含量等；二是场址条件和经济性因素影响污泥土地利用的具体形式采用液态还是固态。

美国污泥土地利用选址许可程序一般由各自的州立机构管辖，州颁发的土地利用许可证上有颁发部门根据特定的项目计划提出的明确要求，立法管理也是按照土地利用中使用和循环的目标执行，选址规划论证须保证公众健康、地面水、地下水和土地利用区域附近居住区居民的感观需求，这些论证目标是选址许可证管理的重要内容。

大多数州计划要求在污泥接收区域和场地附近特征地貌之间设分隔带或退让一定距离。这些特征地貌包括道路、房屋、水井、居民区、地表水、小溪、权属界线等。设置退让距离的目的是兼顾表面径流和感观问题，一般要求如表 5-3 所示。

土地利用场址代表性的分隔带退让要求　　　　　　　　　　　表 5-3

特征地貌	退让距离	
	英尺	m
道路	0～50	0～15
房屋	20～500	6～152
水井	100～500	30～152
地表水	25～300	8～91
小溪	10～200	3～61
权属界线	未列明～100	未列明～30

选址论证成功后，提出土地利用污泥的理化指标，根据污泥处理方式如堆肥、石灰稳定、干化等不同技术路线提出有针对性的指标要求，具体指标和我国标准类似，包括挥发性有机物含量、产品堆密度、有机物含量、pH、病原体或致病菌传染源的安全限值要求、重金属指标限值、养分指标限值和施用负荷等。

2）场地论证

当污泥土地利用路径选定和选址许可后，选择合适的场地就是另一个重要的课题。美国的污泥土地利用场地论证因州而异，场地论证的内容包括目标论证（包括技术经济和社会等多方面的目标）、土壤调查论证、场地评估论证、社会稳定风险评估等。

经场地论证优选出最合适的场地，规模较大的项目由州政府部门强制选择多个场地同时投入使用，土地利用计划还得保证记录和报告每一个场地使用的污泥数量，污泥土地利用的数量以票据的形式成为土地利用计划监管系统的组成部分，整理成报告后提交州政府监管机构，并向参与到计划中的农民提供这一信息。

2. 德国有关污泥农用的政策法规

欧盟国家采用的污泥处置技术主要有土地利用、填埋和焚烧。2014 年欧盟国家总污泥产量约 870 万 tTS/d，考虑到节省能源和资源利用，欧盟国家鼓励污泥农用；但污泥农用可能会对土壤的植物系统、地表水系统、地下水系统产生影响，欧盟制定了污泥农用指南 86/278/EEC 进行管理和限制，条例的主要作用是保护环境，特别是保护土壤环境。另外，污泥农用还受一些不确定因素影响，如农民接受污泥程度等。以德国为例，德国 2017 年修订或制定的与污泥处理处置相关的土地利用法规有肥料法案（DüngG）、肥料利用法（DüV）、肥料法（DüMV）、土地利用法（DepV）和污泥法（AbfKlärV）等。根据德国联邦统计局 2016 年 12 月公布的德国污水污泥处置的数据，污泥焚烧增加、农用减少是大势所趋。2017 年 10 月，德国污水处理厂污泥法正式宣布生效，法规明确规定，在过渡期（12 年或 15 年）之后，所有规模超过 5 万人口当量的污水处理厂都必须从污泥或者污泥灰渣中回收磷，同时禁止污泥土地利用。在 12 年过渡期之后，对于所有来自大于 10 万人口当量的污水处理厂的污泥不再允许土地利用；在 15 年过渡期之后，对于所有来自大于 5 万人口当量的污水处理厂的污泥不再允许土地利用。

以前德国污泥处理规范只是针对污泥农用或园林利用做了限定，而新版污泥法则对各种形式的污泥处置，特别是对景观利用，以及向污泥混合商或污泥堆肥商供货提供污泥，都提出了具体要求。

新版污泥法第一次对质量合格的污水处理厂污泥、污泥混合物和污泥堆肥处置产品做了具体规定。在污泥进行农用处置时，所规定的申请和供货程序有以下重大变化：

1）土地利用时必须测试的土壤参数，包括土壤类型、pH、腐殖质含量、正磷酸盐、重金属、多氯联苯（PCB）和新补充的测试参数苯并芘。

2）根据不同的土壤类型、pH 或者腐殖质含量、重金属限值指标分别对待处理。

3）对于污水处理厂污泥所测试的参数，除了原来规范规定的测试内容之外，还必须额外测定总磷、碱性物质（以 CaO 计算）和苯并芘。

4）德国肥料法规定必须检测铁、砷、铊、Cr^{6+} 和全氟辛酸盐。

5）污泥的测试频率为每 3 个月测试一次或者每处理 250t 绝干污泥之后测试一次。

6）必须至少在污泥处置之前 3 周时间进行申请。

7）规定了新款申请单和供货单，所有供货情况都必须详细登记列入档案，最晚在次年 3 月 15 日以电子文件形式递交相关政府部门。

德国污泥法的立法目标是在 2032 年关闭所有大中型污水处理厂的污泥农用处置途径，今后污泥单独焚烧和燃煤电厂协同焚烧将转变成德国主要的污泥处置途径。德国污泥法明确的发展方向可作为我国人口稠密、经济发达的城市或地区的参考。以污泥单独焚烧回收磷作为农业肥料或工业原料逐步代替简单处理后的农用。

参考美国和德国的土地利用法规和管理政策，污泥土地利用一定是在经稳定化处理达到国家规定的泥质标准，并且在一整套法律监管体系框架下分门别类地进行科学合理的土地利用。有严格的选址许可程序和场地论证程序作为保障。已经实施的土地利用有明确的档案记录和完整的信息追踪体系向社会开放。我国目前的政策法律体系保障尚不健全，建议地方政府部门在中央政府的支持下开展前期研究，制定相关地方政策推进土地利用途径的适度发展。污泥在土地利用前应达到稳定化要求，日益严格的管理法规将逐步限制土地利用的发展。尤其近年来受新冠疫情的影响，公众的卫生防护意识日益提高，污水和污泥等涉及病原体传播的途径须得到严格的防控，稳定化的污泥实施土地利用在目前的经济社会发展水平下须严肃审慎地推动，未来可逐步通过完善法律监管、提升技术水平有序适度地开展污泥的土地利用处置。

5.1.2 主要工艺

根据我国现行的国家标准和技术规范，污泥土地利用的具体途径有园林绿化、土地改良、直接农用等。其中关于污泥农用的实现途径和技术管理、技术手段等尚有待国家和地方相关部门进一步研究明确，目前针对进入食物链的农用途径尚存在较大争议。现阶段应用最广泛的土地利用方法是园林绿化和土地改良，土地改良是一种间接的农用方式，须遵循有关污泥、农业、地下水等多种相关法规标准的约束。

1. 污泥用于园林绿化

污泥园林绿化利用仅适合以城市生活污水污泥为原材料的污泥衍生产品，不能使用来自工业污水处理厂的污水污泥。

对长期大面积施用污泥的绿地应定期监测，防止重金属等污染物或盐分的富积污染土壤和地下水。根据《城镇污水处理厂污泥处置 园林绿化用泥质》GB/T 23486，污水污泥用于园林绿化的处置途径，除了外观正常、无明显臭气，达到《城镇污水处理厂污泥处理稳定标准》CJ/T 510 规定的稳定化要求外，在理化指标、养分指标、污染物指标、种子发芽指数等方面均有详细的指标限值。值得注意的是，污泥园林绿化利用要求种子发芽指数达到 70% 以上。另外，有关污泥的施用量、后续有关土壤和地下水污染须由相关部门跟踪监管。在饮用水水源地禁止将污泥施用于土地。

2. 污泥用于土地改良

与污泥园林绿化利用类似，用于土地改良的污泥除满足外观、臭气、稳定化等一般要求外，在理化指标、养分指标、生物学指标和污染物控制指标等方面均有类似的限值要求。对于施用污泥的土地须连续跟踪地下水和土壤污染指标，确保污泥施用地的土壤和地下水的相关指标满足国家标准的规定。同时对施用频率有明确要求，每年每万平方米土地施用量不能超过 30t，杜绝污泥用于土地改良造成土壤污染和生态环境受到不利影响，地下水指标参照《地下水质量标准》GB/T 14848。

土壤类型不同，污泥使用情况也不同。黏质土可以增加用量，而砂性土则需减少用量，砂质土污泥用量控制在总质量的 10% 以内；当土壤的黏粒含量低于 5% 时，不提倡使用污泥。在地下水位较高的地点不应施用污泥，在地表水源、居民供水主要干道等敏感区域不应施用污泥。

结合土壤改良的土地利用须兼顾地形坡度因降雨径流造成的负面影响，一般当土壤地形坡度小于 6° 时，污泥可以表施；当土壤地形坡度大于 6° 时，要有径流控制措施减少污泥的流失；当土壤地形坡度大于 15° 时，一般不提倡使用污泥，除非有合适的固定措施防止污泥流失。

5.1.3 适用标准

我国污泥土地利用针对不同途径对泥质的要求各不相同，各种与土地利用相关的处置方式其对应标准限值如表 5-4 所示。其中园林绿化、土地改良和农用是国家标准，林地利用是行业标准，根据项目具体执行情况可按相应标准执行。农用途径不仅要遵照国家和行业标准，而且建议在相关部门组织前提下单独开展技术和政策的论证。

与土地利用相关的污泥处置标准限值　　　　　　　　　表 5-4

控制项目	《城镇污水处理厂污泥处置 园林绿化用泥质》GB/T 23486—2009		《城镇污水处理厂污泥处置 土地改良用泥质》GB/T 24600—2009		《城镇污水处理厂污泥处置 林地用泥质》CJ/T 362—2011	《农用污泥污染物控制标准》GB 4284—2018	
	酸性土壤（pH<6.5）	中性和碱性土壤（pH≥6.5）	酸性土壤（pH<6.5）	中性和碱性土壤（pH≥6.5）	酸性、中性和碱性土壤	A级污泥	B级污泥
pH	6.5～8.5	5.5～7.8	5～10		5.5～8.5	5.5～9	
含水率（%）	<40		<65		≤60	≤60	

控制项目	《城镇污水处理厂污泥处置 园林绿化用泥质》GB/T 23486—2009		《城镇污水处理厂污泥处置 土地改良用泥质》GB/T 24600—2009		《城镇污水处理厂污泥处置 林地用泥质》CJ/T 362—2011	《农用污泥污染物控制标准》GB 4284—2018	
	酸性土壤(pH<6.5)	中性和碱性土壤(pH≥6.5)	酸性土壤(pH<6.5)	中性和碱性土壤(pH≥6.5)	酸性、中性和碱性土壤	A级污泥	B级污泥
总养分（总氮＋总磷＋总钾）（%）	≥3		≥1		≥2.5	≥3	
有机物含量（%）	≥25		≥10		≥18	≥20	
有机物降解率（%）	—		—		—	—	
粒径（mm）					≤10	≤10	
杂物（%）					≤5	≤3	
发芽指数	≥70				60	60	
蠕虫卵死亡率（%）	>95		>95		≥95	≥95	
粪大肠菌群菌值	>0.01		>0.01		>0.01	≥0.01	
细菌总数（MPN/kg 干污泥）	—		<10^8				
臭度	—		<2 级				
总镉（mg/kg 干污泥）	5	20	5	20	20	3	15
总汞（mg/kg 干污泥）	5	15	5	15	15	3	15
总铅（mg/kg 干污泥）	300	1000	300	1000	1000	300	1000
总铬（mg/kg 干污泥）	600	1000	600	1000	1000	500	1000
总砷（mg/kg 干污泥）	75	75	75	75	75	30	75
总镍（mg/kg 干污泥）	100	200	100	200	200	100	200
总锌（mg/kg 干污泥）	2000	4000	2000	4000	3000	1200	3000
总铜（mg/kg 干污泥）	800	1500	800	1500	1500	500	1500
硼（mg/kg 干污泥）	150	150	100	150	—	—	
矿物油（mg/kg 干污泥）	3000	3000	3000	3000	3000	500	3000
苯并（a）芘（mg/kg 干污泥）	3	3	3	3	3	2	3
多氯代二噁英/多氯代苯并呋喃（PCDD/PCDF）（ng/kg）			100	100			
多环芳烃（PAHs）（mg/kg 干污泥）					6	5	6
可吸附有机卤化物（AOX）（以 Cl 计）（mg/kg 干污泥）	500	500	500	500			
多氯联苯（PCB）（mg/kg 干污泥）	—		0.2	0.2			
挥发酚（mg/kg 干污泥）	—		40	40			
总氰化物（mg/kg 干污泥）			10	10			

城镇污水污泥处理处置工程规划与设计

5.2 污泥建材利用

5.2.1 基本原理

《城镇污水处理厂污泥处理处置及污染防治技术政策（试行）》关于污泥建材利用建议有条件的地区，应积极推广污泥建材利用，并严格防范在生产使用中造成二次污染。

污泥作为建材的原料，一般包括用作水泥、制砖、制作陶瓷或轻质骨料等建筑材料。日本在建材利用方面技术领先，有较多的工程应用实例，污泥干化或焚烧后的干固体、焚烧灰渣或熔融灰渣均可作为建筑材料利用，甚至日本还有干化炭化生产的污泥产品实现建材利用和污泥焚烧灰渣熔融产品用于玻璃或陶瓷、建筑基材制作等生产性试验项目。日本下水道手册已经明确诸如干化污泥、炭化污泥、灰渣熔融产品等作为建筑基材的基本要求和应用领域，当然相关的技术政策或法规配套也是市场推广的需要。

我国也正在尝试有条件的地区推广污泥建材利用。

污泥建材利用是减量化、稳定化、无害化迈向资源化的重要发展环节，是今后资源化的主要技术路线。但要真正使其进入良性循环，在降低污泥处理处置成本的同时，须保证建材本身的产品质量和稳定消纳量，并为建材市场所接受。国外发达国家和国内均有不同程度的成功实例，基本前提是污泥稳定化处理后或全干化达到90%以上含固率，甚至焚烧灰渣再进入水泥熟料生产或其他建材生产环节。

5.2.2 主要工艺

在确认污泥作为建筑材料利用前，有必要先确认建材生产的污泥衍生产品或材料是否符合要求的质量和验收标准，还要考虑当前的有效利用市场和未来的有效利用前景等。并且还要考虑经济效益、维护效率、污泥特性的变化等情况。

日本下水道手册中明确提出，将污泥用作建筑材料时，通过掌握使用目的、目的地接受条件、要使用污泥的特性、注意事项等来制定有效的利用计划，日本污泥稳定化处理后建材利用的方向有水泥原料或替代材料、土壤改良剂、路基材料、熔融后作为基材等。

1. 用作水泥原料或替代材料

当污泥用作水泥原料时，存在氯浓度、磷浓度、气味和污泥含水率等问题。脱水污泥中的氯含量可能会阻碍水泥厂预热器的运行，并导致混凝土钢筋的腐蚀，应该引起重视，在污泥脱水过程或污水处理过程中应尽可能避免使用氯化铁作为絮凝剂或混凝剂，并在水泥厂采取氯的防控对策。当水泥中的磷酸浓度超过0.5%时，水泥强度会降低，如果磷浓度高于制作水泥的条件，则必须采取措施，因而成本可能会增加。

还有必要事先确定水泥厂的验收条件、处理能力和未来的接收计划。当采用脱水污泥运输至水泥厂时，臭气是一个问题，脱水污泥中的水挥发和废液易造成臭气扩散，应使用封闭的运输方法确保臭气不散发，特别是未经消化的脱水污泥比经过消化的污泥有更强烈的臭气，须引起高度重视。德国的经验是采用经过全干化到含固率90%以上的固体进入水泥窑协同焚烧处置。污水处理和污泥处理环节严格控制无机盐投加量，确保最终水泥产品品质。污水处理工艺中的深度处理存在无机盐投加，如利用三氯化铁混凝絮凝强化深度处理等；工艺设计选型尽可能采用如活性炭或有机聚合物的替代方案。尽可能控制氯离子、磷酸盐等对水泥生产或水泥品质有负面影响的成分。另外，硫元素在水泥生料煅烧环节易构成烟气增加处理的难度，在进行污水处理工艺和污泥处理技术的选型时应引起高度重视。

脱水污泥或干化污泥一般进入水泥生料作为煅烧的原料生产水泥。污泥单独焚烧后的普通飞灰经品质分析鉴定合规的，一般可作为水泥熟料直接进入成品研磨生产环节。少数经检测不合规的原料须重新结合生料煅烧实现品质达标。立足成分分析，污泥焚烧灰中所含的硅或氧化铝可以用作黏土中的替代品，而黏土是水泥的原料。不论作为生料还是熟料生产水泥，污泥及其衍生产品在作为水泥原料使用时须跟踪焚烧灰分的成分和季节性变化，为高效进入水泥生产环节提供参考。

污泥单独焚烧产生的普通飞灰均作为水泥熟料生产普通硅酸盐水泥。污泥单独焚烧产生的普通飞灰可结合混凝土搅拌站和普通水泥或石灰等替代水泥原料生产路基材料直接用于筑路。

2. 用作土壤改良剂

当污泥用作土壤改良剂时，需要适当提高改良土壤的强度，这种情况必须使用含水率相对较低的焚烧灰以提高改良效果，但是在处理时必须考虑防止扬尘。

3. 用作路基材料

当用作沥青混合物中的填料时，代替全部或部分常用的石粉等，经过电厂协同焚烧产生的灰渣也可以作为路基的沥青材料或筑路基材。污泥单独焚烧产生的普通飞灰也可以作为路基材料使用。

4. 直接使用熔渣材料

从熔融的冷却方法来看，熔渣产生的方法大致分为快速冷却和缓慢冷却两种。在这两种冷却方法中，熔融体的冷却速率相差很大，因此产生的熔渣的性质也相差很大，通过控制冷却速度或再加热生产结晶炉渣的方法在日本用于制作轻质建材。我国目前尚没有针对污泥焚烧后的飞灰进一步熔融的案例，今后开展污泥焚烧灰利用可以参照日本的做法，结合飞灰熔融探索污泥焚烧灰的充分利用。

据统计日本有 104 家污水处理厂采用污泥焚烧处理，焚烧处理的污泥量占日本全国污泥产量的 60% 以上，焚烧灰以建材利用为主，将焚烧灰作为水泥原料、轻质骨料、路基材料等使用。

据德国 2016 年统计数据显示，全德国约 7% 的污泥经过热干化达到 90% 以上含固率后，送水泥窑协同焚烧处置生产水泥。我国昆明市和重庆市将厌氧消化并热干化达到 75% 含固率的污泥送水泥厂作为生料生产水泥，安徽省内邻近水泥厂的城市污泥采用干化后结合水泥窑掺烧生产水泥，上海大型污泥焚烧厂静电除尘产生的普通飞灰尝试作为水泥熟料生产水泥，污泥最终实现建材利用日益普及。

5.2.3 有毒有害物质控制

污泥中含有重金属等有毒有害物质，污泥制成建材后，一部分有毒有害物质会随灰渣进入建材而被固化其中，重金属失去游离性，通常不会随浸出液渗透到环境中对环境造成较大的危害。我国建材利用中重金属的控制一般依据以下标准进行测试分析或鉴别其危害，包括《危险废物鉴别标准 腐蚀性鉴别》GB 5085.1、《危险废物鉴别标准 急性毒性初筛》GB 5085.2、《危险废物鉴别标准 浸出毒性鉴别》GB 5085.3、《危险废物鉴别标准 毒性物质含量鉴别》GB 5085.6 和《危险废物鉴别标准 通则》GB 5085.7 等。

我国目前颁布有《城镇污水处理厂污泥处置 制砖用泥质》GB/T 25031。当污泥的理化指标、烧失量和放射性核素指标、污染物浓度等满足一系列要求时可用作制砖。制砖生产环节贮存运输须满足大气污染物排放标准限值，即《城镇污水处理厂污染物排放标准》GB 18918 中有关臭气控制的要求。针对作为制砖原料的干污泥，严格限定其掺比，最合乎质量要求的干污泥原料一般不能超过制砖原料总量的10%，特定的工艺或产品需求条件下才能有所突破。利用干污泥制砖的目标产品仅限于普通烧结砖。鉴于目前普通黏土类的烧结砖属于限制发展的行业产品，相应地不利于利用干化后的污泥制作普通烧结砖。参考国外发达国家的经验，可利用污泥焚烧后的普通飞灰或炉渣作为生产新型建材的制砖原料使用，日本和欧洲等国家利用飞灰熔融产品或飞灰的玻璃陶瓷产品作为制砖的原材料也是较为科学合理的做法。

5.2.4 污泥建材利用理化性能

以污泥为主要原料制作的建材，除上述提及的污染物需要按一定的标准规范进行控制外，还需满足建材方面有关规范标准的要求。在砖块制作上，应按照国家标准《烧结普通砖》GB/T 5101 执行，其主要指标有抗压强度、抗折强度、吸水率、抗风化性能、干质量损失率等，而对原料并无化学组成上的要求。在干污泥掺烧生产水泥上，应按照国家标准《通用硅酸盐水泥》GB 175、《通用硅酸盐水泥》国家标准第 1 号修改单（GB 175—2007/XG1—2009）、《通用硅酸盐水泥》国家标准第 2 号修改单（GB 175—2007/XG2—2015）和《通用硅酸盐水泥》国家标准第 3 号修改单（GB 175—2007/XG3—2018）执行。

5.3 污泥填埋

5.3.1 基本原理

《城镇污水处理厂污泥处理处置及污染防治技术政策（试行）》明确，不具备土地利用和建材利用条件的污泥，可采用填埋处置。国家将逐步限制未经无机化处理的污泥在垃圾填埋场填埋。污泥填埋的泥质需要满足《城镇污水处理厂污泥处理 稳定标准》CJ/T 510、《生活垃圾填埋场污染控制标准》GB 16889 和《城镇污水处理厂污泥处置 混合填埋用泥质》GB/T 23485 等标准的相关要求。

污泥卫生填埋技术，即在利用自然界生态系统代谢功能的同时，通过工程手段和环保措施，稳妥地实现污泥安全消纳，并逐步达到充分稳定的处置效果。污泥填埋作为一种污泥处置的手段目前仍在使用，参照《生活垃圾填埋场污染控制标准》GB 16889 有关污泥等生物固体废弃物进入生活垃圾填埋场的基本要求，须保证生活污水为主产生的污泥脱水至 60% 以下的含水率，并达到相应的机械强度。当然，为了保证机械能够在填埋场上正常运行，仅对污泥中的最低含固率提出要求是不够的，目前采用的指标是垃圾填埋场的承载力，要求进入生活垃圾填埋场的污泥承载力≥25kN/m²。

即使污泥在污水处理厂中经过了中温厌氧消化处理，但仍然有有机物没有达到完全降解，污泥在填埋过程中还存在着稳定化降解过程。填埋污泥降解经历由专性菌和兼性厌氧菌共同发挥作用的水解酸化阶段（或称液化阶段）和由产甲烷菌起主导作用的产甲烷阶段（或称气化阶段），最终污泥中的可降解有机质分解为稳定的矿化物或简单的无机物，并释放出包括 CO_2 和 CH_4 在内的填埋气体，从而完成污泥的稳定化过程。填埋污泥彻底稳定化是一个较为漫长的复杂矿化过程，期间一直会有碳的排放，因此，应该对甲烷进行收集利用，如果直接排放，其碳排放量还是比较大的。

由于渗滤液对地下水的潜在污染和城市用地的减少等，对处理技术要求越来越高，新建填埋场处置污泥越来越少。

我国采用填埋的污水处理厂污泥约占污泥总量的 60%，污泥填埋对环境的影响越来越显著，且由于土地资源有限，填埋逐渐受到限制。污水处理厂应当对污泥农用产生的环境影响负责，造成土壤和地下水污染的，应当进行修复和治理。禁止污泥处理处置单位超处理处置能力接受污泥。即便将含水率 50% 作为控制污泥深度脱水后入场的指标，仍存在病原体传播的风险。特别是在 2020 年爆发新冠疫情以后，控制病原体传播成为污水和污泥行业的头等大事。现阶段污泥若仍采用卫生填埋手段予以处理处置，则稳定化是基本前提，建议参照美国 EPA503 条款中的 B 级标准或国内土地利用、混合填埋等相关技术指标作为污泥直接填埋的稳定化控制基本要求。

欧洲污泥填埋一般和市政固体废弃物一起进行，而不是进行单独填埋。欧盟于 1999 年公布了固体废弃物土地填埋法令，要求所有欧洲国家用于土地填埋的固体废弃物中有机物含量必须逐年递减，其中污水处理厂污泥也是法令规定的固体废弃物种类之一。有机物含量高于 5% 的污泥不得用于填埋。近年来污泥填埋处置所占比例越来越小，例如英国污泥填埋比例由 1980 年的 27% 下降到 1995 年的 10%，到 2005 年继续下降到 6%。2015 年欧盟统计的英国污泥填埋比例下降至 0.44%。

美国纽约 14 座污水处理厂中的 8 座建有污泥脱水厂，污泥产量为 1200t/d，污泥脱水后形成的泥饼含固率为 25%~27%，脱水污泥送往苏福克郡的垃圾填埋场进行填埋处置。纽约正在探索将污泥加工成一种富含养分和有机物成分的、可以回收利用的生物固体，并作为肥料和土壤改良剂用于公园、草坪、高尔夫球场等场所。根据纽约 2015 年发布的新规划，2030 年将实现污泥零填埋。

美国严格控制源头有毒有害污染物进入污水处理厂，正是由于采取了严格的监控措施，保证了良好的污泥性质，同时土地利用加强管理和控制，一般用于政府控制的土地上。这使安全和长期的土地利用成为可能。同时，近年来由于污泥农用标准的日益严格和公众对环境要求的不断提高，污泥的热处置方法普遍受到重视，玻璃体骨料技术在美国得到较快发展，特别是在大型污水处理厂的污泥处置方面已有成功的商业运行实例。据美国环保局预测，今后几十年内美国 6500 个填埋场将关闭 5000 个，美国污水处理厂污泥填埋已呈现减少的趋势，建材利用是资源化的有效手段。

5.3.2 主要工艺

1. 污泥混合填埋或用作填埋场覆盖土标准

污泥进入填埋场填埋前，必须进行改性，以提高其承载力，消除其膨润持水性，满足

《城镇污水处理厂污泥处置 混合填埋用泥质》GB/T 23485 的泥质要求。污泥填埋过程中的覆盖、渗滤液处理、雨污水系统、土壤和地下水监测、填埋气体导排、封场等单元设计，可参照《生活垃圾填埋场污染控制标准》GB 16889 的相关技术要求执行。

　　1）污泥混合填埋泥质标准

　　污泥用于混合填埋时，须满足基本指标和安全指标的限值要求。基本指标包括含水率、pH、混合比例等，安全指标即重金属、矿物油、挥发酚、总氰化物等，其中 pH 指标不限定采用亲水性材料（如石灰等）和污泥混合以降低其含水率。

　　2）污泥用作覆盖土泥质标准

　　污泥用作垃圾填埋场覆盖土进入填埋场时，必须满足有关含水率、臭气浓度、施用后苍蝇密度、横向剪切强度等基本指标和限值要求。

　　污泥用作垃圾填埋场终场覆盖土添加料时，其生物学指标还需满足有关粪大肠菌群菌值、蛔虫卵死亡率等限值要求，同时不得检出传染性病原菌。

2. 生活垃圾填埋场污泥填埋

　　参照《生活垃圾填埋场污染控制标准》GB 16889，生活垃圾填埋场在一定前提条件下可以接收市政生活污水处理产生的脱水污泥，污泥进入生活垃圾填埋场有如下要求：

　　1）厌氧消化等生物处理后的固态残余物、粪便经处理后的固态残余物含水率小于60％，可以进入生活垃圾填埋场填埋处置。

　　2）废弃物经地方环境保护行政主管部门认可的监测部门检测、并经地方环境保护行政主管部门批准后，方可进入生活垃圾填埋场。

　　3）根据环境保护工作的要求，在国土开发密度已经较高、环境承载能力开始减弱，或环境容量较小、生态环境脆弱，容易发生严重环境污染问题而需要采取特别保护措施的地区，应严格控制生活垃圾填埋场的污染物排放行为，在上述地区的现有和新建生活垃圾填埋场执行规定的水污染物特别排放限值（《生活垃圾填埋场污染控制标准》GB 16889—2008 中表 3 的排放限值）。

　　污泥单独填埋须参照《生活垃圾填埋场污染控制标准》GB 16889 有关污泥入场的基本要求和废水、大气等各项技术指标的限值。在满足入场的前提下开展污泥单独填埋工作。后续监督、监管等工作如土壤和地下水监测、大气监测等按照生活垃圾填埋场的规定执行。

　　针对污泥结合生活垃圾混合填埋或单独填埋，目前我国的通行做法是，采用深度脱水或石灰稳定手段实现稳定化后进入生活垃圾填埋场填埋。具体可以选择的处理手段有添加消石灰和三氯化铁无机调理剂的板框脱水、低温真空脱水干化、石灰稳定等工艺技术，实现污泥含水率控制在 60％ 以下后的污泥进入生活垃圾填埋场填埋。低温真空脱水干化技术在采用无机调理剂的基础上利用真空加热蒸发原理辅助脱水实现深度脱水，污泥含水率可降至 60％ 甚至 50％ 以下，达到卫生填埋或掺烧的技术要求，多数以适应填埋为主。石灰稳定采用生石灰和脱水污泥搅拌混合蒸发升温达到规定强度（温度-时间）同时提高 pH 的方式实现灭菌，实现填埋前的稳定化和强度指标要求。

　　深度脱水污泥或石灰稳定污泥实施生活垃圾填埋场混合填埋或单独填埋的前期须开展选址论证、容量论证、环评、稳评等各项研究工作。填埋作业过程须参照生活垃圾填埋作业的规程和技术要求制定专有的作业流程和监管手段，并在填埋作业完成后的一定年限开展土壤、地下水、大气监测等各项后期评估或跟踪管理工作。

第 6 章   污泥协同处理处置工艺设计

6.1   协同厌氧消化工艺

6.1.1   基本原理

协同厌氧消化一般指两种或两种以上物料混合后互相促进完成厌氧消化稳定化处理。协同厌氧消化对于提高厌氧消化系统本身的性能和整体经济性都有积极作用。

协同厌氧消化发挥优势的关键在于平衡了对于厌氧消化比较重要的物料参数，如常量营养元素、微量营养元素、C/N 比、pH、潜在抑制性物质或有毒物质、可降解有机物比例、含固率等。

目前与污泥进行协同厌氧消化的物料一般有城市厨余垃圾和其他有机废弃物。首先，厨余垃圾占生活垃圾的比重大、含水率高，来源稳定，若将其从生活垃圾中分离出来进行集中式资源化处理，既有利于资源化利用，也有利于生活垃圾的减量和后续处理处置，可降低生活垃圾焚烧设施的规模，提高生活垃圾焚烧效率；其次，厨余垃圾有机质含量高，含盐分和油脂，因蛋白质代谢营养盐含量高，而污泥则相反，有机质含量低，营养盐含量一般，二者协同可以实现能源资源和生物营养元素的互补。

污泥单独厌氧消化系统中挥发性有机酸（VFA）浓度升高的主要原因是游离氨的抑制，一旦系统内 TAN 浓度超过 4.0g/L，FAN 浓度超过 600mg/L，就会对系统有一定的抑制作用。而厨余垃圾系统中 VFA 积累严重并最终导致系统含盐量较高，Na^+ 浓度高达 4000mg/L。有研究表明，在中温条件下，Na^+ 浓度达到 3.5～5.5 g/L 时对产甲烷菌有中等抑制作用，由于实验中厨余垃圾单独厌氧消化反应器的有机负荷较高，且厨余垃圾属于易水解酸化物料，甲烷化速率一旦受到影响将导致 VFA 的快速积累，从而严重影响系统的稳定性。而脱水污泥和厨余垃圾（含固率均为 20% 左右）进行协同厌氧消化时，厨余垃圾添加比例（以湿重比例计）占 20%～60% 时，协同厌氧消化系统的 VFA 浓度显著低于污泥和厨余垃圾分别单独厌氧消化的系统。且随着进料中厨余垃圾比例的增大，单位体积的甲烷产率和产气率明显提高。有试验显示，脱水污泥和厨余垃圾以 4∶1 比例进行协同厌氧消化，与污泥单独厌氧消化相比，在同样的停留时间下，不但系统内 VFA 浓度下降了 40%，而且反应器单位体积产气率提高了 57%。相比污泥，厨余垃圾中有机质含量高、易降解，因此污泥中添加厨余垃圾有助于在利用原有消化罐容积的前提下提高有机负荷和产气率。

考虑到协同厌氧消化在稀释抑制物、提高系统稳定性方面的优势，以及高含固厌氧消化技术在提高厌氧消化效率和工程效能方面的优势，污泥和厨余垃圾采用高含固厌氧消化工艺进行协同厌氧消化可以成为高效资源化利用和稳定化处理的一条新途径。

2022 年 5 月 6 日，中共中央办公厅和国务院办公厅联合印发《关于推进以县城为重要载体的城镇化建设的意见》（以下简称《意见》）。《意见》发展目标提出：到 2025 年，以县城为重要载体的城镇化建设取得重要进展，县城短板弱项进一步补齐补强，一批具有良好区位优势和产业基础、资源环境承载能力较强、集聚人口经济条件较好的县城建设取得明显成效，公共资源配置和常住人口规模基本匹配，特色优势产业发展壮大，市政设施基本完备，公共服务全面提升，人居环境有效改善，综合承载能力明显增强，农民到县城就业安家规模不断扩大，县城居民生活品质明显改善。《意见》第二十九条提出：完善垃圾收集处理体系。因地制宜建设生活垃圾分类处理系统，配备满足分类清运需求、密封性好、压缩式的收运车辆，改造垃圾房和转运站，建设和清运量相适应的垃圾焚烧设施，做好全流程恶臭防治。合理布局危险废弃物收集和集中利用处置设施。健全县域医疗废弃物收集转运处置体系。推进大宗固体废弃物综合利用。《意见》第三十条提出：增强污水收集处理能力。完善老城区及城中村等重点区域污水收集管网，更新修复混错接、漏接、老旧破损管网，推进雨污分流改造。开展污水处理差别化精准提标，对现有污水处理厂进行扩容改造及恶臭治理。在缺水地区和水环境敏感地区推进污水资源化利用。推进污泥无害化资源化处置，逐步压减污泥填埋规模。

最新的政策导向目标是最终实现城乡一体化的融合发展。目前我国大中城市的污水处理和垃圾处理设施规划和建设基本完善。但是污泥处理尚未纳入统一的政策和管理体系，大中城市的待发展区域污水、污泥、有机垃圾或农业有机废弃物等均尚未得到妥善的处理处置。城镇垃圾除厨余垃圾外，其他畜禽粪便、工业有机废弃物、农业有机废弃物等也常常作为污泥的协同厌氧消化物料。这些有机废弃物先通过碾磨机粉碎后进行分选并筛除干扰物质，剩下的有机废弃物和一定量的污泥混合一起加入到厌氧消化池中进行厌氧消化，产生的污泥气用于发电。其工艺流程如图 6-1 所示。主体工艺设施除了进行厌氧消化所需的消化池以外，其他的一些配套设施包括进料设备和贮槽、预处理设备（如碾磨机等）、分选设备（如转筛等）、污泥气收集（贮气罐）和利用系统（包括污泥气发电机、污泥气驱动鼓风机、污泥气锅炉等）。

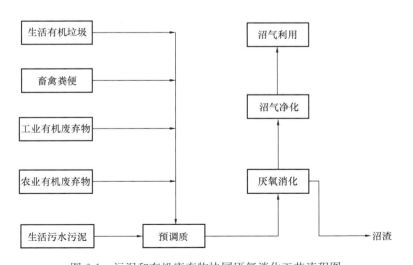

图 6-1　污泥和有机废弃物协同厌氧消化工艺流程图

6.1.2 主要工艺

国内外污泥和有机废弃物的协同厌氧消化一般均采用湿式厌氧方式。进入厌氧消化池的混合物含固率为 8％～15％。北欧的高负荷厌氧消化多数均为协同厌氧消化处理污泥和厨余垃圾或工业有机垃圾。以芬兰为例，福萨（Forssa）污泥气厂、哈默林纳（Hämeenlinna）污泥气厂和科沃拉（Kouvola）污泥气厂均是协同厌氧消化处理污泥和有机废弃物的典范。德国中小城镇多采用生活污水污泥、畜禽粪便、农业废弃物如农作物秸秆破碎开展协同厌氧消化，沼渣脱水灭菌后直接回用于土地。

我国也有不少采用协同厌氧消化处理污泥和厨余垃圾的实例。污泥和厨余垃圾等有机废弃物协同处理，解决了污泥有机质含量低、厌氧消化产污泥气少、不足以利用自产热能实现沼渣干化的问题。另外，厨余垃圾中的油脂和盐分借助污泥能得以高效去除，同时兼顾畜禽粪便和农业废弃物的处理可实现沼渣回用于土地。

1. 芬兰福萨污泥气厂

作为一座协同厌氧消化工厂，芬兰福萨污泥气厂设计处理种类包括各种不同类型的来自居民生活、食品超市、餐厅、工业和废水处理厂的有机垃圾，设计处理规模为 84000t/年。工厂年产污泥气量约为 600 万～700 万 Nm^3，污泥气发电年产能总量可达 39000～46000MWh，沼渣经过脱水和巴氏消毒（按照芬兰农林部门土地利用规定，70℃以上蒸汽灭菌 30min 或 80℃以上至少 10min 热干化达到含水率小于 10％实现灭菌）后作为农肥直接土地利用。所产污泥气被用作汽车燃料，部分转运到附近工厂用于生产玻璃棉，同时配备热电联产单元生产电能和热能。芬兰福萨污泥气厂是欧洲早期的有机废弃物协同厌氧消化的成功案例之一，运行若干年后由于臭气投诉开展加盖封闭和除臭设施的建设取得了良好的成效，免除了周边居民的投诉，成为芬兰知名的污泥气厂和周边环境融合的良好案例，如图 6-2 所示。

图 6-2 芬兰福萨污泥气厂

2. 芬兰哈默林纳污泥气厂

芬兰哈默林纳污泥气厂于2012年建成运行，设计规模为17000t/年。协同处理的有机废弃物类型有生物乙醇工厂的浓缩污泥和污水污泥。污泥气产量为2.2～2.4Mm³/年，污泥气发电产能为14000～17000MWh/年，沼渣经过脱水和巴氏消毒后农用。如图6-3所示。

图6-3　芬兰哈默林纳污泥气厂

3. 芬兰科沃拉污泥气厂

芬兰科沃拉污泥气厂于2010年建成运行，设计规模为20000t/年。协同处理的有机废弃物类型有污水处理厂污泥、厨余垃圾、纸浆和造纸污泥、油脂井污泥、绿化垃圾等。污泥气产量为2.2～2.4Mm³/年，污泥气发电产能为14000～17000MWh/年，沼渣经过脱水和巴氏消毒后农用。如图6-4所示。

图6-4　芬兰科沃拉污泥气厂

4. 唐山市餐厨污泥协同厌氧处理厂

唐山市餐厨废弃物资源化利用和无害化处理项目建设在唐山市丰南工业园区生活垃圾焚烧发电厂南侧，主要处理唐山市中心城区五个区的厨余垃圾和部分污水污泥，日处理厨余垃圾为240t、地沟油为40t、污泥为30～40t。项目总占地面积约35亩，如图6-5所示。

图 6-5　唐山市餐厨污泥协同厌氧处理厂

厨余垃圾预处理系统和地沟油预处理系统提取的粗油脂制成生物柴油销售，预处理分拣出的杂质运至毗邻的垃圾焚烧发电厂焚烧发电，厨余垃圾浆料和周边污水处理厂的污泥进行协同厌氧消化，产生的污泥气发电上网外售，厌氧消化后的脱水沼渣经太阳能干化后用作生物肥生产原料。

经预处理除杂、制浆和高温灭菌后的厨余垃圾浆液输送到均质调节池，和污泥等有机废弃物进行调质；然后泵送入温度调节罐至中温厌氧消化需要的温度，再输送到厌氧反应器进行厌氧处理。厌氧反应器每日产出的污泥气约25000～30000Nm³，供给污泥气发电系统发电。

6.2　协同焚烧工艺

6.2.1　基本原理

污泥协同焚烧处置与单独焚烧处置基本原理有所不同。根据《城镇污水处理厂污泥处置　分类》GB/T 23484，污泥协同焚烧又可分为垃圾协同焚烧、热电厂协同焚烧、水泥窑协同焚烧等不同类型。

1. 垃圾协同焚烧处置

生活垃圾焚烧已经是成熟的技术，在垃圾焚烧炉中混入一定比例的污泥协同焚烧，垃圾和污泥协同焚烧产生的烟气和灰渣一并处理。一般利用垃圾焚烧产生的余热蒸汽作为热源干化污泥至含固率接近70%～75%，在垃圾坑混合入炉焚烧。

2. 热电厂协同焚烧处置

脱水污泥、半干污泥、全干污泥均可送至热电厂焚烧炉协同焚烧处置，热电厂焚烧炉温度可达 1100℃以上，可利用热电厂大容量的焚烧炉消纳污泥。早期是脱水污泥（含水率 80%）直接送入焚烧炉处理，但对热电厂焚烧炉和烟气处理系统有较大负面影响。目前主流工艺是采用热干化对污泥进行干化后再入炉焚烧。但由于缺乏相关的标准，掺入污泥后热电厂烟气排放存在稀释污染的问题，热电厂协同焚烧须在确保烟气达标的前提下进行。

上海结合外高桥电厂和上电漕泾发电厂等试点项目于 2021 年 4 月颁布了《燃煤耦合污泥电厂大气污染物排放标准》DB 31/1291—2021，为污泥结合燃煤电厂掺烧处置明确了各项技术条件和污染控制的基本考核目标。该标准于 2021 年 6 月 1 日起正式实施，标准明确规定燃煤耦合污泥发电锅炉的污泥掺烧率不应大于 5%，燃煤耦合污泥电厂二噁英类污染物的排放限值为 0.02ngTEQ/m³，严于《生活垃圾焚烧污染控制标准》GB 18485—2014 中规定的 0.1ngTEQ/m³，利用烟气混合稀释作用降低二噁英类污染物排放基本杜绝；汞及其化合物排放限值明确为 0.01mg/m³。2021 年 12 月 9 日，江苏省生态环境厅、江苏省市场监督管理局联合发布《燃煤电厂大气污染物排放标准》DB 32/4148—2021，该标准于 2022 年 7 月 1 日起正式执行，针对单台出力 65t/h 以上发电锅炉明确了和污泥掺烧有关的颗粒物、二氧化硫、氮氧化物、汞及其化合物、烟气黑度等排放限值，其中规定汞及其化合物排放限值为 0.02mg/m³。

3. 水泥窑协同焚烧处置

水泥窑协同焚烧一般采用干化污泥投入水泥工业焚烧炉。工业焚烧炉内部温度可达 1200℃以上，污泥焚烧产生的灰渣可熔融入产品中，有机污染物可被完全分解，且焚烧过程中的细小悬浮水泥颗粒具有很大的比表面积，可高效吸附有毒有害污染物。

协同焚烧处置方式最大的优点是可以充分利用现有设施，投资省、见效快。当然，将污泥纳入垃圾焚烧厂、热电厂、水泥厂协同处置应对污泥性质、接纳系统设备形式、污泥对现有系统能力的影响、掺烧污泥对机组燃烧发电的影响、掺烧污泥对机组尾气排放的影响等进行充分分析，论证经济性、合理性、合规性，才具备协同焚烧处置的可能性。

据统计，2016 年德国采用焚烧处置的污泥量占污泥总量的比例是 64%，由电厂协同焚烧、污泥单独焚烧、水泥窑协同焚烧、垃圾协同焚烧和其他掺烧方式组成。且 2018 年统计显示，德国采用水泥窑协同焚烧处置前的污泥均有干化工艺，并达到全干化的要求，全国 175 座污泥干化厂中有 37 座污泥干化厂干化污泥达到 90% 以上含固率后送水泥窑协同焚烧处置。污泥干化技术有太阳能干化、带式干化、桨叶式干化、转盘干化等方式。德国与电厂协同焚烧处置的污泥量占比约 25%，而与生活垃圾协同焚烧处置的污泥比例相对较少，仅占 3%，与生活垃圾协同焚烧和其他掺烧方式均不是主流技术。

我国目前已经投入使用的协同焚烧处置亦包括垃圾协同焚烧、热电厂协同焚烧、水泥窑协同焚烧三大类。立足环境和臭气控制以及方便运输管理，借鉴美国 EPA503 条款的规定，目前与垃圾协同焚烧、热电厂协同焚烧、水泥窑协同焚烧均建议污泥经过热干化达到 75% 以上的含固率相对合理合规，能兼顾各方面的实际需且不易自燃。

6.2.2　主要工艺

1. 垃圾协同焚烧处置

污泥和生活垃圾混合焚烧，应采用干化技术将污泥含水率降至与生活垃圾相似的水平，不宜将脱水污泥和生活垃圾直接掺混焚烧。现有垃圾焚烧炉大多采用了先进的技术，配有完善的尾气处理装置，可以在垃圾中混入5％～10％的干污泥一起焚烧。污泥和垃圾协同焚烧处置国内外应用案例数量不多，且规模偏小。

上海有部分污泥处理借助垃圾焚烧发电厂进行掺烧处置的案例，如上海松江、金山、青浦均以垃圾焚烧发电厂作为末端处置单元，在垃圾焚烧发电厂内建设污泥干化车间进行污泥干化造粒后送垃圾焚烧厂掺烧发电。采用转盘干化机将污泥全干化至65％以上的含固率，并造粒达到5mm以上的圆柱形颗粒后打包送至垃圾焚烧发电厂，和生活垃圾搅拌混合送入垃圾炉排炉焚烧。据上海污泥和垃圾协同焚烧处置的经验，当干污泥和生活垃圾掺烧比例低于6％时，基本上不会对炉排炉烟道和烟气处理单元造成负面影响；当掺烧比例超过6％后易产生烟道积灰、结渣和烟气处理颗粒物产生的飞灰量增大等问题，影响系统设备检修和生产。

全国有少量污泥经过深度脱水后进入生活垃圾焚烧单元掺烧的案例，如苏州市区部分污水处理产生的深度脱水污泥达到60％以下含水率后进入苏州光大垃圾焚烧发电厂三期掺烧，但其掺烧比例低于2％，目前仍处于政府审批后的试生产阶段。

2. 热电厂协同焚烧处置

采用热电厂协同焚烧处置，既可以利用热电厂的余热作为干化热源，又可以利用热电厂已有的焚烧和尾气处理设施，节省投资和运行成本。在具备条件的地区，鼓励污泥在热电厂锅炉中和煤混合焚烧，混烧污泥宜在35t/h以上的热电厂燃煤锅炉上进行。在现有热电厂协同处置污泥时，入炉污泥的掺比不宜超过燃煤量的8％。一般控制干污泥和燃煤掺烧比例在5％以内有可能规避热电厂锅炉的改造和烟气处理系统的改造，如苏州工业园区污泥干化厂设计规模为600t/d，最高掺烧比例为8％，目前已经建成运行500t/d，高峰能力已经达到600t/d，干污泥的掺烧比例约为6.7％。和燃煤掺烧的干污泥产品含固率达到75％，是已经论证且满负荷运行取得五年以上合规经验的污泥干化掺烧项目，自2011年运行至今的十多年中，围绕干污泥含固率控制、掺比控制、电厂烟气和砂回流系统改造等摸索出整套经验可供行业参考。

热电厂协同焚烧处置的主要方式有湿污泥（含水率80％）直接加入锅炉掺烧和全干化（含水率25％以下）或半干化（含水率35％以下）后的污泥进入循环流化床锅炉或煤粉炉焚烧。热电厂协同焚烧处置应满足热电厂对污泥泥质的要求，湿污泥直接掺烧对焚烧炉的炉型、污泥量的控制要求较高，对焚烧炉炉体和烟气处理系统影响较大。因此在条件允许的情况下，应尽可能采用干化污泥掺入热电厂锅炉焚烧处置，即便采用75％以上含固率的污泥入炉掺烧，仍需密切关注热电厂锅炉烟道、除尘器的工况和积灰结渣情况，必要时仍须有针对性地进行局部更新改造，如在烟气增加湿法脱硫工艺去除颗粒物、回砂系统扩容等。

扬州港口污泥发电有限公司成立于2003年1月，坐落在扬州经济技术开发区港口工业园内。自建有一座3000t级专用煤码头，配备有3台130t/h高温高压循环流化床锅炉和2台25MW抽凝式汽轮发电机组，年供电能力为4亿kWh、供热能力为200万GJ，最大供汽能力为160t/h，出口端供汽压力0.98MPa、温度在200℃以上，高峰产能最大消耗燃煤为2000t/d。

扬州市污泥处理处置和资源化利用项目，一期工程设计规模为300t/d，采用两段式热干化技术，针对来自扬州主城区污水处理厂的污泥进行全干化后结合港口污泥发电有限公司和扬州第二热电厂掺烧发电。热源利用港口污泥发电有限公司和扬州第二热电厂的余热蒸汽，干污泥运送至发电厂内和燃煤掺混焚烧发电，目前日处理污泥量为 $240\sim280t$，日产干污泥量为 $64\sim70t$。一期工程运行后的干污泥和港口污泥发电有限公司燃煤的掺烧比例约为 3%，二期工程建成达到 $500t/d$ 设计规模后，干污泥产量约 $133t/d$（含固率 75%），和港口污泥发电有限公司燃煤的掺烧比例达到 6.7%。加上扬州第二热电厂（$2\times600MW$）的容量，2 座发电厂的高峰燃煤量接近 $12000t/d$，全部干污泥产量和电厂最大燃煤量之比仅为 1.1%，和燃煤电厂的掺烧比例和系统匹配性论证以及烟气排放等均合规。

3. 水泥窑协同焚烧处置

污泥的水泥窑协同焚烧处置是利用水泥窑高温处置污泥的一种方式。水泥窑中的高温能将污泥焚烧，并通过一系列物理化学反应使焚烧产物固化在水泥熟料的晶格中，成为水泥熟料的一部分，从而达到污泥安全处置的目的。

利用水泥窑对污泥进行协同处置，具有有机物彻底分解的优势，污泥得以彻底的减量化、无害化和稳定化，燃烧后的残渣成为水泥熟料的一部分，无残渣飞灰产生，不需要对焚烧灰另行处置。水泥窑的碱性运行环境在一定程度上可抑制酸性气体和重金属排放。水泥窑热容量大、工作状态稳定，污泥处理量大。当地有水泥生产企业且离城镇污水处理厂较近时，可以选择和水泥窑协同处理污泥。

根据《城镇污水处理厂污泥处置 水泥熟料生产用泥质》CJ/T 314—2009 的要求，用于水泥熟料生产的污泥，当随生料一同入窑时，污泥的推荐用量应符合表 6-1 的规定；当从窑头喷嘴添加时，污泥的含水率应小于 12%，且污泥的粒径应小于 $5mm$，污泥灰应在水泥熟料煅烧工艺段加入，热干化后污泥进入水泥窑掺烧的比例控制如表 6-1 所示。

污泥推荐用量   表 6-1

生产工艺	熟料产量	污泥含水率（%）	污泥添加比例（%）
干法水泥生产工艺[a]	$1000\sim3000t^b$	$35\sim80$	<10
		$5\sim35$	$10\sim20$
	$3000t$ 以上	$35\sim80$	<15
		$5\sim35$	$15\sim25$
湿法水泥生产工艺	无限制	80	<30

[a] 立窑、立波尔窑等不宜采用城镇污水处理厂污泥生产水泥熟料。
[b] 日产 1000t 熟料以下的干法水泥生产线，不宜采用城镇污水处理厂污泥生产水泥熟料。

污泥用于水泥熟料生产时，其污染物指标和限值应满足《城镇污水处理厂污泥处置 水泥熟料生产用泥质》CJ/T 314 的相关控制要求。

昆明市主城区污泥处理厂设计规模为 $500t/d$，技术路线采用高负荷厌氧消化＋干化处置后和水泥协同掺烧。项目于 2019 年 5 月建成投入试生产，至 2020 年 5 月由重庆水务集团股份有限公司和昆明滇池投资有限责任公司签署委托试运行合同，运行一年的平均处理能力为 $430\sim450t/d$，经过高负荷厌氧消化和热干化后的污泥含固率为 75%，干污泥产量为 $115\sim120t/d$。干污泥外运至富民县距离污泥处理厂 $6km$ 处的华新水泥厂，华新水泥

（富民）有限公司利用日产 2000t 新型干法水泥熟料生产线处置运来的干污泥，设计处理能力达到 200t/d，建成后现有回转窑的熟料及水泥产量及品质不发生变化。

重庆鸡冠石污水处理厂和唐家沱污水处理厂以生活污水为主的污泥采用传统厌氧消化＋两段式热干化的技术路线实施厌氧和热干化处理，达到 75％以上含固率的干化污泥外运至附近重庆珞璜热电厂和水泥厂协同焚烧处置。鸡冠石污水处理厂热干化部分处理能力为 400t/d，产生约 107t/d 的全干化污泥外运协同焚烧处置。唐家沱污水处理厂热干化部分处理能力为 200t/d，产生约 53t/d 的全干化（含固率 75％）污泥外运协同焚烧处置。重庆珞璜污泥处理厂设计能力为 600t/d，最高产生约 160t/d 的干污泥产品（含固率 75％）。

6.2.3 协同焚烧标准汇总

污泥采用热电厂协同焚烧处置，暂无相关技术标准，一般采用热干化实现全干化结合燃煤电厂焚烧处置。污泥采用水泥窑协同焚烧须注意达到全干化的产品要求进入水泥窑协同处置，须结合《城镇污水处理厂污泥处置 水泥熟料生产用泥质》CJ/T 314 的相关技术要求和产品要求执行。与污泥协同焚烧处置相关的技术标准如表 6-2 所示。

与污泥协同焚烧处置相关的技术标准 表 6-2

控制项目	《城镇污水处理厂污染物排放标准》 GB 18918—2002		《城镇污水处理厂污泥泥质》 GB/T 24188—2009	《城镇污水处理厂污泥处置 水泥熟料生产用泥质》 CJ/T 314—2009	《城镇污水处理厂污泥处置 制砖用泥质》 GB/T 25031—2010	《城镇污水处理厂污泥处置 单独焚烧用泥质》 GB/T 24602—2009
	酸性土壤 (pH<6.5)	中性和碱性土壤 (pH≥6.5)				
pH	—	—	5～10	5～13	5～10	5～10
含水率（％）	<65		<80	≤80	≤40	<80
总养分（总氮＋总磷＋总钾）（％）						—
有机物含量（％）	—	—	—	—	—	>50
有机物降解率（％）	>50					
蠕虫卵死亡率（％）	>95		—	—	>95	
粪大肠菌群菌值	>0.01		>0.01	—	>0.01	
细菌总数（MPN/kg 干污泥）	—		<10^8	—		
臭度						
混合比例（％）					≤10	
施用后苍蝇密度[只/（笼·d）]						
横向剪切强度（kN/m²）						
烧失量（干污泥）					≤50％	
放射性核素（干污泥）					≤1.0	
低位热值（kJ/kg）						>3500

控制项目	《城镇污水处理厂污染物排放标准》GB 18918—2002		《城镇污水处理厂污泥泥质》GB/T 24188—2009	《城镇污水处理厂污泥处置 水泥熟料生产用泥质》CJ/T 314—2009	《城镇污水处理厂污泥处置制砖用泥质》GB/T 25031—2010	《城镇污水处理厂污泥处置单独焚烧用泥质》GB/T 24602—2009
	酸性土壤（pH<6.5）	中性和碱性土壤（pH≥6.5）				
总镉（mg/kg 干污泥）	5	20	20	20	20	—
总汞（mg/kg 干污泥）	5	15	25	25	5	—
总铅（mg/kg 干污泥）	300	1000	1000	1000	300	—
总铬（mg/kg 干污泥）	600	1000	1000	1000	1000	—
总砷（mg/kg 干污泥）	75	75	75	75	75	—
总镍（mg/kg 干污泥）	100	200	200	200	200	—
总锌（mg/kg 干污泥）	2000	3000	4000	4000	4000	—
总铜（mg/kg 干污泥）	800	1500	1500	1500	1500	—
硼（mg/kg 干污泥）	150	150	—	—	—	—
矿物油（mg/kg 干污泥）	3000	3000	3000		3000	—
苯并（a）芘（mg/kg 干污泥）	3	3	—	—	—	—
多氯代二噁英/多氯代苯并呋喃（PCDD/PCDF）（ng/kg）	100	100	—	—	—	—
可吸附有机卤化物（AOX）（以 Cl 计）（mg/kg 干污泥）	500	500				
多氯联苯（PCB）（mg/kg 干污泥）	0.2	0.2				
挥发酚（mg/kg 干污泥）	—		40	—	40	—
总氰化物（mg/kg 干污泥）	—		10		10	—

163

第7章　污泥处理处置系统工艺设计

7.1　污泥处理处置技术应用评估

7.1.1　调研范围

　　"十二五"水专项课题"重点流域城市污水处理厂污泥处理处置技术优化应用研究"对我国重点流域污水处理厂污泥处理处置状况开展了系统的调研工作，调研范围覆盖太湖、巢湖、海河、辽河、滇池和三峡库区及其上游6大流域，包括上海、常州、嘉兴、太仓、无锡、合肥、天津、唐山、赤峰、昆明、重庆11个城市的106座污水处理厂，如表7-1所示。总设计污水处理能力为1519万 m^3/d，实际污水处理能力为1264万 m^3/d，污泥年产量为313万 t（含水率80％），污水处理能力和污泥产量均达到了全国总量的10％。污水水量、污水水质、污泥产量和污泥含水率等数据均来自所调研污水处理厂的运行日报表。

调研污水处理厂分布情况　　　　　　　　　　　　表 7-1

流域	城市	污水处理厂数量（座）
太湖及周边	上海、无锡、常州、太仓、嘉兴	48
海河	天津、唐山	15
滇池	昆明	7
巢湖	合肥	10
三峡库区及其上游	重庆	20
辽河	赤峰	6
小计	11个城市	106

7.1.2　污泥处理方式分析

1. 污泥脱水

　　调研范围内，污泥脱水方式主要包括带式压滤脱水、离心脱水和板框压滤脱水。

　　60％的污水处理厂污泥采用带式压滤脱水，处理污泥量占污泥总量的32％；32％的污水处理厂污泥采用离心脱水，处理污泥量占污泥总量的比例高达61％，这是由于离心脱水在中大型污水处理厂中应用较多。采用离心脱水的污水处理厂平均污水处理规模为31.75万 m^3/d，平均污泥产量为36.08tDS/d，而采用带式压滤脱水的污水处理厂平均规模仅为7.37万 m^3/d，平均污泥产量为7.21tDS/d。所有污水处理厂污泥带式压滤脱水和离心脱水均采用阳离子PAM作为絮凝剂，带式压滤脱水平均药剂投加量为4.37kg/tDS，脱水污泥含水率为73.06％～82.50％；离心脱水平均药剂投加量为5.42kg/tDS，脱水污泥含水率为 68.50%～79.30%，离心脱水药剂投加量高于带式压滤脱水，而脱水污泥含水率更低。

8%的污水处理厂污泥采用板框压滤深度脱水，调理方式主要为化学调理，药剂包括 PAM、钙盐（氢氧化钙、氧化钙）、铁盐（三氯化铁、聚合硫酸铁）、铝盐（三氯化铝、聚合氯化铝），不同工程药剂投加比例相差较大，即使同一工程不同季节药剂投加比例也会有显著的波动，其原因可能有两个方面：1）冬春季节污泥中有机物含量较高，脱水困难；2）冬春季节气温较低，不利于絮凝剂发挥作用。污泥板框压滤脱水泥饼含水率一般均可降至 60%以下，处置方式包括填埋、电厂协同焚烧和水泥窑协同处置等。

近年来污泥板框压滤深度脱水技术在我国得到了越来越多的应用，调理药剂主要为氧化钙、三氯化铁、聚合硫化铝等，药剂投加量占污泥干重的 30%～50%，一方面导致脱水泥饼干重大幅增加，减量化效果有限；另一方面显著改变了污泥的 pH、盐分、电导率等理化性质，不利于资源化利用。此外，添加石灰调理后污泥呈强碱性，调理和压滤环节氨气等臭气组分极易散逸，脱水车间除臭问题亟需重视。

2. 厌氧消化

我国自"九五"期间开始推广污泥厌氧消化技术，在"十一五"和"十二五"期间陆续颁布了多项政策和指南，鼓励城镇污水处理厂采用厌氧消化工艺进行污泥稳定化，目前我国已建成污泥厌氧消化工程 70 余座。在本次调研的重点流域城市中，上海、天津、重庆、昆明等地均建有污泥厌氧消化设施，污泥总处理能力达 262.5tDS/d，占重点流域城市污泥总量的 11.66%。

我国部分典型污泥厌氧消化工程的工艺参数总结分析如表 7-2 所示，数据来自于设计文件、参考文献和运行资料等。工程均采用中温厌氧消化，消化温度为 33～42℃。镇江和襄阳鱼梁洲工程采用了高温热水解预处理，镇江和大连夏家河工程中污泥和餐厨垃圾协同厌氧消化。单位体积池容污泥气产率与物料含固率、有机物含量、停留时间等因素有关。上海白龙港、青岛麦岛、郑州王新庄工程污泥含固率均不超过 5%，单位体积池容污泥气产率为 0.45～0.59m³/（m³·d）；昆明、镇江、大连夏家河、襄阳鱼梁洲工程采用高含固厌氧消化，污泥气产率为 0.80～1.78m³/（m³·d）。襄阳鱼梁洲工程污泥中有机物含量仅为 40%～60%，污泥气产率明显低于同样采用基于热水解的厌氧消化工艺的镇江工程，后者污泥和餐厨垃圾协同厌氧消化，单位体积池容污泥气产率高达 1.78m³/（m³·d）。大部分工程污泥气净化采用干式脱硫工艺，或者采用干式、生物、湿式脱硫组合工艺，净化后污泥气主要用于消化池加热、污泥干化、发电以及提纯压缩天然气对外出售。

目前我国污泥厌氧消化技术应用存在以下问题：

1）污泥中有机物含量低、砂含量高，制约系统高效稳定运行。由于雨污合流、基建施工等问题，大量泥沙排入污水管网，而我国污水处理厂沉砂池除砂效果普遍欠佳，导致污泥中有机物含量低、砂含量高。国外污泥中有机物含量约为 60%～70%，而我国仅为 30%～60%，一方面导致厌氧消化污泥气产率偏低，经济效益差；另一方面大量砂在消化池内沉积、板结，降低有效池容，影响设施稳定运行，并加剧设备磨损。

表 7-2

典型污泥厌氧消化工程工艺参数

工程概况		镇江	襄阳鱼梁洲	大连夏家河	昆明	上海白龙港	郑州王新庄	青岛麦岛
							项目名称	
设计处理规模		污泥40tDS/d、餐厨垃圾140t/d	污泥60tDS/d	污泥120tDS/d、餐厨垃圾200t/d	污泥100tDS/d	污泥204tDS/d	污泥66tDS/d	污泥54tDS/d
预处理方式		热水解	热水解	无	中温预反应	无	无	无
消化进泥含固率（%）		8~12	11	10	15	5	4	4
进泥有机物含量（%）		受餐厨垃圾比例影响大	40~60	受餐厨垃圾比例影响大	50	53	50~70	>65
运行温度（℃）		38±1	38~42	35±1	33~35	33~35	35±1	35±2
停留时间（d）		25~30	15~18	22~25	22.5	24~25	24	22~23
单位容积污泥气产率[m³/(m³·d)]		1.78	0.8~1.0	1.12~1.20	1.54	0.45	0.50	0.59
搅拌方式		机械搅拌+消化液循环	机械搅拌	机械搅拌+水射	机械搅拌	机械搅拌	污泥气搅拌	机械搅拌
脱硫方式		湿式-干式串联	不详	干式脱硫	湿式+生物+干式串联	湿式-干式串联	干式脱硫	浓缩污泥添加FeCl₃
污泥气用途		市政压缩天然气	部分供热、部分提纯后作为压缩天然气	市政压缩天然气	污泥干化热源	消化池加热保温和污泥干化	市政压缩天然气	污泥气发电

2) 污泥资源化利用出路缺乏，制约厌氧消化综合效益。一方面，部分污泥经厌氧消化后仍然无法满足土地利用等泥质标准要求，存在病原菌超标、散发臭气、有机酸烧苗、易结块等问题；另一方面，由于缺乏稳定的资源化消纳途径和消纳容量，大部分污泥经厌氧消化后仍然采用填埋方式处置，制约了厌氧消化综合效益的发挥。

3. 好氧发酵

好氧发酵是我国污泥处理污染防治最佳可行技术之一。调研范围内，好氧发酵处理污泥量为 188.87tDS/d，占重点流域污泥总量的比例为 8.39%。发酵产物 88.19% 进行土地利用，11.81% 进行填埋处置。

我国部分典型污泥好氧发酵工艺概况见表 7-3。各好氧发酵工程进泥均为脱水污泥，含水率为 74%～85%，有机物含量为 30%～65%，重金属指标基本符合泥质标准要求。常用辅料包括稻壳、秸秆、锯末、木屑、木块、花生壳、稻草等，辅料添加量占污泥质量的 0%～20%。返混料一般为陈化后的发酵产物，也有部分工程发酵产物未经陈化直接返混，或添加菌种而无需返混。

污泥好氧发酵设备包括配料设备、供氧设备、除臭设备等。大部分工程设置有单独的配料机、投料机、布料机等，也有部分工程以铲车替代。供氧设备包括翻抛机、铲车等，以及罗茨风机、离心风机等强制通风或强制抽风设备。大多数工程设有除臭设备，以生物滤池应用最多，还有喷淋除臭、离子除臭等方式；部分工程设有造粒机后处理设备。

典型污泥好氧发酵工艺概况 表 7-3

工艺名称	工艺类型和发酵时间	物料运行方式	发酵堆体结构形式	供氧方式	反应温度（℃）	发酵温度
UTM 超高温生物干化技术	一次发酵（12～15d）	间歇动态发酵	槽式	移堆/强制通风	85	超高温
污泥固态膜覆盖高温好氧发酵工艺	一次发酵（12d），二次发酵（12d）	静态发酵	槽式/膜覆盖	强制通风	55～65	高温
CTB 智能控制好氧发酵工艺	一次发酵（20d）	间歇动态发酵	槽式	翻抛/强制通风	55	高温
IPS 好氧生物干化工艺	一次发酵（21d）	间歇动态发酵	槽式	强制抽风	50～80	高温
槽式高温好氧发酵工艺	一次发酵（21d）	间歇动态发酵	槽式	翻抛/强制通风	55～70	高温
全机械化隧道仓好氧堆肥工艺（SACT 工艺）（双层）	一次发酵（14～16d），二次发酵（20d）	间歇动态发酵	仓式	强制通风	60	高温
槽式高温好氧发酵工艺	一次发酵（15d），二次发酵（15d）	间歇动态发酵	槽式	强制通风	>50	高温
SACT 污泥动态好氧仓式发酵工艺	一次发酵（15～18d），二次发酵（15～20d）	间歇动态发酵	槽式	翻抛/强制通风	60	高温
传统条垛式动态发酵工艺	一次发酵＋陈化（45d）	间歇动态发酵	条垛式	翻抛	55	高温

目前我国已建成的污泥好氧发酵工程，系统完善程度参差不齐，运行管理水平差异较大。部分工程臭气收集处理环节缺失，或者运行维护较为粗放，极易产生二次污染，且稳定化效果难以保障，亟需提高好氧发酵系统完善程度、设备自动化程度和管理精细化程度。此外，调研发现部分污泥好氧发酵过程中辅料添加量为污泥质量的20%左右，辅料体积为污泥体积的100%。大量的辅料添加不仅增加了运行费用，还导致发酵产物体积大幅升高，增加了后续处置成本。再者，部分污泥经好氧发酵后，由于缺乏稳定的土地利用消纳途径，长期堆置或者填埋处置，影响了好氧发酵的环境和经济效益。

4. 干化焚烧

我国现有政策鼓励经济较为发达的大中城市采用污泥焚烧工艺。调研范围内，采用焚烧方式处置的污泥量达到530.51tDS/d，占重点流域污泥总量的18.31%。污泥焚烧方式主要包括单独焚烧、电厂协同焚烧和垃圾协同焚烧，其中电厂协同焚烧处理的污泥量所占比例最高，其次是污泥单独焚烧。

污泥单独焚烧工程通常由干化系统、焚烧系统、烟气净化系统和公用设备四部分组成，干化机包括流化床干化机、圆盘干化机、薄层干化机、桨叶式干化机、带式干化机等，焚烧炉常采用流化床焚烧炉。例如，某污泥干化焚烧工程设计处理规模为64tDS/d，干化系统采用流化床干化机，热量来自焚烧系统，干化后污泥含水率小于10%；焚烧系统采用热载体流化床焚烧炉，炉温在850℃以上，需要补充少量燃煤；烟气净化系统由半干法喷淋塔和布袋除尘装置两部分组成，进行酸性气体的脱除和颗粒物捕集。

污泥电厂协同焚烧无需另建焚烧炉，且干化所需热量可以利用原炉低品位、廉价余热，可降低工程投资和处理成本。例如，某污泥资源化利用项目设计处理规模为410tDS/d，污泥来自市政、印染、纺织、化纤、皮革等行业近300家企业，进厂污泥含水率为70%～80%；污泥干化采用超圆盘干化机，出泥含水率为35%～42%；干化后污泥和煤混合，进入循环流化床焚烧炉焚烧；干化机尾气进行冷凝，冷凝废水处理后达标排放，未凝结气体由风机送入焚烧炉处理。

由于我国污泥中砂含量高，干化焚烧过程中普遍存在设备磨损问题。例如，某污水处理厂污泥中砂含量达到22.4%，而欧洲仅为6%～8%。砂对流化床干化机中的管式热交换器、螺旋分离器以及给料分配器内壁磨损严重。运行统计发现，由于设备磨损所导致的停车检修次数占停车总次数的50%左右，而流化床干化机换热器内的导热油盘管因磨损漏油造成的停车又是检修的重点和难点，严重影响稳定运行。

此外，我国大部分污泥焚烧方式为电厂协同焚烧，烟气污染控制问题亟需引起重视。电厂烟气处理主要侧重于除尘和脱硫脱硝，并不完全适用于污泥焚烧烟气污染控制。掺烧污泥后，烟气含水率升高，烟气量显著增加，导致烟气在高温段的停留时间缩短，影响二噁英等污染物的控制效果；此外，污泥和燃煤的着火温度和燃尽时间迥异，且污泥粒径小，高气体流速条件下部分未燃尽的污泥颗粒（包括未降解污染物）更易离开高温区；再者，燃煤产生烟气量是污泥产生烟气量的2～3倍，污泥焚烧所产生污染物存在稀释排放的隐患。

7.1.3 污泥处置方式分析

调研范围内污泥主要处置方式包括土地利用、填埋、建材利用和焚烧，不同污泥处置方式所占比例如图 7-1 所示。填埋仍然是我国重点流域最主要的污泥处置方式，所占比例高达 53.79%，焚烧和建材利用所占比例分别为 18.31% 和 16.08%，土地利用所占比例仅为 11.01%。值得注意的是，部分污泥处置方式虽然归为填埋和土地利用，但存在随意、无序处置现象，伴随产生二次污染风险。

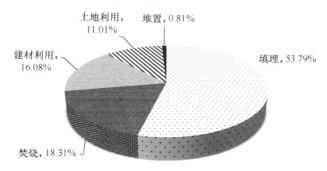

图 7-1　我国重点流域不同污泥处置方式所占比例

我国和国外发达国家污泥处置方式对比情况如图 7-2 所示。

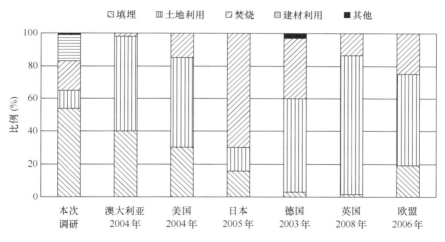

图 7-2　各国污泥处置方式对比

在填埋方面，我国重点流域污泥填埋比例仍然远高于国外发达国家。德国禁止对有机物含量超过 3% 的材料进行填埋，填埋对象主要是焚烧灰渣；日本填埋对象主要为焚烧灰渣或者高温熔化后的惰性熔渣。而我国污泥主要在生活垃圾填埋场进行混合填埋，填埋前通常仅进行脱水处理，污泥含水率高、有机物含量高，渗滤液和填埋气产量大，占地面积大，且存在环境和安全隐患。

在土地利用方面，我国重点流域污泥土地利用比例仅为 11.01%，而澳大利亚、美国、德国、英国等国家污泥土地利用比例均超过 50%。我国重点流域污泥土地利用比例偏低，原因可能包括：污泥中重金属等污染物含量整体高于国外发达国家，政府监管部门和社会公众对于污泥土地利用的环境健康风险存在较多顾虑；我国尚未建立污泥土地利用相关的实施、监管、监测指导细则，污泥土地利用缺乏可操作性。

在焚烧方面，我国重点流域污泥焚烧方式主要为电厂协同焚烧，单独焚烧所占比例较

第 7 章　污泥处理处置系统工艺设计

小，而德国和日本均以单独焚烧为主，其中德国单独焚烧比例达到59%。目前我国尚无污泥混烧、掺烧方面的法律法规或标准规范，污泥电厂协同焚烧缺乏科学的监管和规范。火电厂对烟气中污染物的监测和处理主要侧重于二氧化硫、氮氧化物、烟尘浓度等，缺乏针对污泥烟气污染物特点的控制措施，且由于污泥掺烧比例相对较小，存在污染物稀释排放的潜在环境隐患。

在建材利用方面，我国重点流域污泥建材利用方式主要为水泥窑协同处置和制砖，少部分用于烧制陶粒。国外发达国家污泥建材利用的对象主要是焚烧灰渣，例如2005年日本70%的污泥进行焚烧，64%的焚烧灰渣经再生处理后作为建筑材料。而我国大部分污泥建材利用前仅进行机械脱水，污泥含水率和有机物含量高，且含有碱金属氧化物（Na_2O、K_2O等），直接用于制砖或者制陶粒，不仅影响建材质量，还存在二次污染风险。

7.1.4 污泥处理处置技术路线分析

调研范围内污泥处理处置技术路线概况如表7-4所示。

我国重点流域污泥处理处置技术路线概况 表7-4

处置方式	技术路线	处理污泥量（tDS/d）	处理处置污泥比例（%）
焚烧	热干化＋单独焚烧	26.00	1.16
	热干化＋垃圾协同焚烧	4.45	0.20
	脱水/深度脱水＋热干化/太阳能干化＋电厂协同焚烧	259.44	11.53
	脱水/深度脱水＋电厂协同焚烧	122.12	5.43
	小计	**412.01**	**18.31**
填埋	厌氧消化＋干化＋填埋	64.00	2.84
	厌氧消化＋深度脱水＋填埋	185.50	8.24
	好氧发酵＋填埋	22.30	0.99
	石灰稳定＋填埋	5.00	0.22
	脱水/深度脱水＋填埋	933.85	41.49
	小计	**1210.65**	**53.79**
建材利用	脱水＋干化＋水泥窑协同处置	31.33	1.39
	脱水/深度脱水＋水泥窑协同处置	130.76	5.81
	脱水/深度脱水＋制砖/制陶粒	199.79	8.88
	小计	**361.88**	**16.08**
土地利用	好氧发酵＋土地利用	166.57	7.40
	厌氧消化＋脱水＋土地利用	13.00	0.58
	生物沥浸＋深度脱水＋土地利用	19.53	0.87
	自然干化＋土地利用	45.02	2.00
	脱水＋土地利用	3.80	0.17
	小计	**247.92**	**11.01**

处置方式	技术路线	处理污泥量（tDS/d）	处理处置污泥比例（％）
堆置	好氧发酵＋堆置	14.20	0.63
	脱水＋堆置	4.10	0.18
	小计	18.30	0.81
总计		**2250.76**	**100.00**

基于焚烧处置方式的技术路线主要有热干化＋单独焚烧、热干化＋垃圾协同焚烧、脱水/深度脱水＋热干化/太阳能干化＋电厂协同焚烧和脱水/深度脱水＋电厂协同焚烧 4 条。大部分污泥焚烧前采用了热干化或者太阳能干化处理，以提高入炉污泥热值，部分污泥采用板框压滤深度脱水处理，将污泥含水率降低至 60％左右，少部分采用带式压滤或者离心脱水后含水率 80％左右的污泥直接入炉掺烧。焚烧方式处置污泥比例为 18.31％，其中电厂协同处置污泥比例为 16.96％，污泥单独焚烧比例仅为 1.16％，还有少量污泥和垃圾混合焚烧。

基于填埋处置方式的技术路线主要有厌氧消化＋干化＋填埋、厌氧消化＋深度脱水＋填埋、好氧发酵＋填埋、石灰稳定＋填埋和脱水/深度脱水＋填埋 5 条。填埋方式处置污泥比例为 53.79％，其中大部分污泥填埋前仅进行了带式脱水、离心脱水或者板框压滤深度脱水处理。部分城市建设有厌氧消化、好氧发酵等处理设施，但由于污泥稳定化程度达不到土地利用标准，或者由于土地利用出路受阻，污泥仍然进行填埋。个别污水处理厂污泥采用石灰稳定处理，使污泥的含水率和剪切强度满足填埋要求。

基于建材利用的技术路线主要有脱水＋干化＋水泥窑协同处置、脱水/深度脱水＋水泥窑协同处置和脱水/深度脱水＋制砖/制陶粒 3 条。建材利用处置污泥比例为 16.08％，主要采用水泥窑协同处置和制砖/制陶粒的方式对污泥进行利用，利用前主要处理方式为脱水/深度脱水或者干化。根据《城镇污水处理厂污泥处置 制砖用泥质》GB/T 25031—2010，污泥用于制砖时，污泥烧失量（干污泥）应≤50％。脱水污泥由于有机物含量较高，直接用于制砖存在烧失量不满足标准要求的问题。

基于土地利用的技术路线主要有好氧发酵＋土地利用、厌氧消化＋脱水＋土地利用、生物沥浸＋深度脱水＋土地利用、自然干化＋土地利用和脱水＋土地利用 5 条。土地利用处置污泥比例为 11.01％，其中大部分污泥土地利用前进行了好氧发酵稳定化处理，部分污泥进行了厌氧消化稳定化处理，部分污泥经深度脱水或者自然干化后进行土地利用，甚至存在脱水污泥直接土地利用的现象。目前，我国重点流域大部分城市尚无针对污泥土地利用的跟踪监测制度、环境影响评价方法、监管规章条例。

此外，调研范围内还有个别污水处理厂的污泥重金属含量超标严重，虽然进行了脱水或者好氧发酵处理，但由于泥质不满足处置标准要求，在调研期间一直处于应急堆置状态。

7.1.5 污泥处理处置技术应用评估

综合考虑重点流域城市污泥产量、污泥泥质、污水处理厂分布、城市目标定位等因素，从污泥处理处置技术科学性、经济合理性、环境友好性和资源利用性四个方面对污泥处理处置现状进行综合剖析和评价，具体评估指标和评估内容如表 7-5 所示。

污泥处理处置现状评估框架

表 7-5

评估指标	评估内容
技术科学性	评价污泥处理处置技术路线、处理处置方案（泥量/泥质相适应性、布局合理性）和处理处置效果的技术合理性，对区域污泥泥量和泥质的适应性，污泥无害化、减量化和稳定化效果
经济合理性	评价污泥处理处置设施建设成本、运行成本和污泥运输费用等
环境友好性	评价污泥处理处置过程的二次污染风险和环境安全风险
资源利用性	评价污泥中所蕴含资源有效利用程度及资源化利用效果的优劣

1. 技术科学性

1）污泥处理处置方案和污泥产量的适应性

调研范围内的重点流域城市污泥填埋比例高达 53.79%，焚烧比例为 18.31%，建材利用比例为 16.08%，土地利用比例为 11.01%。污泥填埋是一种不可持续的污泥处置方式，一般只作为一种过渡性的处置方案，随着现有垃圾填埋场库容的日渐饱和，新建填埋场选址困难，填埋处置污泥量将逐渐减小。污泥焚烧以热电厂协同焚烧为主，热电厂以向工业园区提供蒸汽为主要盈利方式，部分城市随着产业结构调整，蒸汽需求量萎缩，热电厂面临关闭或者搬迁局面，亟需为污泥寻求其他处置出路。污泥建材利用以水泥窑协同处置和制砖为主，受产业规划调整和建材市场需求波动的影响，也存在污泥出路不稳定、处置保障性不足的问题。污泥土地利用受季节、市场、主管部门等因素影响很大，目前经好氧发酵后的污泥长时间在厂内堆置，间歇性进行土地利用，缺乏稳定的利用途径和需求量。

此外，调研范围内部分城市由于规划的污泥处理处置设施无法落地，污泥处理处置由污水处理厂自行解决，污泥以委托处置为主，所委托企业的运行情况对于污泥处理处置的影响很大，处置途径很不稳定，部分污水处理厂污泥由于没有处置出路，只能在厂内堆置。

随着重点流域城市污水处理设施建设的发展以及污水处理率的提升，污泥产量将日益增加，许多城市近期均存在污泥产量递增和污泥处置能力严重不足的矛盾。

2）污泥处理处置技术和污泥泥质的适应性

调研范围内部分污泥中有机质和养分含量丰富、重金属及有机污染物含量相对较低，根据《城镇污水处理厂污泥处理处置技术指南》，应优先通过厌氧消化或好氧发酵工艺处理后用于土地利用。但目前很多污泥仅通过简单浓缩脱水处理后即运往垃圾填埋场混合填埋，或者运往热电厂协同焚烧，极少数污水处理厂通过厌氧消化进行稳定化处理并回收生物质能，污泥土地利用的比例也偏低，处理处置方式无法和污泥泥质特性相适应，未能实现污泥中生物质和养分的资源化利用。

部分污泥通过带式压滤或者离心脱水至含水率 80% 左右后，直接进入垃圾填埋场混合填埋，含水率和剪切强度不满足填埋标准要求，严重影响填埋作业，并且由于污泥含水率高导致渗滤液产量大，污泥持水性强导致雨水无法及时渗透，污泥稳定化程度低导致填埋场卫生条件差、臭气严重，因此很多垃圾填埋场不愿接受污泥。

部分污泥在进行水泥窑协同处置或者制砖之前仅进行了简单的机械脱水。污泥含水率偏高导致水泥窑能耗大幅升高，且水分在处置过程中蒸发时体积会大幅膨胀（正常情况下体积膨胀倍数超过 1000），给窑尾排风机带来负面影响。根据《城镇污水处理厂污泥处置制砖用泥质》GB/T 25031—2010，污泥用于制砖时，污泥烧失量（干污泥）应≤50%。污泥由于有机质含量较高，脱水污泥直接制砖存在烧失量不满足标准要求的问题，不仅会影响建材质量，还存在二次污染风险。

3）污泥处理和处置的衔接性

调研范围内部分污泥处理和处置缺乏有效衔接，主要表现在以下两个方面：（1）处理效果考量未考虑处置的需求，如好氧发酵处理未考虑土地利用对养分、有机质、盐分、重金属等的要求，导致发酵产物难以找到消纳途径；（2）即使污泥采用了厌氧消化、好氧发酵等方式处理，最终污泥仍然以填埋方式处置，降低了污水处理厂对污泥进行稳定化处理的积极性。

4）污泥处理处置设施布局合理性

调研范围内污泥处理处置设施布局受污水处理厂地理位置、行政管辖区划以及当地可利用社会资源状况等诸多因素影响，部分城市分散式和集中式污泥处理处置设施并存，部分污水处理厂距离集中处理处置点超过 70km，甚至存在跨省运输现象，运输成本较高。

此外，部分城市受污水处理厂行政隶属关系制约，未能从全市层面对污泥处理处置设施布局进行统筹规划。

再者，随着城市化的发展，部分污泥处理处置设施已经被居民区包围。随着环境质量要求的提高和居民环保意识的增强，污泥处理处置所受到的社会阻力越来越大。

2. 经济合理性

1）建设成本

调研范围内重点流域城市污泥处置方式以垃圾填埋场混合填埋为主，由于无需新建填埋场，故无需工程建设投资。对于新建填埋场，总投资为 16～26 元/m³ 库容，按填埋期 20 年考虑，折合 18 万元/t 污泥。

污泥焚烧方式以电厂协同焚烧为主，少部分污泥进行了单独焚烧。电厂协同焚烧污泥无需另建焚烧炉，无需另建完整的烟气净化装置，故工程建设投资较少，投资成本主要为干化设备成本。例如，常州某热电厂污泥干化采用深度脱水＋太阳能干化工艺，处理能力为 400t/d（含水率 80%），总投资 3500 万元，包括通风除臭设施投资 100 多万元，折合投资成本不到 10 万元/t 污泥（含水率 80%）。对于单独干化焚烧项目，若干化和焚烧设备均采用国产设备，则项目的投资成本为 30 万～50 万元/t 污泥（含水率 80%）；若干化设备采用进口设备，焚烧等其他设备均采用国产设备，则项目的投资成本为 50 万～70 万元/t 污泥（含水率 80%）。上海某污泥干化焚烧工程设计处理能力为 320t/d，实际处理能力为 130t/d，工程投资为 8000 万元，折合投资成本为 61.5 万元/t 污泥。

污泥好氧发酵工程投资成本一般为 25 万～45 万元/t 污泥（含水率 80%），受机械化和自动化水平、工程规模等因素影响。唐山某污泥好氧发酵工程处理能力为 400t/d（含水率 80%），总投资为 8000 万元，折合投资成本为 20 万元/t 污泥（含水率 80%）。

污泥厌氧消化系统投资成本与系统构成、污泥性质、自动化程度、设备质量等因素相关，一般情况下，工程投资约为 20 万～40 万元/t 污泥（不包括浓缩和脱水），若采用更多的进口设备，则投资成本将会增加。上海某污泥厌氧消化工程设计处理能力为1020t/d，其中干化系统处理能力为320t/d，工程费用为63000万元，折合投资成本为62万元/t污泥（包括浓缩、脱水、厌氧消化、干化等设施）。

污泥石灰稳定工艺基建投资较低，根据规模及混合设备选型不同，固定资产投资约为2万~4万元/t污泥（含水率80％）。唐山某污泥加钙干化工程处理能力为5t/h，总投资为300万元，折合投资成本为2.5万元/t污泥（含水率80％）。

污泥板框压滤深度脱水工程投资成本一般为8万~20万元/t污泥。上海某污泥深度脱水应急工程设计处理能力为1500t/d，工程投资为24000万元，折合投资成本为16万元/t污泥。

2）运行成本

污泥带式压滤和离心脱水设施运行成本主要考虑药剂消耗、能耗、人工、设备折旧、维修等因素，运行成本一般为5~20元/t污泥（含水率80％）。其中，脱水药剂费用由加药量决定，污泥脱水至含水率80％所加药剂一般为阳离子PAM，加药量一般为1~7kg/tDS。污泥深度脱水工程药剂投加量大幅增加，运行费用也显著高于带式压滤或离心脱水。上海某污泥深度脱水应急工程石灰和三氯化铁投加比例分别为22.5％和8％左右，运行成本约为100元/t污泥（含水率80％）。

污泥厌氧消化处理直接运行成本约为60~120元/t污泥（不包括浓缩和脱水），考虑污泥气回收利用后，可节省部分运行成本。上海某污泥厌氧消化工程运行成本约为120元/t污泥（包括浓缩和脱水）。

对于污泥单独干化焚烧项目，若采用进口的流化床干化机和国产的流化床焚烧系统，则运行成本约为170~250元/t污泥（含水率80％），不包括固定资产折旧费用，其中燃煤和用电的消耗约为55％~65％，导热油、自来水、石灰石、消石灰、石英砂、活性炭、氮气等损耗费用共计约为5％。若采用国产的空心桨叶式干化机和国产的流化床焚烧系统，则运行成本约为120~200元/t污泥（含水率80％），其中燃煤和用电的消耗约为65％~70％。上海某污泥干化焚烧处理工程运行成本为160~210元/t污泥。

污泥电厂协同焚烧项目中污泥干化所需的热源都可以利用原炉（窑）低品位、价廉的余热解决，处理成本大幅下降；需要管理的只有干化车间，管理难度和成本均大幅下降。例如，嘉兴某污泥协同焚烧处置工程费用约为180元/t污泥；唐山某污水处理厂脱水污泥运往热电厂协同焚烧，污泥处理处置费用主要包括水电费、人工费和设备折旧费等，实际处理处置费用为120元/t污泥（含水率80％）；常州市区50％以上的污泥运往某热电厂，直接进入循环流化床进行协同焚烧，或者经深度脱水和太阳能干化后进行协同焚烧，其中太阳能干化地热采用焚烧烟气余热，处理处置费用为180~200元/t污泥（含水率80％）。

污泥好氧发酵运行成本主要考虑人工、能耗、调理剂、药剂、设备折旧、维修等因素，运行成本一般为120~160元/t污泥（含水率80％）。唐山某污泥好氧发酵工程运行成本为100~180元/t污泥（含水率80％），其中电费成本为30~40元/t污泥（含水率80％），辅料成本为30~100元/t污泥（含水率80％）。太仓某有机肥料有限公司向污水处理厂收取的处理处置费用包括清运处理费180元/t污泥（含污泥运输费、处理费和税金）和污泥装车费30元/t污泥（含铲车费、油费、人工费和税金），合计为210元/t污泥（含水率80%）。太仓某公司蚯蚓堆肥工程的运行成本主要包括土地承租、蚯蚓购买和人工成本，向污水处理厂收取的处理处置费用约为148元/t污泥（含水率80%）。

污泥石灰稳定直接运行费用主要由石灰、电、人工、设备维护等费用组成。根据石灰掺混比例不同，运行成本约为50～150元/t污泥（含水率80%），其中石灰消耗可占到总运行费用的70%～90%。唐山某污泥加钙干化工程运行成本为80～90元/t污泥（含水率80%）。

在建材利用方面，嘉兴污泥用于制砖处置费用为125元/t污泥（含水率80%）；重庆某水泥窑协同处置污泥费用为163元/t污泥（含水率80%）。

在污泥填埋方面，调研范围内重点流域城市污泥填埋处置费用整体较低，例如某城市污泥填埋费用为118～140元/t污泥。由于填埋处置费用偏低，使得土地利用、建材利用等资源化利用途径失去了经济竞争力，在一定程度上不利于我国污泥处理处置行业的发展。

3）运输成本

在污泥运输费用方面，运输成本主要由运输距离决定，一般为每吨1.8～2.8元/km，部分污水处理厂距离污泥处置点较远导致运输成本较高，例如嘉兴某污水处理厂污泥运输费用达到100元/t。部分重点流域城市污泥运输成本见表7-6。

部分重点流域城市污泥运输成本　　　　　　　　　　　　表7-6

城市	污泥运输成本［元/（t·km）］
常州	1.8～2.5
昆明	2.8
唐山	0.5～0.6
嘉兴	1.8～2.5

3. 环境友好性

调研范围内53.79%的污泥采用填埋方式进行处置，填埋前一般仅进行了简单脱水处理，污泥含水率高、有机物含量高、持水性强，给填埋场的填埋作业和填埋效果带来诸多不良影响，产生大量渗滤液及污泥气，具有较大的环境安全隐患。

调研范围内16.96%的污泥采用热电厂协同焚烧方式进行处置。一方面，热电厂对烟气中污染物的监测和处理主要聚焦于二氧化硫、氮氧化物、烟尘浓度等，对二噁英等污染物监测较少，缺乏针对污泥烟气污染物特点的污染控制措施；另一方面，由于污泥掺烧比例相对较小，存在污染物稀释排放的潜在环境隐患；再者，部分污水处理厂脱水污泥中镉、铬、镍、锌、铜等重金属含量较高，焚烧灰渣是否应按照危险废物处置缺乏监测和论证，而目前部分灰渣被直接用于建材制造，存在环境风险。

调研范围内8.88%的污泥未经稳定化处理直接进行制砖或制陶粒，生产现场环境卫生状况较差，建材加工过程中存在二次污染风险，建材利用过程中也存在环境安全风险；此外，调研发现部分城市存在重金属超标污泥用于制砖的现象，应针对以上环节加强监督和管理。

调研范围内11.01%的污泥进行了土地利用处置，但只有7.98%的污泥在土地利用前进行了好氧发酵或厌氧消化稳定化处理，其他污泥仅进行了简单的脱水或者自然干化处理，污泥稳定化、无害化程度低，土地利用过程中极易造成二次污染。

4. 资源利用性

调研范围内重点流域城市污泥在处置前普遍缺乏稳定化处理，污泥中的有机质、养分等资源未得到有效的利用，资源化利用水平偏低。此外，由于部分污水处理厂进水中工业废水比例较高，导致污泥中重金属、总氰化物等污染物含量偏高，污泥不适合进行土地利用，建材利用也被严格限制，制约了污泥资源化利用水平的提高。而即使进行了土地利用的污泥，由于其利用途径和需求量均不稳定，污泥的资源化利用也得不到保障。

污泥资源化利用在国外发达国家得到了日益广泛的关注和重视，德国从法律层面把污泥定义为资源物而不是废弃物，英国将污泥有机质作为可再生能源回收利用，日本用生物质循环利用率指标取代下水污泥循环利用率指标。

7.2　污泥处理处置技术路线设计

7.2.1　基本原则

1）坚持安全环保和绿色低碳并重

在解决污泥处理处置迫切问题、保障污泥安全环保处理处置的基础上，最大程度减少污泥处理处置过程对外界能源和化学药剂的依赖，最大程度避免对环境造成二次污染，最大程度减少二氧化碳、甲烷等温室气体排放对外界的影响。

2）坚持资源循环和能源回收并举

污泥处理处置过程同步考虑资源化和能源化，注重从污泥中回收甲烷等生物质能源，注重污泥中有机质、养分等资源的循环利用。

3）坚持集成创新和因地制宜兼顾

在充分考虑目标城市特点、污泥产量、泥质特性的基础上，积极采用新理念、新工艺、新技术、新材料和新设备，提高污泥处理的技术水平和先进性。

4）坚持近期优化和远期规划统筹

在城市污泥处理处置适用技术路线的研究中，把已有技术路线和拟采取技术路线作为整体统筹系统考虑，注重充分利用现有设施，注重近、远期工程的合理衔接，一次规划，分期实施。

7.2.2　污泥处置技术适用边界条件分析

1. 土地利用

土地利用是很多国家污泥处置的主要方式之一。我国城镇污水处理厂数量众多，污泥产量大，污泥中蕴含有丰富的有机质、氮、磷等养分，污泥经过好氧发酵后还会形成大量腐殖质和处于易被植物吸收状态的营养物质。我国作为农业大国，中低产土壤面积相当大，根据第二次土壤普查，全国缺乏有机质的耕地达 3290 万 hm^2，缺氮耕地达 3305 万 hm^2，约占耕地面积的 35%；缺磷耕地达 6726.6 万 hm^2，占耕地面积的 70.7%。因此，从经济、环境和可持续发展等因素出发，将经过适当处理后达到标准的污泥进行土地利用，是一种符合我国国情的污泥处置方式。

污泥土地利用包括土地改良、园林绿化、林地用和农用等方式，每一种方式的利用量可考虑随季节等因素进行动态调整。污泥用作园林绿化介质土和园林绿化肥料时，其泥质应满足《城镇污水处理厂污泥处置 园林绿化用泥质》GB/T 23486 的要求。污泥用于土地改良时，其泥质应满足《城镇污水处理厂污泥处置 土地改良用泥质》GB/T 24600 的要求，每年土地施用干污泥量不大于 $30t/hm^2$。污泥用于农用时，其泥质应满足《农用污泥污染物控制标准》GB 4284 的要求，年施用污泥量累积不应超过 $7.5t/hm^2$，农田连续施用不应超过 5 年。污泥用于林地时，其泥质应满足《城镇污水处理厂污泥处置 林地用泥质》CJ/T 362 的要求，年施用污泥量累积不应超过 $30t/hm^2$，林地连续施用不应超过15 年。

采用土地利用处置方式时，要对污泥泥质、利用地点的土壤、地下水等进行跟踪监测分析。污泥中富含氮、磷等养分，在降雨量较大地区的土质疏松土地上施用污泥，当有机物分解速度大于植物对氮、磷的吸收速度时，养分可能会随径流进入地表水体，造成水体富营养化，如渗入地下，则会引起地下水污染。因此，应采取一定的限制措施以避免污泥土地利用存在的安全风险，主要包括：1）污泥不宜施用于蔬菜地和当年放牧的草地；2）污泥应避免施用于易发生水土流失的地带和水源地保护区等环境敏感区；3）有工业废水排入的城镇污水处理厂产生的污泥，不宜施用于农田等可能进入人类食物链的土地；4）污泥农用时宜作为基肥施用，不宜在作物生长和收割季节进行施撒。

若不考虑污泥无害化处理等相关成本，污泥制成普通园林肥料后，每吨售价约为 500元；污泥制成专用园林肥料后，每吨售价约为 1000～1500 元；若作为土壤基质，每吨售价约为 200 元；若作为营养土，每吨售价为 100 元以内。然而，为满足土地利用的泥质要求，需增加污泥无害化处理成本 200～400 元/t 不等。整体而言，在条件许可的情况下，污泥土地利用是经济可行的方向之一。

2. 建材利用

建材利用是污泥资源化利用的一种方式，包括两种：一是污泥直接作为原料制造建筑材料，经烧结的最终产物用于建筑工程的材料或制品，如污泥进入水泥窑协同焚烧即属于这种方式；二是利用污泥焚烧后的灰渣制造建筑材料。污泥建材利用的途径主要有：制水泥、制陶粒、制路基材料等。目前，污泥的建材利用已经被看作一种可持续发展的污泥处置方式，在日本和欧美等国都有许多成功实例。近年来，随着我国经济和城市建设的快速发展，建材的市场需求量以每年 8% 以上的速度增加，国家鼓励有关企业利用废渣、污泥进行建材利用。污泥建材利用的最终产物是在各种类型建筑工程中使用的材料制品，无需依赖土地作为其最终消纳的载体，同时它还可替代一部分用于制造建筑材料的原料，因此具有资源保护的意义。

水泥熟料和制砖用泥质应符合《城镇污水处理厂污泥处置 水泥熟料生产用泥质》CJ/T 314 和《城镇污水处理厂污泥处置 制砖用泥质》GB/T 25031 等国家和行业相关标准的规定，严格防止在生产和使用过程中造成二次污染。此外，污泥用于生产水泥时，产品质量应符合《通用硅酸盐水泥》GB 175 的规定；污泥用于烧结制砖时，污泥和黏土等物质的配比一般不应超过 1∶10，烧结砖质量应符合《烧结普通砖》GB/T 5101、《烧结多孔砖和多孔砌块》GB/T 13544 和《烧结空心砖和空心砌块》GB/T 13545 的规定；污泥用于生产陶粒时，产品的堆积密度和筒压强度等技术指标应满足《轻集料及其试验方法 第

1 部分：轻集料》GB/T 17431.1 的要求。

然而，污泥制成的建筑材料在市场上存在着一定的劣势，其原因主要有两个方面：一是公众心理接受度低。污泥制成的水泥、陶瓷等，由于其原料的来源问题，总会让公众联想到污泥的不稳定性和有害性，因此会对污泥建材的销售产生影响。二是产品质量易受影响。污泥制成水泥等由于 P_2O_5、CaO 含量较黏土偏高，当污泥在建材制作原料中添加量偏高时，会对水泥的抗压强度等物理性能产生影响。因此，污泥进行建材利用时，不仅要考虑技术上的可行性，而且必须考虑到公众感觉因素，必须对产品的市场前景进行深入的调研，以确定产品的销售渠道、产品的使用范围以及产品的利润，其能否推广应用，与政府的政策支持和市场扶持有很大的关系。

3. 填埋

当污泥泥质不适合土地利用，且当地不具备焚烧和建材利用条件时，可采用填埋处置。污泥填埋的优点是投资量少、处理量大、效果明显，对污泥的卫生学指标和重金属指标要求比较低。但是，污泥填埋造成的环境问题也较多：1）占用大量土地资源，破坏原有生态环境；2）产生大量渗滤液，如果不进行收集和适当处理，会造成地下水和地表水污染；3）对污泥气进行资源化利用的填埋场较少，污泥气排放会污染大气，且产生安全风险；4）污泥气含有大量的温室气体，所以较高的温室气体排放量通常是由填埋造成的。

目前，世界各国对污泥填埋处置技术标准要求越来越高。例如，所有欧盟国家在 2005 年以后，有机物含量大于 5% 的污泥都将禁止填埋，这也就意味着，污泥必须经过焚烧处理才能满足填埋要求，而这显然违背了污泥填埋工艺简单、成本低廉的初衷。在这样的形势下，全世界污泥填埋的比例正在逐步下降，美国和德国的许多地区甚至已经禁止了污泥填埋。根据我国国情和现有经济条件，污泥填埋仍将是一种不可或缺的应急或者过渡性处置方案。

污泥进入填埋场进行填埋前，须进行改性，以提高其承载力，消除其膨润持水性。污泥混合填埋以及用作覆盖土时，其泥质应满足《城镇污水处理厂污泥处置　混合填埋用泥质》GB/T 23485 的要求。卫生填埋地质条件、防渗、渗滤液收集处理、污泥气导排、填埋作业、封场等，可参照《生活垃圾卫生填埋处理技术规范》GB 50869 执行。应定期对填埋场周边环境的大气、地下水体、地表水体等进行监测，监测的要求参照《生活垃圾填埋场污染控制标准》GB 16889。填埋过程的管理和污染物的控制应分别符合《生活垃圾填埋场污染控制标准》GB 16889、《恶臭污染物排放标准》GB 14554 和《大气污染物综合排放标准》GB 16297 的规定。

污泥多和垃圾混合进行卫生填埋，对于新建填埋场，总投资为 16～26 元/m³ 库容，按填埋期 20 年考虑，折合 18 万元/t 污泥（含水率 80%）。污泥填埋运行成本为 70～80 元/t 污泥（含水率 80%）；如按运输距离在 50 km 以内核算，总成本为 100～125 元/t 污泥（含水率 80%）。

上述污泥处置方式的技术导向和要求见表 7-7，在确定污泥处置方式时应以资源利用为导向，综合考虑泥质特性和变化趋势、土地资源和环境背景状况、资源利用产品的市场情况、经济社会发展水平等因素。

处置方式		技术导向	适用地区	前提条件
土地利用	农用	限制性使用	农业大省、沙荒地盐碱地地区（常年降雨量较少），西北部地区的中小城市、县城及建制镇等	土地资源较为丰富，用地成本低，土地利用有较好的前景，同时污水中工业污水比例低，污泥中重金属含量满足土地利用限值标准
	园林绿化	鼓励使用		
	土地改良	鼓励使用		
建材利用	水泥厂添加料	鼓励使用	周边有规范的大型建材企业的城市、城镇	充分考虑建材企业的生产规模，对建材企业的运行稳定性等进行评估
	制砖			
	制轻质骨料			
	制路基材料			
填埋		逐步限制未经无机化处理的污泥填埋	污泥泥质不适合土地利用，且当地不具备焚烧和建材利用条件的地区	填埋前对污泥进行减量化和稳定化处理，填埋过程中宜对污泥气和渗滤液进行收集和监测

7.2.3 污泥处理技术适用边界条件分析

1. 基于土地利用的污泥处理技术

污泥采用土地利用方式进行处置时，应优先采用厌氧消化、好氧发酵或其他成熟的处理技术，对污泥进行稳定化和无害化处理，确保污泥产品达到土地利用要求；如污泥存在重金属超标风险，应采用具有重金属去除或钝化功能的预处理措施。

1）厌氧消化

厌氧消化可从污泥中回收生物质能，实现污泥的减量化、稳定化、无害化和资源化，在国内外得到了日益广泛的应用。据统计，美国现有 16000 余座污水处理厂，年产生污泥3500 万 t，其中 650 座集中厌氧消化设施处理了 58% 的污泥；德国有 60% 的污水处理厂采用厌氧消化工艺，并通过回收生物质能源以满足污水处理厂 60% 的电耗需求；英国有75% 的污泥进行厌氧消化处理。我国自"九五"开始推广污泥厌氧消化技术，2000 年颁布的《城市污水处理及污染防治技术政策》建议规模在 10 万 m³/d 以上的二级污水处理厂采用厌氧消化工艺进行污泥处理，2009 年颁布的《城镇污水处理厂污泥处理处置及污染防治技术政策（试行）》和 2011 年颁布的《城镇污水处理厂污泥处理处置技术指南（试行）》又进一步鼓励回收和利用污泥中的能源和资源，鼓励城镇污水处理厂采用污泥厌氧消化工艺。

因此，对于有条件的污水处理厂，应优先考虑采用厌氧消化工艺对污泥进行稳定化和无害化处理，厌氧消化产生的污泥气应收集利用。有机质含量较高的污泥，尤其适宜采用厌氧消化方式进行处理。当污水处理厂不具备厌氧消化所需场地条件，或污水处理厂规模较小时，可将污泥集中进行厌氧消化以发挥规模效益；可在厌氧消化之前增加高温热水解预处理，强化有机质降解效率，提高厌氧消化污泥含固率，降低厌氧消化池池容和占地面积，提高污泥无害化水平；此外，还可将污泥和厨余垃圾等有机废物协同厌氧消化，提高厌氧消化综合效益。

厌氧消化后污泥含水率仍然较高，不满足土地利用的要求。通常，高含固厌氧消化后污泥含水率为 88%～92%，而园林绿化、土地改良、林地用泥质要求污泥含水率分别

<40%、<65%、≤60%，需要通过深度脱水或干化处理降低厌氧消化污泥含水率。

一般情况下，厌氧消化系统的工程投资约为 20 万～40 万元/t 污泥（含水率 80%）。若采用更多的进口设备，则投资成本将会增加。厌氧消化直接运行成本约为 60～120 元/t 污泥（含水率 80%），折合吨水处理成本约为 0.05～0.10 元/t。考虑污泥气回收利用后，可节省部分运行成本。

2）好氧发酵

好氧发酵利用好氧微生物进行有机物降解，能够实现污泥中有机质及营养元素的高效利用。污泥经好氧发酵处理后，物理性状得到改善，质地疏松、易分散、粒度均匀细致，可以进行园林绿化、土壤改良、林用等土地利用。污泥好氧发酵工艺相对简单，运行和维护要求较低，但由于占地面积大、辅料投加量大、臭气污染控制困难等原因，仅适合土地资源富裕、周边敏感目标较少的地区。

对于人口密度较低、土地资源丰富、土地利用条件较好的地区，以及城镇生活污水产生的污泥，建设分散式污泥处理工程，或者规模相对较小的集中式污泥处理工程，可优先考虑采用污泥好氧发酵工艺。污泥好氧发酵工艺使用的辅料来源应稳定，应因地制宜，尽量利用当地的废料，如秸秆、木屑、锯末、园林废弃物等，达到处理和综合利用的目的。

污泥好氧发酵处理后的产物一般考虑以土地利用作为首要出路，因此，好氧发酵原料中的重金属、持久性有机污染物等有毒有害物质含量应符合《城镇污水处理厂污泥处置 园林绿化用泥质》GB/T 23486、《城镇污水处理厂污泥处置 土地改良用泥质》GB/T 24600、《城镇污水处理厂污泥处置 林地用泥质》CJ/T 362 和《农用污泥污染物控制标准》GB 4284 的有关规定。

高温好氧发酵的投资成本一般为 25 万～45 万元/t 污泥（含水率 80%）。在占地面积方面，根据处理规模的不同，以及发酵装置的形式、机械化程度的不同，处理工艺所需的土地面积也不同，一般占地面积可按 150～200m² /t 污泥（含水率 80%）进行估算。考虑人工、能耗、调理剂、药剂、设备折旧、维修等因素，高温好氧发酵运行成本大致为 120～160 元/t 污泥（含水率 80%）。

2. 基于建材利用的污泥处理技术

污泥建材利用方式包括两种：一是利用污泥焚烧后的灰渣制造建筑材料；二是污泥直接作为原料制造建筑材料。污泥焚烧和建材利用前通常需要采用脱水或热干化降低其含水率。

1）污泥热干化

为满足污泥后续处置要求，需要进一步降低常规机械脱水污泥的含水率。污泥热干化是指通过污泥和热媒之间的传热作用，脱除污泥中水分的工艺过程。污泥热干化程度的选择应遵循下列原则：利用干化工艺自身的技术特点；整个干化通过污泥和热媒之间的传热作用及后续处置系统投资和运行成本应最低；考虑污泥形态（松散度和粒度）对污泥输送、给料系统和后续处置设备的适应性。

按照干化热源的成本，从低到高依次如下：烟气；燃煤；蒸汽；燃油；污泥气；天然气。一般来说间接加热方式可以使用所有的能源，其利用的差别仅在于温度、压力和效率不同。直接加热方式，则因能源种类不同，受到一定限制。其中燃煤炉、焚烧炉的烟气量大，又存在腐蚀性污染物，较难使用。热干化工艺应和余热利用相结合，不宜单独设置热干化工艺。污泥热干化设施应选择在可就近持续、稳定获得余热热源的地方，如生活垃圾焚烧发电厂、火力发电厂、水泥厂等附近，鼓励利用废热、烟气等低品位能源作为热源，一般不宜采用一次优质能源作为污泥干化热源。另外，还可在污泥热干化前进行厌氧消化处理，从完整的技术路线的热平衡以及碳排放方面考虑，这种方案能够提高污泥能源利用效率，降低碳排放。

为防止污泥干化过程中臭气外泄，干化装置必须全封闭，污泥干化机内部和污泥干化间需保持微负压。干化后的污泥应密封贮存，以防止由于污泥温度过高而导致臭气挥发。污泥热干化厂应对排放尾气进行净化处理，采取措施防止恶臭污染物无组织排放，应符合《恶臭污染物排放标准》GB 14554 和《大气污染物综合排放标准》GB 16297 的相关规定。

一般情况下，若有可利用的余热能源，热干化设备采用国产设备时，投资成本为 10 万～20 万元/t 污泥（含水率 80％）；热干化设备采用进口设备时，投资成本为 30 万～40 万元/t 污泥（含水率 80％）。

2）污泥焚烧

当污泥采用焚烧方式时，应首先全面调查当地的垃圾焚烧、水泥及热电等行业的窑炉状况，优先利用上述窑炉资源对污泥进行协同焚烧，降低污泥处理处置设施的建设投资。当污泥单独焚烧时，干化和焚烧应联用，以提高污泥的热能利用效率。污泥焚烧后的灰渣，应首先考虑建材利用，若没有利用途径时，可直接填埋，经鉴别属于危险废物的飞灰，应纳入危险固体废弃物管理。

采用单独焚烧方式处理污泥，进入焚烧装置的污泥应满足《城镇污水处理厂污泥处置单独焚烧用泥质》GB/T 24602 的要求，属于危险废物的污泥不能进入焚烧厂焚烧。采用水泥窑协同焚烧、热电厂协同焚烧和生活垃圾混烧方式处理污泥，进入焚烧装置的污泥应不影响处理设施正常运行，水泥窑协同处置污泥时还应不影响最终水泥产品的质量，处理设施设计应符合《水泥窑协同处置污泥工程设计规范》GB 50757、《小型火力发电厂设计规范》GB 50049、《生活垃圾焚烧处理工程技术规范》CJJ 90 的规定；焚烧烟气均应符合《生活垃圾焚烧污染控制标准》GB 18485 的规定。

在焚烧过程中，应当至少具备以下技术条件：（1）焚烧炉内温度达到 850℃ 以上；（2）烟气在炉内停留时间大于 2s。

污泥单独焚烧，投资成本是由系统复杂程度、设备国产化率等因素决定的。一般情况下，若干化和焚烧设备均采用国产设备，则干化焚烧项目的投资成本为 30 万～50 万元/t 污泥（含水率 80％）；若干化设备采用进口设备，焚烧等其他设备均采用国产设备，则干化焚烧项目的投资成本为 50 万～70 万元/t 污泥（含水率 80％）。若采用更多的进口设备，则投资成本将增加。参照目前我国少数运行的干化焚烧项目，若采用进口的流化床干化机和国产的流化床焚烧系统，不包括固定资产折旧，运行成本约为 170～250 元/t 污泥（含水率 80％），其中燃煤和用电的消耗约占 55％～65％，导热油、自来水、石灰石、消石灰、石英砂、活性炭、氮气等损耗费用共计约 5％。若采用国产的空心桨叶式干化机和国产的流化床焚烧系统，不包括固定资产折旧，运行成本约为 120～200 元/t 污泥（含水率 80％），其中燃煤和用电的消耗约占 65％～70％。

3. 基于填埋的污泥处理技术

当污泥泥质不适合土地利用，且当地不具备焚烧和建材利用条件，可采用填埋处置。

进行卫生填埋的污泥，其泥质应符合《城镇污水处理厂污泥处置 混合填埋用泥质》GB/T 23485 的要求，可采用深度脱水、石灰稳定等工艺对污泥进行处理，以满足污泥含水率、抗剪强度等指标要求。

1) 深度脱水

通过加入调理剂后进行压滤，可将污泥含水率降至 55%～65%，后续可在垃圾填埋场进行混合填埋。深度脱水前应对污泥进行有效调理，调理的作用主要是对污泥颗粒表面的有机物进行改性，或对污泥的细胞和胶体结构进行破坏，降低污泥的水分结合容量，同时降低污泥的压缩性，使污泥能满足高干度脱水过程的要求。化学调理是较为常用的调理方法，所投加化学药剂主要包括无机金属盐药剂、有机高分子药剂、各种污泥改性剂等，投加量一般为干污泥的 10%～20%，增加了最终污泥的处置量和处置成本。

污泥深度脱水工艺基建投资较低，根据规模及设备选型不同，固定资产投资为 2 万～16 万元/t 污泥（含水率 80%）。污泥深度脱水工艺直接运行费用主要由药剂费、动力费、人工费和设备维护费等费用组成，一般运行成本约为 100～150 元/t 污泥（含水率 80%）。

2) 石灰稳定

通过向脱水污泥中投加一定比例的生石灰并均匀掺混，生石灰和脱水污泥中的水分发生反应，生成氢氧化钙和碳酸钙并释放热量，可使处理后污泥含水率降至 60% 以下，可以进行填埋处置。采用石灰稳定技术应考虑当地石灰来源的稳定性、经济性和质量的可靠性。石灰稳定曾经是一种普遍采用的稳定化方式，因为其操作简便、建设成本低。石灰稳定需要另外加入碱性材料，将污泥的 pH 值提高到 12 以上，高 pH 值可以将致病菌的细胞壁破解，反应过程中产生的高温也起到了杀菌消毒的作用。石灰稳定还可以控制臭气，增加污泥的浓度，使其便于运输和堆放贮存。然而，现在石灰稳定的应用正在逐渐减少，原因是处理过程中产生的灰和气味可能产生环境问题，而且石灰稳定后的碱性污泥产品的应用也很有限。

污泥石灰稳定工艺基建投资较低，根据规模及混合设备选型不同，固定资产投资约为 2 万～4 万元/t 污泥（含水率 80%）。参照目前我国污泥石灰稳定工程实例，其工艺直接运行费用主要由石灰购置费、电费、人工费、设备维护费等费用组成。根据石灰掺混比例不同，运行成本约为 50～150 元/t 污泥（含水率 80%），其中，石灰消耗可占到总运行费用的 70%～90%。

7.2.4　污泥处理处置适用技术路线

污泥处理处置技术路线的确定需综合考虑产业布局、环境污染、卫生安全、经济成本等因素，充分挖掘社会环境资源，加强污泥泥质、泥量和社会环境资源的匹配度分析，优先选用稳定、可靠、匹配度高的社会环境资源，以确保污泥处理处置工作的连续、稳定和可持续性。所利用社会环境资源应符合国家相关产业政策及发展导向，不宜利用《产业结构调整指导目录》中确定的限制类和淘汰类社会环境资源。推荐技术路线主要有以下几条：1) 厌氧消化＋脱水/干化＋土地利用；2) 好氧发酵＋土地利用；3) 深度脱水/干化＋单独焚烧＋灰渣建材利用/填埋；4) 深度脱水/干化＋电厂/水泥窑协同处置；5) 深度脱水/石灰稳定化＋应急填埋。

1. 厌氧消化＋脱水/干化＋土地利用

对于污泥中有机质含量高、重金属含量低、土地利用消纳空间较充足的地区，可采用厌氧消化＋脱水/干化＋土地利用的技术路线。厌氧消化产生的污泥气收集后进行资源化利用，实现污泥生物质能的有效回收，除满足厌氧消化自身的能量需求外，余量还可用于厂区发电或其他能源供应。沼渣可采用脱水或者干化处理后，进行土地利用。技术路线还可考虑污泥和厨余垃圾等有机废弃物的协同厌氧消化。污泥厌氧消化前可进行高温热水解预处理，改善污泥的流动性和泥质特性，提高厌氧消化效率和污泥气产量，以克服传统厌氧消化反应缓慢、有机物降解率低和甲烷产量较低的缺点。

技术路线的优势主要在于：

1）污泥稳定化。厌氧消化过程可削减有机物，杀死部分病原菌和寄生虫卵，使污泥得到稳定化，不易腐臭，避免在运输及最终处置过程中对环境造成不利影响，也降低了土地利用时的温室气体排放量。高温高压热水解后厌氧消化，热水解过程完成了污泥消毒，稳定化效果更佳。

2）污泥减量化。传统厌氧消化可降解污泥中 35％～50％ 的挥发性固体，高温高压热水解后厌氧消化可降解污泥中 50％～65％ 的挥发性固体，且消化后污泥脱水性能提升，污泥量整体可减少 30％～50％，有利于后续处理处置。

3）污泥资源化。厌氧消化后的熟污泥可进行土地利用。若沼渣经热干化，可进一步杀死病原体，可进行土地利用。厌氧消化过程产生的污泥气可热电联产或制取生物燃气。有机质含量较高的污泥，或者和易降解有机质协同厌氧消化时，回收的污泥气除满足厌氧消化自身的能量需求外，余量还可用于厂区发电或其他能源供应。

4）污泥脱水性能提升。厌氧消化后污泥的机械脱水性能和热干化脱水性能显著提升，因此厌氧消化在污泥处理处置技术路线中可作为一个污泥改性环节。污泥处理处置技术路线中是否采用厌氧消化，可通过对整条路线的技术经济及碳排放进行综合评价、与其他路线比选后确定。

5）厌氧消化、脱水、干化均为应用较为成熟的技术，热水解技术也有十几年的成功应用经验，在北京、长沙、襄阳等地均有应用，技术路线较可靠。

技术路线的局限性主要在于：

1）工艺较复杂，尤其是高级厌氧消化，运行管理要求高，投资和运行成本较高。

2）沼液中氮磷浓度较高，但氮磷回收提取技术、液体肥加工技术的成熟度仍有待提高，沼液通常回流至污水处理厂，若不进行氮磷回收利用，会额外增加氮磷负荷，集中处理多厂污泥的厌氧消化项目，沼液直接回流至单个污水处理厂的处理难度更大，通常需先进行脱氮除磷。

3）最终产物土地利用受季节变化的影响显著，需预留产品贮存空间，以应对产物土地利用的季节性变化和市场波动。

2. 好氧发酵＋土地利用

对于污泥中有机质含量高、泥质较好、土地利用条件较好的地区，可采用好氧发酵＋土地利用的技术路线。对于以城镇生活污水为主产生的污泥，利用好氧微生物进行有机物降解后的污泥泥质能够达到限制性农用、园林绿化或土壤改良的标准，能实现污泥中有机质及营养元素的高效利用。污泥经高温好氧发酵处理后，物理性状得到改善，质地疏松、易分散、粒度均匀细致，含水率小于 40%。堆肥产品是一种对环境有用的资源，能够加速植物生长，保持土壤中的水分，增加土壤有机质含量，有利于防止侵蚀，是一种很好的土壤改良剂和肥料。

技术路线的优势主要在于：

1）可充分利用污泥中的有机物和植物性养分。

2）工艺简单，易于运行维护。传统好氧发酵工艺多在室外进行，工艺简单；集成化好氧发酵设施在完全封闭的建筑物内，或者完全机械化，目前已经有工程实现了智能控制，运行维护难度较小。

3）产品可资源化利用。由于高温好氧发酵过程中要维持较高的温度和足够的发酵时间，发酵后污泥稳定化程度较高，无病原体和臭气，能够保持土壤中的水分，增加土壤有机质含量，改良土壤结构。

技术路线的局限性主要在于：

1）由于脱水污泥含水率仍较高，而且堆肥和腐熟需要的时间也较长，因此好氧发酵占地面积大，不适合土地紧缺的地区。

2）堆肥过程中通常需要添加调理剂降低污泥含水率，使得需要处置的固体量不但没有减少反而增加，而销路不畅也是堆肥产品需要面临的问题，调理剂来源的稳定性和成本对工艺运行稳定性和运行成本影响较大。

3）采用传统发酵工艺的发酵车间内易产生水汽并引起设备腐蚀等问题。

4）好氧发酵过程易出现局部厌氧产生臭气，故臭气收集和处理要求较高。

5）需预留产品贮存空间，以应对污泥土地利用的季节性变化和市场波动。

3. 深度脱水/干化＋单独焚烧＋灰渣建材利用/填埋

对于污泥中有毒有害物质含量较高且短期不可能降低，当地不具备土地利用条件，经济发达、人口稠密、土地成本较高的地区，可采用深度脱水/干化＋单独焚烧＋灰渣建材利用/填埋的技术路线。焚烧属于末端处理工艺，宜充分考虑在污泥处理流程前端采用经济高效的减量化及降低含水率的工艺，如深度脱水、干化等，减少末端焚烧的污泥量和规模，提高焚烧工艺的经济性。技术路线前端可增加厌氧消化处理工艺，分级高品质回收污泥中蕴含的资源和能源，同时可降低下游焚烧炉负荷（尤其是烟气处理的负荷）。

技术路线的优势主要在于：

1）污泥稳定化。焚烧可杀死污泥中的一切病原体，仅残留无机组分，产物充分稳定化。此外，污泥中 Cl 含量较低，S/Cl 较高，可抑制二噁英的生成，且污泥单独焚烧工程可配备成熟的烟气处理设施，我国多年运行检测结果表明，二噁英和重金属排放浓度远低于欧盟标准限值。

2）污泥减量化。焚烧过程去除了污泥中的水分和挥发性固体，显著减少了污泥的体积和质量。

3）污泥资源化。焚烧产生的炉渣和飞灰应分别收集、贮存、运输和处置，焚烧后的灰渣经鉴定不属于危险废物的，可进行建材利用；焚烧是利用污泥热值的过程，焚烧烟气中的热量可部分回收，用于污泥热干化等环节。

技术路线的局限性主要在于：

1）由于脱水污泥含水率高，从焚烧过程中回收的热能全部用于污泥热干化，没有多余的热能来发电或用于其他用途，可能还需要额外的能量输入。

2）焚烧系统较复杂，建设投资成本较高，运行维护要求较高。

3）焚烧烟气中含有重金属、酸性气体及氮氧化物等，需要稳妥地处理以防止污染空气和对健康造成影响。

4）污泥焚烧的公众接受度有待提高，易受"邻避效应"制约。

4. 深度脱水/干化＋电厂/水泥窑协同处置

当污泥中重金属等污染物可满足掺烧要求，且产生的烟气和灰渣在水泥掺烧或电厂掺烧系统中可得到安全处理处置时，可选择深度脱水/干化＋电厂/水泥窑协同处置的技术路线。我国自 2009 年开始实施的《城镇污水处理厂污泥处理处置及污染防治技术政策（试行）》中指出："在有条件的地区，鼓励污泥作为低质燃料在火力发电厂焚烧炉、水泥窑或砖窑中混合焚烧。"

利用工业窑炉协同焚烧污泥，其本质仍属于焚烧，但利用现有窑炉，可降低建设投资，缩短建设周期。目前应用较多的是水泥窑和热电厂协同焚烧利用。当具备可供利用的工业窑炉时，可进行必要的改造（尤其是二次污染控制措施），在对主流工艺无影响和二次污染风险可控的情况下可采用此类方案。若污泥中有毒有害物质在较长时期内不可能降低时，应规划独立的焚烧设施作为永久性处置方案。

污泥协同焚烧前需经过深度脱水或干化。通过加入调理剂后进行压滤，可将污泥含水率降至 55%～65%。若对污泥进行热干化处理，热干化设施应选择在可就近持续、稳定获得余热热源的地方，利用热电厂余热作为干化热源，不宜选用一次优质能源作为干化热源。

水泥窑协同处置的优势主要在于：

1）污泥稳定化和减量化。

2）污泥资源化。燃烧后的残渣成为水泥熟料的一部分，无残渣和飞灰产生，不需再对焚烧灰另行处置。

3）二次污染风险较低。水泥窑的主体工艺特征和污染控制措施对控制污泥中污染物的释放有利。

4）节省建设投资成本。

水泥窑协同处置的局限性主要在于：

1）污泥中的部分组分会对主体工艺产生不良影响。

2）水泥产品的质量控制和市场应用保障机制尚需完善。

热电厂协同处置的优势主要在于：

1）污泥稳定化和减量化。

2）污泥资源化。污泥干化后作为燃料替代一部分煤，利用了污泥的热值；粉煤灰可进行建材利用。

3）节省建设投资成本。

热电厂协同处置的局限性主要在于：

1）对原有锅炉的运行稳定性和安全性造成影响，如影响炉温稳定、影响锅炉安全。

2）增加烟气量和烟气处理负荷。

3）污泥经脱水或半干化后掺烧，焚烧烟气中含有大量水分，易造成设备主体及附件腐蚀，缩短锅炉寿命。

4）二次污染风险增大，存在污染物稀释排放问题，污染控制和监管难度较大。

5. 深度脱水/石灰稳定化＋应急填埋

当污泥泥质不适合土地利用，且当地不具备焚烧和建材利用条件时，可采用深度脱水/石灰稳定化＋应急填埋的技术路线。根据我国国情和现有经济条件，污泥填埋仍将是一种不可或缺的应急或者过渡性处置方案。填埋前应采用深度脱水处理以降低污泥含水率，并改善污泥的土工力学性能，或者采用石灰稳定化处理，将污泥的 pH 提高到 12 以上，利用高 pH 值、高温条件杀菌消毒，提高污泥稳定化程度。

技术路线的优势主要在于：

1）投资量少、处理量大，对污泥的卫生学指标和重金属指标要求比较低。

2）可作为应急或者过渡性处理处置方案。

技术路线的局限性主要在于：

1）填埋处置占用大量土地资源，破坏原有生态环境；产生大量渗滤液，如果不进行收集和适当处理，会造成地下水和地表水污染；污泥气中含有大量温室气体，且存在安全风险。

2）深度脱水或者石灰稳定化处理过程污泥干重增加较大，臭气收集处理不当极易产生二次污染。

6. 技术路线选择建议

考虑到污泥处置方式的多元化以及各地区情况差异，针对技术路线选择提出如下建议：

1）因地制宜选择污泥处置方式。

对于大中型城市，中心区人口密集，土地资源紧张，经济相对发达，采用占地面积小、设备集中、运行管理自动化程度较高、对环境影响小的处理处置方式。

对于其他设市城市，土地资源相对丰富，当水泥生产、建筑制砖等工业较为发达时，采用以土地利用和建材利用为主、填埋为辅的技术路线进行处理处置。

对于县城及建制镇，人口密度低，土地资源丰富，周边有较多的农田、绿地，对污泥中的营养物质进行回收利用或改良土壤，采用以土地利用为主的技术路线进行处理处置。

对于中部的农业大省、沙荒地分布广泛的西部地区，采用好氧发酵＋土地利用技术路线进行处理处置。

2）结合泥质条件和处置要求选择处理技术。

对于污泥重金属含量低、能满足园林绿化和土壤改良甚至农用泥质标准，且当地具有土地利用条件的地区，采用厌氧消化和好氧发酵处理。

对于用地紧张、无法实施大规模污泥填埋、无土地利用条件的经济较发达的大中型城市，采用干化焚烧处理。污泥低位热值大于 5000kJ/kg 的，采用深度脱水后直接焚烧处理，焚烧后产生的高温蒸汽进行热能利用。污泥低位热值小于 3500kJ/kg 的，采用半干化焚烧处理，尽量保证热能平衡。

对于污泥重金属含量超标、不能满足土地利用泥质标准，且当地用地不甚紧张、同时具备污泥填埋条件的地区，采用石灰稳定化、自然干化、生物干化等低成本处理方法。

3）近期和远期处理处置需求充分衔接。

一方面，由于我国污泥处理处置起步较晚，一些地区相关研究和规划缺失，实际工程中存在污泥处置思路不清晰的问题，具有很大不确定性。因此，在选择污泥处理处置技术路线时，应充分考虑近期需求和愿景目标之间的衔接，避免重复建设。

另一方面，在解决污泥处理处置迫切问题、保障污泥安全环保处理处置的基础上，应充分考虑未来处理处置技术的发展趋势，优先选择绿色、低碳的处理技术，最大程度上减少污泥处理处置过程对外界能源和化学药剂的依赖，最大程度上避免对环境造成二次污染，最大程度上减少二氧化碳、甲烷等温室气体排放对外界的影响。

4）充分考虑应急和临时处置措施。

由于处置过程中应急出路的要求和设备检修维护方面的需要，污泥处理也应预留应急方法。例如，污泥干化和焚烧工艺的年运行时间一般为7500～8000h，但因其设备投资较高，一般不考虑设置备用设备，为保证在设备检修和维护期间污泥的处理处置，可采用石灰稳定等方式处理并保留部分填埋出路，必要时可进行简易处理。

第8章 工 程 实 例

8.1 上海市白龙港污泥厌氧消化处理工程

8.1.1 项目概况

上海市白龙港污泥厌氧消化处理工程是上海市环境项目世界银行贷款 APL 二期城市污水管理子项目，是上海市重大工程。工程处理对象为白龙港 120 万 m³/d 污水处理厂污水升级改造工程和 80 万 m³/d 污水扩建工程产生的化学污泥、初沉污泥和剩余污泥。工程设计规模为 204tDS/d（对应 200 万 m³/d 设计水量和现状进水水质），部分设施设计规模为 268tDS/d（对应 200 万 m³/d 设计水量和设计进水水质）。

污泥处理采用重力浓缩＋离心机械浓缩＋中温厌氧消化＋离心脱水＋部分脱水污泥干化的工艺流程。处理后污泥性质满足《城镇污水处理厂污染物排放标准》GB 18918—2002 中的污泥控制标准。

工程位于上海市浦东新区合庆镇白龙港污水处理厂厂内东北区域，工程实景如图 8-1 所示。项目于 2008 年 2 月开工建设，于 2011 年全工程投入运行。工程的全面运行为上海市的污泥处理和节能减排做出了显著贡献。

图 8-1 上海市白龙港污泥厌氧消化处理工程实景

工程实现了污泥的减量化、稳定化、无害化，提高了污泥的资源化利用程度，取得了很好的环境效益和社会效益。

1）减量化：污泥经过厌氧消化和干化处理，总量（含水率以 80％计）从 1020t/d 减少到约 439t/d。

2）稳定化：污泥经过厌氧消化处理，污泥中的有机物进行充分分解，实现了污泥的稳定化。

3）无害化：污泥经过厌氧消化和干化处理，污泥中的腐殖质降解，病菌杀灭，实现了污泥的无害化。

4）资源化：污泥厌氧消化产生的污泥气可作为系统供热能源，干化污泥可作为垃圾填埋场覆盖土、绿化介质土等进行资源化利用。

8.1.2 污泥处理工艺

工程污泥处理工艺系统包括污泥浓缩处理系统、污泥消化处理系统、污泥气处理利用系统、污泥脱水和输送系统、污泥干化处理系统、配套水处理系统和污泥液处理系统七大系统。

1. 污泥浓缩处理系统

对污水处理产生的化学污泥、初沉污泥和剩余污泥进行浓缩处理，将污泥含固率提高到 5％左右。虽然当时《室外排水设计规范》GB 50014—2006 规定的污泥厌氧消化进泥含固率为 3％左右，但根据污泥厌氧消化处理技术研发和设备改进，污泥厌氧消化进泥含固率采用 5％也能充分搅拌混合，从而减小消化池的容积，降低工程造价。为达到消化进泥含固率目标，初沉污泥和化学污泥采用重力浓缩，剩余污泥采用重力浓缩后进行机械浓缩。污泥浓缩处理系统工艺流程如图 8-2 所示。

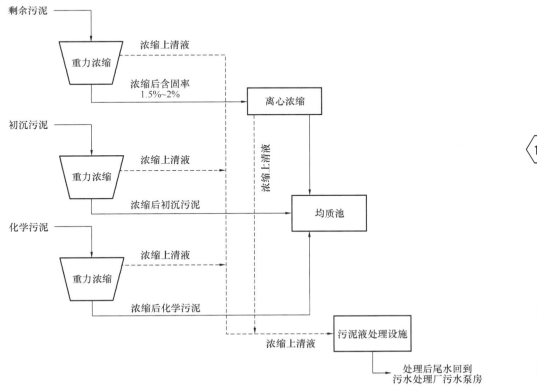

图 8-2　上海市白龙港污泥厌氧消化处理工程污泥浓缩处理系统工艺流程图

2. 污泥消化处理系统

对浓缩污泥进行中温厌氧消化处理，降解污泥中的有机物，产生的污泥气用于维持消化系统的温度，剩余污泥气用于干化污泥。

通过完整的污泥消化处理过程，污泥中的有机物转变为腐殖质，破坏和控制致病微生物，同时改变污泥性质，使污泥容易脱水，并可获得污泥气，用作污泥消化处理和污泥干化处理过程中所需的热量。

3. 污泥气处理利用系统

对污泥消化处理产生的污泥气进行处理、贮存和利用。作为污泥消化系统的加热热源和污泥干化系统的干化热源。污泥气脱硫采用生物脱硫和干式脱硫分级串联组合处理工艺。

污泥消化处理产生的污泥气经处理后输送至热水锅炉房，作为热水锅炉的燃料，向污泥消化系统输送热水，供应污泥厌氧消化所需的热能。污泥气通过锅炉前端的燃烧器进入锅炉，锅炉燃烧产生的烟气通过烟囱排入大气。

经处理后剩余的污泥气输送至污泥干化系统的导热油锅炉房，作为导热油锅炉的燃料，向污泥干化系统输送导热油，供应污泥干化所需的热能。污泥气通过锅炉前端的燃烧器进入锅炉，锅炉燃烧产生的烟气通过烟囱排入大气。

4. 污泥脱水和输送系统

对消化污泥进行脱水，降低污泥含水率，减小污泥体积，并将脱水后的污泥输送至污泥干化系统进行干化处理，或输送至污泥料仓贮存后外运。

污泥脱水和输送系统利用已建的污泥脱水机房进行扩容改造，增加 3 台污泥离心脱水机和 2 座污泥料仓，建设 2 套脱水后污泥泵送系统。污泥脱水和输送系统工艺流程如图 8-3 所示。

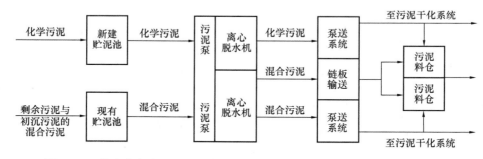

图 8-3　上海市白龙港污泥厌氧消化处理工程污泥脱水和输送系统工艺流程图

5. 污泥干化处理系统

利用污泥消化处理产生的污泥气对部分脱水污泥进行干化处理，进一步提高脱水污泥的含固率。污泥干化处理系统采用消化处理产生的污泥气作为能源，以天然气作为备用能源。污泥干化能力按在满足消化处理条件下可利用的气量确定。

污泥干化处理系统采用流化床干化工艺，污泥干化处理系统工艺流程如图 8-4 所示。

6. 配套水处理系统

工程从污水二级处理尾水排放箱涵中取水进行处理后用作污泥干化系统的冷却水。配套水处理系统工艺流程如图 8-5 所示。

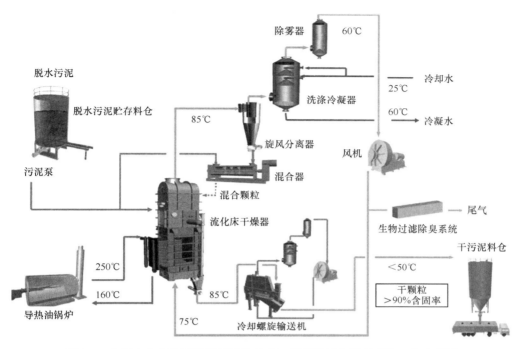

图 8-4 上海市白龙港污泥厌氧消化处理工程污泥干化处理系统工艺流程图

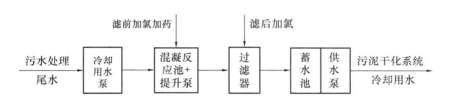

图 8-5 上海市白龙港污泥厌氧消化处理工程配套水处理系统工艺流程图

7. 污泥液处理系统

工程中的污泥液由污泥处理过程中产生的污泥浓缩上清液、污泥离心浓缩滤液、污泥消化上清液、污泥离心脱水压滤液等组成。通常污水处理厂将污泥液回流至进水泵房前，进入污水处理系统进行处理。由于本工程污水处理采用具有脱氮除磷功能的活性污泥法，而污泥液中的磷含量较高，为避免污泥液回流影响污水处理的除磷效果，工程设置一座污泥液处理设施，将磷通过化学处理去除。

污水中的磷具有以固体形态和溶解形态互相转化的性能，因此对污水中的磷进行处理的方法有生物除磷法和化学除磷法。生物除磷法是磷以溶解态被微生物所摄取，并随同微生物一起从污水中分离出去的方法。此方法适用于污水中含磷量较低（一般为 10mg/L 以下）且污水中营养比例比较合适的情况。本工程中的污泥液含磷量较高，且污水本身就是生物除磷排除的高浓度含磷污水，采用生物除磷法是不合适的，因此，对污泥液采用化学除磷法进行处理。化学除磷法应用最广泛的是混凝沉淀法。污泥液处理系统工艺流程如图 8-6 所示。

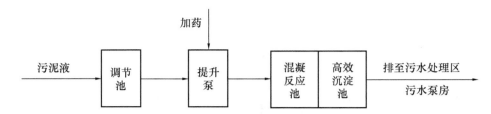

图 8-6 上海市白龙港污泥厌氧消化处理工程污泥液处理系统工艺流程图

8.1.3 主要工程设计

主要工程设计包括总平面设计、污泥浓缩处理系统设计、污泥消化处理系统设计、污泥气处理利用系统设计、污泥脱水和输送系统设计、污泥干化处理系统设计、配套水处理系统设计和污泥液处理系统设计。

1. 总平面设计

工程布置在厂区现有污泥脱水机房旁，根据功能合理分区，便于运行管理，主要分为污泥浓缩处理区、污泥消化处理区、污泥气处理利用区、污泥脱水干化处理区四个部分。其中污泥气处理利用区为防爆区域，需单独用围墙隔离。

1）污泥浓缩处理区

污泥浓缩处理区主要包括化学污泥配泥井、化学污泥浓缩池、初沉污泥配泥井、初沉污泥浓缩池、污泥泵房、剩余污泥配泥井、剩余污泥浓缩池和剩余污泥浓缩机房。区域布置在现状污泥脱水机房旁，便于污水处理区污泥就近排放，减小污泥输送距离，降低污泥输送泵的扬程。

2）污泥消化处理区

污泥消化处理区主要包括污泥匀质池、消化池进泥泵房、污泥消化池、西管线楼、东管线楼和地下管廊。区域位于工程中间区域，与污泥浓缩处理区、污泥气处理利用区相邻。

3）污泥气处理利用区

污泥气处理利用区布置在污泥消化处理区旁。布置有污泥气处理设施、污泥气贮气罐、消化系统热水锅炉房和污泥气燃烧塔。

4）污泥脱水干化处理区

污泥脱水干化处理区主要包括污泥脱水机房、脱水污泥料仓和污泥干化机房等，整体区域位于污泥浓缩处理区旁。污泥干化处理区靠近污泥脱水机房出泥料仓，以缩短脱水污泥的输送距离。

除了以上 4 个主要区域以外，工程还布置有污泥区办公楼，办公区域相对独立。靠近污水处理厂出水箱涵布置污泥干化系统冷却水取水泵房和冷却水处理设施，以便取水，并缩短至污泥干化机房的输水距离。在现状贮泥池旁布置一座新建贮泥池，贮泥池和污泥脱水机房相对集中。另外，邻近新建贮泥池布置污泥液处理设施。

2. 污泥浓缩处理系统设计

工程设置化学污泥浓缩池 2 座，初沉污泥浓缩池 2 座，直径均为 25m，有效泥深均为

4m。化学污泥停留时间为 53h，污泥固体负荷为 54kg/（㎡·d），初沉污泥停留时间为 37h，污泥固体负荷为 65kg/（㎡·d）。每座浓缩池设置一套直径为 25m、中心传动的立柱式污泥浓缩机。

工程设置剩余污泥浓缩池 4 座，直径为 28m，有效泥深为 5m。每座浓缩池设置一套直径为 28m、中心传动的立柱式污泥浓缩机。重力浓缩后污泥含水率为 98.5％。

工程设置剩余污泥浓缩机房 1 座，将剩余污泥在重力浓缩的基础上进一步进行离心浓缩，将其含水率由 98.5％降低到 95％。剩余污泥浓缩机房内设置 5 台离心浓缩机，4 用 1 备，单台处理能力为 120m³/h，功率为 160kW。

工程设置污泥泵房 1 座，内设 3 台化学污泥螺杆泵、3 台初沉污泥螺杆泵和 3 台剩余污泥离心泵。化学污泥、初沉污泥和剩余污泥可各自从污泥浓缩池流入污泥泵房中。污泥可分别泵送至污泥匀质池（至污泥消化系统的运行模式）或贮泥池（超越污泥消化系统的运行模式）。

污泥浓缩池设计如图 8-7 所示。

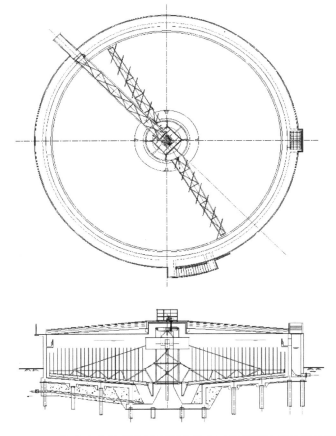

图 8-7　上海市白龙港污泥厌氧消化处理工程污泥浓缩池设计图

剩余污泥浓缩机房设计如图 8-8 所示。

污泥浓缩处理系统和消化处理系统的衔接设计如图 8-9 所示。

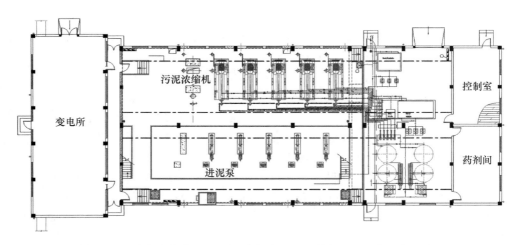

图 8-8　上海市白龙港污泥厌氧消化处理工程剩余污泥浓缩机房设计图

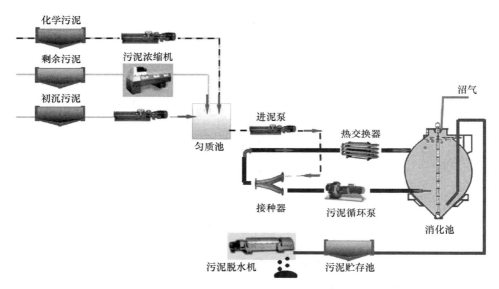

图 8-9　上海市白龙港污泥厌氧消化处理工程污泥浓缩处理系统
和消化处理系统衔接设计图

3. 污泥消化处理系统设计

工程在污泥消化池前端设置污泥匀质池 1 座，均衡污泥性质，改善污泥消化处理系统的处理效果。污泥匀质池设置 2 格，每格的平面尺寸为 13m×13m，有效泥深为 4.5m。每格均设置 2 套潜水搅拌机，每套功率为 6.5kW。

工程设置东管线楼、西管线楼和消化池进泥泵房各 1 座。西管线楼和消化池进泥泵房相邻布置。消化池进泥泵房的集泥井共设置 2 格，化学污泥、初沉污泥和剩余污泥可以进入各自独立的集泥井后经消化池进泥泵提升入消化池，也可通过打开两格集泥井之间的 DN400 电动铸铁闸门混合三种污泥，实现混合污泥经消化池进泥泵提升入消化池。

两管线楼和消化池顶部通过天桥连通，和消化池下部通过地下管廊连通。消化池地下管廊如图 8-10 所示。消化池产生的污泥气通过池顶污泥气管汇集后沿东管线楼的污泥气管井下行，经室外埋地敷设的污泥气管至污泥气处理设施进行处理。

图 8-10　上海市白龙港污泥厌氧消化处理工程消化池地下管廊

西管线楼内设置恒压变频供水系统，用于消化池顶的消泡工作。两管线楼内各设置有 1 部防爆型工作电梯，可从地面直达消化池顶部。

污泥消化池采用卵形结构，共设置8 座，并联运行，单池容积为 12400m³，池体最大直径为 25m，上部圆台体采用45°倾角，下部圆台体采用 45°底角，池体高度为 45.56m，其中地上部分高度为 32.26m，地下埋深为 13.30m，地面以上为 800～400mm 厚渐变池壁。污泥搅拌采用螺旋桨搅拌，并采用导流筒导流，使污泥在筒内上升或下降，并在池体内形成循环，以达到污泥混合的目的。搅拌器电机为户外防爆型，能正反向转动，以防止污泥中的纤维等杂物缠绕桨板。消化池顶部设置污泥气密封罐、污泥气室、喷射器和观察窗等设备。污泥消化池工艺设计如图 8-11 所示，污泥消化池施工过程如图 8-12 所示。

8 座污泥消化池以 2 座为一个单元

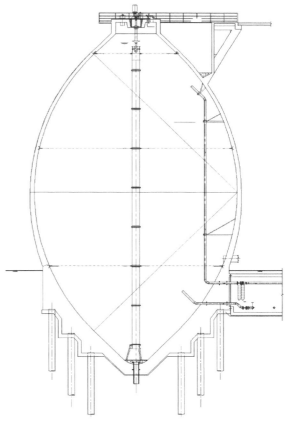

图 8-11　上海市白龙港污泥厌氧消化处理工程污泥消化池工艺设计图

对称布置在地下管廊两侧。消化池通过顶部天桥和底部地下管廊互相连通，并与东管线楼、西管线楼相连。天桥上敷设污泥气管和给水管，地下管廊中敷设消化池的进泥管、出泥管、循环污泥管和浮渣管等。

在地下管廊中，8组套管式污泥热交换系统设置在靠近消化池侧，熟污泥和生污泥量之比为7，循环污泥泵为16用2库备。

图 8-12　上海市白龙港污泥厌氧消化处理工程污泥消化池施工过程

4. 污泥气处理利用系统设计

污泥气处理利用系统设置脱硫处理设施，包括粗过滤器 3 套、生物脱硫塔 2 座、干式脱硫塔 2 座、细过滤器 3 套、有效容积为 5000m³ 的干式气囊式气柜 4 座、污泥气增压风机 1 座、污泥气燃烧塔 3 座、污泥气热水锅炉房 1 座和配套设施等，污泥气处理设施工艺设计如图 8-13 所示。污泥气中硫化氢设计浓度为 3000～10000mg/Nm³，脱硫后硫化氢设计浓度不超过 20mg/Nm³。污泥气处理利用系统实景如图 8-14 所示。

污泥厌氧消化系统产生的污泥气经处理后输送至热水锅炉房，作为热水锅炉的燃料，产生的热水供应污泥厌氧消化所需热能。污泥消化系统热水锅炉房设计如图 8-15 所示。热水锅炉房设置 3 台污泥气/天然气锅炉，每台锅炉的额定供热量为 2.8MW，热水锅炉的供水温度为 95℃，回水温度为 70℃，供水压力为 0.19MPa，回水压力为 0.13MPa。热水管道通过厂区内的热力管沟进入地下管廊，通过套管式换热器和消化池进泥进行间壁式换热。8 台套管式换热器错时运行。冬季需热高峰期 3 台锅炉同时并联运行，夏季需热低谷期 2 台锅炉同时并联运行，另一台锅炉可停炉检修。污泥气/天然气通过锅炉前端的燃烧器进入锅炉，锅炉燃烧产生的烟气通过烟囱排入大气。进入热水锅炉房的原水为厂区自来水，需对原水进行软化处理，以减少原水中的钙镁离子含量，降低原水的硬度。在热水

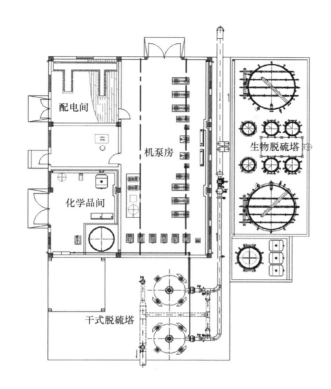

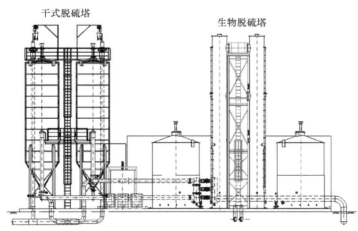

图 8-13　上海市白龙港污泥厌氧消化处理工程污泥气处理设施工艺设计图

锅炉房内设置一套软化水系统，采用逆流再生式离子交换软水装置，处理后的软化水进入软水箱，根据需要通过补水泵定期对锅炉补水，以维持锅炉热力系统的正常运行。

5. 污泥脱水和输送系统设计

工程设置贮泥池 2 座，其中 1 座贮泥池为现有改造，另一座贮泥池为新建。新建贮泥池分 3 格，每格的平面尺寸为 13m×13m，有效池深为 4.5m。

污水处理厂内现有污泥脱水机房 1 座，工程对其进行扩容改造。污泥脱水机房原有离心脱水机 5 台，新增同规格离心脱水机 3 台，共 8 台，6 用 2 备，单台离心脱水机的处理

图 8-14　上海市白龙港污泥厌氧消化处理工程污泥气处理利用系统实景

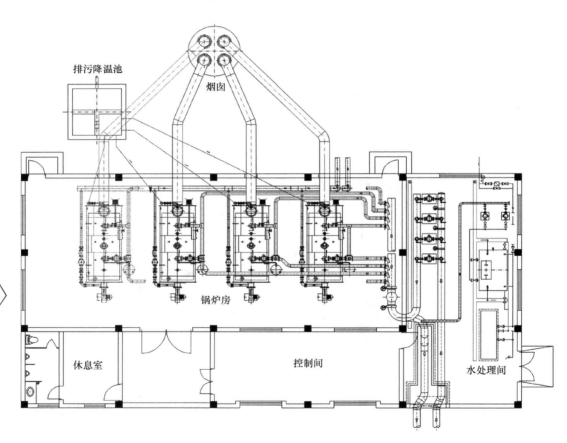

图 8-15　上海市白龙港污泥厌氧消化处理工程污泥消化系统热水锅炉房设计图

能力为 $105m^3/h$。污泥脱水车间工艺设计如图 8-16 所示。污泥脱水机房原有污泥切割机和进泥泵 5 台，新增 3 台，和新增的离心脱水机配套；原有加药装置 2 套，新增 1 套；原有加药泵 5 台，新增 3 台，和新增的离心脱水机配套。为协调进泥泵和贮泥池的泥位标高，需降低进泥泵的标高，故新建 1 座半地下式的进泥泵房，将现有的 5 台进泥泵和污泥切割机移入其内，新增的 3 台进泥泵和污泥切割机一同布置在进泥泵房内。进泥泵和离心脱水机一一对应，每台进泥泵的输送能力和离心脱水机相配套，每台进泥泵的电机功率为 15kW。

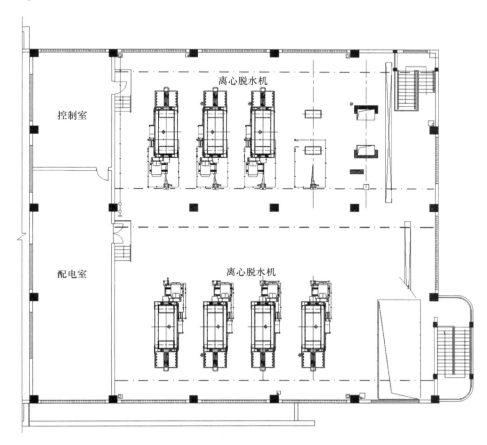

图 8-16　上海市白龙港污泥厌氧消化处理工程污泥脱水车间工艺设计图

离心脱水机排泥螺杆泵布置在离心脱水机楼层下方增设的钢筋混凝土平台上，采用缓冲料斗和离心脱水机的出口相连接，并全密封布置。由于排泥螺杆泵的长度较长，离心脱水机的出料口无法和排泥螺杆泵的进料缓冲料斗垂直对接，故排泥螺杆泵采用错位布置形式。每台排泥螺杆泵设置 1 根出泥管，通过脱水污泥输送系统，可将脱水污泥输送至污泥脱水机房旁的高架料仓和污泥干化处理系统的进泥料仓。

6. 污泥干化处理系统设计

工程污泥干化处理系统设置 3 条污泥干化生产线，单条污泥干化生产线的处理规格为 2800kg 蒸发水量/h。污泥干化处理系统设计如图 8-17～图 8-20 所示。

污泥干化冷凝水余热通过热交换器与消化池前端污泥匀质池内的污泥进行间接换热，用于污泥消化池进泥的预加热，减少污泥消化处理系统污泥气的耗用量，同时增加脱水污泥的干化处理量。

除污泥消化处理产生的污泥气外，引入的天然气可用作污泥消化处理系统的备用能源。

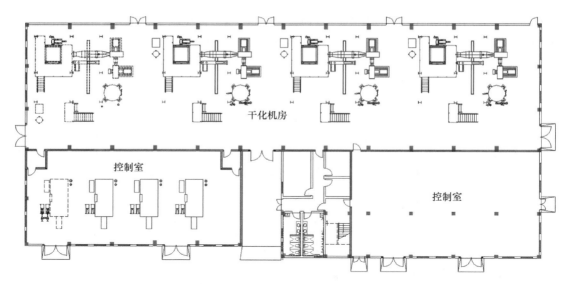

图 8-17　上海市白龙港污泥厌氧消化处理工程污泥干化机房设计图

图 8-18　上海市白龙港污泥厌氧消化处理工程污泥干化处理车间实景

图 8-19　上海市白龙港污泥厌氧消化处理工程污泥干化处理系统进、出泥料仓 BIM 设计图

城镇污水污泥处理处置工程规划与设计

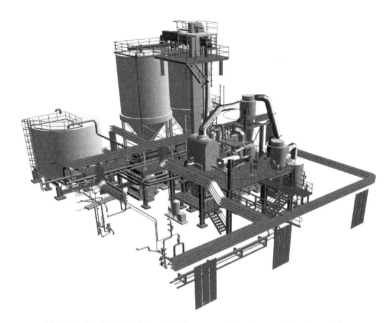

图 8-20 上海市白龙港污泥厌氧消化处理工程单组污泥干化处理系统 BIM 设计图

7. 配套水处理系统设计

在污水处理厂，污水二级处理尾水经前加氯、混凝反应、过滤、后加氯处理，进入蓄水池，再由供水泵提升给污泥干化系统作为冷却水，滤前滤后均投加氯，以抑制生物膜的生长。

8. 污泥液处理系统设计

污泥液排入调节池，由潜水泵提升至组合式高效沉淀池去除污泥液中的磷，出水排至污水处理区。系统设置 1 座加药间，加药间内设置 PAC 混凝剂投加装置，PAC 经螺杆泵提升入溶液池，经稀释后由隔膜计量泵送至组合式高效沉淀池。组合式高效沉淀池由混凝反应区和斜管沉淀区组成，污泥液和混凝剂混合后进入混凝反应区进行混凝反应，而后进入斜管沉淀区，污泥液由下向上，经过斜管分离处理，并由集水槽排出，产生的污泥下沉汇合于池中心泥斗中。在组合式高效沉淀池的混凝反应区下方设置有污泥泵房，可将高效沉淀池产生的化学污泥由螺杆泵输送至贮泥池。

8.1.4 工程特点

1）在对国内外污泥处理经验进行总结提高的基础上，采用能实现节能减排、循环利用的污泥消化＋干化处理工艺。污水处理过程中产生的原生污泥经过处理后，实现了减量化、稳定化、无害化，全面达到了国家标准要求，便于实现污泥土地利用和建材利用等资源化利用。

2）有机结合污泥消化工艺和污泥干化工艺，形成了将厌氧消化产生的污泥气通过热水锅炉作为污泥消化系统的加热热源、通过导热油锅炉作为污泥干化系统的干化热源、并将干化处理中的余热回收用于消化预加热的综合处理工艺，最大限度地实现了系统能量平衡和节能减排降耗目标。将近一半脱水污泥利用消化产生的污泥气进行干化处理，节约干化处理能耗，最大限度地实现了节能减排，污泥综合处理的运行成本约为 120 元/t 脱水污泥。

3）做到一次规划，现状设施和近、后期工程的有机结合，实现了污泥重力浓缩、机械浓缩、污泥消化、污泥脱水等各处理阶段在验收后第一时间投入运行，最大限度地发挥工程效能。

4）工程设计考虑各工艺系统的提前运行措施，实现了污泥重力浓缩、机械浓缩、污泥脱水等系统的先期正常运行。为配合污水处理各种运行模式，污泥处理工艺流程至少实现了以下几种运行工况：污水处理厂仅有化学污泥且其不经过浓缩而直接脱水的运行工况；污水处理厂有化学污泥、初沉污泥、剩余污泥且化学污泥不经过浓缩直接脱水而初沉污泥和剩余污泥经过浓缩后脱水的运行工况；污水处理厂有化学污泥、剩余污泥且化学污泥、剩余污泥经过浓缩后脱水的运行工况；污水处理厂有化学污泥、初沉污泥、剩余污泥且均经过浓缩后脱水的运行工况。

5）根据污泥种类、污泥特性，结合工程实际运行需要，采用化学污泥和初沉污泥重力浓缩、剩余污泥重力浓缩后离心机械浓缩的浓缩处理工艺，实现了工程投资、运行成本、技术可靠性和运营管理的综合平衡。在实际运行中，工艺流程运行调度灵活，处理成本较低，实际运行效果较好。

6）工程离心浓缩处理系统、离心脱水处理系统的冷却水量均全量利用作为 PAM 加药系统用水，实现了节约用水。

7）注重污泥消化处理系统的细节设计，如对污泥气管路冷凝水排放设置点进行了详细考虑，并在东管线楼处、污泥气湿式脱硫处理后、污泥气增压风机出风管后、4 座污泥气贮罐处分别设置了自动/手动冷凝水排放器。

8）在污泥消化处理系统中热负荷变化较快、变化量较大、温度精度要求较高的场合，设计采用相对独立的供热系统和需热系统，在锅炉稳定运行和启动保护、消化池供热温度精确控制、系统运行可靠性等方面具有众多优点。经优化的热水系统方案在污泥处理工程中得到了成功使用，值得类似工程借鉴。污泥消化处理供热系统如图 8-21 所示。

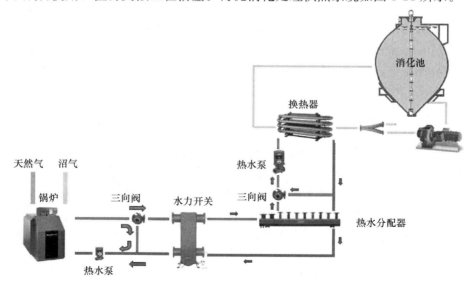

图 8-21　上海市白龙港污泥厌氧消化处理工程污泥消化处理供热系统图

9）考虑到我国众多污水处理厂高硫化氢浓度对整个污泥气处理系统和消化处理系统产生的严重负面影响，工程对消化处理产生的污泥气采用生物脱硫湿式＋干式二级脱硫工艺，污泥气生物脱硫工艺流程如图 8-22 所示。在国内污水处理厂中首次采用了先进的生物脱硫技术以回收污泥气湿式脱硫所需碱液，从而在确保污泥气高效脱硫处理的同时降低了运行费用。工程调试期测得的硫化氢浓度高达 3 万 mg/L 以上，表明复合式处理工艺是成功可靠的。

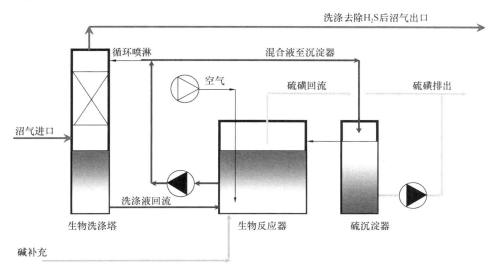

图 8-22　上海市白龙港污泥厌氧消化处理工程污泥气生物脱硫工艺流程图

10）采用以管道输送设备为核心的脱水污泥输送系统，实现了全封闭输送，消除了以往脱水污泥敞开输送污染环境的问题。在脱水污泥输送系统的设计中，结合国内外脱水污泥输送工程中的经验教训，根据不同运行工况采用了相应的合适泵型，近距离输送采用螺杆泵泵送系统、远距离输送采用柱塞泵泵送系统。

11）对污泥干化处理系统设备进行了针对性改进，鉴于污泥中含砂量较高的情况，污泥干化机中热交换器的管材采用高强度耐磨钢，材料为 26MnB5，材料硬度由以前类似工程的 HV80 提高到 HV180，材料厚度由 2.9mm 增加到 4.0mm；污泥干化机的流态化平板采用防磨设计，旋风分离器、粉尘混合器等采用瓷砖内衬。

12）工程场址为滩涂回填地，地质条件较差，工程设计在控制投资的前提下，将 90% 以上的工艺管线集中敷设于地下管廊中，通过纵横的地下管廊连接 8 座消化池和 2 座管线楼，形成一个完整有序的地下空间和垂直交通体系，节约地下空间，同时利于设备、管道、电缆等设施的施工安装、检修维护和运行管理。

13）重力浓缩池加盖设计和对整个工程设置的除臭系统，解决了污泥处理工程普遍存在的臭气问题。

14）注重污泥处理和污水处理的协同设计。污泥处理过程中产生的污泥液经过处理系统除磷后进入污水处理厂处理，污水处理厂的尾水经过处理系统再生后用于污泥处理系统的生产用水，实现了最大限度地节约工程用水。

8.2 上海市白龙港污泥干化焚烧处理工程

8.2.1 项目概况

上海市白龙港污泥干化焚烧处理工程的处理对象为白龙港污水处理厂提标到一级 A 后 280 万 m³/d 污水处理产生的污泥和新建的虹桥污水处理厂运行后 20 万 m³/d 污水处理产生的污泥。通过对上海市白龙港片区内各污水处理厂的污泥量预测,工程建设规模为 486tDS/d(折合含水率80%的污泥量为 2430t/d),包括白龙港污水处理厂 448tDS/d 和虹桥污水处理厂 38tDS/d。

白龙港污水处理厂产生的污泥虽然采用了厌氧消化＋脱水＋干化处理的工艺技术,但建材利用和土地利用的处置方式迟迟未能落地。同时,白龙港污水处理厂又逢再一次扩建,扩建后污水处理规模达到 280 万 m³/d,同步产生大量污泥。因此,经污泥处理处置方案综合比选后,工程确定采用干化＋焚烧处理工艺,以比较彻底地解决污泥处置的现实问题。

白龙港污水处理厂现状产生的污泥和提标改造后产生的污泥均送至现状贮泥池,污泥平均含水率为 98.6%,然后泵送至工程新建贮泥池内。工程的脱水处理设施按《城镇污水处理厂污泥泥质》GB/T 24188—2009 中规定的含水率小于 80% 的要求进行设计。虹桥污水处理厂出厂污泥的含水率在 40% 以下,通过污泥专用运输车辆运输至本工程进行焚烧处理。

8.2.2 污泥处理工艺

根据类似工程进行的污泥焚烧特性试验,干基污泥在物理性质、元素分析和工业分析等方面与褐煤有许多相似之处,其灰分和煤相近,固定碳的含量则低得多。污泥特性设计值如表 8-1 所示。

上海市白龙港污泥干化焚烧处理工程污泥特性设计值 表 8-1

项目	低热值污泥	高热值污泥
高位发热量（kJ/kg）	10370	18340
灰分（%）	50.79	20.90
C（%）	25.65	41.42
H（%）	3.52	5.65
O（%）	14.89	23.44
N（%）	4.23	7.67
S（%）	0.92	0.92
合计（%）	100	100

2016 年 6 月—2017 年 10 月期间,检测的白龙港污水处理厂污泥干基中氯元素含量的最大值为 1450mg/kg,占污泥干基的 0.145%。

污泥分别来自白龙港污水处理厂和虹桥污水处理厂。白龙港污水处理厂污泥经现状浓缩处理和其中部分经厌氧消化处理后，进入现状贮泥池贮存。现状贮泥池中，小部分污泥（约 35tDS/d）利用现状污泥脱水和热干化设施处理，干化后的污泥车运至新建污泥焚烧设施进行处理。现状贮泥池其余污泥泵送至本工程新建贮泥池，之后经过新建的脱水处理系统处理，污泥含水率降至 80%。脱水污泥经新建干化焚烧处理系统进行处理，污泥焚烧产生的烟气经处理达标后排入大气。

虹桥污水处理厂的干化污泥（38tDS/d，含水率 40% 以下）通过干污泥接收装置进入本工程焚烧处理系统进行处理。

污泥贮运和脱水处理系统工艺流程如图 8-23 所示。

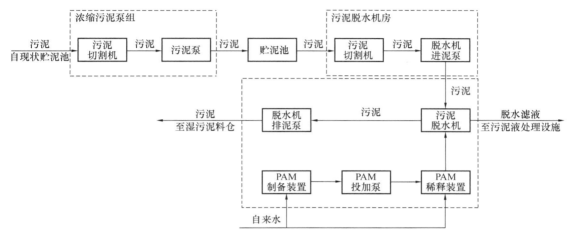

图 8-23　上海市白龙港污泥干化焚烧处理工程污泥贮运和脱水处理系统工艺流程图

污泥干化焚烧处理系统工艺流程如图 8-24 所示。

污泥处理主要用地由于受场地限制，分为两个地块，分别为 01 地块和 02 地块。两个

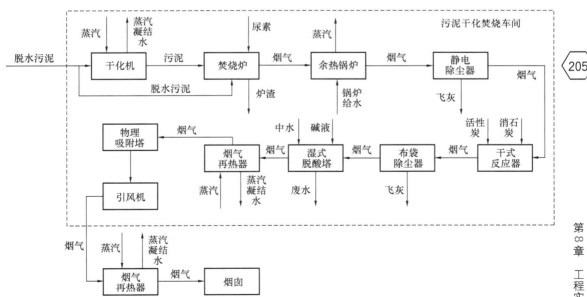

图 8-24　上海市白龙港污泥干化焚烧处理工程污泥干化焚烧处理系统工艺流程图

地块采用相同的污泥处理流程，工艺系统包括浓缩污泥输送系统、污泥脱水处理系统、污泥干化处理系统、污泥焚烧处理系统和烟气处理系统五大系统。

1. 浓缩污泥输送系统

污泥处理接口为现状贮泥池，现状贮泥池最高泥位为吴淞高程 7.00m，贮泥池内的污泥无法依靠重力流入本工程 01 地块和 02 地块，因此，在白龙港污水处理厂污泥处理区两座现状贮泥池之间新建 1 座浓缩污泥泵组，将白龙港污水处理厂的污泥输送至本工程 01 地块和 02 地块内。浓缩污泥输送系统工艺流程如图 8-25 所示。

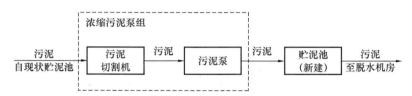

图 8-25　上海市白龙港污泥干化焚烧处理工程浓缩污泥输送系统工艺流程图

2. 污泥脱水处理系统

系统对浓缩污泥进行脱水，以减小污泥体积，并将脱水后的污泥泵送至污泥料仓暂存，再泵送至污泥干化和焚烧系统进行处理。

新建污泥脱水处理系统的规模为 378tDS/d。污泥自各地块内的贮泥池出泥管，经由污泥泵提升至离心脱水机。脱水后的污泥经泵送至湿污泥料仓。污泥脱水处理系统工艺流程如图 8-26 所示。

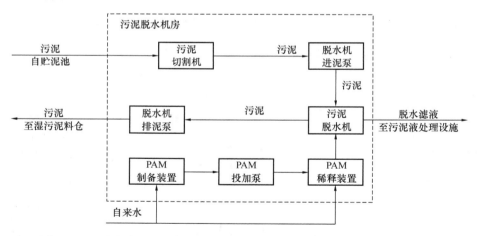

图 8-26　上海市白龙港污泥干化焚烧处理工程污泥脱水处理系统工艺流程图

3. 污泥干化处理系统

本工程经公开国际招标，污泥干化处理采用流化床干化工艺。

污泥经脱水处理至含水率 80％之后，泵送至污泥干化前端的贮存仓，污泥贮存仓底部的污泥泵根据运行负荷情况将脱水污泥输送至干化机内。

干化机内设置蒸汽管提供脱水污泥干化所需的热能，湿污泥颗粒在流化状态下和蒸汽管束产生充分的热交换，最终形成干污泥颗粒，污泥干化机卸料通过卸料阀进入冷却螺旋进行冷却。

由冷却螺旋冷却后的干化污泥通过提升机提升至干化污泥料仓或启动料仓。干化污泥料仓贮存的干化污泥通过输送设备输送至污泥焚烧系统，在干化系统清空后重新启动时，启动料仓内的干化污泥输送至污泥干化机内，作为污泥干化的底料使用。

污泥流化床干化机的循环气体在风机的作用下从干化机底部风室进入，使内部湿污泥颗粒产生流化效果，从干化机上部出来的混合气体进入旋风分离器，将较大灰粉分离出来后落入灰粉仓，再由螺旋输送机送入冷却螺旋。

气流经旋风分离器后的混合气体在冷凝换热器内采用间接换热方式进行冷凝洗涤，洗涤后的气体由85℃左右冷却至60℃左右，出口气体中含有的微小水珠进入汽水分离器进行分离，洗涤冷却后的气体再进入干化机内循环。

污泥流化床干化系统工艺流程如图8-27所示。

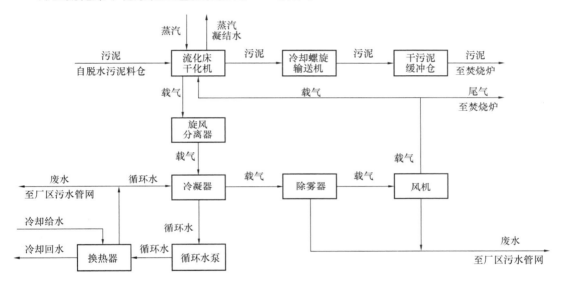

图8-27 上海市白龙港污泥干化焚烧处理工程污泥流化床干化系统工艺流程图

4. 污泥焚烧处理系统

干化污泥料仓中的污泥通过污泥给料机送入流化床焚烧炉，污泥被砂层沸腾并被迅速加热焚烧，污泥焚烧产生的飞灰大部分被烟气携带走，只有一小部分从炉底排渣口排出，排出量由炉压控制。污泥焚烧产生的850℃左右的烟气排出焚烧炉并进入锅炉，将热能转移到蒸汽中，产生的蒸汽用于污泥干化处理。污泥焚烧处理系统工艺流程如图8-28所示。

5. 烟气处理系统

污泥焚烧产生的烟气排放执行《生活垃圾焚烧大气污染物排放标准》DB31/768—2013，烟气排放标准具体污染物排放限值如表8-2所示。

烟气排放标准具体污染物排放限值　　　　　　　　　　表8-2

污染物	排放限值（mg/Nm³）	数值含义[a]
颗粒物	10	日均值
一氧化碳（CO）	100	小时均值
	50	日均值

污染物	排放限值（mg/Nm³）	数值含义[a]
二氧化硫（SO_2）	100	小时均值
	50	日均值
氮氧化物（NO_x）	250	小时均值
	200	日均值
氯化氢（HCl）	50	小时均值
	10	日均值
汞及其化合物（以 Hg 计）	0.05	测定均值
镉、铊及其化合物（以 Cd＋Tl 计）	0.05	测定均值
锑、砷、铅、铬、钴、铜、锰、镍、钒及其化合物（以 Sb＋As＋Pb＋Cr＋Co＋Cu＋Mn＋Ni＋V 计）	0.5	测定均值
二噁英类（ngTEQ/m³）	0.1	测定均值

[a] 手工监测时，表中的小时均值为测定均值。

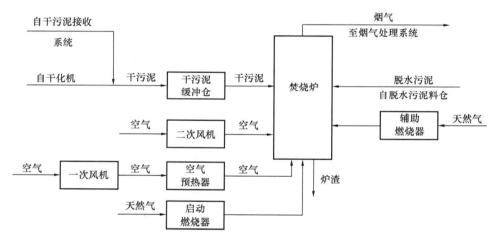

图 8-28　上海市白龙港污泥干化焚烧处理工程污泥焚烧处理系统工艺流程图

烟气中所含污染物的产生及其含量与污泥的成分、燃烧速率、焚烧炉型、燃烧条件、进泥方式等密切相关。一般情况下，烟气中的主要污染物有下列几种：

1）不完全燃烧物

碳氢化合物燃烧后主要转化为水蒸气和二氧化碳，可以直接排入大气之中。不完全燃烧物是燃烧不良而产生的副产品，包括一氧化碳、炭黑、烃、烯、酮、醇、有机酸和聚合物等。

污泥流化床焚烧炉不完全燃烧物的产生量极低，通常可通过调整燃烧工况进行控制，如果流化床焚烧炉后段检测到一氧化碳的生成量增大、氧含量过低，可提高焚烧炉的一次风量，保证焚烧炉内污泥完全燃烧。设计烟气处理系统时，一般不将其考虑在内，烟气中一氧化碳含量极低，几乎不产生二噁英前驱物。

2）粉尘

烟气中的粉尘包括污泥中的惰性金属盐类、金属氧化物或不完全燃烧物等，可通过静电除尘器、布袋除尘器、湿式洗涤等方法去除。

3）酸性气体

烟气中的酸性气体主要包括氯化物、卤化氢（氯以外的卤素，如氟、溴、碘等）、硫氧化物（二氧化硫和三氧化硫）等，可由干式反应器和湿式洗涤去除。

4）重金属污染物

烟气中的重金属污染物包括铅、汞、铬、镉、砷等的元素态、氧化物和氯化物等。烟气中挥发状态的部分重金属污染物在温度降低时会自行凝结成颗粒，于飞灰表面凝结或被吸附，经除尘设备收集去除。部分无法凝结和被吸附的重金属的氯化物，可利用其溶于水的特性，经湿式洗涤去除。

5）二噁英类

固体废物焚烧是环境中二噁英类的一个来源，对城镇污水处理厂污泥焚烧处理而言，二噁英类物质的形成途径有以下 3 种：

（1）焚烧过程中由污泥中极少量的含氯前驱物通过有机化学反应生成二噁英类，这类前驱物包括聚氯乙烯、氯代苯、五氯苯酚等，在焚烧过程中含氯物质通过重排、自由基缩合、脱氯或其他分子反应等生成 PCDD 和 PCDF，反应温度为 $300\sim700℃$。

（2）污泥本身可能含有极少量的二噁英类，由于二噁英类具有一定的热稳定性，所以当污泥焚烧时，如果没有达到分解二噁英类的温度等条件，这些二噁英类就会被释放出来。对于焚烧温度较低的焚烧炉，这种情况是可能发生的。

（3）烟气冷却过程中，被高温分解的二噁英前驱物在烟气中的氯化铁、氯化铜等颗粒物的催化作用下和烟气中的 HCl 在 $300℃$ 左右又会迅速重新组合生成二噁英类。

以上 3 种途径在污泥焚烧炉的二噁英类形成中都会起作用，但各种途径对二噁英类形成的影响则取决于具体的炉型和燃烧条件等。

6）NO_x

烟气中的 NO_x 通常可通过控制焚烧温度降低其产生量。流化床焚烧炉燃烧温度较低，加上流化床焚烧炉的分级送风，污泥流化床焚烧中 NO_x 产生量较低。

烟气处理采用静电除尘和布袋除尘两级除尘、干法脱酸和湿法脱酸两级脱酸、活性炭喷射的处理工艺，可以确保烟气中各项污染物达到排放标准。同时为降低启动、应急工况下烟气排放可能造成的污染，在烟气处理流程后端设置物理吸附塔，确保烟气可以稳定可靠地满足排放标准要求。

烟气处理系统接自空气预热器，之后依次经过静电除尘器、干式反应器、布袋除尘器、湿式脱酸塔、一级烟气再热器和物理吸附塔后进入引风机，通过长距离输送后进入二级烟气再热器，之后通过烟囱排入大气。烟气处理系统工艺流程如图 8-29 所示。

烟气离开空气预热器后进入静电除尘器，在高压电场中被电离，悬浮于烟气中的飞灰颗粒荷电，之后被吸引到集尘极。机械振打设备将沉积在集尘极上的飞灰周期性地清除并收集至飞灰仓内，而净化后的烟气通过排气管排出。

来自静电除尘器的烟气在干式反应器内和喷射出的消石灰充分混合，烟气中的酸性气体和吸收剂发生化学反应，从而得到去除，少量粉尘落入干式反应器底部经过灰斗排出。同时，向干式反应器中喷入活性炭粉末，通过活性炭吸附烟气中的污染物，主要是二噁英

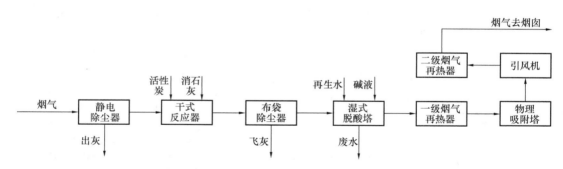

图 8-29　上海市白龙港污泥干化焚烧处理工程烟气处理系统工艺流程图

类物质、重金属 Hg 等，经干式反应器后烟气进入布袋除尘器。

烟气经过布袋除尘器的滤袋时，烟气中的粉尘被截留在滤袋外表面，从而得到净化。布袋除尘器设置脉冲反吹在线清灰装置和旁通管路，随着布袋除尘器滤袋表面积灰越来越多，烟气阻力也越来越大，脉冲反吹在线清灰装置自动启动，清除滤袋表面积灰，保证系统负压运行。

布袋除尘器之后的湿式脱酸塔用于中和烟气中的酸性物质，进塔烟气中的酸性气体和通过循环泵喷淋的 30％NaOH 溶液进行中和反应。反应有较高的脱酸效率，SO_2 脱除率 ＞96％。

经过脱酸后的烟气通过设置于脱酸塔上部的烟气冷却装置降低温度，再经过脱酸塔顶部除雾器去除液滴后，由脱酸塔顶部烟道排出，进入一级烟气再热器。烟气在一级烟气再热器中由 50℃ 加热到 130℃ 后进入物理吸附塔，之后进入引风机。

由于烟囱距引风机较远，因此烟气在进烟囱前设置二级烟气再热器，将烟气从 90～100℃ 加热至 130℃ 以上，防止白烟的产生。在进烟囱前的烟道上设置烟气在线监测系统，实时对烟气进行监测，以便控制工艺运行，保证烟气达标排放。经过净化处理的达标烟气经由 60m 高的烟囱高空排放。

8.2.3　主要工程设计

1. 总平面设计

工程用地分 4 块，包括浓缩污泥泵组用地、01 地块用地、02 地块用地和烟囱用地，与现状污泥处理设施、现状污泥深度脱水处理设施、现状出水区邻近布置。工程总平面布置如图 8-30 所示。

在 01 地块和 02 地块两区域内，按污泥处理流程分别设置贮泥池、污泥脱水车间、污泥干化焚烧车间等设施。

工程建（构）筑物布置紧凑，用地集约。根据工程周边对建（构）筑物高度的相关约束要求，01 地块的干化区相对地平面高度不大于 6m，焚烧区相对地平面高度不大于 10m。01 地块场地整体呈阶梯状下沉式布置，通过环通状坡道联系地块内外。01 地块内的主要建（构）筑物有贮泥池、污泥脱水车间、污泥干化焚烧车间、冷却塔、除臭装置等。02 地块内的主要建（构）筑物有贮泥池、污泥脱水和接收车间、污泥干化焚烧车间、冷却塔、除臭装置、蒸汽锅炉房、CEMS 小屋等。地块内最大单体为污泥干化焚烧车间，

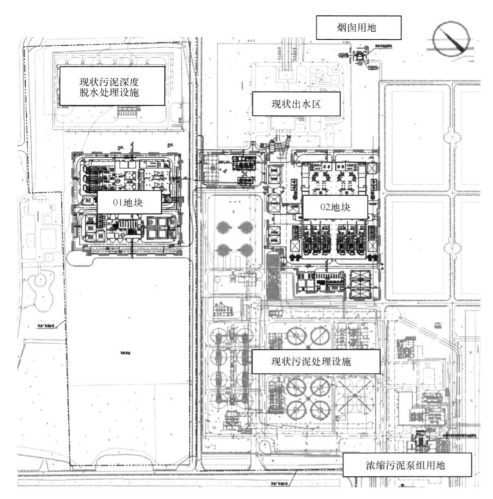

图 8-30　上海市白龙港污泥干化焚烧处理工程总平面布置图

车间的总高度为 22m。

工程设施中高度最高的单体为烟囱，高度为 60m，位于污水处理厂出水区附近，距离厂外特殊地区要求点约 1300m。工程设置烟囱 1 座，采用多管式烟囱，内含 6 根圆形排烟管，每根排烟管的内径为 1100mm。

工程总平面布置力求土地利用经济合理，道路布置顺畅便捷，人流、车流、服务流线相互独立，互不干扰。

2. 浓缩污泥输送系统设计

浓缩污泥输送系统主要为浓缩污泥泵组，浓缩污泥泵组工艺设计如图 8-31 所示。主要设备为污泥切割机和污泥转子泵，用于将现状污水处理厂内贮泥池的污泥分别输送至 01 地块和 02 地块的新建贮泥池。共设污泥输送线 4 条，3 用 1 备，单条污泥输送线的输送量为 650m³/h。在 01 地块和 02 地块内各设置 1 座贮泥池。

3. 污泥脱水处理系统设计

污泥脱水处理系统主要包括 01 地块内的污泥脱水车间和 02 地块内的污泥脱水车间，

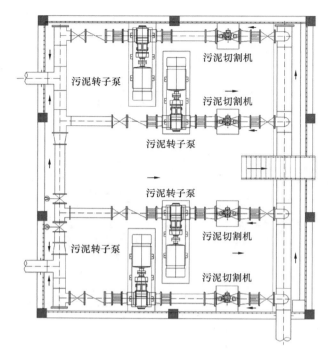

图 8-31　上海市白龙港污泥干化焚烧处理工程浓缩污泥泵组工艺设计图

01 地块污泥脱水车间设计如图 8-32 所示，02 地块污泥脱水车间设计如图 8-33 所示。

污泥脱水处理系统共设置 17 条处理线，其中 01 地块设置 7 条，5 用 2 备；02 地块设置 10 条，8 用 2 备。

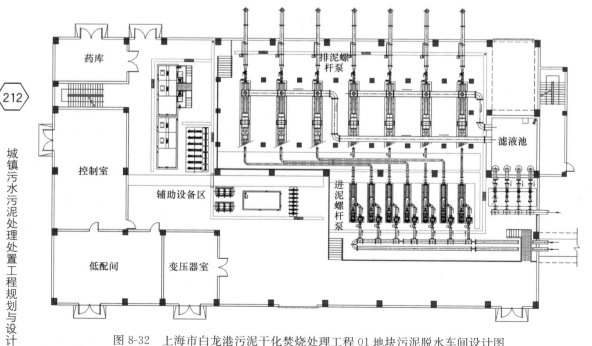

图 8-32　上海市白龙港污泥干化焚烧处理工程 01 地块污泥脱水车间设计图

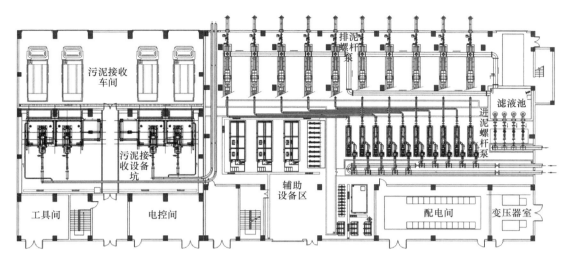

图 8-33 上海市白龙港污泥干化焚烧处理工程 02 地块污泥脱水车间设计图

污泥脱水处理系统的进泥含水率：98.6%；

污泥脱水处理系统的出泥含水率：≤80%；

污泥脱水处理系统的单机固体通量：2.0tDS/h。

4. 污泥干化处理系统设计

工程共设置 6 条污泥干化焚烧处理线，分别位于 01 地块和 02 地块内，分别如图 8-34 和图 8-35 所示。其中污泥流化床干化系统 9 套，每 2 条污泥干化焚烧处理线设置 3 套污泥流化床干化系统，设计进泥含水率为 80%，出泥含水率为 10%。

干化热源：1.6MPa 饱和蒸汽；

干化系统数量：9 套，其中 01 地块 3 套，02 地块 6 套；

运行模式：24h 连续运行；

单台干化机蒸发水量：9600kgH_2O/h；

干化后污泥温度：40℃。

5. 污泥焚烧处理系统设计

污泥焚烧处理系统共设置 6 套鼓泡式流化床焚烧炉，其中 01 地块设置 2 套，02 地块设置 4 套。01 地块污泥干化焚烧车间工艺设计如图 8-34 所示，02 地块污泥干化焚烧车间工艺设计如图 8-35 所示。

污泥焚烧处理系统的设计条件为：

污泥干基高位热值：10.37～18.34MJ/kg；

热能利用：加热蒸汽；

焚烧炉设计运行温度：≥850℃；

炉内烟气有效停留时间：>2s。

污泥焚烧处理系统主要工艺参数如表 8-3 所示。

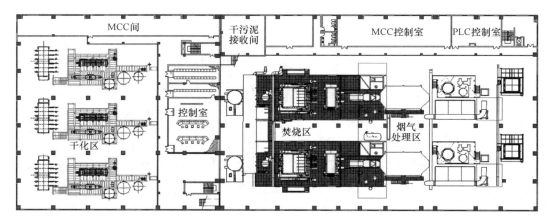

图 8-34 上海市白龙港污泥干化焚烧处理工程 01 地块污泥干化焚烧车间工艺设计图

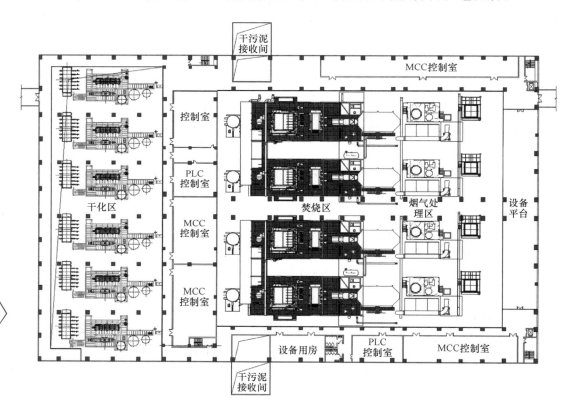

图 8-35 上海市白龙港污泥干化焚烧处理工程 02 地块污泥干化焚烧车间工艺设计图

上海市白龙港污泥干化焚烧处理工程污泥焚烧处理系统主要工艺参数　　表 8-3

参数	参数值
焚烧炉数量（套）	6
单套焚烧炉处理量（tDS/d）	75.2
设计污泥入炉含水率（%）	33～68
焚烧炉年正常工作时间（h）	≥7200

参数	参数值
烟气在焚烧炉中的停留时间（s）	＞2
燃烧室烟气温度（℃）	≥850
助燃空气过剩系数	1.4
助燃空气温度（℃）	120
燃烧室出口烟气中CO浓度（mg/Nm^3）	50
燃烧室出口烟气中O_2浓度（%）	6～10
炉内运行压力	微负压
热灼减率（%）	≤5

污泥流化床焚烧炉为立式装置，焚烧炉砂床下部鼓入的空气使得砂粒和进泥以沸腾状搅拌混合，砂床温度保持均匀。焚烧炉内维持负压，防止烟气外逸，焚烧炉的耐火材料采用耐磨、耐热材料。污泥流化床焚烧炉运行的主要特点如下：

1）完全燃烧。在焚烧炉内850℃以上的高温条件下，污泥可以被完全地焚烧。

2）稳定流化。借助于锥形流化区的设计，不会形成焚烧死角，从而实现稳定的流化态。

3）布风管设计。采用管式布置，炉渣可以很容易地从焚烧炉底部排放。

4）减少臭气释放。在焚烧炉内850℃以上的高温条件下，臭气成分可以被有效去除。

5）耐火材料的可靠性。耐火材料采用耐热性能高、可靠性高和施工方便的材料。

6）污泥的投入。在炉体的侧上方通过螺旋输送机定量投料，保证进泥的均匀和稳定燃烧。

7）抑制二噁英。污泥与城市生活垃圾不同，其产生二噁英的诱导因素相对较少。因此污泥焚烧烟气中含有二噁英的基数较低，再加上流化床焚烧炉在高温状态下完全燃烧，抑制了二噁英的产生。

焚烧炉燃烧空气采用分段进风，保证了燃烧设备始终在低过量空气系数下运行，以抑制NO_x的生成。焚烧炉配有单独的一次风机、二次风机。一次风和二次风的入口处均设置有气动调节阀，运行时可调节一次风和二次风的比例，以适应污泥负荷变化。二次风机的风量和炉内含氧量连锁调节，一次风机根据流化风量调整运行频率。

一次风机提供流化用空气和部分燃烧所需空气，通过焚烧炉底部的空气喷嘴送入焚烧炉内，一次风大部分为新鲜空气，小部分来自污泥干化过程中产生的不凝气和干污泥输送过程中产生的臭气，通过风机送至一次风机进口作为燃烧空气。

二次风机用于焚烧炉燃烧区的扰动和提供污泥燃烧所需的部分空气，通过焚烧炉侧面的空气喷嘴进入焚烧炉内，二次风大部分为新鲜空气。

6. 烟气处理系统设计

工程共设置6条烟气处理线，其中01地块设置2条，02地块设置4条，分别与污泥焚烧处理线相匹配，如图8-34和图8-35所示。每条烟气处理线设置1根排烟管，烟气经处理后达标排放。

1）静电除尘器

静电除尘器用于去除烟气中的大部分颗粒物。高颗粒物含量的烟气通过进气室进入静电除尘器，在静电除尘器中维持较均匀的分布。静电除尘器内设置两个电场，串联布置的电场对通过的烟气进行处理以达到所需的除尘效率。电场中的放电电极连接高压电源，颗粒物沉积在收集电极上聚集成块状，并在此过程中在电极表面释放电荷。当形成一定厚度的颗粒物层后，通过机械振打系统对电极进行清洁。

在一般工况下，工程6条烟气处理线静电除尘器的出灰量为7921kg/h。

静电除尘器主要设计参数：

数量：6台；

除尘效率：>98%；

单台烟气流量：71000m³/h。

2）干式反应器

经静电除尘器处理后的烟气进入干式反应器，向干式反应器中喷入消石灰和活性炭与烟气中的有害成分发生反应。反应主要通过投加消石灰去除酸性气体，并通过投加活性炭对汞、二噁英和呋喃等进行吸附去除。

干式反应器由金属板壳体组成，来自静电除尘器的烟气进入干式反应器后首先垂直向下流动，之后是180°U形弯曲，随后垂直向上流动，而后从干式反应器顶部离开，进入后续的布袋除尘器。活性炭和消石灰从干式反应器底部进入，在干式反应器内和烟气充分接触，实现酸性气体的去除和重金属、二噁英等污染物的吸附。

3）布袋除尘器

携带着较细颗粒物的烟气自干式反应器进入布袋除尘器。烟气由外经过滤袋时，烟气中的颗粒物被截留在滤袋外表面，从而得到净化，再经过布袋除尘器内的文氏管进入上箱体，从出口排出。附集在滤袋外表面的颗粒物不断增加，使布袋除尘器的阻力不断增大，为使阻力维持在限定的范围内，必须定期消除附集在滤袋表面的颗粒物。由PLC控制定期按顺序触发各控制阀开启，使压缩空气由喷吹管孔眼喷出（即一次风），通过文氏管，诱导数倍于一次风的周围空气（即二次风）进入滤袋，使滤袋瞬间急剧膨胀，并伴随着气流的反向作用，抖落颗粒物。被抖落的颗粒物落入灰斗，经螺旋出灰机排出。

布袋除尘器的烟气进口温度为180℃，烟气出口温度降至160℃，有效地防止了结露现象产生，同时能延长滤袋的使用寿命。

考虑到检修和在系统不正常时保护滤袋，布袋除尘器设置有烟气旁路。

布袋除尘器的外壳带有保温材料，外表面温度小于50℃，防止降温过度和滤袋结露堵塞，同时避免布袋除尘器外壳的腐蚀。滤袋使用耐高温达260℃的高温型材料PTFE＋PTFE覆膜，防止因系统工况的变化而损坏滤袋。

为防止滤袋结露，下部灰斗设电加热装置，设置自动短路系统保护布袋除尘器，防止进入布袋除尘器的烟温过高或者过低，从而损坏滤袋。

一般工况下，工程6条烟气处理线布袋除尘器的出灰量为522kg/h。

布袋除尘器主要设计参数：

数量：6套；

过滤面积：2000m²；

过滤风速：0.6m/min；

滤袋材质：PTFE+PTFE 覆膜；

正常压力下壳体漏风率：≤3%；

除尘效率：>99.9%；

钢结构设计温度：200℃；

设备阻力：<1500Pa；

设备保温和保护层材料：矿物纤维织物类，1.2mm 铝板；

灰斗上设计有电加热装置，容量满足最大含尘量 8h 满负荷运行的要求。

4）湿式脱酸塔

经布袋除尘器处理后的烟气进入湿式脱酸塔中进行降温和脱酸处理。脱酸塔自下而上分别为脱酸段和降温段，分别设置洗涤水喷淋装置和填料。

脱酸段采用 30%的 NaOH 溶液作为吸收剂，吸收烟气中的 HCl、SO_x 等酸性气体。烟气自下而上通过填料时完成脱酸，洗涤水自上而下均匀地布入填料，洗涤水通过脱酸塔循环水泵循环使用。碱液来自 NaOH 投加泵，通过洗涤循环水进入脱酸塔前管路上设置的 pH 计控制 NaOH 计量泵频率，从而调整碱液投加量，保证洗涤水的 NaOH 浓度，进而保证脱酸效果，同时保护设备。脱酸塔底部水箱设置液位控制信号，和循环水泵后电动阀门连锁，当水箱水量过高时，由脱酸塔循环水泵后管路排放。降温段冷却水采用再生水，冷却水利用脱酸塔循环水泵进行循环。烟气自下而上通过填料时完成降温，冷却水自上而下均匀布入填料。填料下部设冷却尾水收集系统，收集后的水通过脱酸塔循环水泵送入换热器，降温后大部分喷入脱酸塔循环使用，另一部分外排。

湿式脱酸塔主要设计参数：

数量：6 套；

布置位置：01/02 地块干化焚烧车间；

每套最大烟气处理量：71000m³/h；

洗涤段数量：2 段；

工艺循环水泵流量：300m³/h；

材质：玻璃钢内衬耐高温防腐涂料；

其他：湿式脱酸塔后设置除雾器。

5）烟气再热器

湿式脱酸塔处理后的低温烟气经一级烟气再热器换热后温度由 50℃升至 130℃，烟气再热器热源利用余热锅炉或蒸汽锅炉产生的蒸汽。之后烟气进入物理吸附塔。由于烟囱距污泥干化焚烧车间较远，沿途散热导致烟气温度降低，所以工程在烟囱前设置二级烟气再热器，防止白烟的产生。

烟气再热器采用换热效率高的气-气式热管式换热器，用耐腐蚀材料加工而成，具有结构简单、维护方便、系统阻力小的特点。

（1）一级烟气再热器主要设计参数：

数量：6 套；

换热量：1000kW；

布置位置：01 地块干化焚烧车间 2 套，02 地块干化焚烧车间 4 套；

设计烟气侧阻力降：≤ 250Pa；

设计烟气进出口温度：50℃/130℃；

热源：蒸汽（1.6MPa，202℃）。

（2）二级烟气再热器主要设计参数：

数量：6套；

换热量：500kW；

布置位置：烟囱前；

设计烟气侧阻力降：≤250Pa；

设计烟气进出口温度：90℃/130℃；

热源：蒸汽（1.6MPa，202℃）。

6）物理吸附塔

为了应对日益提高的环保标准，提高污泥干化焚烧工程烟气处理系统达标排放的稳定性，满足部分应急工况下烟气处理的要求，工程在烟气处理系统末端设置物理吸附塔。

烟气从一级烟气再热器出来后，温度达到130℃左右，进入物理吸附塔，在物理吸附塔中设置固定床吸附层，吸附层内布置有吸附剂，对烟气中的各种微量污染物进行吸附。当烟气无需物理吸附处理时，物理吸附塔可以被旁通超越，以此来节约能源和降低物理吸附塔磨损。

物理吸附塔主要设计参数：

数量：6套；

工艺：固定床吸附；

每套最大烟气处理量：55000Nm³/h；

设计温度：100～130℃；

设计过滤面积：65m²；

吸附剂：活性炭、活性焦或高分子聚合物等。

7）引风机

根据国内外工程经验，湿式脱酸塔和引风机的布置方案可分为引风机前置和后置两种方案。

引风机前置方案即将引风机布置于湿式脱酸塔之前。引风机烟气带水是采用湿式脱酸工艺比较容易出现的问题，引风机前置可以有效避免烟气带水对引风机的不利影响。

引风机后置方案即将引风机布置于湿式脱酸塔之后，这种做法较为常见。烟气中本身含有一定的水分，若烟气未经湿式脱酸塔洗涤直接进入引风机，势必会对引风机造成一定的腐蚀，影响设备的稳定运行。因此，本工程采用引风机后置方案，同时为了降低引风机烟气带水的可能性，工程在湿式脱酸塔顶部烟气出口设置高效除雾器，同时在湿式脱酸塔和引风机之间设置一级烟气再热器，以将烟气加热至130℃，这样可以有效降低烟气带水的可能性。烟气通过引风机后，经长距离烟道排至烟囱附近，通过二级烟气再热器后排至烟囱。

引风机采用矢量变频调速控制，使炉膛内保持一定的负压，以确保污泥焚烧系统和烟气处理系统正常稳定运行。引风机风量按最大计算烟气量并留有10%～20%的富余量确定，引风机风压余量为20%～30%，引风机和炉膛负压连锁，维持炉膛的要求压力（负压）。

引风机主要设计参数：

数量：6台；

类型：离心风机，带水冷；

布置位置：01/02地块干化焚烧车间内；

风量：66000m³/h；

设计温度：105～110℃；

设计风压：15.0kPa。

8）烟囱

引风机出口烟气经长距离烟道输送后，温度降至90～95℃，通过二级烟气再热器加热至130℃后进入烟囱。烟囱实景如图8-36所示。

图8-36　上海市白龙港污泥干化焚烧处理工程烟囱实景

工程设置污泥干化焚烧线6条，每条污泥干化焚烧线设1根排烟管单独排放。01地块内设置污泥干化焚烧线2条，引风机出口距离烟囱约500m；02地块内设置污泥干化焚烧线4条，引风机出口距离烟囱约200m。

引风机出口单线烟气最大排放量约为40000Nm³/h，从引风机出口至烟囱的烟气管道直径为1000mm，共6根，采用厚壁玻璃钢管。01地块烟气管道自引风机出口通过垂直爬升后，沿02地块东侧道路架空敷设；02地块烟气管道自引风机出口，采用架空形式穿越干化焚烧车间东侧道路，之后和01地块烟气管道采用同一管架敷设。6根烟气管道采用双层布置，即上下各有3根烟气管道。所有烟气管道穿越厂区道路，下部净空不低于5.0m。

烟气管道按5%的坡度敷设，每隔50m设置一个排水阀，并在管道末端安装除雾器。烟气在输送过程中冷凝和除雾器产生的污水，排放至厂区污水管网。

工程设置烟囱1座，内含6根排烟管，每根排烟管的高度为60m，设置指示灯、人孔、烟气在线检测操作平台和爬梯，烟囱底部设置清尘口和排水装置，烟囱上部设置多层航空障碍灯和维护平台。

7. 海绵城市建设设计

工程海绵城市建设内容包括新建绿色屋顶、生物滞留设施、转输型和滞蓄型植草沟、透水铺装、雨水罐等海绵设施和相关配套设施。根据《上海市水务设施（厂/站）海绵城市建设技术导则（试行）》SSH/Z 10016—2018，需要调蓄容积为 930m³。

1）绿色屋顶

在建筑物屋面设置绿化屋面，由表层植物、覆土层等构成。除跨度＞18m 的大跨度屋面采用钢结构屋面而不进行屋顶绿化外，中小跨度屋面采用混凝土屋面，并在不影响屋面设置的机械设备正常使用的条件下设计绿色屋顶。

根据导则，绿色屋顶率指屋顶绿化面积占宜建屋顶绿化的屋顶面积的比例，宜建屋顶绿化的屋顶是指建筑高度 50m 以下的混凝土平屋面或坡度小于 15°的坡屋面，同时应结合屋顶平面布置，综合考虑比例、尺度、面积等指标。

新建绿化屋面面积约 5648m²，设置于 02 地块污泥干化焚烧车间干化区，绿色屋顶率为 72%。此外，01 地块贮泥池采用绿化池顶，可削减厂区径流总量。

2）生物滞留设施

新建雨水花园生物滞留设施，主要设置在 01 地块南侧管理用房和机修车间旁、02 地块污泥干化焚烧车间南侧和东侧、02 地块贮泥池南侧和烟囱区域附近空地，面积总计约为 2760m²，雨水花园生物滞留设施调蓄指标为 0.3m，调蓄总量为 828m³。同时考虑污泥车经过路面的雨水径流通过设置雨水算子直接收集至雨水系统并进行径流污染控制，防止对雨水花园生物滞留设施的污染。

在雨水花园生物滞留设施附近设置穿孔管，将调蓄的雨水用于绿化灌溉，实现雨水资源化利用。

3）植草沟

沿 01 地块东侧道路设置宽度为 3m、深度为 0.2m 的转输型植草沟，下部结构层深度为 1.0m。植草沟收集 01 地块的屋面雨水，并转输至雨水花园生物滞留设施。沿烟囱区域烟气管架两侧设置宽度为 1.5m、深度为 0.25m 的滞蓄型植草沟，滞蓄型植草沟距道路和建筑物不足 3m 时，植草沟的底部和四周外包防渗膜。

4）透水铺装

透水铺装主要用于人行道。在管理用房、机修车间和蒸汽锅炉房等建筑物附近设置人行步道，人行步道 100%采用透水砖铺装。

8.2.4 工程特点

1）按照绿色、循环、低碳的总体要求确定污泥处理技术路线，秉承全规划、全泥量、全系统、全过程、全循环的原则开展总体设计，确保项目符合总体和专项规划，衔接近远期设计，满足上海市白龙港片区全部污泥量处理需求。

2）近期规模为 486tDS/d（折合含水率 80%的污泥量为 2430t/d），不仅规模大，而且也是目前我国烟气排放标准较高的污泥干化焚烧处理工程之一，工程的建成运行极大地改善了上海市污泥处理处置能力严重不足的情况。

3）采用厌氧消化（现状设施利用）＋脱水＋干化焚烧的污泥处理方案，可实现白龙港片区污泥全规划、全泥量、全系统、全过程和全循环的处理。

4）对污泥处理工艺方案进行了深入的论证研究，从实际情况出发，根据污泥干化焚烧系统的工艺要求，结合污泥干化工艺在我国城镇污水处理厂污泥干化中的实际应用情况等因素，对多种污泥干化工艺进行了比选。

5）污泥处理全流程密闭输送，对可能存在的臭气外逸点进行负压收集，将工程对车间内和周边环境的影响降到最低。

6）针对上海市最新烟气排放标准要求较高的特点，采用 SNCR＋静电除尘＋干法脱酸＋活性炭喷射＋布袋除尘＋湿法洗涤＋烟气再热＋物理吸附的烟气处理工艺，确保烟气稳定可靠达标排放。依托上海市科技计划项目"城镇污水厂污泥焚烧处理污染物清洁排放技术研究"（20230730100），对污泥焚烧烟气污染物源头减量及清洁排放技术开展了研究。

7）针对白龙港污水处理厂周边区域对除臭要求高的特点，对多种臭气处理工艺进行了比选论证。针对工程大部分需除臭空间为进人空间的特点采用了运行可靠、调节灵活的前端离子送风＋后端化学洗涤＋生物滤池＋活性炭吸附的除臭工艺。

8）针对 01 地块因外界条件要求建（构）筑物高程布置受限的情况，01 地块采用下凹布置的设计方案，即将部分污泥处理设施布置于下沉式区域，以满足限高的要求，并根据污泥处理流程的特点，采用分区、分高程的集约化布置，减小下沉式区域的用地面积和下凹深度，以降低工程投资。

9）实现了污泥处理系统和污水处理系统的有机统一，污水处理系统的尾水经进一步处理后作为再生水，应用于污泥处理系统中，在减少工程用水量的同时，减少了排入污水处理系统的污水量。

8.3 上海市石洞口污泥处理二期工程

8.3.1 项目概况

上海市石洞口片区中的污水处理厂有石洞口污水处理厂、泰和污水处理厂和吴淞污水处理厂。其中，石洞口污水处理厂是上海第一座采用一体化活性污泥工艺的大型污水处理厂，设计污水处理规模为 40 万 m^3/d，出水执行《城镇污水处理厂污染物排放标准》GB 18918—2002 一级 A 标准。泰和污水处理厂为全地下式污水处理厂，设计污水处理规模为 40 万 m^3/d，出水水质在《城镇污水处理厂污染物排放标准》GB 18918—2002 一级 A 标准的基础上，氨氮和总磷要求按地表水 Ⅳ 类水标准执行。

上海市石洞口污泥处理二期工程的污泥处理规模为 128tDS/d，其中污泥浓缩脱水处理量为 20tDS/d，污泥干化处理量为 20tDS/d，污泥焚烧处理量为 128 tDS/d。工程处理对象包括石洞口污水处理厂和泰和污水处理厂产生的污泥。工程建设内容包括新建污泥脱水、干化、焚烧、烟气处理和相关配套设施，共设置污泥脱水机 3 套、污泥干化处理线 2 条和污泥焚烧处理线 3 条。

石洞口污水处理厂提标增量污泥包括部分剩余污泥和全部化学污泥，这两部分污泥分别从现状污泥调蓄池和现状污泥调理池泵送至本工程新建的贮泥池；泰和污水处理厂的污泥在厂内经浓缩脱水干化处理至含水率 40％ 以下后，由专用污泥运输车运输并卸料至本工程的半干污泥接收坑，通过半干污泥输送设备输送至污泥焚烧处理系统进行焚烧处理。

污泥焚烧产生的烟气排放执行《生活垃圾焚烧大气污染物排放标准》DB31/768—2013。恶臭污染物排放同时执行国家标准《恶臭污染物排放标准》GB 14554—1993 和上海市地方标准《城镇污水处理厂大气污染物排放标准》DB31/982—2016，主要恶臭污染物限值按上述标准中的较严格限值执行。噪声控制按照《声环境质量标准》GB 3096—2008 执行，工程所在地为 3 类声环境功能区，边界噪声执行《工业企业厂界环境噪声排放标准》GB 12348—2008 中的 3 类标准。

8.3.2 污泥处理工艺

1. 工艺流程

工程污泥来源主要分为两部分，分别是石洞口污水处理厂污泥和泰和污水处理厂污泥，污泥处理工艺流程如图 8-37 所示。

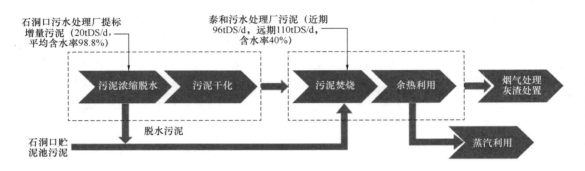

图 8-37　上海市石洞口污泥处理二期工程污泥处理工艺流程图

石洞口污水处理厂提标后的增量污泥分别从现状污泥调蓄池和现状污泥调理池泵送至新建贮泥池，经过新建污泥脱水处理系统处理，含水率降至 80％ 以下。脱水污泥由新建干化焚烧处理系统进行处理，余热锅炉产生的蒸汽用作空气预热器、除氧器、烟气再热器、污泥干化处理的热源和石洞口污泥处理改扩建工程污泥干化处理的补充热源。污泥焚烧产生的烟气经处理并达标后排入大气。

泰和污水处理厂的污泥在厂内进行脱水干化处理至含水率 40％ 以下，然后车运并卸料至本工程的半干污泥接收坑，通过半干污泥输送设备输送至污泥焚烧处理系统进行焚烧处理。

2. 污泥脱水处理系统

为确保高热值工况下焚烧炉入炉污泥的含水率，污泥脱水车间中设置焚烧炉进泥泵，以将贮泥池污泥直接输送至焚烧炉进行焚烧处理。新建污泥脱水处理系统处理量为 20tDS/d，污泥脱水处理系统工艺流程如图 8-38 所示。

3. 污泥接收和贮运系统

在污泥接收和贮运系统中，脱水后的污泥经螺杆泵送至污泥料仓，用于向污泥干化系统或焚烧系统输送污泥。污泥接收系统包括脱水污泥接收系统和半干污泥接收系统。

1）脱水污泥接收系统

脱水污泥接收系统工艺流程如图 8-39 所示。来自现状石洞口污水处理厂的脱水污泥由运输车运输至本工程后，经过称重计量卸入污泥接收车间内的地下式污泥接收仓，通过接收仓下方的污泥螺杆泵输送到圆柱形立式湿污泥料仓，湿污泥料仓共 5 座，每座湿污泥料仓有效容积为 200m³。

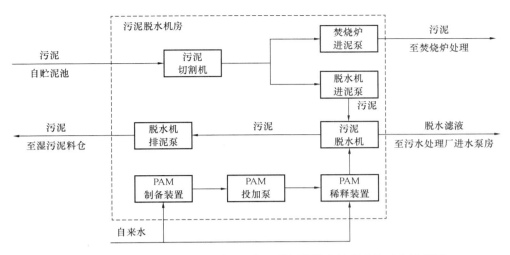

图 8-38　上海市石洞口污泥处理二期工程污泥脱水处理系统工艺流程图

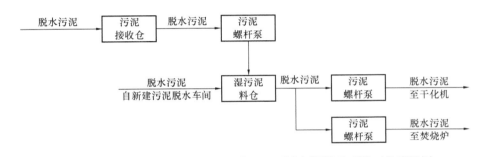

图 8-39　上海市石洞口污泥处理二期工程脱水污泥接收系统工艺流程图

厂内污泥脱水车间处理产生的脱水污泥通过污泥螺杆泵直接输送到上述的圆柱形立式湿污泥料仓。

圆柱形立式湿污泥料仓内的污泥通过设置在下方的污泥螺杆泵输送到桨叶式干化机进行干化，或直接输送到焚烧炉的污泥给料机内，和半干污泥等混合污泥一起投入焚烧炉中进行焚烧处理。

2）半干污泥接收系统

半干污泥接收系统工艺流程如图 8-40 所示。来自泰和污水处理厂的污泥含水率在 40%以下，由污泥专用运输车运输至本工程，经过称重计量后卸入地下式半干污泥接收

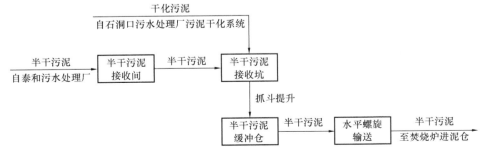

图 8-40　上海市石洞口污泥处理二期工程半干污泥接收系统工艺流程图

坑。同时来自石洞口污水处理厂的干化污泥含水率为 30%～40%，通过输送机也输送到此半干污泥接收坑。半干污泥接收坑内的污泥由设置在上方的数个移动抓斗按需进行坑内移动、破碎和混合。

4. 污泥干化处理系统

污泥干化处理系统分为污泥干化、蒸发尾气冷凝、干污泥输送三个部分，污泥干化处理系统工艺流程如图 8-41 所示。

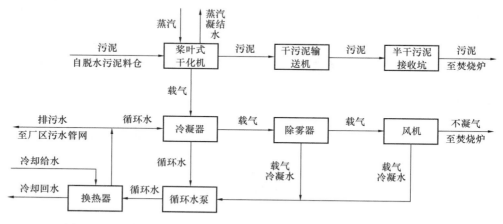

图 8-41　上海市石洞口污泥处理二期工程污泥干化处理系统工艺流程图

污泥经脱水至含水率 80% 后，泵送至湿污泥料仓。湿污泥料仓中的污泥通过其下部的污泥螺杆泵输送至桨叶式干化机，利用后续污泥焚烧余热利用系统产生的饱和蒸汽作为热源对湿污泥进行干化处理。湿污泥中的水分通过蒸汽加热蒸发，蒸发产生的水蒸气被干化机内的循环废气带走。

带搅拌桨叶的旋转轴把进入干化机的污泥从干化机进口端推向出口端，通过翻转、压送把块状的湿污泥粉碎，同时螺旋桨叶和污泥通过接触传热，使污泥中的水分大量蒸发，含水率为 30% 左右的干化污泥从干化机的末端排出，而后经输送系统送入焚烧炉中进行焚烧处理。干化机排出的污泥含水率控制在 30% 左右，能避免因高黏性的污泥引起的干化机和输送机的故障。

污泥干化过程中产生的废气在干化机内部与污泥作逆向运动，由污泥进料口上方的管口排出，而后进入冷凝器。冷凝采用间接冷凝方式，冷凝器使用少量循环冷却水对干化尾气进行循环降温，使用板式换热器通过循环冷却水对喷淋水进行换热，尾气中的不凝气进入除雾器进行分离，降温后的尾气通过风机引入臭气处理系统或者焚烧炉中进行处理。

5. 污泥焚烧处理系统

污泥焚烧处理系统工艺流程如图 8-42 所示。

焚烧炉的进炉污泥为干化后含水率 30% 的半干污泥和未经干化的含水率 80% 的脱水污泥、从泰和污水处理厂运输来的含水率 40% 的半干污泥和部分石洞口污水处理厂含水率 99% 的浓缩污泥，工程设置 3 条污泥焚烧处理线。

干化后的污泥经水平输送机输送至半干污泥接收坑，再由污泥抓斗抓送至焚烧炉前的半干污泥缓存仓，再由半干污泥输送机输送至污泥给料机与脱水污泥、浓缩污泥混合后进

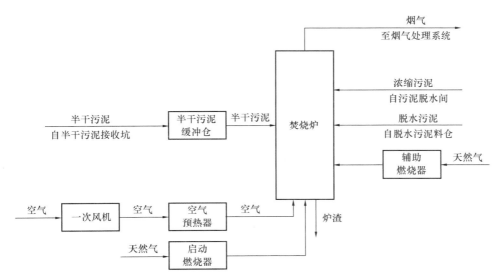

图 8-42　上海市石洞口污泥处理二期工程污泥焚烧处理系统工艺流程图

入焚烧炉中进行焚烧处理。

脱水污泥由脱水污泥料仓下方设置的焚烧给料泵直接输送至焚烧炉前的污泥给料机，脱水污泥料仓共设置 5 座，焚烧给料泵采用螺杆泵，每座脱水污泥料仓下方设置 3 台污泥输送螺杆泵，2 用 1 备，通过管路上的阀门和流量计控制进入焚烧炉的 2 台污泥给料机的脱水污泥量，保证脱水污泥进料的均匀性。

每台焚烧炉的额定处理量为 57tDS/d。焚烧炉的炉膛内有一个悬浮的焚烧区，当处于静止状态时，炉膛内布风管上部有一个厚度为 1~1.5m 的床料层，床料为十几孔目的石英砂。在焚烧炉运行过程中，一次风从焚烧炉下部空气分布管鼓入，并以一定速度由安装于空气分布管下方的喷嘴向下吹出，从而使细砂床呈沸腾状态，形成约 2~2.5m 厚的流化床层。一次风由污泥接收坑的抽气和部分新鲜风组成，保证石英砂流态化和污泥燃烧。在燃烧室内通入洗涤后的部分干化载气作为二次风，以保证物料完全燃烧。

每座焚烧炉有 2 个污泥进料口，以便确保污泥均匀投加和稳定燃烧，焚烧炉下部为锥形，便于出渣。

污泥在焚烧炉完全燃烧后产生的约 850℃ 高温烟气进入余热锅炉，余热锅炉采用单锅筒膜式壁结构，经余热锅炉回收热量后，烟气温度降低至约 200~250℃，同时产生1.2MPa、180℃ 的饱和蒸汽。

焚烧炉配备炉内喷水降温措施，当炉温超标时使用。

6. 烟气处理系统

烟气处理系统工艺流程如图 8-43 所示。

污泥焚烧产生的烟气中除了含有无害的二氧化碳和水蒸气外，还含有许多污染物质，必须加以适当的处理，将污染物的含量降至标准限值以下，避免造成二次污染。虽然应用于污泥焚烧系统的烟气处理设备和一般空气污染防治设备相同，但是污泥焚烧产生的烟气和污染物具有其特殊的性质，烟气处理系统的设计须具有针对性，以取得所需的处理效果。

焚烧炉产生的高温烟气经过余热利用后进入烟气处理系统，处理达标后通过烟囱排

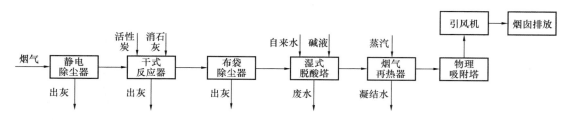

图 8-43　上海市石洞口污泥处理二期工程烟气处理系统工艺流程图

放。烟气处理系统共设置 3 条生产线，与焚烧炉生产线相配套，24h 连续运行。

8.3.3　主要工程设计

1. 总平面布置

石洞口污水处理厂总平面布置依据污水处理厂工艺设计流程、工艺设计总体布局的要求，以集约化设计为指导思想。石洞口污水处理厂总体布置如图 8-44 所示。

图 8-44　石洞口污水处理厂总体布置图

在污泥处理二期工程中，主要建（构）筑物有贮泥池、污泥脱水和接收间、污泥焚烧车间、飞灰仓（下部为打包间）、碱液罐区、地磅间和门卫、冷却塔、除臭装置、雨污水泵房、蒸汽锅炉房、燃气调压站、35kV 总降压站、电力用房、综合楼等。污泥处理二期工程总体布置如图 8-45 所示。

工程设置 80t 地磅一座，用于外来污泥和所需原料包括活性炭、尿素、碱液等的称重计量。

工程新建设施中高度最高的为 1 座烟囱，采用多管式布置，其中含 3 根排烟筒，每根排烟筒的内径为 900mm，高度为 45m，位于工程总平面的北侧。

2. 污泥脱水处理系统设计

工程设置污泥脱水和接收间 1 座，其功能包括石洞口污水处理厂污泥的脱水和外来脱水污泥的接收，污泥脱水和接收间设计如图 8-46 所示。工程采用离心浓缩脱水一体机对

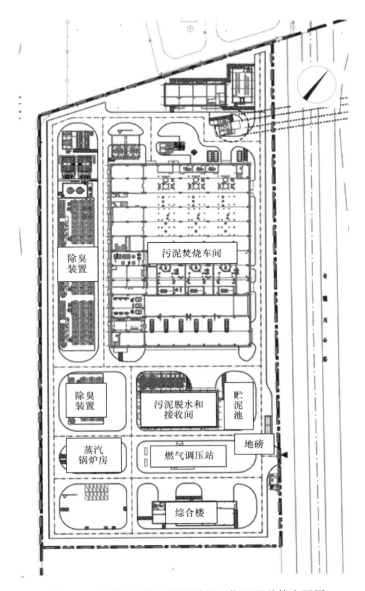

图 8-45　上海市石洞口污泥处理二期工程总体布置图

石洞口污水处理厂污泥进行脱水处理，含水率约为 98%～99.2% 的污泥经过污泥切割机处理后，通过污泥螺杆泵输送到离心浓缩脱水一体机的进泥口。脱水絮凝剂 PAM 粉料在絮凝剂配制装置中熟化，然后通过管道混合器稀释到所需浓度，稀释后的 PAM 和污泥在脱水机进泥管中通过管道混合器充分混合，一起进入离心浓缩脱水一体机，在离心力作用下实现固液分离。含水率为 80% 的脱水污泥由排泥螺杆泵输送到干化处理系统前端的湿污泥料仓。进泥管道和加药管道均安装有流量计，加药泵和进泥泵均有变频功能。整个系统自动化运行，可根据脱水污泥的含水率调整离心浓缩脱水一体机的进泥流量和 PAM 加药量。

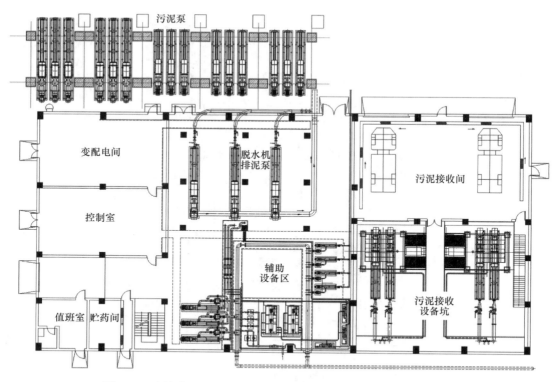

图 8-46   上海市石洞口污泥处理二期工程污泥脱水和接收间设计图

3. 污泥干化处理系统设计

工程设置 2 条污泥干化处理线，每条污泥干化处理线设置 2 台污泥干化机，单台污泥干化机的蒸发能力为 $2500kgH_2O/h$，进泥含水率为 80%，出泥含水率 $\leqslant30\%$。污泥干化机为桨叶式干化机，采用蒸汽间接换热。

含水率为 80% 的脱水污泥由脱水污泥输送泵从脱水污泥贮存料仓输送到桨叶式干化机。饱和蒸汽经管道输送到干化机的桨叶内，作为热源用来间接加热脱水污泥，脱水污泥中的水分通过蒸汽加热蒸发，蒸发产生的水蒸气被干化机内的循环载气带走。

带搅拌桨叶的旋转轴把进入干化机的污泥从干化机进口端推向出口端，通过翻转、压送把块状的湿污泥粉碎，同时螺旋桨叶和污泥通过接触传热，使污泥中的水分大量蒸发，含水率为 30% 左右的干化污泥从干化机末端排出之后被输送入焚烧炉中进行焚烧处理。

污泥干化机的主要工艺设计参数：

数量：4 台；

运行模式：24h 连续运行；

单台水蒸发量：$2500kgH_2O/h$；

进泥含水率：80%；

出泥含水率：30%；

干化热源：0.8MPa 饱和蒸汽。

4. 污泥焚烧处理系统设计

工程设置 3 条污泥焚烧处理线，污泥干化焚烧车间设计如图 8-47 所示。污泥焚烧炉采用鼓泡流化床焚烧炉。污泥焚烧炉的炉膛设计温度高于850℃，烟气在850℃以上停留时间大于2s。污泥焚烧产生的烟气加热余热锅炉的受热面，使进入余热锅炉的介质吸收热量产生蒸汽并作为污泥干化、烟气再热等所需热源。

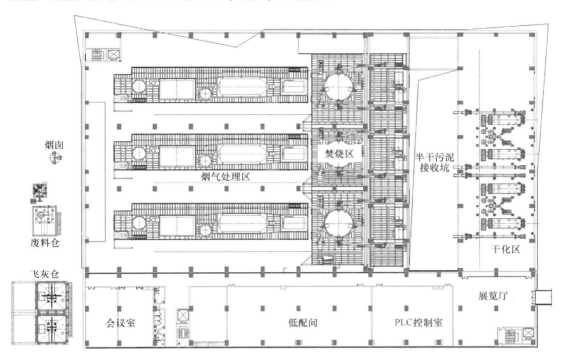

图 8-47　上海市石洞口污泥处理二期工程污泥干化焚烧车间设计图

污泥焚烧炉采用钢结构设计，焚烧炉炉体包括风室、布风系统、炉膛、床料补给和输送系统、喷水系统、高温空预器等主要部件和附属的管道、平台、扶梯等设施，并带有天然气燃烧器等附属设施。

焚烧炉内为负压，防止烟气外逸。焚烧炉为立式装置，炉内流动层采用炉底下部鼓入空气使得砂粒和进泥以沸腾状搅拌混合。

焚烧炉炉壁绝热，当环境温度不高于25℃时其外表温度<50℃，焚烧炉钢板的设计耐热温度>1100℃。

焚烧炉本体外壳为立式圆筒形，采用厚度6mm以上的钢板卷制焊接而成。炉体内壁衬砌耐火砖、隔热砖，耐火材料具有耐磨、耐热性能，并能承受焚烧炉工作状态的交变热应力和炉内烟气的化学反应，充分适应热胀冷缩的要求和炉内烟气的化学反应。

炉床作为流动层的支撑，设置扩散气流的耐热不锈钢喷嘴，在结构上保证流动层均匀流动。预热的空气送入内衬耐火材料的风箱，通过流化床底部的布气风嘴分配，助燃空气使流化床的床料流态化。

流化床的砂粒选择具有良好耐磨性、耐热性的砂种，其粒径需满足床料和污泥颗粒混合均匀的要求。

焚烧炉设置排渣措施，排渣管穿过风室将炉渣排入水冷滚筒。

每座焚烧炉设置一套天然气燃烧器，当启炉时或当炉内燃烧温度低于设计值时提供补充燃料。天然气燃烧器使用的空气为未经预热的空气，天然气燃烧器的设置既可以实现正常点火，又能在污泥热值过低时助燃以保证设定的焚烧温度。天然气喷嘴沿焚烧炉圆周均匀分布。

每座焚烧炉在顶部设置高压水喷嘴，用于控制炉膛温度，防止焚烧炉内温度过高。

焚烧炉设置有监视系统、控制系统、报警系统和应急处理安全防爆装置。

5. 烟气处理系统设计

1）静电除尘器

静电除尘器采用干式静电除尘器，用于去除大部分颗粒物。进入静电除尘器的烟气温度为250℃，出口烟气温度为180℃，阻力损失不大于200Pa。静电除尘器清灰采用冲击振动来剥离电极上的颗粒物，静电除尘器的外壳设计考虑绝热措施。

2）干式反应器

经过静电除尘器处理的烟气进入干式反应器，喷入消石灰、活性炭和烟气中的有害成分进行反应，通过投加消石灰对酸性气体进行去除，通过投加活性炭对汞、二噁英和呋喃等进行吸附去除。

3）布袋除尘器

布袋除尘器用于去除颗粒物、重金属和二噁英类污染物。烟气在进入布袋除尘器之前，粉末活性炭通过投加装置进入烟道，在烟道内和烟气充分混合后，再进入布袋除尘器。烟气进入时的温度为160～170℃，阻力损失不大于1500Pa。布袋除尘器清灰采用压缩空气脉冲反吹方式，飞灰由布袋除尘器灰斗收集，飞灰中大部分活性炭通过输送和投加系统再进入烟道循环使用，飞灰和部分活性炭通过废料灰输送系统装入废料罐内。

4）湿式脱酸塔

湿式脱酸塔为NaOH洗涤塔，将烟气和NaOH溶液充分接触，用NaOH吸收烟气中的HCl、SO_x等酸性气体。经湿式脱酸塔脱酸处理后的烟气温度为50℃。NaOH洗涤塔阻力损失不大于1000Pa。

湿法脱硫过程在溶液中进行，吸附剂和脱硫生成物均为湿态。脱硫过程的反应温度低于露点。烟气湿法脱硫过程是气液反应，其脱硫反应速率较快，脱硫效率较高。

湿式脱酸塔内装填料，烟气呈发散状进入位于循环水槽上面的吸收塔底部，然后继续垂直向上通过吸收填料层，烟气中酸性气体的吸收就发生在这个部位。通过带喷嘴的喷头将循环液扩散分布到整个塔截面，确保所有烟气都能够和循环液充分接触。填料层下面的喷头用来确保烟气进入填料层之前达到露点温度。填料层上面设置波纹状除雾器，通过除雾器可从烟气流中去除液滴。除雾器带有冲洗喷头，可间歇地喷入高压清洁水以清洗除雾器，去除可能沉淀在上面的盐类物质。

吸收塔下部是循环水槽，用于收集来自吸收塔内的循环碱液，循环泵从水槽抽取循环碱液。每个吸收塔设置2台循环泵，1用1备。

因吸收剂采用NaOH溶液，湿式脱酸塔内不会产生沉淀物，NaOH溶液吸收二氧化硫速度快，故可以较小的液气比达到较高的脱硫效率。

5）烟气再热器

湿式脱酸塔处理后的低温烟气经烟气再热器换热后由50℃升温至115℃，烟气再热器的热源利用余热锅炉或蒸汽锅炉产生的蒸汽，之后再进入物理吸附塔进行处理。

烟气再热器采用换热效率高的气-气式热管式换热器，采用耐腐蚀材料加工而成，具有结构简单、便于维护、系统阻力小的特点。

6）物理吸附塔

为了应对日益提高的环保标准，提高污泥干化焚烧工程烟气处理系统达标排放的稳定性，满足部分应急工况下烟气处理的要求，工程在烟气处理系统末端设置物理吸附塔。

烟气经过烟气再热器温度达到115℃左右，而后进入物理吸附塔。在物理吸附塔中设置有固定床吸附层，吸附层内布置有吸附剂，对烟气中的各种微量污染物进行吸附。当烟气无需物理吸附处理时，物理吸附塔可以被旁通超越。

7）引风机

烟气通过引风机经烟囱排至大气。引风机采用矢量变频调速控制，使炉膛内保持一定的负压，以确保污泥焚烧系统和烟气处理系统正常稳定运行。引风机风量按最大计算烟气量并留有10%～20%的富余量确定，引风机的风压余量为20%～30%。

8）烟囱

引风机出口的烟气温度约为115℃。从引风机出来的烟气经烟囱排至大气。

工程设置3条污泥干化焚烧线，每条焚烧线各自设置1根排烟管。引风机出口单条焚烧线的烟气最大排放量为28000Nm³/h，从引风机出口至烟囱的烟气管道直径为900mm，采用厚壁玻璃钢管。烟囱设置有烟气在线检测操作平台和爬梯等，烟囱底部设置有清尘口和排水装置，烟囱还设置有航空障碍灯，每层航空障碍灯处设置有维护平台。

6. 海绵城市建设设计

厂区雨水排水设计体现了海绵城市的理念，最大程度控制径流总量，减少外排雨水量。海绵城市建设总平面设计如图8-48所示。

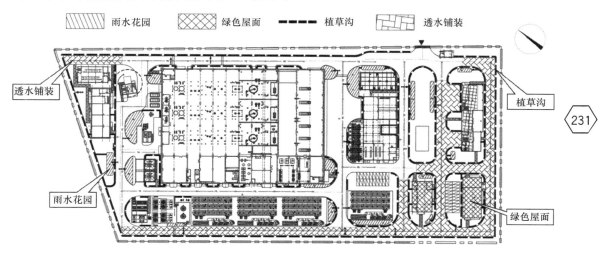

图8-48　上海市石洞口污泥处理二期工程海绵城市建设总平面设计图

海绵城市建设设计参数：

1）年径流总量控制率按照75%设计，所对应的设计降雨量为22.2mm。

2）海绵城市建设约束性指标：绿地率≥30%；绿色屋顶率≥96%；人行道透水铺装率100%；轻型荷载停车场和非机动车道透水铺装率≥70%；单位硬化面积蓄水量

$345m^3/hm^2$。

　　3）海绵城市建设鼓励性指标：生物滞留设施比例为29.4%；雨水资源利用率≥2%。

8.3.4　工程特点

　　1）工程服务范围包括片区内多座污水处理厂，实现了多源、多类型污泥的接收、贮存、输送和处理处置，污泥处理工艺采用桨叶式干化＋抓斗进料＋流化床焚烧，实现了多类型污泥的混合和稳定焚烧。

　　2）实现了涵盖干化污泥、脱水污泥、浓缩污泥的多类型污泥的耦合入炉，可应对入炉污泥的热值波动，保障稳定运行。

　　3）通过系统能量自持循环和能源分配，可为上海市石洞口污泥处理改扩建工程提供能源。

　　4）满足上海市污泥焚烧烟气排放新标准《生活垃圾焚烧大气污染物排放标准》DB31/768—2013的要求，是全国目前运行的执行较严烟气排放标准的污泥焚烧处理工程。

　　5）通过气流组织计算流体动力学计算，确保臭气高效收集处理，满足上海市地方标准《城镇污水处理厂大气污染物排放标准》DB31/982—2016的要求，是全国目前运行的执行较严臭气排放标准的污泥焚烧处理工程。

　　6）工程结构设计中，污泥焚烧车间采用预制装配方案，填补了预制装配在污泥焚烧处理工程工业厂房中应用的空白，创新采用钢筋桁架楼承板，并应用预应力混凝土梁技术。

　　7）依托上海市科技计划项目"城镇污水厂污泥焚烧处理污染物清洁排放研究"（20230730100），对污泥焚烧灰渣特性分析及无害化资源化技术开展了研究。焚烧产生的灰渣经鉴定，属于一般固废，实现了建材利用。

8.4　上海市石洞口污泥处理改扩建工程

8.4.1　项目概况

　　上海市石洞口污泥处理改扩建工程是我国首个城镇污水处理厂污泥干化焚烧处理改扩建工程。

　　上海市石洞口污水处理厂是上海市苏州河环境综合整治一期工程的重要子项，其污泥处理工程建成了全国首座污泥干化焚烧处理设施，工程于2004年11月投入运行。工程的成功运行为上海市环境保护和污染物减排发挥了重要作用，且通过多年的运行，为我国污泥的干化焚烧处理积累了许多宝贵的理论和实践经验。

　　为满足国家和地方逐步提高的污泥焚烧烟气污染物排放标准要求，进一步妥善解决石洞口污水处理厂和石洞口片区内其他污水处理厂污泥的出路问题，上海市石洞口污泥处理改扩建工程立项建设。

　　工程建设内容包括对石洞口污水处理厂现有污泥处理设施的提标改造工程（即提标改造工程）和对片区内新增污泥量的扩容新建工程（即扩容新建工程）两部分。工程建设规模为72tDS/d（折合含水率80%的污泥量为360t/d），对应于石洞口污水处理厂40万 m^3/d规模，其中提标改造工程规模为22tDS/d（折合含水率80%的污泥量为110t/d），扩容新建工程规模为50tDS/d（折合含水率80%的污泥量为250t/d）。扩容新建工程采用机械浓缩＋重力浓缩＋机械离心脱水＋污泥热干化＋污泥焚烧的处理流程。污泥焚烧产生的烟气执行《生活垃圾焚烧大气污染物排放标准》DB31/768—2016。

工程实现了污泥的减量化、稳定化、无害化和资源化，取得了较好的工程效益。

1）减量化：经过脱水和干化处理，360t/d污泥（含水率以80%计）得到妥善处理。

2）稳定化：经过干化焚烧处理，污泥中的有机物得到充分彻底分解，实现了污泥的稳定化。

3）无害化：经过热干化和焚烧处理，污泥中的腐殖质降解，病菌杀灭，实现了污泥的无害化。

4）资源化：污泥焚烧产生的蒸汽作为干化系统供热能源，污泥焚烧产生的灰渣作为建筑材料进行资源化利用。

8.4.2 污泥处理工艺

工程服务于石洞口污水处理厂、吴淞污水处理厂和桃浦污水处理厂。其中石洞口污水处理厂的污泥从生物反应池排出后，经过浓缩和脱水处理，含水率降至80%，而后进行干化焚烧处理。吴淞污水处理厂和桃浦污水处理厂的污泥在各自厂内进行浓缩脱水，而后车运至石洞口污水处理厂进行干化焚烧处理。污泥焚烧灰渣用于制作建材，污泥焚烧产生的烟气经处理后排入大气。工程污泥处理工艺流程如图8-49所示。

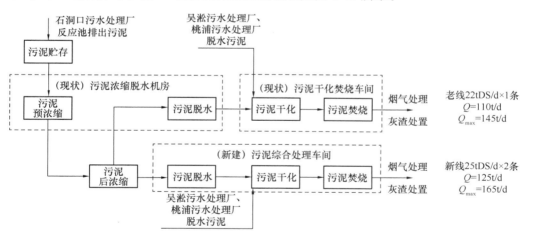

图8-49　上海市石洞口污泥处理改扩建工程污泥处理工艺流程图

工艺系统包括污泥浓缩脱水系统、污泥接收和贮运系统、污泥干化系统、污泥焚烧和余热利用系统、烟气处理系统、辅助系统和除臭系统七大系统。

1. 污泥浓缩脱水系统

1）污泥预浓缩系统

污泥预浓缩系统利用现有的6条污泥浓缩处理线，其采用成套机械设备，包括浓缩机和进泥、出泥、贮存、加药等装置，5用1备，对石洞口污水处理厂污水处理过程中产生的剩余污泥进行预浓缩处理。为达到含固率目标，将剩余污泥统一汇集至污泥调蓄池后进行机械浓缩，机械浓缩系统的进泥含水率为99.2%，出泥含水率≤98%。

2）污泥后浓缩系统

经过预浓缩的污泥进一步进行后浓缩处理，将污泥含固率提高到3％。为达到含固率目标，预浓缩后的污泥采用重力浓缩工艺。

设置2座污泥浓缩池，每座污泥浓缩池的直径为28m，有效泥深为5m，每座污泥浓缩池设置一套直径为28m的中心传动立柱式污泥浓缩机。

设置1座污泥泵房，将污泥浓缩池的出泥分别泵送至现有污泥脱水系统污泥浓缩脱水机房中的贮料罐和新建污泥脱水系统污泥综合处理车间中的脱水机房吸泥井。

3）污泥脱水系统

污泥脱水系统对经浓缩后的污泥进行脱水，进一步将污泥含水率降低至80％以下，同时减小污泥体积，降低污泥干化系统所需能耗，并将脱水处理后的污泥送至污泥料仓进行暂存，而后输送至污泥干化处理系统进行干化处理。

采用离心机械脱水工艺，在现有2台污泥离心脱水机基础上，新增4台污泥离心脱水机，共同组成污泥脱水系统。

每台新增离心脱水机的处理能力为1.2tDS/h，每天工作时间≥10h。每台离心脱水机均配套单独的进泥泵和排泥泵，为提高运行的可靠性，每台排泥泵均可将脱水污泥排至后续的两座污泥料仓中。

2. 污泥接收和贮运系统

污泥接收和贮运系统对来自污泥浓缩脱水系统的脱水污泥以及来自桃浦污水处理厂、吴淞污水处理厂的脱水污泥进行贮存并输送至后续的污泥干化系统。

污泥接收系统总有效容积为60m³。污泥贮运系统位于污泥综合处理车间旁，靠近污泥接收区。石洞口污水处理厂污泥和外来污泥分别由脱水机房排泥泵和接收仓螺杆泵输送入污泥贮存仓中，污泥贮存仓的总有效容积为1600m³，按扩容新建工程污泥处理量250t/d计，污泥贮存时间为6.4d。

污泥贮存仓共设置4座，每座贮存仓的容积为400m³，在贮存仓的底部设污泥出料机和螺杆泵，用于向污泥干化机和焚烧炉送料。

3. 污泥干化系统

扩容新建工程中，污泥干化系统采用桨叶式干化工艺。污泥干化系统位于污泥综合处理车间内，邻近污泥接收和贮运系统。

污泥干化系统采用蒸汽作为外加热源和热媒。脱水污泥经干化系统处理后含水率降至30％～40％左右，然后进入流化床焚烧炉中进行焚烧。污泥焚烧处理产生的热量通过余热锅炉加热给水，产生的蒸汽作为污泥干化机的热源。蒸汽通过污泥干化机内的热交换器将热量传递给污泥，蒸汽充分换热后变为冷凝水。冷凝水经过除氧等水处理，循环进入余热锅炉，实现循环利用。

提标改造工程中，现有污泥干化系统采用流化床干化工艺，污泥干化系统位于现状污泥干化焚烧车间内，与污泥焚烧系统相邻。提标改造工程污泥干化系统工艺流程如图8-50所示。

现有污泥干化系统改造同扩容新建工程，也采用蒸汽作为外加热源和热媒。脱水污泥经干化系统处理后含水率降至10％以下，之后输送入流化床焚烧炉中进行焚烧处理。污泥焚烧产生的热量通过余热锅炉加热给水，产生的蒸汽作为污泥干化机的热源。蒸汽通过

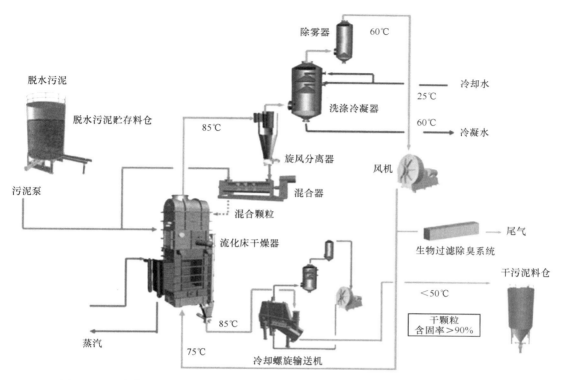

脱水污泥

脱水污泥贮存料仓

污泥泵

除雾器   60℃

冷却水

洗涤冷凝器   25℃

冷凝水   60℃

85℃

旋风分离器

风机

混合器

混合颗粒

生物过滤除臭系统   尾气

流化床干燥器

干污泥料仓

蒸汽   85℃

＜50℃

75℃   冷却螺旋输送机

干颗粒
含固率＞90%

图 8-50　上海市石洞口污泥处理改扩建工程中提标改造工程污泥干化系统工艺流程图

污泥干化机内的热交换器将热量传递给污泥，蒸汽充分换热后变为冷凝水。冷凝水经过除氧等水处理，循环进入余热锅炉，实现循环利用。

4. 污泥焚烧和余热利用系统

扩容新建工程中，污泥焚烧系统位于污泥综合处理车间中部，辅助用房区和烟气处理区之间，焚烧区在车间两侧各设置大门一座，用于设备和物料进出。焚烧炉接收干污泥缓冲仓的进料，污泥燃烧后产生的烟气通过烟道进入余热锅炉。

提标改造工程中，现有污泥焚烧系统与现状污泥干化车间相邻，焚烧区在车间两侧各设置大门一座，用于设备和物料进出。焚烧炉接收干污泥缓冲仓的进料，污泥燃烧后产生的烟气通过烟道进入余热锅炉。贮存于干污泥缓冲仓中的污泥通过污泥给料机输送入流化床焚烧炉中，污泥被砂层沸腾并被迅速加热焚烧，焚烧后的飞灰大部分被烟气携带走，小部分从炉底排渣口排出。所产生的 850℃ 左右的烟气从焚烧炉排出并进入余热锅炉，在此将烟气中的热能转移到蒸汽中，用于污泥的干化、空气的预热等。

余热利用系统包括余热锅炉、空气预热器等，设备数量与焚烧炉数量相同，高温烟气在余热锅炉内由 850～900℃ 降低至 300℃ 左右。干化机利用后的蒸汽冷凝水先经过除氧后送入余热锅炉内产生蒸汽，用于污泥的干化。

5. 烟气处理系统

石洞口污水处理厂现有的烟气处理系统采用半干法喷淋＋布袋除尘的处理工艺。半干法喷淋主要用于去除烟气中的 SO_2，布袋除尘器主要用于去除烟气中的颗粒物。多年的运行经验表明，烟气处理工艺能有效净化污泥焚烧产生的烟气，但也存在着一些问题，主要包括：

1）流化床焚烧炉排烟中含尘量较大，使处理单元特别是布袋除尘器的运行负荷加重，缩短了其使用寿命。

2）不能满足上海污泥焚烧烟气排放新标准的要求。

鉴于以上原因，改扩建工程的烟气处理系统采用旋风除尘＋半干法喷淋＋布袋除尘＋湿式洗涤的处理工艺。增加旋风除尘器，去除烟气中的较大颗粒物，可有效减轻后续处理单元的运行负荷，且可最大限度地利用原有烟气处理装置，改造难度较小，投资较省。增加湿式洗涤塔单元，在半干脱酸塔的基础上通过碱洗方式进一步减少烟气中 SO_2 和其他污染物的排放。烟气处理系统工艺流程如图 8-51 所示。

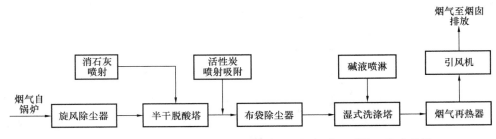

图 8-51 上海市石洞口污泥处理改扩建工程烟气处理系统工艺流程图

6. 辅助系统

辅助系统提供工程污泥干化系统、污泥焚烧系统、烟气处理系统所需公用部分的配套系统，包括灰渣收集系统、压缩空气系统等。

7. 除臭系统

污泥浓缩脱水系统、污泥接收和贮运系统、污泥干化系统均会产生臭气。

目前用于臭气处理的方法主要有燃烧法、生物法、化学法、离子法、活性炭吸附法、植物液法等。其中生物法又分为生物滴滤法、生物过滤法、土壤除臭等。结合除臭工艺比较，综合考虑臭气源强数据、除臭目标、投资规模、工艺适应性、运行管理成本、能源消耗、设备管理维护、使用年限、处理效率和处理后的二次污染等因素，工程采用组合型除臭工艺系统。

8.4.3 主要工程设计

1. 总平面布置

工程位于现状石洞口污水处理厂污水一体化生物反应池的北侧，扩容新建工程位于提标改造工程区域的西南侧，将新建的污泥脱水系统、污泥干化系统、污泥焚烧和余热利用系统、烟气处理系统、辅助系统、中控室等组合式建设，建设一座污泥综合处理车间。整个工程占地面积为 $4.12hm^2$，其中扩容新建工程占地面积为 $1.95hm^2$。

2. 污泥浓缩脱水系统设计

1）污泥预浓缩系统设计

工艺方案：采用机械浓缩（螺压式污泥浓缩机），利用现有 6 条污泥浓缩处理线，包括浓缩机和进泥、出泥、贮存、加药等装置，5 用 1 备；

设计进泥量：$7500m^3/d$；

进泥含水率：99.2%；

出泥含水率：≤98%；

单条污泥浓缩处理线处理量：100m³/h。

工程内容：保留现有 6 条污泥浓缩处理线，对部分长期使用后磨损、老化的设备部件进行更换，更换出泥螺杆泵。

2）污泥后浓缩系统设计

工艺方案：采用重力浓缩，共 2 池；

设计进泥量：3000m³/d；

进泥含水率：≤98%；

出泥含水率：≤97%；

单池尺寸：直径 28m；

固体负荷：49kg/(m²·d)。

工程内容：新建 2 座重力浓缩池，用于污泥后浓缩，污泥浓缩池设计如图 8-52 所示。新建污泥泵房 1 座，用于将浓缩后的污泥泵送至后续处理设施。

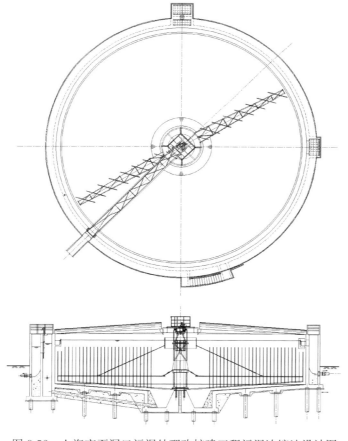

图 8-52　上海市石洞口污泥处理改扩建工程污泥浓缩池设计图

3）污泥脱水系统设计

工艺方案：采用机械脱水（污泥离心脱水机）；

脱水系统处理线：6条（成套设备，包括脱水机和进泥、出泥、加药等装置），5用1备；

设计进泥量：2000m³/d；

进泥含水率：≤97%；

出泥含水率：80%；

单条脱水系统处理线处理量：20～40m³/h。

工程内容：提标改造工程中，利用现有的2台离心脱水机，取消现有的带式脱水机，保留现有的4台板框压滤机作为备用，增加工程的安全性；扩容新建工程中，新增离心脱水机4套。污泥脱水和接收间设计如图8-53所示。

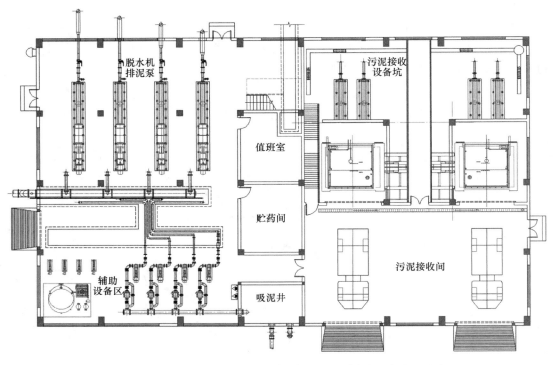

图8-53　上海市石洞口污泥处理改扩建工程污泥脱水和接收间设计图

3. 污泥接收和贮运系统设计

污泥接收仓用于接收和贮存污水处理厂外来的脱水污泥，为成套组合装置。污泥接收仓共2座，单座有效容积为30m³。污泥接收仓配备含检修平台、走道、栏杆等的钢结构架、液压盖板、防架桥推泥滑架和液压启闭装置、料位计等保障其安全可靠和有效运行所必需的附件。

污泥接收仓设置2台出料螺旋输送机和2台螺杆泵，单台输送量均为10m³/h。污泥经出料螺旋输送机输送入螺杆泵，再由螺杆泵泵送至污泥料仓内。由于接收来自不同污水处理厂的脱水污泥，污泥性质和含固率均存在差距，因此使每台螺杆泵出泥可切换到2座脱水污泥料仓中，使污泥均质地贮存于料仓，确保进入后续干化机的污泥均匀化。

共设置污泥料仓4座，每座污泥料仓的有效容积为400m³。污泥料仓为成套组合装置，配备含检修平台、走道和栏杆的钢结构架。污泥料仓采用外观为圆柱形平底结构、重力卸料的高架形式，直径为 6m，高度为 16m。每座污泥料仓顶部加盖密封，设置和脱水污泥输送管连接的接口，底部设置可计量的卸料装置，内部设置料位指示系统以显示监控泥高和超高时的报警信号，可根据料位指示系统确定装泥或卸泥操作。

脱水污泥输送管包括脱水机房排泥螺杆泵至污泥料仓段输送管、污泥接收仓螺杆泵至污泥料仓段输送管和污泥料仓出泥螺杆泵至污泥干化机段输送管。

4. 污泥干化系统设计

干化系统处理线：共设置 3 条，其中提标改造工程设置 1 条，扩容新建工程设置 2 条；

进泥含水率：80%；

单线平均污泥处理量：提标改造工程为 110t/d，扩容新建工程为 125t/d；

考虑运行时间后的单线污泥处理能力（以 100% 负荷计）：提标改造工程为 145t/d，扩容新建工程为 165t/d。

工程内容：提标改造工程对现有的 1 套污泥流化床干化装置进行改造，扩容新建工程新增 4 套污泥桨叶式干化机。

新增污泥桨叶式干化机的主要设计参数：

单台干化机需处理污泥量：62.5t/d；

单台干化机设备处理污泥能力：82.5t/d；

单台干化机额定水蒸发量：$2500kgH_2O/h$；

单台干化机蒸发面积：$200m^2$；

干化机进口污泥含水率：80%；

干化机出口污泥含水率：≤30%；

蒸汽进口参数：180℃，1.0MPa；

单台干化机蒸汽耗量：2750kg/h；

干化机热效率：≥85%。

5. 污泥焚烧和余热利用系统设计

工艺方案：采用鼓泡流化床焚烧工艺；

焚烧系统处理线：共设置 3 条，其中提标改造工程设置 1 条，扩容新建工程设置 2 条；

单线平均污泥处理量：提标改造工程为 110t/d，扩容新建工程为 125t/d；

考虑运行时间后的单线污泥处理能力（以 100% 负荷计）：提标改造工程为 145t/d，扩容新建工程为 165t/d。

工程内容：提标改造工程对现有的 1 套污泥焚烧装置进行改造，扩容新建工程新增 2 套污泥焚烧装置。

新增污泥焚烧炉主要工艺参数如表 8-4 所示。

上海市石洞口污泥处理改扩建工程新增污泥焚烧炉主要工艺参数 表 8-4

参数	参数值
焚烧炉数量（台）	2
单台焚烧炉处理能力（t/d）	125

参数	参数值
烟气在焚烧炉中的停留时间（s）	＞2
燃烧室烟气温度（℃）	≥850
助燃空气过剩系数	1.4
助燃空气温度（℃）	120
炉内运行压力	微负压
热灼减率（%）	≤5
炉床负荷 [kg/(m² · h)]	400~600
炉床热负荷 [MJ/(m² · h)]	1450~1670
燃烧室热负荷 [MJ/(m³ · h)]	330~630

扩容新建工程污泥综合处理车间设计如图 8-54 所示。

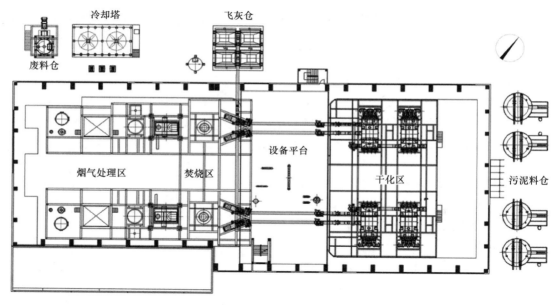

图 8-54　上海市石洞口污泥处理改扩建工程中扩容新建工程污泥综合处理车间设计图

6. 烟气处理系统设计

烟气处理采用旋风除尘＋半干法喷淋＋布袋除尘＋湿式洗涤的处理工艺。

烟气净化处理线：共设置 3 条，其中提标改造工程设置 1 条，扩容新建工程设置 2 条。

工程内容：提标改造工程对现有的 1 套烟气净化装置进行改造，扩容新建工程新增 2 套烟气净化装置。

扩容新建工程中，烟气处理系统接自空气预热器，与污泥焚烧和余热利用系统相邻，烟气依次经过旋风除尘器、半干脱酸塔、布袋除尘器、湿式洗涤塔和烟气再热器，而后通过引风机经由烟囱排入大气。

烟气离开空气预热器后进入旋风除尘器，烟气中的飞灰在离心力的作用下沿圆筒壁旋转下降，通过排灰口进入下部的卸灰装置，而净化后的烟气通过排气管排出。

烟气在半干脱酸塔内和喷射出的吸收剂（石灰浆液）充分混合，烟气中的酸性气体和吸收剂发生化学反应，从而得到去除。少量飞灰落入塔底部经过灰斗排出。吸收剂为10%石灰浆液，按照钙硫比为2计算，设计工况下，喷入的石灰浆液约为108kg/h。

在进入布袋除尘器前的烟道上，喷入活性炭粉末，通过活性炭吸附烟气中的污染物，主要是二噁英类物质、重金属Hg等，然后烟气进入布袋除尘器进行处理。

烟气经过布袋除尘器的滤袋时，烟气中的粉尘被截留在滤袋外表面，从而得到净化。布袋除尘器设置脉冲反吹在线清灰装置和旁通管路，随着布袋除尘器滤袋表面积灰越来越多，烟气阻力也越来越大，脉冲反吹在线清灰装置自动启动，清除滤袋表面积灰，保证系统负压运行。另外，当启动或设备调试中系统出现故障，导致布袋除尘器前出现超温（≥220℃）或低温（≤150℃）时，自动打开旁通管路阀门，防止布袋除尘器烧袋或糊袋，有效保护滤袋。

湿式洗涤塔用于中和烟气中的酸性物质，进塔烟气中的酸性气体和通过循环泵喷淋的NaOH溶液进行中和反应。NaOH溶液浓度为30%，按照钠硫比为1.2计算。反应有较高的脱酸效率，SO_2脱除率＞98.4%。

经过脱酸后的烟气通过设置于洗涤塔上部的烟气冷却装置降低温度，再经过洗涤塔顶部的除雾器去除液滴后，通过洗涤塔顶部烟道排出，进入烟气再热器。烟气在再热器中由85℃加热后进入引风机。引风机后设置在线监测系统，实时对烟气进行检测，以便调整工艺运行参数，确保烟气达标。经过净化的达标烟气由引风机引出，进由50m高的烟囱高空排放。

7. 辅助系统设计

扩容新建工程中，辅助系统用于辅助新建污泥干化焚烧系统和烟气处理系统的运行，包括灰渣收集系统、压缩空气系统等。

1) 灰渣收集系统设计

焚烧炉的出渣经过水冷后由输送机送往振动筛进行筛分，筛分出的砂由砂提升机送回焚烧炉中进行循环使用。

污泥中的灰分通过焚烧后，几乎全部随烟气进入余热锅炉和烟气处理系统，经过上述烟气处理后达标排放，飞灰落入灰斗。

旋风除尘器的飞灰和布袋除尘器灰斗中的灰均采用气力输灰系统送入飞灰贮存仓。

气力输灰系统采用正压密相气力输送技术，输送气采用压缩空气，具有灰气比较高、可远距离输送等优点。气力输灰系统由输灰管路、输气管路、仓泵体、阀件、控制系统等部分组成。

气力输灰系统的气源由压缩空气系统提供，每个灰斗下方均装有仓泵，由PLC控制，根据灰斗料位或按顺序开启，经输灰管道将飞灰和自布袋除尘器的废料分别输送到灰仓和废料仓中。灰仓设置加湿搅拌机和伸缩卸料器，可以将飞灰加湿后或直接装车外运；废料仓下方设置吨袋包装机，废料装袋后外运。

灰仓采用钢制，为圆筒锥底料仓，具有足够的强度和刚度，并设置有必要的操作平台、检修平台、楼梯和栏杆等。每个灰仓包括物位计、安全阀、除尘器、电加热器等附属设施。当卸料时，灰仓的结构设计保证飞灰可以顺利排出，不会产生结块现象，同时也无扬尘现象。每个灰仓均有两个独立的卸料口，可分别以干、湿两种卸料方式卸料。湿式卸料采用加湿搅拌机，能根据需要将灰渣或飞灰均匀加湿到装运要求的湿度，加湿搅拌机为双轴搅拌，搅拌轴兼作输送螺旋，用于加湿搅拌并卸料，湿灰由设备出口排出，下方可直接落入卡车。干式卸料采用干灰散装机，自动卸料至散装罐车，干灰散装机带有料位检测装置，当罐车装满时，可自动关闭蝶阀，截断料流，并提升卸料头至初始位置。干灰散装机自带除尘风机，可有效避免飞灰外逸。

废料仓采用钢制，为圆筒锥底料仓。每个废料仓包括物位计、安全阀、除尘器等附属设施。因废料中含有活性炭，废料仓还设置有充氮保护系统，可监控废料仓中废料的温度变化，超温时充入氮气，以防止燃烧发生危险。废料仓设置有料位计，以显示、监控物料的堆积高度并在超高时报警，可根据料位指示确定废料仓是否需要卸料，废料仓的卸料采用旋转卸灰阀。

2）压缩空气系统设计

压缩空气系统包括空气压缩机和压缩空气贮罐。压缩空气用气端分为工艺用气和仪表用气，其中工艺用气主要包括焚烧炉燃烧器冷却用气、布袋除尘器吹扫空气、仓泵输灰用气、活性炭给料用气和灰仓下料用气等。

压缩空气系统需满足用气量、供气质量和压力要求，其中供气需满足洁净、干燥的要求。

8. 除臭系统设计

工程中，对于臭气浓度较高但是不进人的污泥处理区建（构）筑物，主要包括现状污泥浓缩脱水机房加罩空间、现状污泥调蓄池、现状污泥料仓、污泥浓缩池和配泥井、污泥泵房、新建污泥料仓等，采用生物滤池＋活性炭吸附两级组合除臭工艺；在进人空间如现状污泥浓缩脱水机房大空间内采用离子送新风除臭工艺。

对于臭气浓度很高且需要进人的污泥处理区建（构）筑物，主要包括提标改造工程污泥干化车间、扩容新建工程污泥脱水和接收间、扩容新建工程污泥干化车间等，采用离子送新风＋化学洗涤＋生物滤池＋活性炭吸附四级组合除臭工艺。臭气干化机不凝载气和干污泥输送系统泄漏的高浓度臭气优先送至焚烧炉进行焚烧处理。

8.4.4　工程特点

为满足国家和地方不断提高的污泥焚烧烟气污染物排放标准要求，进一步完善并妥善解决石洞口污水处理厂和石洞口片区内其他污水处理厂产生污泥的出路问题，缓解末端老港垃圾填埋场填埋处置污泥的承载负荷，工程于 2010 年 6 月立项建设。实际运行中，焚烧烟气经多级组合式烟气处理工艺处理后完全满足《生活垃圾焚烧大气污染物排放标准》DB31/768—2016 的要求。干化工艺采用桨叶式干化工艺和流化床干化工艺，焚烧工艺采用鼓泡流化床焚烧工艺。项目建成后外部实景如图 8-55 所示，项目建成后综合处理车间内部实景如图 8-56 所示。

工程的建成运行对于国内类似工程的设计和建设具有很好的借鉴意义。工程主要具有以下特点：

图 8-55　上海市石洞口污泥处理改扩建工程建成后外部实景

图 8-56　上海市石洞口污泥处理改扩建工程建成后综合处理车间内部实景

1) 针对我国城镇污水处理厂中首座污泥干化焚烧处理设施进行改扩建，是我国首个城镇污水处理厂污泥干化焚烧处理改扩建工程。

2) 涵盖污泥全流程处理，有机衔接污水处理和污泥排放输送贮存、机械和重力二级浓缩、脱水、干化和焚烧等各个处理工艺环节，最大限度降低干化焚烧工艺段进泥含水率，降低污泥干化焚烧投资和运行成本。

3) 污泥热干化和焚烧的关键处理环节采用先进的桨叶式干化、流化床干化和鼓泡流化床焚烧的干化焚烧处理工艺，是我国首个兼具桨叶式干化和流化床干化的污泥处理工程，也是目前我国较少同时采用流化床干化+流化床焚烧工艺的污泥干化焚烧工程。

4) 烟气处理采用旋风除尘+半干脱酸+活性炭吸附+布袋除尘+湿式脱酸+烟气再热的处理工艺，满足上海市地方标准《生活垃圾焚烧大气污染物排放标准》DB31/768—2013 的要求。

5）污泥处理和污水处理实现协同处理，在污泥处理过程中充分利用污水处理的再生水，同时通过污水处理系统实现污泥处理产生废水的达标处理。

6）污泥干化处理和污泥焚烧处理有机衔接，利用污泥焚烧产生的热量作为污泥干化处理环节所需能源，在实现污泥最大限度减量化、无害化处理的同时，充分利用污泥自身蕴含的能量。

7）实现了干化污泥和脱水污泥的耦合入炉焚烧，可适应污泥干基高位热值 11.0～16.0MJ/kg 的大幅度波动，适应目前我国污水处理厂中污泥泥质特性波动大的特点。

8）结合 BIM 三维模型开展污泥干化焚烧设施臭气收集的气流组织 CFD 计算，对空间内气流组织和收集系统效果进行理论计算验证，确保了污泥处理过程中臭气的有效收集和高效处理。

8.5 昆明市主城区城市污水处理厂污泥处理处置工程

8.5.1 项目概况

1. 项目简介

昆明市主城区城市污水处理厂污泥处理处置工程是昆明市政府利用芬兰政府贷款项目，主要服务于主城区生活污水污泥为主的污泥处理处置，工程设计规模为 100tTS/d，折合含水率 80％的污泥量为 500t/d。

工程选址位于距离昆明市区 40km 的富民县环保科技园永定街道办北，规划工业附属设施用地内，距离富民县城 3.2km，距离西北大坝村 413m，距离西面山脚 5 户零星住户 144～240m，距离东面山脚小三竜村 428m。按照建设单位的项目规划，西面山脚 5 户零星住户将实现拆迁，项目选址距离周边居民区均在 300m 以上，对周边影响较小。用地区域位置如图 8-57 所示。

图 8-57　昆明市主城区城市污水处理厂污泥处理处置工程位置图

昆明市主城区污水处理厂污泥处理处置工程通过土地转让的方式取得项目用地 3.370hm²。厂址作为昆明市主城区污水处理厂污泥处理处置工程的集中规划布点，采用高负荷厌氧消化＋脱水＋热干化工艺，设施规划规模为 1200t/d。按照满足 2020 年污泥量处理需求分两期建成，一期工程设计规模为 500t/d，污泥干化产品外运实现和水泥窑掺烧、矿坑填埋以及林地利用为主的土地利用或其他方式的建材利用等。

按照最新的统计数据，昆明市主城区建成运行的污水处理厂有 11 座，总设计规模为 141.5 万 m³/d，旱季平均污水量已达 136.59 万 m³/d，统计和规划预测结果如表 8-5 所示。

昆明市主城区污水处理厂处理规模一览表 表 8-5

污水处理厂名称	所属系统	设计规模 （万 m³/d）	现状处理规模 （万 m³/d）	2020 年规划规模 （万 m³/d）
第一污水处理厂	城南片区	12	13.45	12
第二污水处理厂	城东片区	10	11.39	10
第三污水处理厂	城西片区	21	22.59	21
第四污水处理厂	城北片区	6	5.67	6
第五污水处理厂	城北片区	18.5	23.60	18.5
第六污水处理厂	城东南片区	13	13.39	13
第七污水处理厂	城南片区	20	31.61	20
第八污水处理厂	城南片区	10		10
第九污水处理厂	城西片区	10	3.90	10
第十污水处理厂	城东片区	15	10.99	15
第十一污水处理厂	城东南片区	6		6
小计		141.5	136.59	141.5

2. 工程建设标准

工程建设目标包括污泥干化处理目标、污泥处理过程中产生的臭气控制目标、污泥处理过程中产生的污水处理目标和污泥干化过程中的噪声控制标准等。

1）污泥干化处理目标

污泥干化后的产品达到稳定化有关卫生学的要求，污泥处理处置须实现如下工程目标：

（1）满足《城镇污水处理厂污染物排放标准》GB 18918—2002，实现"减量化、稳定化和无害化，并为资源化准备条件"。

（2）处理后的污泥参照美国 EPA503 条款规定的污泥热干化达到稳定化的要求，含固率达到 75% 以上，为实现污泥的多途径资源化利用提供产品。

2）臭气控制目标

污泥处理过程中产生的臭气主要成分是氨气、硫化氢、甲硫醇、三甲胺和甲硫醚等，其中以硫化氢和氨气居多。生产环节还有药剂散发的臭气，但控制得当一般不易散发。针对污泥产生的臭气，有两项重要的安全指标，即阈限值和嗅阈值，阈限值国内规范一般采用最高允许浓度，是指在低于阈限值的浓度下长期暴露不会对人体造成伤害；嗅阈值是指低于该值一般人群闻不到臭味。相关数值和满足标准需要的稀释倍数如表 8-6 和表 8-7 所示。

污泥厂臭气成分的阈限值和嗅阈值 表 8-6

指标名称	最高允许浓度 （mg/m³）	阈限值 （mg/m³）	嗅阈值 （mg/m³）
氨气	30	35	0.6
硫化氢	10	31	0.0008
甲硫醇	0.8	0.4	0.00009
甲硫醚	——	——	0.0026
三甲胺	5.0	3.3	0.0026

臭气稀释倍数分析 表 8-7

指标名称	嗅阈值 （mg/m³）	厂界二级标准 （mg/m³）	对照嗅阈值 稀释倍数 （无量纲）	厂界一级 标准 （mg/m³）	对照嗅阈值 稀释倍数 （无量纲）
氨气	0.6	1.5	2.5	1.0	1.7
硫化氢	0.0008	0.06	75	0.03	37.5
甲硫醇	0.00009	0.007	77.8	0.004	44.4
甲硫醚	0.0026	0.07	26.9	0.03	11.5
三甲胺	0.0026	0.08	30.8	0.05	19.2

臭气控制的目标是接触人群处臭气物质的浓度低于嗅阈值，因而臭气控制的首要任务是全封闭的加罩收集，其次是高效处理。必须创造良好的扩散条件控制排放达标，实现臭气控制免投诉的目标。

我国对恶臭污染物厂界标准值和恶臭污染物排放标准值也有具体规定，以控制恶臭污染物对大气的污染，保护和改善环境。参照环评和批复要求，恶臭气体无组织排放须执行《恶臭污染物排放标准》GB 14554—1993 和《城镇污水处理厂污染物排放标准》GB 18918—2002 中厂界（防护带边缘）废气排放二级标准。有组织排放排气管高度在设计地坪处约为40m，高出最高一级台地1812m标高3m以上，有组织排放指标具体值执行《恶臭污染物排放标准》GB 14554—1993 中 15m 排放标准。

3）污水处理目标

一般情况下，污泥处理处置项目的水污染物排放标准遵照国家标准规定。工业废水排放执行《污水排入城镇下水道水质标准》GB/T 31962—2015，其中主要指标如表8-8所示。

污水排入城镇下水道水质标准指标 表 8-8

指标	指标值	指标	指标值
COD_{Cr}（mg/L）	500	TP（以 P 计）（mg/L）	8
BOD_5（mg/L）	350	色度（倍）	64
SS（mg/L）	400	LAS（mg/L）	20
NH_3-N（mg/L）	45	TDS（mg/L）	1500
TN（以 N 计）（mg/L）	70	pH	6.5～9.5

污泥处理处置厂产生的污水除氨氮、总氮指标外参考纳管标准，通过管道纳入园区污水处理厂处理后达到《城镇污水处理厂污染物排放标准》GB 18918—2002 的一级 A 标准，并进一步再生处理后实现绿化回用。

4）噪声控制标准

污泥处理处置厂噪声控制限值按《工业企业厂界环境噪声排放标准》GB 12348—2008 执行。

3. 污泥性质分析

污水处理厂污泥的特性与污水的性质有着密切的关系，须针对污泥的特性进行有效的处理处置。生活污水产生的污泥的综合利用价值要远高于工业废水产生的污泥。根据《滇池北岸水环境综合治理工程环境影响报告书污水处理厂分报告》对昆明市主城区 6 座污水处理厂产生的污泥进行的监测，得到污泥成分分析如表 8-9 所示。

昆明市主城区各污水处理厂污泥成分分析表（mg/kgTS）　　　　　　表 8-9

测试项目	第一污水处理厂	第二污水处理厂	第三污水处理厂	第四污水处理厂	第五污水处理厂	第六污水处理厂	在 pH<6.5 酸性土壤的标准值	在 pH≥6.5 中、碱性土壤的标准值
铜	152.08	242.93	734.38	281.99	237.12	111.88	800	1500
锌	695.34	1310.63	1395.48	2902.84	557.43	395.27	2000	3000
铅	54.03	64.98	154.79	65.94	92.83	50.80	300	1000
镉	6.80	8.35	19.18	11.49	11.37	7.57	5	20
铬	120.89	114.75	40.19	170.90	128.26	72.91	600	1000
汞	0.124	0.067	0.151	0.092	0.120	0.073	5	15
砷	22.76	22.96	72.28	30.08	17.51	13.98	75	75
有机质	57.64	55.10	58.76	47.65	40.72	25.66		
pH	6.83	6.66	7.08	7.04	7.04	7.74		
含水率（%）	82.48	86.70	89.22	84.48	78.67	75.86		

根据对污泥性质的分析，污泥中重金属等主要指标均符合《农用污泥污染物控制标准》GB 4284—2018 中 B 级污泥产物限值要求，除第六污水处理厂外其他污水处理厂污泥中有机质含量均较高。

2014—2015 年针对昆明市主城区 8 座污水处理厂开展了多次污泥泥质的调研分析。昆明市主城区第一～第八污水处理厂污水处理量占昆明市主城区污水处理总量的 93%，污泥产量占污泥总量的 85%，其泥质具有代表性。污水处理厂污泥泥质检测分析分为常规理化指标、重金属指标、有机成分指标。

1）常规理化指标

昆明市主城区各污水处理厂污泥常规理化指标有 pH 值、有机物含量、养分、种子发芽指数、EC 值和热值等，检测值和泥质标准限值如表 8-10 所示。

昆明市主城区各污水处理厂污泥的 pH 值为 6.14～7.21，满足各种处置方式的要求。调研范围内各污水处理厂污泥中有机物含量普遍偏低，第一污水处理厂和第六污水处理厂污泥中有机物含量为 40%～50%，其余各污水处理厂污泥中有机物含量均低于 40%。各污水处理厂污泥中有机物含量均不满足单独焚烧泥质标准的要求，但可满足污泥厌氧消化、农用、土地改良、林地用泥质标准的要求。

昆明市主城区各污水处理厂污泥常规理化指标检测值和泥质标准限值　表 8-10

项目		pH 值	含水率（%）	有机物含量（%）	养分（N+P$_2$O$_5$+K$_2$O）（%）	干基低位热值（MJ/kg）	EC 值（mS/cm）	种子发芽指数（%）
第一污水处理厂		7.11	78.40	42.66	8.9	6.5	0.37	84
第二污水处理厂		6.82	79.00	34.19	8.3	8.1	0.31	103
第三污水处理厂		7.21	78.70	39.67	8.2	5.2	1.32	35
第四污水处理厂		7.14	78.60	35.94	8.0	7.4	0.34	62
第五污水处理厂		7.06	79.60	23.98	5.2	6.4	0.41	70
第六污水处理厂		6.14	79.50	47.19	8.4	8.9	0.29	84
第七、八污水处理厂		7.20	77.10	37.24	6.9	7.3	0.50	64
《农用污泥污染物控制标准》GB 4284—2018		5.5～8.5	≤60	≥20				
《城镇污水处理厂污泥处置 土地改良用泥质》GB/T 24600—2009	酸性土壤	5.5～10	<65	≥10	≥1	—	—	
	中碱性土壤							
《城镇污水处理厂污泥处置 园林绿化用泥质》GB/T 23486—2009	酸性土壤	6.5～8.5	<40	≥25	≥3		不耐盐植物<1.0；耐盐植物<2.0	>70
	中碱性土壤	5.5～7.8						
《城镇污水处理厂污泥处置 林地用泥质》CJ/T 362—2011		5.5～8.5	≤60	≥18	≥2.5	—	—	>60
《城镇污水处理厂污泥处置 单独焚烧用泥质》GB/T 24602—2009	自持焚烧	5～10	<50	>50		>5		
	助燃/干化焚烧		<80			>3.5		

昆明市主城区各污水处理厂污泥中养分含量普遍较高，为 5.2%～8.9%，满足各土地利用标准的要求，包括《城镇污水处理厂污泥处置 园林绿化用泥质》GB/T 23486—2009、《城镇污水处理厂污泥处置 土地改良用泥质》GB/T 24600—2009、《农用污泥污染物控制标准》GB 4284—2018 和《城镇污水处理厂污泥处置 林地用泥质》CJ/T 362—2011。

《城镇污水处理厂污泥处置 园林绿化用泥质》GB/T 23486—2009 规定，污泥施用到绿地后，要求对盐分敏感的植物根系周围土壤的 EC 值宜小于 1.0mS/cm，对于某些耐盐的园林植物可以适当放宽到小于 2.0mS/cm。调研范围内第三污水处理厂污泥 EC 值最高，为 1.32mS/cm，满足耐盐园林植物的生长要求；其余各污水处理厂污泥 EC 值为

0.29～0.50mS/cm，满足对盐分敏感的植物生长要求。

根据《城镇污水处理厂污泥处置　单独焚烧用泥质》GB/T 24602—2009，自持焚烧污泥收到基低位热值应大于5MJ/kg，助燃焚烧和干化焚烧污泥收到基低位热值应大于3.5MJ/kg。

根据各污水处理厂脱水污泥干基低位热值和焚烧泥质标准要求发现，第二污水处理厂、第四污水处理厂、第六污水处理厂和第七、八污水处理厂污泥含水率降低至40%以下方可满足助燃焚烧要求，降低至25%以下方可满足自持焚烧要求；第一污水处理厂和第五污水处理厂污泥含水率降低至30%以下方可满足助燃焚烧要求，降低至15%以下方可满足单独焚烧要求；第三污水处理厂污泥热值较低，污泥含水率降低至22%以下才能满足助燃焚烧要求，全干化后才能满足自持焚烧要求。简言之，经检测的泥质热值情况和干化焚烧技术路线匹配性欠佳。

调研范围内除第三污水处理厂外，其余污水处理厂污泥种子发芽指数均在60%以上，满足林地用泥质标准要求。第三污水处理厂污泥种子发芽指数较低，仅为35%，不满足园林绿化、林地用泥质标准的要求。

2）重金属指标

昆明市主城区各污水处理厂污泥重金属指标检测值和泥质标准限值如表8-11所示。

昆明市主城区各污水处理厂污泥重金属指标检测值和
泥质标准限值（mg/kg 干污泥）　　　　　　　表8-11

项目		总镉	总铅	总铬	总镍	总锌	总铜	总汞	总砷	总硼
第一污水处理厂		4.77	69	110	29	576	170	2.2	28	84
第二污水处理厂		4.73	172	119	40	614	178	2.5	24	99
第三污水处理厂		52.20	113	213	102	1670	465	2.9	134	93
第四污水处理厂		2.70	212	83	51	731	173	2.7	27	143
第五污水处理厂		4.02	107	76	44	551	143	1.7	14	105
第六污水处理厂		5.42	100	90	69	481	126	1.5	15	81
第七、八污水处理厂		4.71	137	128	42	556	169	2.7	20	99
《城镇污水处理厂污泥泥质》GB/T 24188—2009		<20	<1000	<1000	<200	<4000	<1500	<25	<75	—
《农用污泥污染物控制标准》GB 4284—2018	A 级	<3	<300	<500	<100	<1200	<500	<3	<30	—
	B 级	<15	<1000	<1000	<200	<3000	<1500	<15	<75	—
《城镇污水处理厂污泥处置 土地改良用泥质》GB/T 24600—2009	酸性土壤	5	300	600	100	2000	800	5	75	100
	中碱性土壤	20	1000	1000	200	4000	1500	15	75	150
《城镇污水处理厂污泥处置 园林绿化用泥质》GB/T 23486—2009	酸性土壤	<5	<300	<600	<100	<2000	<800	<5	<75	<150
	中碱性土壤	<20	<1000	<1000	<200	<4000	<1500	<15	<75	<150

项目	总镉	总铅	总铬	总镍	总锌	总铜	总汞	总砷	总硼
《城镇污水处理厂污泥处置 林地用泥质》CJ/T 362—2011	<20	<1000	<1000	<200	<3000	<1500	<15	<75	—
《城镇污水处理厂污泥处置 水泥熟料生产用泥质》CJ/T 314—2009	<20	<1000	<1000	<200	<4000	<1500	<25	<75	—
《城镇污水处理厂污泥处置 制砖用泥质》GB/T 25031—2010	<20	<300	<1000	<200	<4000	<1500	<5	<75	—
《城镇污水处理厂污泥处置 混合填埋用泥质》GB/T 23485—2009	<20	<1000	<1000	<200	<4000	<1500	<25	<75	—

第一污水处理厂脱水污泥各项重金属指标情况良好，除镉指标无法满足《农用污泥污染物控制标准》GB 4284—2018A级污泥产物标准外，其余指标可满足各项标准要求。

第二污水处理厂脱水污泥各项重金属指标情况良好，除镉指标无法满足《农用污泥污染物控制标准》GB 4284—2018A级污泥产物标准外，其余指标可满足各项标准要求。

第三污水处理厂脱水污泥总镉、总砷超标严重，超出了各项泥质标准的要求，污泥仅适合进行焚烧处置，且焚烧后的灰渣和飞灰应进行危险废物鉴定。建议这部分污泥暂不进入厌氧消化单元处理。

第四污水处理厂污泥泥质较好，除总硼超出《城镇污水处理厂污泥处置 土地改良用泥质》GB/T 24600—2009 酸性土壤（pH<6.5）标准限值外，可符合其他各项泥质标准的要求。

第五污水处理厂污泥总镉超出《农用污泥污染物控制标准》GB 4284—2018 A 级污泥产物标准，总硼超出《城镇污水处理厂污泥处置 土地改良用泥质》GB/T 24600—2009 酸性土壤（pH<6.5）标准，其余指标可满足各项泥质标准要求。

第六污水处理厂污泥总镉超出《农用污泥污染物控制标准》GB 4284—2018 A 级污泥产物标准、《城镇污水处理厂污泥处置 土地改良用泥质》GB/T 24600—2009 酸性土壤（pH<6.5）标准和《城镇污水处理厂污泥处置 园林绿化用泥质》GB/T 23486—2009 酸性土壤（pH<6.5）标准，其余指标可满足各项泥质标准的要求。

第七、八污水处理厂脱水污泥各项重金属指标情况良好，除镉指标无法满足《农用污泥污染物控制标准》GB 4284—2018 A 级污泥产物标准外，其余指标可满足各项标准要求。

3）有机成分指标

昆明市主城区各污水处理厂污泥有机成分指标检测值和泥质标准限值如表 8-12 所示。

第三污水处理厂和第六污水处理厂脱水污泥中矿物油含量超过 500mg/kg 干污泥，不满足《农用污泥污染物控制标准》GB 4284—2018 A 级污泥产物标准要求；其余污水处理厂污泥中矿物油含量为 103～450mg/kg 干污泥，满足农用、土地改良、园林绿化、林用、混合填埋和制砖等各项泥质标准的要求。

昆明市主城区各污水处理厂污泥有机成分指标检测值
和泥质标准限值（mg/kg 干污泥）

表 8-12

项目		矿物油	挥发酚	总氰化物	苯并(a)芘	多氯联苯	多环芳烃	可吸附有机卤化物
第一污水处理厂		259	1.04	0.22	—	—	—	—
第二污水处理厂		450	1.39	0.26	—	—	—	—
第三污水处理厂		764	0.21	0.04	—	—	—	—
第四污水处理厂		287	1.54	0.50	—	—	—	—
第五污水处理厂		103	4.42	0.17	—	—	—	—
第六污水处理厂		593	1.60	0.24	—	—	—	—
第七、八污水处理厂		144	0.75	0.18	—	—	—	—
《农用污泥污染物控制标准》GB 4284—2018	A 级	<500			<2		<5	
	B 级	<3000			<3		<6	
《城镇污水处理厂污泥处置 土地改良用泥质》GB/T 24600—2009	酸性土壤	3000	40	<10		0.2		500
	中碱性土壤	3000	40	<10		0.2		500
《城镇污水处理厂污泥处置 园林绿化用泥质》GB/T 23486—2009	酸性土壤	<3000			<3			<500
	中碱性土壤	<3000			<3			<500
《城镇污水处理厂污泥处置 林地用泥质》CJ/T 362—2011		<3000			<3		<6	
《城镇污水处理厂污泥处置 制砖用泥质》GB/T 25031—2010		<3000	<40	<10				
《城镇污水处理厂污泥处置 混合填埋用泥质》GB/T 23485—2009		<3000	<40	<10				

注：表中"—"表示由于含量低于检测限，指标未检出。

各污水处理厂污泥中挥发酚含量范围为 0.21～4.42mg/kg 干污泥，均处于较低水平，满足土地改良用泥质、混合填埋用泥质和制砖用泥质的规定限值。

各污水处理厂污泥中总氰化物含量范围为 0.04～0.50mg/kg 干污泥，均处于较低水平，满足土地改良用泥质、混合填埋用泥质和制砖用泥质的规定限值。

各污水处理厂脱水污泥中多环芳烃、可吸附有机卤化物、多氯联苯、苯并（a）芘含量均低于检出限，满足各种应用泥质标准要求。

针对上述检测分析成果，昆明市主城区各污水处理厂污泥的危害性成分可控，末端处置基本符合土地改良、混合填埋或制砖等建材利用的多种资源化途径。由于污泥中有机质含量不高，独立焚烧的难度较大，干化掺烧或干化后实施多样化利用处置的可能性较大。利用厌氧消化和干化手段实现病原体控制和减量化是最佳选择。

8.5.2 污泥处理工艺

1. 污泥处理处置工艺

污泥处理处置工艺流程如图 8-58 所示。

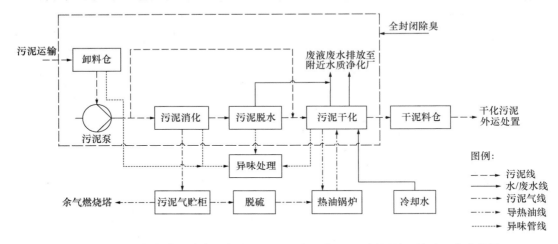

图 8-58　昆明市主城区城市污水处理厂污泥处理处置工程污泥处理处置工艺流程图

引进芬兰以餐厨垃圾和市政脱水污泥协同厌氧为主的高负荷厌氧消化技术，其厌氧消化进料含水率为 85％左右，直接针对脱水物料进行预处理，热调质结合研磨液化后再进入厌氧消化池，解决了厌氧消化池内分层、污泥换热和搅拌、污泥气收集等多方面的难题。污泥气利用于蒸汽锅炉为厌氧消化提供热量，多余热量利用导热油锅炉为污泥热干化供热；约四分之一的污泥气用于污泥预热和厌氧消化池恒温加热。高负荷厌氧消化的主要技术特点：

1）污泥厌氧消化池进料含固率达到 15％±2％。

2）污泥采用高强度研磨方式实现液化，同时在预反应单元实现换热，通过加热调质促使进入厌氧消化池的污泥呈现流变状态，利于在厌氧消化池内的混合搅拌反应，提高污泥气产率。

3）污泥厌氧消化池容积小，仅为传统厌氧消化池的 1/3。

4）污泥气产量显著提高，由于污泥加热耗气量的大幅度减少和污泥液化后高负荷的污泥气产率上升，相比传统厌氧消化污泥气产能提高 20％～30％。

5）污泥厌氧消化反应不产生浮渣，搅拌和日常管理容易。

6）污泥厌氧消化池内仅设置长轴悬挂式搅拌器，设备设施维护简单，厌氧消化池池形采用长圆柱池形，搅拌器竖直方向分段实现污泥的搅拌混合。

7）针对污水处理厂污泥有机质含量普遍偏低的特点，规划保留餐厨垃圾和园林垃圾中水生植物、农业秸秆等有机废弃物和污泥协同厌氧消化的可能。进一步提高污泥气产量，提高项目自身热能的供给程度，其他有机废弃物留待今后扩建时考虑，预处理技术兼顾协同厌氧消化的可能。

8）锥斗式底坡设计方便厌氧消化池定期清理砂砾等惰性物质，锥斗下方设计专门的冲洗和排砂口。

双桨叶式污泥干化机是一种全干化机型，干化工艺流程如图 8-59 所示。双桨叶式污泥干化机利用高度机械搅拌增加与污泥接触进行间接热交换，通过自动洗涤桨叶和混和操作热交换表面蒸发率达到最大。

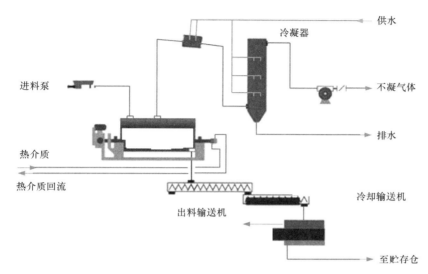

图 8-59　双桨叶式污泥干化机干化工艺流程图

双桨叶式干化技术特点：

1）从安全性而言，影响安全的四个因素即粉尘含量、含氧量、工作温度和湿度均能达到安全性要求；

2）从水蒸发耗热量和电耗而言，干化机设备净热耗基本在 $2343 \sim 3138 kJ/kgH_2O$，属于较低能耗的干化技术；

3）从可扩展性和适应性而言，单条生产线双桨叶式污泥干化机处理量可以达到 150t/d 以上，有较好的适应性；

4）从系统复杂性而言，相比其他干化工艺，双桨叶式干化技术操作管理简单便捷。

根据对富民县周边各种污泥处置途径的调研，可行的处置途径有水泥厂协同焚烧、土地利用、建材利用、卫生填埋等。各种方式均可能成为消纳污泥的处置途径。

不计卫生学指标，水泥厂协同焚烧一般要求污泥含水率低于 40%，建材利用的制陶工艺要求污泥含水率在 30% 以下，卫生填埋要求污泥含水率在 60% 以下。确定干污泥产品的含水率为 25% 以下，即含固率为 75% 以上，兼顾多种处置途径的需要。

2. 污泥处理构（建）筑物

工程按照高负荷厌氧消化＋干化技术路线，各构（建）筑物如表 8-13 所示。

昆明市主城区城市污水处理厂污泥处理处置工程构（建）筑物一览表　表 8-13

构（建）筑物名称		数量	备注
污泥处理车间	污泥卸料站	1 座	400m³
	污泥预反应间	1 座	1 座 2 组
	厌氧消化池	3 座	5000m³/座

构（建）筑物名称		数量	备注
污泥处理车间	操作楼和辅助车间	1 座	含消化污泥池
	污泥脱水机房	1 座	
	污泥干化机房	1 座	300t/d
	干污泥料仓	2 座	50m³/座
	除臭车间	1 座	85000m³/h
	锅炉房	1 座	
	污泥气分配井	1 座	
	污泥气脱硫单元	1 座	1400m³/h
	污泥气贮柜	2 座	5000m³/座
	余气燃烧塔	1 座	1400m³/h
	地磅	2 座	80t
	燃气调压箱和表箱	1 座	
	消防水池、净水单元和冷却水池	1 座	
	变配电间	1 座	
	综合楼	1 座	
	大门和门卫 1	1 座	
	大门和门卫 2	1 座	
	热油贮罐	1 座	50m³
	脱水污泥料仓	2 座	100m³/座

8.5.3　主要工程设计

1. 总平面布置

1）总平面布置原则

管理区和生产区功能分开，厂前区设综合楼、变配电间、循环水和消防水单元等，生产区和污泥气防爆区相对集中布置。按照二级台地将不同功能区分区设置。每级台地区域内部道路设计环通，以满足消防和运输要求。

2）总平面布置

工程设施实际占地面积为 3.33hm²，总平面布置如图 8-60 所示。整个厂区位于山区，场地极为不平整，设计时划分为三级台地。根据工艺流程、道路和预留用地合理地进行规划，将功能相近的单体就近成组布置，每级台地整体平面简洁流畅，符合功能需要和使用要求。

3）厂区道路布置

根据功能分区需要，厂区道路分为主要道路、一般道路和便道三种类型。

污泥生产区设计主要道路宽度为 7m，转弯半径为 9～12m；其余区域道路设计宽度为 4m，转弯半径为 6m；道路和构筑物之间的便道宽度为 2m。主要道路的行车速度为 15km/h。生产区台地单独环通，厂前区台地也单独环通，各自设大门门卫通向环保科技

图 8-60　昆明市主城区城市污水处理厂污泥处理处置工程总平面布置图

园的市政道路。

4）建筑和绿化设计

厂区整体建筑风格与当地建筑一致，实现环境内部的协调统一。建筑立面在遵循工艺和功能要求的前提下凸显细部美化，通过对建筑增加一些框架的形式让建筑立面富有层次感，同时采用明快色彩线条与整体建筑色彩形成对比，增强建筑的美观效果，建筑入口采用现代风格立面纹饰结合云南多民族的人文元素。

因工程分为三级台地，所以有大量护坡。景观设计以草本植物为主，配以少量灌木、乔木和坡面植草绿化等，形成集中绿地，营造美观的室外空间。设计理念以"人和自然"和"建筑和自然"塑造出整洁、宁静的氛围。区域内绿化率不小于30%，建筑面积指标：

（1）污泥处理车间建筑面积：9631.65m²；

（2）变配电间建筑面积：551.58m²；

（3）锅炉房建筑面积：1309.94m²；

（4）综合楼建筑面积：1196.49m²；

（5）门卫共2座：13.94＋32.68＝46.62m²；

（6）总建筑面积：12736.28m²。

2. 高程设计

现状地面高程为1770～1812m，毗邻污泥处理厂的省道设计标高为1740m；污泥处理厂依山坡自然地形设计，按照三级台地控制，山顶一级台地地坪标高为1812m，山腰二级台地地坪标高为1800m，生产区三级台地地坪标高为1781m。最高台地保留为今后的发展用地，二级台地建设变配电间、水单元构筑物和综合楼，最低的三级台地坡地整平后，用于建设生产区的污泥卸料站、厌氧消化池、污泥脱水和干化机房、除臭车间、锅炉房等建（构）筑物和污泥气利用单元等。

3. 生产区工艺设计

生产区下挖基坑深度为 4.8m 左右，地下层总高度为 6m，其中约 1.5m 位于地面以上，用于地下层通风采光设计。

污泥处理车间底层平面布置如图 8-61 所示，其以车辆装卸和巡检通道为中轴线，中轴线以北自左至右是两座厌氧消化池、污泥卸料站、除臭车间和污泥干化机房，除臭车间和污泥干化机房中间地面以上布置脱水污泥贮存料仓；中轴线以南自左向右预留 1 座厌氧消化池空位、建设 1 座厌氧消化池，中间是污泥脱水机房，右侧预留今后污泥干化的扩建用地；地下通道正上方是污泥处理相关的电气控制用房和生产管理用房，地面以上设三层。

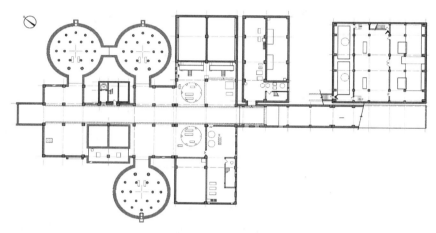

图 8-61 昆明市主城区城市污水处理厂污泥处理处置工程污泥处理车间底层平面图

污泥处理车间纵向剖面如图 8-62 所示。车道自右侧往下设坡向，下层 6m 层高布置有污泥泵送管道和污泥预反应罐的地脚支撑。生产废水池和厌氧消化池等均布置在底层空间内，方便密闭抽风除臭和设备的维护管理。整体紧凑的集约化布局为生产管理带来极大方便，也为封闭除臭实现高标准臭气控制奠定了很好的基础。

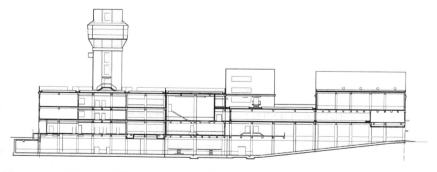

图 8-62 昆明市主城区城市污水处理厂污泥处理处置工程污泥处理车间纵向剖面图

1) 污泥卸料站设计

污泥卸料站接收车运脱水污泥向污泥预反应罐输送。

污泥卸料站主要设计参数：

地下式料仓数量：1座2池；

单仓净尺寸：13.2m×8m；

单仓总高度：2.6m；

有效泥位：2.0m；

单仓容积：约200m³；

卸料粗格栅数量：2套；

粗格栅网孔尺寸：150mm；

螺旋输送机数量：14套；

螺旋输送机规格：长度约10m；

搅拌器数量：4台；

搅拌器功率：18.5kW；

污泥螺杆泵数量：4套；

污泥螺杆泵流量：35m³/h；

污泥螺杆泵扬程：0.38MPa；

污泥螺杆泵功率：18.5kW。

2）污泥预反应间设计

来自污泥卸料站的污泥需调整含水率至设定值，然后送入厌氧消化池进行消化，车运脱水污泥在污泥预反应罐侧流研磨后再次进入污泥预反应罐内混合均匀实现调质，混合均质后污泥含水率控制在85%左右。来自污泥干化机房的余热热水或蒸汽锅炉产生的蒸汽在预反应罐内和污泥进行换热，调节污泥温度至42～45℃，再由污泥螺杆泵送至厌氧消化池。

污泥预反应罐主要设计参数：

污泥预反应罐数量：2座；

单罐直径：5.5m；

单罐有效高度：6.0m；

单罐有效容积：180m³；

污泥含固率：15%；

循环污泥泵数量：2台；

循环污泥泵流量：20m³/h；

循环污泥泵扬程：0.6MPa；

循环污泥泵功率：7.5kW；

搅拌器数量：2台；

搅拌器功率：11kW；

污泥研磨机数量：2台；

污泥研磨机功率：160kW；

污泥螺杆泵数量：2用2备；

污泥螺杆泵流量：42m³/h（变频调节）；

污泥螺杆泵压力：0.89MPa；

污泥螺杆泵功率：22kW。

污泥螺杆泵安装在预反应罐底部向厌氧消化池泵送热调质后的脱水污泥。

3）厌氧消化池设计

厌氧消化池主要设计参数：

污泥量：100000kgTS/d；

污泥含水率：85%；

污泥体积：667m³/d；

污泥消化温度：33～35℃；

污泥消化时间：22.5d；

污泥投配率：4.4%；

厌氧消化池总容积：15000m³；

挥发性固体负荷：3.0kgVSS/(m³·d)（旱季）；

挥发性有机物 VS 含量：45%；

挥发性有机物 VS 降解率：55%～65%；

总降解率：25%～29%；

消化后污泥量：71～75tTS/d；

消化后污泥含水率：88%～89%；

消化后污泥量：638～642t/d；

污泥气产率：0.75～1.1m³/kgVS；

污泥气产率：≥36m³/t 脱水污泥；

污泥气量：≥18000Nm³/d。

厌氧消化池主要设备有搅拌器、循环污泥泵、污泥排放泵、池顶安全系统等。循环污泥管道自池底向池上部泵送污泥，并携带蒸汽进行恒温加热，防止厌氧消化池夜间工作温度下降。

厌氧消化池主要设备：

设备类型：污泥机械搅拌机；

设备数量：3套；

设备功率：18.5kW；

设备类型：厌氧消化池超压保护安全释放系统；

设备数量：3套；

设备参数：池内污泥气临界压力 64kPa。

4）消化污泥池设计

经过消化后的污泥先进入消化污泥池贮存，然后泵送至污泥脱水车间进行脱水处理。消化污泥池设置 1 座 2 池，总平面尺寸为 12m×6.0m。

消化污泥池设计参数：

数量：1 座 2 池；

单池尺寸：5.6m×6.0m；

单池有效水深：2.5m；

有效容积：168m³；

污泥含固率：11%TS；

污泥螺杆泵数量：4 台；

污泥螺杆泵流量：15m³/h；

污泥螺杆泵压力：0.4MPa；

污泥螺杆泵功率：5.5kW；

搅拌器数量：2 套；

搅拌器直径：1650mm；

搅拌器功率：3.0kW。

5）污泥脱水机房设计

设计采用离心脱水机作为污泥脱水方式，脱水系统共 4 条生产线，3 用 1 备。离心脱水机工作时间为 18～24h。脱水后污泥含固率不低于 25％TS，污泥量为 272～300t/d，固体回收率不小于 95％。

污泥脱水机房设计参数：

数量：1 座；

尺寸：18.2m×11.1m；

脱水前污泥量：71～75tTS/d；

脱水前污泥含水率：88％～89％；

脱水前污泥量：638～642t/d；

设备类型：高干度离心脱水机；

设备数量：4 台（3 用 1 备）；

出泥含水率：≤75％（极限不能超过 80％）。

单台离心脱水机设计参数：

离心脱水机能力：≥10m³/h；

干固体能力：≥1000kgTS/h；

设备功率：37.5kW；

絮凝剂投加量：0.004kgPAM/kgTS；

脱水后污泥量：67.5～72tTS/d（干基）；

脱水后污泥量：270～288t/d；

脱水上清液量：254～368t/d；

上清液固体含量：3～3.5tTS/d。

6）污泥料仓设计

污泥料仓用于贮存厌氧消化后的离心脱水污泥。

脱水污泥料仓设计参数：

湿污泥料仓数量：2 座；

单座净容积：100m³；

单座毛容积：120m³；

存泥时间：16.9～17.8h。

水平双向螺旋输送机设计参数：

数量：2 台；

单台长度：4m；

单台功率：2.2kW。

进泥螺杆泵设计参数：

数量：4台（2用2备）；

单台流量：6～15m³/h；

单台压力：2.5MPa；

单台功率：37kW。

为保证湿污泥料仓下方干化机进泥螺杆泵的平稳工作，湿污泥料仓下方单座卸料斗容积设计满足不小于4m³，保证干化机进泥螺杆泵不少于半小时的污泥停留时间。

7) 污泥干化机房设计

污泥干化机房为半地下式建筑，建筑平面尺寸为25m×27m，地下层高为3m，地面层高为12m，污泥干化机房内主要设备有污泥干化机、冷凝系统等。

污泥干化机房设计参数：

脱水污泥污泥量：67.5～72tTS/d；

脱水污泥设计平均含水率：75％；

脱水污泥设计最高含水率：80％；

产品设计最低含固率：75％TS；

产品设计最高含固率：90％TS。

单条干化生产线基本工艺设备参数：

污泥干化机单条生产线处理能力：135～180t/d；

污泥干化机单条生产线蒸发量：4062.5～5500kgH₂O/h；

单条干化线产品数量：37～47t/d；

污泥干化冷凝废水数量：325t/d；

污泥干化冷凝液固体量：1.4 tTS/d；

热传面积：241.1m²；

有效容积：29.06m³；

停留时间：4.6～5.2h；

总长度：14640mm；

总宽度：4200mm；

总高度：4400mm；

电机功率：2×110kW；

轴转速：4r/min；

设计热介质压力：0.7MPa。

生产区采用高度集约化设计，污泥干化机房、污泥厌氧消化池、污泥脱水和除臭区域统一布置在三级台地的同一基坑内，生产检修通道基坑下挖4.8m，所有干化、冷凝等设备设施臭气散发较严重的区域均设在地下，实现了多重封闭和分类抽风除臭，并采用正压离子送风辅助除臭，避免臭气外逸对周边环境造成负面影响。

为保证正常运行期间的检修需要，设置2套干污泥皮带输送机、斗式提升机和干污泥料仓系统，并互为备用。干污泥料仓2座，单座规格50m³，按照0.8m球体设置感温探头，用于防止干污泥的自燃引起爆炸。干污泥料仓整体布置在污泥干化机房的室外空间。

8）污泥气利用设计

厌氧消化池产生的污泥气须先进入污泥气贮柜，再经过湿式化学洗涤、生物脱硫和干式脱硫塔处理后，由污泥气压缩机送入蒸汽锅炉和导热油锅炉。污泥气脱硫系统设置 2组，1 用 1 备。

污泥气脱硫设计参数：

污泥气平均流量：750m³/h；

污泥气高峰流量：1400m³/h；

单组设计脱硫能力：1500m³/h；

设计进气 H_2S 浓度：2000～6000mg/Nm³（高峰月平均～高峰日平均）；

设计出气 H_2S 浓度：≤20mg/Nm³。

设置污泥气生物＋干式脱硫设备 1 套。按照污泥气产量 18000Nm³/d，污泥气贮存约13.3h，设计污泥气贮柜 2 座，单座容积 5000m³。

设 3 台污泥气增压风机向锅炉房的导热油锅炉和蒸汽锅炉供应污泥气，设置的污泥气增压风机为离心式防爆风机。

离心式防爆风机设计参数：

数量：3 台（2 用 1 备）；

单台流量：800m³/h；

进气压力：0～2kPa；

排气压力：30kPa；

单台功率：18.5kW。

9）余气燃烧塔设计

为消耗过剩污泥气，防止污泥气直接排入大气造成污染和碳排放，设置 1 座污泥气余气燃烧塔。

余气燃烧塔设计参数：

最大排气量：1400m³/h。

10）锅炉房设计

为方便安全管理，将导热油锅炉和蒸汽锅炉集中布置在 1 座锅炉房内。锅炉房由导热油锅炉和蒸汽锅炉生产区、辅助二氧化碳灭火设备区、辅助供水区、控制室等部分组成。锅炉房平面尺寸为 33.25m×22.02m，梁底净高约 13.5m。考虑到今后污泥厌氧消化设施的预反应单元靠近本次建设的锅炉房，兼顾远期锅炉房的蒸汽布置，蒸汽锅炉设置 2 台位，安装 1 台并为今后扩容预留 1 台位置。

锅炉房设计参数：

导热油锅炉数量：2 台；

单台导热油锅炉热功率：5000kW；

热油循环泵数量：3 台；

热油循环泵流量：350m³/h；

热油循环泵扬程：80m；

热油循环泵功率：132kW。

冷油循环泵设计参数：

数量：2台（1用1备）；

工作方式：连续；

流量：4m³/h；

扬程：52m；

设备功率：22kW。

导热油锅炉部分的扩容预留空地再建设，位置布置在本次建设的锅炉房南面，导热油的输送和污泥干化机房的衔接设综合管廊方便所有管线的接驳和通行。

设置蒸汽锅炉1台，作为污泥厌氧消化的热源向污泥预反应罐、厌氧消化池、污泥气脱硫单元供热。单台蒸汽锅炉出力为2t/h（1.41MPa），蒸汽工况为130℃@0.4MPa。

11）配套供水系统设计

工程供水量约为250m³/d，其中PAM溶液配制用水量为170m³/d，锅炉补充水量为48.6m³/d，生活用水量为15m³/d。

自备工业水源用于冷却、锅炉补充水、消防水池和其他补充水，水量约为700m³/d，其中污泥预反应罐用水量为134.4m³/d，冷凝塔补水量为143.4m³/d，冷却循环水补水量为230.4m³/d，除臭用水量为72m³/d，冲洗用水量为24m³/d，绿化用水量为60m³/d，室内外消火栓用水量为45L/s，水喷雾消防用水量为20 L/s。

污泥干化循环冷却水量为400m³/h。

配套供水自来水取自环保科技园自来水供水管网，其余工业水管道设自备水源水处理站，设计规模为700m³/d。循环水池和消防水池平面尺寸为25.9m×24.9m。

配套供水系统设计参数：

循环冷却塔：

数量：3台（2用1备）；

规格：4735mm×2875mm；

设备功率：7.5kW。

循环冷却水泵：

数量：3台（2用1备）；

流量：250m³/h；

扬程：40m；

设备功率：45kW。

一体化净水器：

数量：2台（1用1备）；

水处理量：50m³/h；

设备功率：5kW。

立式增压泵：

数量：4台（2用2备）；

流量：40L/s；

扬程：0.97MPa；

设备功率：55kW。

12）天然气供应

天然气接自市政燃气管道，当污泥处理规模为500t/d时，污泥高负荷厌氧消化＋干化工艺补充天然气量平均为5500Nm³/d；当污泥处理规模达到1200t/d时，补充天然气量平均为13200Nm³/d。

4. 污水处理设计

1）污水水量预测

污水来源有生活污水、冲洗污水、循环冷却系统排污水、消化沼液的脱水上清液、干化冷凝污水和除臭过程产生的洗涤污水等。其中：

生活污水按照人员编制50人计，约为12m³/d；

车间内部和卸料站外部的冲洗污水产生量，约为20m³/d；

循环冷却系统排污水按照系统流量的2%，约为192m³/d；

消化沼液的脱水上清液按照500t/d规模计算，约为368m³/d；

干化冷凝污水按照干化工程规模，约为325m³/d；

除臭过程产生的洗涤污水约为72m³/d；

锅炉定期排放污水约为16.2m³/d。

项目建成后以500t/d的规模运行时，预计产生的污水量约为1005.2m³/d，不计锅炉排放污水的量为989m³/d。污水处理单元设计规模为1200m³/d。

2）污水水质分析

各项污水来源中消化沼液的脱水上清液污染物浓度较高，主要污染物是污泥残留和氨氮，各污水水质加权计算如表8-14所示。污水水质分析供配套污水处理系统设计参考。

污水水质加权计算　　　　　　　　　　　表8-14

参数	生活污水	冲洗污水	循环冷却系统排污水	消化沼液的脱水上清液	干化冷凝污水	除臭过程产生洗涤污水	加权平均
污水量（m³/d）	12	20	192	368	325	72	989
COD_{cr}（mg/L）	300	500	—	2000	500	300	944
BOD_5（mg/L）	150	300	—	2000	200	50	821
SS（mg/L）	300	500	100~150	6000	1000	300	2610
TN（mg/L）	40			150	200		122
NH_3-N（mg/L）	30			100	100		70

锅炉排放污水中污染物相对较少，水质指标预测如下：

Fe：100mg/L；

SS：1000~3000mg/L；

pH：10~11。

污水中无机悬浮物含量较高，无其他有机污染物且偏碱性。

5. 臭气处理设计

1）主要恶臭污染源

恶臭来自污泥卸料站、污泥预反应间、厌氧消化池、污泥脱水机房、消化污泥池、污泥干化机房、干化冷凝单元、废液池等。按照恶臭气体源强的不同可将其分为3类，第一类是散发于和污泥直接接触的密闭空间的恶臭气体，第二类是污泥干化机冷凝工艺过程产生的不凝气体，第三类是污泥预反应间和污泥干化机房等生产线区域周边操作空间泄漏的微量恶臭气体。相应除臭系统按照上述三种情况分别设计。

第一类恶臭污染源包括污泥卸料站、废液池、干污泥输送系统、脱水污泥上清液、消化污泥池等。第一类恶臭污染源臭气浓度如表8-15所示。

昆明市主城区城市污水处理厂污泥处理处置工程第一类恶臭污染源臭气浓度　表8-15

指标名称	指标值	指标名称	指标值
温度（℃）	≤40	胺（mg/Nm³）	≤10
硫化氢（mg/Nm³）	≤50	甲硫醇（mg/Nm³）	≤10
氨（mg/Nm³）	≤50	臭气浓度（无量纲）	约10000

第二类恶臭污染源主要包括污泥干化机尾气冷凝产生的高浓度不凝气体。第二类恶臭污染源臭气浓度如表8-16所示。

昆明市主城区城市污水处理厂污泥处理处置工程第二类恶臭污染源臭气浓度　表8-16

指标名称	指标值（洗涤塔前/洗涤塔后）	指标名称	指标值（洗涤塔前/洗涤塔后）
温度（℃）	94/40	胺（mg/Nm³）	5～10
硫化氢（mg/Nm³）	50～6000	甲硫醇（mg/Nm³）	5～10
氨（mg/Nm³）	50～800	臭气浓度（无量纲）	约50000

第三类恶臭污染源主要包括污泥预反应间和污泥干化机房等生产线区域周边操作空间泄漏的恶臭气体。

2）除臭工程方案

（1）工艺流程

第一类恶臭污染源气量大、强度一般，工艺确定为酸碱二级化学洗涤＋生物滤池。

第二类干化不凝气体采用水洗涤＋三级化学洗涤后再和第一类恶臭气体合并处理。经干化尾气洗涤塔洗涤后臭气和第一类恶臭气体一起进入化学洗涤＋生物滤池除臭处理后排放。

（2）离子送风方案

污泥预反应间和污泥干化机房等生产线周边渗漏的恶臭气体体量大、浓度低，主要依靠离子发生器送离子风预处理＋机械排风的方式解决。

污泥干化机房主要分为上部和下部两大空间，上部除臭空间体积为8100m³，换气次数为3次/h，送风量为24300m³/h，采用屋顶风机排风；下部除臭空间体积为3500m³，换气次数为4次/h，送风量为14000m³/h，采用轴流风机排风。操作空间利用氧离子空气和室内污染因子瞬间氧化还原反应，处理干化机泄漏的少量臭气和下部干污泥输送系统泄漏的臭气，改善污泥干化机房上下层室内的环境空气质量，确保操作人员的卫生安全。

污泥预反应间主要是下部空间的污泥泵送部分和上部空间的研磨机周边存在少量臭气泄漏的可能，操作空间采用离子发生器送离子风和抽风除臭相结合，离子送风作为应急处理手段用于工艺调试、生产紧急排放等环节。

离子送风规模为55400m³/h，如表8-17所示。

臭气源	空间容积（m^3）	换气次数（次/h）	排气方式	风量（m^3/h）
污泥干化机房上部	8100	3	屋顶风机排风	24300
污泥干化机房下部	3500	4	轴流风机排风	14000
污泥预反应间上部	3700	3	轴流风机排风	11100
污泥预反应间下部	1500	4	轴流风机排风	6000
合计	16800			55400

3）除臭设计

污泥干化配套二级冷凝洗涤塔，经过二级冷凝洗涤前后的污泥干化机尾气臭气浓度推算如表 8-18 所示。

污泥干化机尾气臭气洗涤前后浓度   表 8-18

指标	二级冷凝洗涤塔前	二级冷凝洗涤塔后
温度（℃）	94	40
硫化氢（mg/Nm^3）	约 10000	50～6000
氨（mg/Nm^3）	约 5000	50～800
胺（mg/Nm^3）	约 50	5～10
甲硫醇（mg/Nm^3）	约 50	5～10

冷凝洗涤后的污泥干化机尾气进入水洗＋三级化学洗涤处理后执行的中间检验标准为：

硫化氢：$50mg/Nm^3$；

氨：$50 mg/Nm^3$；

臭气浓度：10000。

各除臭单元规模如表 8-19 所示，为污泥脱水机房、污泥卸料站、消化污泥池等服务的酸洗、活性炭、排气管臭氧氧化设备采用进口设备，其余除臭设备国内配套采购。工程调试和运行期间均实现了臭气达标排放。

昆明市主城区城市污水处理厂污泥处理处置工程各除臭单元规模一览表   表 8-19

臭气源		空间体积（m^3）	换气次数（次/h）	风量（m^3/h）	设备规格（m^3/h）
厌氧消化池卸料区	地下部分	805	3	2415	
	地上部分	1731	1	1731	
污泥预反应间	二层	2500	1	2500	设计 17000
	一层	1200	1	1200	
	地下	1500	3	4500	
污泥脱水机房	消化污泥池	364.5	3	1093.5	
	地上脱水机平台下部	840	6	5040	
	地上其他空间	840	3	2520	

臭气源		空间体积 （m³）	换气次数 （次/h）	风量 （m³/h）	设备规格 （m³/h）
湿污泥料仓		以每座180m³/h 风量计，共2座	3	360	设计53800
污泥干 化机房	冷凝单元	1400	18	25200	
	下部干污泥输送单元	1500	18	27000	
	主废液池	150	8	1200	
	干污泥料仓	50	8	400	
污泥干化机		每条生产线以1500m³/h风量计，共2条			设计3000

8.5.4　主要经济指标

工程于 2016 年 3 月上报可行性研究报告，于 2016 年 5 月初取得富民县环保科技产业园核准备案。2016 年 5 月 6 日通过初步设计专家评审，并于同年 5 月底开工。2018 年 5 月基本建成，2019 年 5 月实现调试成功达产。

不计污水处理部分工程投资，项目概算投资为 4.75 亿元，其中工程直接费为 3.9 亿元。500t/d 生产规模设计总建筑面积为 12736.28m²，污泥处理车间建筑面积为 9631.65m²。

工程主要技术经济指标如表 8-20 所示。

昆明市主城区城市污水处理厂污泥处理处置工程主要技术经济指标　　　　表 8-20

指标	指标值	指标	指标值
日污泥处理量（tTS/d）（折合80%含水率 t/d）	100（500）	概算总投资（亿元）	4.75
年污泥处理量（tTS/年）	36500	工程直接费用（亿元）	3.9
设计进厂污泥含水率（%）	80	单位总投资（万元/t）	95
实际进料污泥含水率（%）	82~86	单位电耗（kWh/t）	75
设计污泥有机质含量（%）	40	可变成本（元/t）	225
系统年运行时间（h）	7500	总成本（元/t）	380
劳动定员（人）	50	经营成本（元/t）	300

注：成本计算按照 80%含水率污泥量计。最终性能测试在进泥含水率 82%~85%波动范围内的单位污泥天然气补充消耗约为 15~20Nm³/t，产生污泥气自用量约为 20Nm³/t，测试期的日均脱水污泥处理量约为 430~450t/d。

8.6　常州市污泥焚烧中心一期工程

8.6.1　项目概况

1. 项目简介

根据《2013 年常州市区环境状况公报》，截至 2013 年底，常州市区拥有城镇污水处理厂 17 座，设计处理能力为 74.1 万 m³/d；其中处理能力在 2 万 m³/d 以上的城镇生活污水处理厂 8 座，设计处理能力为 66 万 m³/d。常州市域拥有工业废水集中处理厂 10 座，设计处理能力为 19.6 万 m³/d，另有其他工业废水处理装置 342 套，设计处理能力为 51.88 万 m³/d。污水处理执行《城镇污水处理厂污染物排放标准》GB 18918—2002 中的一级 A 标准，脱水污泥产量约为 800 t/d（含水率 80%）。

原常州市区污水污泥的处理处置借助常州广源热电有限公司、振东新型节能建筑材料厂等其他行业的简易处理处置设施进行协同处理，解决市区污水污泥和工业污泥的处理处置出路，多数采用脱水污泥直接和燃料掺烧处置，集中高峰处置总能力为 900 t/d。因污泥量增长、产能不匹配、工业转型等因素造成污泥出路受限，现有热电厂采用的脱水污泥直接协同焚烧设施逐步退出。

根据国家和江苏省的要求，特别是江苏省人民政府于 2016 年 12 月 1 日颁布的《"两减六治三提升"专项行动方案》（苏发〔2016〕47 号）提出，2017 年底前，全面完成现有城镇污水处理厂污泥处理达标改造，设区市建成城镇污水处理厂污泥处理处置设施全覆盖，无害化处理处置率达到 100%。

根据《常州市城市排水规划（2011—2020）》，近期（2020 年）常州市区城镇污水处理厂污泥产量为 204tTS/d，折合含水率 80% 的脱水污泥量为 1020t/d，远期（2030 年）常州市区城镇污水处理厂污泥产量为 259tTS/d，折合含水率 80% 的脱水污泥量为 1295 t/d。常州市区将形成"2 个片区，3 个中心，3 条路线"的污泥处理处置格局。其中相关的北部片区范围 7 座城镇污水处理厂 2020 年污泥产量为 126tTS/d。

"2 个片区"，即常州市区北部片区和武进片区。"3 个中心"，即江边污泥资源化处理处置中心、夹山污泥焚烧处理处置中心和武南污泥脱水处理中心。江边污泥资源化处理处置中心服务范围为常州市区北部片区所有城镇污水处理厂；夹山污泥焚烧处理处置中心服务范围为武进片区所有城镇污水处理厂；武进片区大部分污泥在武南污泥脱水处理中心脱水后再运往夹山焚烧，以实现污泥减量化，降低污泥运输成本。

"3 条路线"，为厌氧消化＋脱水/干化＋土地利用、厌氧消化＋脱水/干化＋焚烧和脱水＋焚烧 3 条污泥处理处置技术路线。其中江边污泥资源化处理处置中心负担的 7 座污水处理厂，2020 年规划污水处理能力为 83 万 m³/d，污泥总量为 126tTS/d，污泥干化焚烧设施规划规模为 140tTS/d。

经过常州市排水管理处多年的持续跟踪调研并组织专业机构咨询论证，确定常州市污泥处理采用单独干化焚烧的技术路线为主。

2. 工程规模和选址

工程服务范围为常州市区北部片区江边污水处理厂、城北污水处理厂、戚墅堰污水处理厂、清潭污水处理厂、郑陆污水处理厂、邹区污水处理厂和奔牛污水处理厂，2020 年规划预测污水处理能力为 83 万 m³/d，污泥产量为 126tTS/d，折合含水率 80% 的脱水污泥量为 630t/d。考虑 1.2 倍高峰系数，污泥处理设施设计能力不低于 756t/d。经论证确定总设计规模为 900t/d，分两期建成，一期工程规模为 400t/d。项目选址位于化工产业园华生化工地块，占地面积约为 3.09hm²。

8.6.2 污泥处理工艺

1. 工程建设标准

污水处理厂污泥处理处置须满足《城镇污水处理厂污染物排放标准》GB 18918—2002 的相关目标要求。污泥干化焚烧和烟气排放执行《生活垃圾焚烧污染控制标准》GB 18485—2014 有关焚烧的关键技术指标。

参照《生活垃圾填埋场污染控制标准》GB 16889—2008 及其他相关规范和标准，污泥焚烧后产生的普通灰渣送生活垃圾填埋场填埋。

重点部位臭气采取有组织分类收集、处理和排放。根据环评结论，无组织排放执行《恶臭污染物排放标准》GB 14554—1993 和《城镇污水处理厂污染物排放标准》GB 18918—2002 中恶臭污染物厂界标准值中的二级排放标准，有组织排放执行尾气排气管高度 25m 相关指标。

工程采用机械通风间接冷却开式循环水系统，工业循环冷却水补充水取自市政工业水管道。

污水排放参照国标纳管标准接入常州民生环保科技有限公司集中处理，污水处理厂对其考核指标为 COD_{cr}、SS、NH_3-N、TP。

根据环评批复，厂界噪声执行《工业企业厂界环境噪声排放标准》GB 12348—2008 中的 3 类标准。

2. 污泥泥质分析

针对不同来源的污泥，以热值为主的泥质分析是干化焚烧设计的重要前提条件。常州市区北部片区 7 座污水处理厂的江边污水处理厂、城北污水处理厂和武进城区污水处理厂的污泥产量较大，尤其是江边污水处理厂和城北污水处理厂的污泥产量占到常州市区污泥总量的 55% 左右，其污泥来源和泥质具有代表性。针对污水处理产生的污泥泥质进行了连续多年的跟踪检测分析。有机质和工业元素分析与干化焚烧联系最为密切，重金属指标和灰渣填埋相关的元素分析均同步进行深入分析论证。

1）污泥有机质含量分析

常州市区城镇污水处理厂污泥中有机质含量较高，江边污水处理厂（一、二、三期）污泥脱水前后有机质含量均在 50% 左右。城北污水处理厂、清潭污水处理厂、武进城区污水处理厂脱水污泥的有机质含量可达到 60% 以上。

污泥的有机质含量是决定污泥热值的重要参数。按照《城镇污水处理厂污泥处置 单独焚烧用泥质》GB/T 24602—2009 中对污泥有机质含量的规定，自持焚烧、助燃焚烧和干化焚烧对污泥的有机质含量要求均为大于 50%。常州市区污水污泥的有机质预估热值适合干化焚烧技术。

2）工业元素分析

部分污水处理厂污泥的工业元素分析如表 8-21 和表 8-22 所示。

根据分析，污泥干基热值平均值约为 12300kJ/kgTS。按照污水处理厂污泥量进行加权平均计算，污泥干基热值约为 14000kJ/kgTS。考虑到实际污泥检测取样具有一定的波动性，常州市区城镇污水处理厂污泥的干基热值设计确定为：干基基准热值为 12560kJ/kgTS，干基最高热值为 13816kJ/kgTS，干基最低热值为 11304kJ/kgTS。

常州市部分污水处理厂污泥收到基元素分析 表 8-21

样品	水分（%）	灰分（%）	挥发分（%）	固定碳（%）
戚墅堰污水处理厂污泥	82.20	8.58	8.44	0.78
民生环保污水处理厂污泥	87.32	6.72	5.28	0.68
城北污水处理厂污泥	84.29	5.10	9.42	1.19
江边污水处理厂（一、二期）污泥	79.15	9.64	10.18	1.03
西源污水处理厂污泥	87.18	5.61	5.81	1.39
江边污水处理厂（三期）污泥	82.45	6.04	10.17	1.33

常州市部分污水处理厂污泥干燥基元素分析 表 8-22

样品	C(%)	N(%)	H(%)	S(%)	O(%)	热值（kJ/kg）
戚墅堰污水处理厂污泥	24.77	4.43	3.83	0.84	17.92	12198.78
民生环保污水处理厂污泥	18.14	2.22	3.80	0.98	21.89	9262.02
城北污水处理厂污泥	34.78	5.86	4.72	0.69	21.47	14922.82
江边污水处理厂（一、二期）污泥	26.50	4.16	3.95	1.11	18.07	11459.34
西源污水处理厂污泥	27.12	2.81	3.67	5.18	17.46	11911.56
江边污水处理厂（三期）污泥	32.81	5.99	4.93	1.11	20.71	14068.11

3）污泥重金属含量分析

部分污水处理厂污泥重金属指标分析如表 8-23 所示。总体来看，重金属是常州市区城镇污水处理厂污泥中的主要污染物，也是制约污泥资源化利用和处置的关键因素，其中以锌和铜的超标最为严重。

常州市部分污水处理厂污泥重金属指标分析 表 8-23

标准		江边污水处理厂（一、二期）	江边污水处理厂（三期）	城北污水处理厂
《城镇污水处理厂污泥泥质》GB 24188—2009		×铜	√	√
《农用污泥污染物控制标准》GB 4284—2018	A级	×锌、铜、砷、种子发芽指数	×镍、锌、铜、种子发芽指数	×砷、多环芳烃
	B级	×锌、铜、种子发芽指数	×种子发芽指数	√
《城镇污水处理厂污泥处置 土地改良用泥质》GB/T 24600—2009	酸性土壤	×锌、铜	×镍、锌、铜	√
	中碱性土壤	×铜	√	√
《城镇污水处理厂污泥处置 园林绿化用泥质》GB/T 23486—2009	酸性土壤	×锌、铜、种子发芽指数、EC 值	×镍、锌、铜、种子发芽指数	√
	中碱性土壤	×铜、种子发芽指数、EC 值	×种子发芽指数	√
《城镇污水处理厂污泥处置 林地用泥质》CJ/T 362—2011		×锌、铜、种子发芽指数	×种子发芽指数	√

注：√表示符合，×表示不符合。

江边污水处理厂（一、二期）污泥由于受到进水中工业废水的影响，铜和锌含量超标，尤其是铜含量超标严重。污泥盐分含量较高，EC 值甚至不能满足耐盐园林植物的生长要求，污泥种子发芽指数接近 0。

江边污水处理厂（三期）污泥在重金属方面，除了镍、锌、铜含量偏高不能施用于耕地、园地、牧草地和不种植食用农作物的耕地等农用途径之外，对于其他土地利用、建材利用和处置均能满足要求，脱水污泥的种子发芽指数尚不满足标准要求。

城北污水处理厂污泥除了砷和多环芳烃含量超出 A 级污泥产物农用标准，不能施用于耕地、园地、牧草地之外，其他指标均满足各项泥质标准的要求。同时城北污水处理厂污泥的有机质和养分含量均较高。

综上所述，针对污泥的热值和毒害性成分而言，常州市区污水污泥适合采用干化焚烧技术实现稳定化、无害化处理处置。

3. 方案确定

一期工程污泥干化焚烧处理工艺采用污泥搅拌筒式直接干化＋桨叶式间接干化＋回旋式焚烧炉焚烧，补充能源采用天然气和附近垃圾焚烧厂产生的余热蒸汽。

4. 污泥处理工艺

污泥干化焚烧处理工艺流程起自污水处理厂车运脱水污泥至污泥卸料站暂存，经过泵送干化机干化将水分降低至 20％后进入焚烧炉焚烧。污泥焚烧产生的热量通过烟气部分回流用于搅拌筒式干化机加热干化污泥，高温烟气和污泥在干化机内部采用直接换热方式。烟气采用干法＋布袋除尘器＋湿法洗涤处理后经 60m 烟囱高空排放。

污泥干化焚烧处理工艺流程如图 8-63 所示。

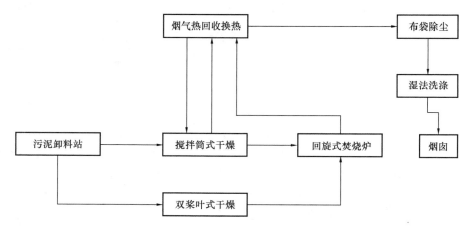

图 8-63　常州市污泥焚烧中心一期工程污泥干化焚烧处理工艺流程图

8.6.3　主要工程设计

1. 设计内容

一期工程设计规模为 400t/d（含水率 80％），共设置 3 条处理线，每条处理线包括搅拌筒式干化机、双桨叶式干化机和回旋式焚烧炉；搅拌筒式干化机规模为 120t/d（含水率 80％），双桨叶式干化机规模为 20 t/d（含水率 80％），回旋式焚烧炉规模为 140t/d

（含水率 80％）。

高峰处理能力满足连续 24h 可达到 420t/d，焚烧炉热负荷满足 420t/d（污泥干基热值 13816kJ/kgTS）前提下短时间运行可达到 110％设计能力。年运行保证时间不小于 8400h，干化机、焚烧炉等主要设备的保证使用寿命不低于 20 年。

辅助热源有天然气和附近垃圾焚烧厂产生的余热蒸汽。新增燃气外线调压站 1 座，调压站规模为 1400Nm³/h。DN150 天然气管道架空敷设，调压站后压力为 40kPa。一期工程高峰 420t/d 污泥干化焚烧需要补充天然气 462～759Nm³/h，合计 11088～18216Nm³/d。双桨叶式干化机采用蒸汽作为外加热源，蒸汽管道接自场地北侧 DN150 蒸汽管，由常州滨江供热管网有限公司提供。

搅拌筒式干化机和双桨叶式干化机将污泥干化至 80％TS 含固率，干化污泥通过中间料仓均匀送入焚烧炉焚烧，焚烧炉燃烧温度大于 850℃，焚烧后炉渣经水冷螺旋排渣进入炉渣料斗外运填埋。焚烧后的飞灰进入灰斗，飞灰通过固化稳定处理，螯合固定重金属并有效防止有害粉尘扩散污染环境并达到普通固体废物的卫生填埋标准。

焚烧炉的燃烧空气来源于污泥卸料站上部空间的抽吸风，含微量臭气的空气经热交换预热后进入焚烧炉。焚烧炉烟气和搅拌筒式干化机利用的烟气是一个封闭式的循环利用系统，能实现烟气含尘粒子充分燃烧和热能的循环利用。

搅拌筒式干化机内设置搅拌棒，脱水污泥在搅拌筒内提升后落下的过程中反复和搅拌棒接触并与来自焚烧炉的烟气热源高效率地混合并流后迅速破碎搅拌成细小颗粒，通过翻动增加污泥表面的接触面积，高效率地实现干化，获得含固率 80％TS 以上的干化污泥。

双桨叶式干化机接收饱和蒸汽热源进入空心轴、叶片和外套夹层，叶片搅拌不断地更换换热面，使蒸汽的热能传导给污泥，从而蒸发污泥中的水分。干化污泥通过出口堰溢出，获得含固率不低于 80％TS 的干化污泥。

粒径约 1～5mm 的干化污泥颗粒通过干污泥输送机输送进中间料斗。中间料斗内临时贮存的干化污泥通过螺旋输送至焚烧炉。

回旋式焚烧炉由炉床到循环空气入口的燃烧段和循环空气入口至顶盖的排出气体脱臭处理段两大部分构成，内部设有搅拌和供给燃烧气体的转动悬臂机构，干化污泥和约 3r/min 的转动悬臂端部所安装的搅拌头里喷出的燃烧气体接触高效率地实现燃烧。焚烧炉炉渣在回转式悬臂的搅拌下集中在焚烧炉中央，随着数量的增加，炉渣会越过围堰，再通过中央下部安装的排灰设备排至焚烧炉外。

燃烧温度达到 850℃以上、时间维持 2.6s 可有效抑制二噁英的产生。干化机利用后的燃烧烟气提升至排出气体脱臭处理段和循环空气混合后在 700～800℃下维持 2s 以上，还可实现对干化机排出的臭气进行完全脱臭处理。

焚烧炉烟气进入 NO.1 热交换器由 700～800℃降温至 400℃实现放热，热回收后再输送至 NO.2 热交换器内为焚烧炉燃烧空气升温，焚烧炉燃烧空气是以污泥卸料站上部空间臭气为介质，为抑制 NO_x 的生成，采用的干化机内部分烟气循环使用，从而降低炉内氧浓度含量。一次风空气在 NO.2 热交换器内由约 20℃加热至 150℃后输送至焚烧炉下部的风箱并通过主轴后由回转式悬臂喷嘴从底部向上喷出作为燃烧气体使用。

焚烧炉排出的 700～800℃高温烟气用于搅拌筒式干化机的干化热源和热交换器的热源，由 NO.1～NO.3 热交换器进行余热利用。搅拌筒式干化机利用烟气热量后产生

200℃含尘废气，由集尘器回收粉尘后进入热交换器，同时双桨叶式干化机干化冷凝后的载气一并进入热交换器预热达到500℃后进入焚烧炉进行脱臭处理。

2. 总图设计

工程选址位于化工园区内，项目占地面积约为3.09hm²，其中一期工程占地面积为2.00hm²，远期工程预留占地面积为1.09hm²。一期工程和厂前区、配套供排水、供电、地磅等辅助单元均紧凑布置在场地南侧。场地北侧作为远期发展用地。场地南侧、东侧设置两处6m宽的道路与城市道路相连。厂前区设置了综合楼、食堂、门卫，往北侧正中场地设置污泥干化焚烧车间、烟气检测室和烟囱。工程总体布置如图8-64所示。

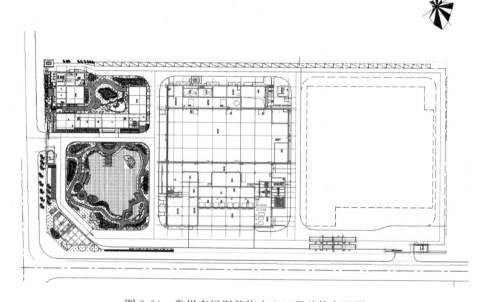

图 8-64　常州市污泥焚烧中心工程总体布置图

主要单元构（建）筑物除污泥干化焚烧车间（含污水池）外，尚有燃气调压站、地磅、综合楼、门卫、大门、消防水池和冷却水池等。污泥干化焚烧车间建筑主体为单层钢筋混凝土框架结构，局部为3层，建筑基底面积为6324.62m²，总建筑面积为11846.46m²，建筑高度为23.9m，建筑立面凸显工业建筑特性且与周边建筑灰白基调协调配合形成统一风格。构（建）筑物单元如表8-24所示。

常州市污泥焚烧中心一期工程构（建）筑物组成表 　　　　　　　　　　表 8-24

构（建）筑物名称		数量	规格
污泥干化焚烧车间	污泥卸料单元	1座	占地面积6324.62m²，建筑面积11846.46m²
	污泥干化焚烧单元	1座	
	灰渣和飞灰贮存和处理单元	1座	
	变配电所	1座	
	循环冷却水池	1座	18m×6.5m
烟气检测室和烟囱		1座	建筑高度58.9m，7m×7m

构（建）筑物名称	数量	规格
综合楼	1座	占地面积728.49m²，建筑面积1830.09m²
食堂	1座	占地面积377.97m²，建筑面积966.81m²
门卫	2座	41.69m²×2
废液池	1座	13.7m×4.5m
雨水泵井		
地磅	2座	12m×3m
事故池	1座	20m×7m，约280m³
燃气调压站	1座	
化粪池和提升泵井	1座	
埋地氨水罐单元	1座	15m³

3. 工艺设计

全厂设计3条相对独立的自污泥卸料供料至烟气排放的生产线。3条独立的污泥卸料和供料系统，用于接收卡车输送来自污水处理厂产生的脱水污泥，并向3条干化焚烧生产线供料。工艺系统包括污泥卸料和供料系统、污泥干化系统、污泥焚烧系统、烟气处理系统、灰渣处理系统、臭气处理系统等。

核心生产线紧凑布置在一座污泥干化焚烧车间内，如图8-65所示。自左至右为灰渣处理区、干化焚烧生产线区、污泥卸料和上部公辅用房区。其中核心干化焚烧生产线和除臭设施位于中间的单层高24m主车间内，建筑剖面如图8-66所示。主车间两侧的地上部

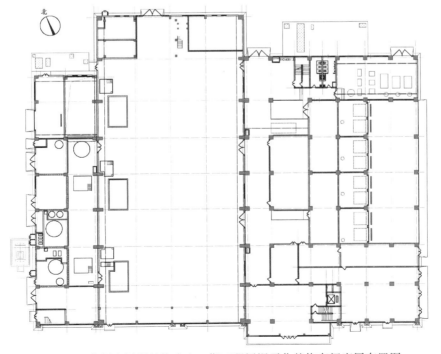

图8-65 常州市污泥焚烧中心一期工程污泥干化焚烧车间底层布置图

分均为3层建筑，右侧污泥卸料站上方是电气控制室和管理用房。生产物料流通方向是自右侧污泥卸料站至中部的生产线，灰渣处理系统和尾气烟囱均位于左侧的辅助用房部位。

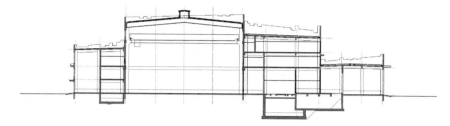

图8-66 常州市污泥焚烧中心一期工程污泥干化焚烧车间剖面图

1）污泥卸料和供料系统设计

污泥的缓冲调节容积按满足2d的平均容积设计。

地下式料仓数量：1座4仓，总容积＞800m³；

单仓净尺寸：13.5m×8m；

有效高度：4.7m；

有效泥位：＞2.0m；

单仓容积：＞200m³；

卸料粗格栅数量：2套；

粗格栅网孔尺寸：150mm。

3条生产线的搅拌筒式干化机进泥分别对应3座污泥地下式料仓（A、B、C仓），3条生产线的双桨叶式干化机进泥来自剩余一座污泥地下式料仓（D仓）。

2）污泥干化系统设计

单条生产线按照140t/d的最大生产能力，各设置搅拌筒式干化机和双桨叶式干化机1套。单条生产线搅拌筒式干化机进泥设螺杆泵1套，双桨叶式干化机进泥设螺杆泵1套。污泥干化系统设计参数按照单条生产线计算。

污泥干固体量：28tTS/d；

进泥含固率：20%；

进泥量：5.833t/h（140t/d）；

出泥含固率：80%（75%～90%可调）；

出泥量：1.46t/h；

单线设计蒸发量：3750kg/h（搅拌筒式）＋625kg/h（双桨叶式）；

搅拌筒式干化机数量：3套（120t/d）；

搅拌轴驱动功率：22.0kW；

机壳驱动功率：15.0kW；

双桨叶式干化机数量：3套（20t/d）。

3）污泥焚烧系统设计

污泥焚烧系统设计参数按照单条焚烧线计算。

进泥含固率：80%TS；

进泥量：1458kg/h；

净热值（NCV）：14651MJ/h；

供气量：6000Nm³/h；

烟气流量：18000Nm³/h；

焚烧炉炉内温度：850℃以上；

回流至干化机干烟气温度：700～800℃；

回旋式焚烧炉数量：3套；

旋转臂驱动功率：2.2kW（1台/套）；

燃烧器电机驱动功率：1.5kW（4台/套）。

4）烟气处理系统设计

每条干化焚烧生产线配套设置1套烟气处理系统，一期工程3条干化焚烧生产线共设3套烟气处理系统。烟气处理系统由干法脱酸系统、布袋除尘器和湿法脱酸系统组成。烟气处理系统设计参数按照单条生产线140t/d的最大生产能力计算。

干式反应器进口烟气量：27522Nm³/h；

干式反应器进口温度：195℃；

消石灰投加量：25kg/h；

袋式过滤器进/出口烟气量：17656Nm³/h；

袋式过滤器出口烟气温度：180℃；

飞灰贮存罐数量及规模：1座，4m³；

活性炭贮存罐数量及规模：1座，8m³；

消石灰贮存罐数量及规模：1座，容积60m³；

湿式洗涤塔数量及规模：1套，17656Nm³/h；

循环泵功率：45kW；

引风机数量及规模：1套，18000Nm³/h；

引风机功率：185kW；

烟道直径：DN1000（每条线1根）。

污泥焚烧产生的烟气排放执行《生活垃圾焚烧污染控制标准》GB 18485—2014。烟气经过急冷塔后进入干法脱酸系统，干法脱酸选用消石灰作为脱硫剂，从消石灰仓进入干法脱酸系统，与烟气充分混合。反应后的烟气经过喷射有活性炭的烟风管道进入布袋除尘器除尘。布袋除尘后的烟气进入湿法脱酸系统，烟气中的 SO_2、HCl 和 NaOH 溶液在湿法脱酸系统中进一步发生中和反应，此时烟气中的污染物完全达到排放标准，通过烟囱达标外排。考虑到物料内含氮量的波动，在焚烧炉炉膛设有非催化还原（SNCR）系统装置。

干法脱酸系统和湿法脱酸系统配合使用，同时运行时，HCl、SO_x、HF 的排放量分别控制在 10mg/Nm³、50mg/Nm³、1mg/Nm³ 以下。

炉膛烟气出口高温烟气温度为 700～800℃，3 条生产线合并高温烟气总量约120000Nm³/h，其中约 50% 用于干化，剩余部分余热利用且烟气处理达标后排放。

根据污泥的工业元素分析，S 为 1.24%、Cl 为 0.09%、N 为 4.83%，分别计算No.3 热交换器出口烟气性质：

温度：～200℃；

干烟气量：每条线约 12000Nm³/h；

含水率：约 30%；

烟尘：约 3g/Nm³；

HCl：约 85mg/Nm³；

SO_x：约 2500mg/Nm³；

NO_x：约 480mg/Nm³。

（1）干法脱酸系统

烟气由热交换器迅速降温后，设计于 500～200℃的温度区间 1s 内急冷，可有效防止二噁英的再生成。经冷却后的烟气进入下一工序。

在布袋除尘器之前的烟气管路上设置消石灰干粉脱酸喷射反应器，消石灰干粉用高压空气输送，变频控制输送量，向烟气中添加消石灰干粉，从而达到脱酸的目的。消石灰干粉喷入后在烟道中同烟气混合，进行初步中和反应，混合烟气进入布袋除尘器，消石灰粉吸附到滤袋表面，在滤袋表面继续和微量的酸性物质进行中和反应，从而提高酸性气体的去除率。

干式喷射消石灰的同时添加活性炭，有效去除烟气中的汞。活性炭料仓底设置破坏板结和架桥功能的设备设施，活性炭料仓顶部设置仓顶全自动布袋除尘器和抽风机，活性炭贮仓区域按防爆区设计。

（2）布袋除尘器

布袋除尘器设计风量按最大工况湿基 20642Nm³/h，每台布袋除尘器过滤面积为780m²，采用 1 仓室，设计工况下运行时过滤风速小于 0.75m/min，滤袋规格为直径130mm、长度 8500mm；布袋除尘器的进口烟尘浓度约为 3000mg/Nm³，出口烟尘浓度≤10mg/Nm³，除尘效率≥99.9%；布袋间的间距不小于布袋直径的 1.5 倍。

布袋除尘器设置循环预热系统，设计风量满足布袋除尘器加热要求。在焚烧炉点火之前，关闭布袋除尘器两端进出口烟道，开启灰斗加热系统对布袋除尘器进行预热。直到布袋除尘器内温度达到 140℃以上，才允许焚烧烟气进入。当烟气温度低于 140℃或由于某种原因高于 240℃时，为保护滤袋不受损害，在系统启动前先利用干粉喷射系统对布袋除尘器内的滤袋进行预喷涂。

滤袋采用纯 PTFE 覆膜材质制成，PTFE 具有优异的耐酸碱性、耐腐蚀性、化学稳定性、抗水解性，且不易老化。

布袋除尘器采用压缩空气脉冲高压喷吹清灰，合理设置脉冲间隔和脉冲宽度以控制设备的运行阻力维持稳定且不超过 1500Pa，设计工况下，布袋除尘器的运行阻力≤1200Pa。

焚烧产生的烟气水分含量较高，为避免烟尘中 NaCl、$CaCO_3$ 易潮解黏附的物质产生黏壁现象，布袋除尘器的锥体设 2 路伴热和保温，控制布袋除尘器锥体的温度达到约140℃。飞灰溜管加装振打装置，便于卸灰顺畅。

（3）湿法脱酸塔

湿法脱酸塔采用酸碱中和原理设计，通过填料使水、气湍流进一步降温。用碱液喷淋吸收酸性气体和有害物质。焚烧烟气中酸性气体主要是 SO_2 和 HCl。在湿法脱酸塔中，SO_2 和 HCl 同喷入的碱液接触，进行传热传质反应，碱液中的水分被烟气加热而气化，同时烟气中的有害气体被吸附在 NaOH 表面，同 NaOH 产生中和反应生成固态的盐类，湿法脱酸系统效率按 98% 设计。

中和反应的充分程度与反应温度、接触时间等因素有关，若既要达到有害气体的高净化率，同时又要尽量减少碱液的用量，则需要维持各种反应条件的最佳组合。湿法脱酸产生的废液进入循环池和调节池重复使用一段时间后送到污水处理站预处理后排入市政管道。

（4）SNCR 系统

SNCR 系统的基本原理是通过向烟气中喷入氨水（$NH_3 \cdot H_2O$）作为还原剂将烟气中的氮氧化物（NO_X）还原成氮气和水。设计反应温度为 850～1050℃，设计选用 20% 浓度的氨水。因消防法规的限制，室内氨水贮罐容积不能超过 $5m^3$，拟在室外设埋地氨水贮罐 $15m^3$，设计容量基本可满足 3 条生产线约 5d 用量。

（5）烟气脱白系统

单条污泥干化焚烧生产线设计 1 根直径 1000mm 的烟道，全厂 3 条生产线共 3 根排烟管集束于烟囱排放，烟囱设计排放高度 60m，烟气检测室和烟囱土建尺寸为 7m×7m，顶标高为 58.9m。

5）灰渣处理系统设计

灰渣处理系统分为飞灰收集系统、飞灰固化系统和炉渣输送系统。灰渣处理系统按 3 条线合并集中外运设计。

单炉炉渣量为 420kg/h，输送机出口温度约为 100℃。单炉飞灰量为 50kg/h，飞灰卸料阀出口温度为 100℃。

飞灰采用刮板输送机＋仓泵气力输送至体积为 $40m^3$ 的飞灰贮仓，飞灰贮仓顶部配置除尘器。飞灰贮仓下方配置混合搅拌机，飞灰和螯合剂搅拌后至打包机，稳定化的飞灰在吨袋中送飞灰暂存间熟化待运。

6）臭气处理系统设计

恶臭污染源包括污泥卸料站卸料大厅、污泥卸料站池体和污泥卸料站上部空间的臭气，污泥干化焚烧车间污泥干化机产生的臭气，以及出渣区、主废液池等处的臭气。按照恶臭气体源强的不同可将其分为 3 类，第一类是散发于污泥卸料站和出渣区等处密闭空间的恶臭气体，第二类是干化工艺产生的高浓度恶臭气体，第三类是污泥干化焚烧车间核心生产线区域操作空间泄漏的低浓度恶臭气体。

污泥卸料站、出渣区、主废液池等处产生的臭气属于第一类恶臭污染源，臭气浓度如表 8-25 所示。

常州市污泥焚烧中心一期工程第一类恶臭污染源臭气浓度　　　　　　　表 8-25

指标名称	指标值	指标名称	指标值
温度（℃）	≤40	胺（mg/Nm^3）	≤10
硫化氢（mg/Nm^3）	≤50	甲硫醇（mg/Nm^3）	≤10
氨（mg/Nm^3）	≤50	臭气浓度（无量纲）	≤10000

第二类恶臭污染源主要是指干化工艺过程尾气冷凝产生的高浓度废气。第二类恶臭气体产生量或空间容积较小，但强度非常高，处理难度很大。第二类恶臭污染源的臭气浓度如表 8-26 所示。

指标名称	指标值（洗涤塔前/洗涤塔后）	指标名称	指标值（洗涤塔前/洗涤塔后）
温度（℃）	90/40	胺（mg/Nm³）	≤10
硫化氢（mg/Nm³）	≤2000	甲硫醇（mg/Nm³）	≤10
氨（mg/Nm³）	≤800	臭气浓度（无量纲）	≤50000

结合焚烧设施的便利，污泥干化工艺产生的不凝气体在正常生产工况下可直接纳入污泥焚烧的二次风系统进入焚烧炉进行焚烧脱臭，在应急工况下启动除臭单元处理排放。

污泥干化焚烧车间核心生产线区域操作空间泄漏的恶臭气体是第三类恶臭污染源。第三类恶臭污染源排放的气体特征指标和第一类恶臭污染源类似，体量大、浓度低，主要依靠送新风预处理和机械排风的方式解决。

臭气量计算的原则是在确保臭气不外逸的情况下尽量控制风量和减少投资。结合《工业企业设计卫生标准》GBZ 1—2010 和类似除臭工程经验，各恶臭散发点除臭风量如表 8-27 所示。

常州市污泥焚烧中心一期工程第一类恶臭气体收集处理风量　　　　表 8-27

除臭源		长度（m）	宽度（m）	高度（m）	数量	空间体积（m³）	空间折扣	换气次数（次/h）	风量（m³/h）	总风量（m³/h）	
卸料站	卸料池	13.4	8.6	4.5	4	622	0.3	12	7468	18375	
	卸料池上部空间	8.6	6.74	8	4	1298	0.7	3	3895		29440（30000）
	卸料大厅	34.78	12	8	1	2337	0.7	3	7012		
出渣区	灰渣输送平台	31.91	4.3	2.1	1	288	1.0	9	2593	11065	
	渣坑	14	6.65	3.6	1	168	0.5	12	2011		
	渣坑上层空间	15	13.8	13	1	1884	0.7	3	5651		
废液池	主废液池	10	4.5	1.5	1	68	1.0	12	810		

臭气处理系统设计规模为 30000m³/h。臭气收集后送至除臭单元处理后排放，除臭技术路线采用硫酸酸洗＋碱洗（NaOH＋NaClO）＋水洗＋生物滤池。干化焚烧车间内部空间气体的改善采用的是送新风和机械排风的补充除臭方法。

臭气处理系统单独设计 1 根 DN1200 排气管，排放高度为 25m。

7）压缩空气系统设计

干化焚烧系统、布袋除尘器、仓泵等配置压缩空气系统用于正常启闭吹送等作业。

8）循环冷却水系统设计

污泥干化焚烧厂内所需的工艺冷却水主要为干化机及其尾气处理、烟气系统等所需的循环冷却水，来源为冷却水池和冷却塔，冷却水补水来自厂外工业水管道或市政给水管道，进水水温应不高于 30℃。

循环冷却水系统设计参数：

组合逆流式冷却塔数量：2 套（1 用 1 备）；

组合逆流式冷却塔流量：160m³/h；

组合逆流式冷却塔单套功率：7.5kW（变频）；

立式增压泵数量：2套（1用1备）；

立式增压泵流量：160m³/h；

立式增压泵扬程：45m；

立式增压泵单套功率：37kW（变频）。

9）污水排放系统设计

污水包括生产废水和厂区生活污水。生产废水主要包括除臭洗涤污水、烟气湿法洗涤污水、厂区内冲洗污水、飞灰螯合间污水、双桨叶式干化机污泥干化冷凝器冷凝水等。烟气经过湿法脱酸塔后每条线排放污水量约为3.5m³/h。双桨叶式干化机中污泥蒸发冷凝污水量每条线约为15m³/d。

由于仅能有一根污水管外排，为保证污水的正常排放，设计废水池1座，有效容积为180m³，厂区内生产废水和生活污水统一汇集于废水池。自废水池至厂外污水管道采用泵送专管排放至常州民生环保污水处理厂。内设搅拌器1台，安装污水污泥泵2台（1用1备），污水排放量为174～226m³/d。

10）蒸汽冷凝水系统设计

双桨叶式干化机采用蒸汽间接干化，饱和蒸汽热能利用后变为约95℃热水通过疏水管道收集至12m³热水箱，再由15m²板式换热器降温后一部分泵送至SNCR系统，剩余部分暂时送回冷却水池用于改善冷却水水质。

4. 工艺设计参数

1）搅拌筒式干化机

搅拌筒式干化机利用650～800℃的焚烧炉排放烟气和污泥直接接触干化，为直接干化机型。搅拌筒式干化机为卧式滚筒型，滚筒内部设有搅拌轴、搅拌棒等搅拌装置，高温烟气在圆筒内搅拌通过，出口烟气温度为200℃，物料在搅拌装置推动下不断地粉碎和分散，污泥和烟气充分直接接触达到高效干化。搅拌筒式干化机如图8-67所示，内部构造如图8-68所示。

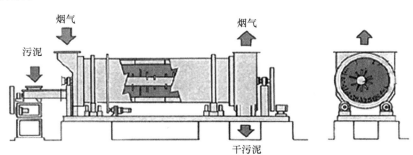

图8-67 搅拌筒式干化机示意图

搅拌筒式干化机内部的关键部件包括带有搅拌棒的搅拌轴和筒体四周的提升链，烟气在此空间内部直接进行热交换，出口污泥含固率一般在80%TS以上。

搅拌筒式干化机设备参数如表8-28所示。

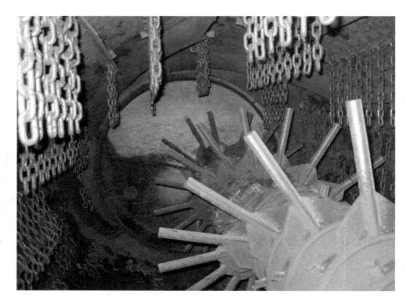

图 8-68　搅拌筒式干化机内部构造

搅拌筒式干化机设备参数　　　　　　　　　　　　　　表 8-28

参数	参数值	参数	参数值
干化前物料质量（kg/h）	5000	干化机热风吹入温度（℃）	680～780
干化前物料含水率（W.B）（%）	80	干化机排气温度（℃）	200
干化前物料温度（℃）	20	选型干化机设计容量（m³）	45
干化后物料质量（kg/h）	1250	设计干化速度［kgH₂O/（m³·h）］	83.3
干化后物料含水率（W.B）（%）	20	升水蒸发量（kJ/kg H₂O）	2889
干化后物料温度（℃）	80		

2）双桨叶式干化机

双桨叶式干化机是利用双轴中空桨叶实现热媒和污泥接触的一种间接热交换设备。双桨叶式干化机由两个互相啮合的反向旋转的搅拌桨叶组成，搅拌桨叶内配有加热内夹层，搅拌桨叶安置在外壳为"Ω"形的贮料槽中，直接与调速传动装置的减速器和电机相连接，调速传动装置保持与搅拌桨叶同步，夹套内采用的加热介质为微过热蒸汽。双桨叶式干化机如图 8-69 所示。

双桨叶式干化机针对污泥的含水率适应性广，干化产品均匀性高。双桨叶式干化机内设溢流堰，可根据污泥性质和干化条件，调节污泥在干化机内的停留时间，以适应进料污泥含水率的变化，出口污泥含固率能达到 80%TS 以上。

双桨叶式干化机设备参数如表 8-29 所示。

3）回旋式焚烧炉

回旋式焚烧炉是专为污泥焚烧设计的，含固率 80%TS 以上、颗粒粒径为 1～5mm 的干化污泥可以得到高效焚烧。炉体整体呈圆柱形，焚烧炉上部设置脱臭段。回旋式焚烧炉具有物料与空气接触好、燃烧速度快、燃烧后副产物以炉渣为主等优点，焚烧和烟气处理产生的飞灰仅占灰渣理论总量的 10%。

图 8-69　双桨叶式干化机外观

双桨叶式干化机设备参数　　　　　　　　　　　表 8-29

参数	参数值	参数	参数值
蒸发水分量（kg/h）	625	干化后物料温度（℃）	90
蒸发潜热（kJ/kg）	2385	干化机传热面积（m²）	80
水分蒸发热量（MJ/h）	1492	设计干化速度［kgH₂O/（m²·h）］	9.0
干固体量（kg/h）	166.7	平均温度差（℃）	93.7
比热［kJ/（kg·℃）］	1.26	总换热系数［kJ/（h·m²·℃）］	242
干化前物料温度（℃）	20	升水蒸发量（kJ/kgH₂O）	2412

　　回旋式焚烧炉是一种搅拌吹风连续作业的单体炉,从炉体中回转臂下部,按照篝火吹气原理,喷出燃烧所需要的空气,使物料边燃烧边搅拌的一种焚烧方式。炉床上部设有旋转臂,燃烧空气经燃烧风机的输送,通过主轴、旋转臂的中部,从旋转臂上安装的搅拌筒高效地吹向燃烧物,从而实现一边对干化污泥进行搅拌,一边供给燃烧空气进行焚烧。焚烧后的炉渣从焚烧炉中央的下部连续排出,通过输送机送至炉渣坑。焚烧炉出口烟气作为污泥干化的主要热源。回旋式焚烧炉外观如图 8-70 所示,内部结构如图 8-71 所示。

　　回旋式焚烧炉技术参数如表 8-30 所示。

回旋式焚烧炉技术参数　　　　　　　　　　　表 8-30

参数	参数值	参数	参数值
进炉水分比（%）	≤20	污泥燃烧空气显热（MJ/h）	5107.5
焚烧前物料质量（kg/h）	1458.3	天然气燃烧空气显热（MJ/h）	106.8
干基高位设计热值（kJ/kgTS）	12560	干燥不凝气体入炉显热（MJ/h）	32571.6
天然气使用量（Nm³/h）	154.4	合计热量（MJ/h）	58059.6
天然气低位发热量（MJ/Nm³）	35.59	设计过剩空气系数	1.8
污泥显热（MJ/h）	161.192	焚烧炉内蒸发水分量（kg/h）	291.7
污泥发热量（MJ/h）	14653.8	设计燃烧速度［MJ/（m²·h）］	1130.4
天然气发热量（MJ/h）	5458.7	选型焚烧炉面积（m²）	20.5

图 8-70　回旋式焚烧炉外观

图 8-71　回旋式焚烧炉内部结构

8.6.4　主要经济指标

1. 项目执行进度

2013 年至 2016 年，在常州市排水管理处的主导下完成项目的规划论证、选址论证、技术路线论证和环评论证等工作。2017 年 11 月完成 EPC 工程招标，2018 年 2—7 月完成土建为主的施工图设计，2018 年 3 月开始桩基工程施工，2018 年 12 月 29 日实现了第一条线污泥卸料站进泥的目标，2019 年 5 月底全面运行，2020 年 5 月 28—30 日连续三天顺利完成满负荷生产的最终性能测试。2021年6月完成环保验收。

2. 主要技术经济指标

工程主要技术经济指标如表8-31所示。

常州市污泥焚烧中心一期工程主要技术经济指标一览表　　　　表8-31

指标	指标值	指标	指标值
日污泥处理量（tTS/d）	80	概算总投资（万元）	37135（含征地费用2800万元）
年污泥处理量（tTS/年）	29200		
设计进厂污泥含水率（%）	80	工程费用（万元）	29000
设计入炉污泥含水率（%）	20	单位总投资（万元/t）	85.6
设计污泥干燥基高位热值（kcal/kgTS）	3000	单位电耗（kWh/t）	67.4
		可变成本（元/t）	234
干化焚烧系统年运行时间（h）	7500	总成本（元/t）	461
劳动定员（人）	45	经营成本（元/t）	328

8.7　郑州市污泥厌氧消化干化工程

8.7.1　项目概况

1. 项目简介

郑州市是河南省省会和中原城市群首位城市，位于郑—汴—洛城市工业走廊和新—郑—漯产业发展带的交点，是全省政治、经济、文化、金融和科教中心，是全国重要的铁路、航空、高速公路、电力、邮政和电信主枢纽城市，未来郑州将成为全国普通铁路和高速铁路网中唯一的双十字中心，也是中原城市群"大十字"形骨架的核心城市，具有优越而重要的区位条件。

郑州市区气候属暖温带大陆型季风气候，特征为夏季炎热，冬季寒冷，四季分明，气候干燥，受季风影响明显。年平均气温为14.2℃，极端最低气温为−17.9℃，极端最高气温为43℃，年平均降雨量为636.7mm，全年主导风向和夏季主导风向均为东南；地震基本烈度为7度。郑州市内的地表水属淮河流域、沙颖河水系，流经的天然河流主要有索须河、贾鲁河、贾鲁河的支流、东风渠、金水河、熊耳河、七里河、潮河。郑州新区污水处理厂尾水排入小清河最终汇入贾鲁河。

郑州市西南高、东北低，以陇海铁路为界，以西地区地形坡度大，以东地区地形坡度相对较缓。其中，雨水系统形成了金水河、熊耳河、东风渠、七里河、贾鲁河、魏河、索须河、潮河八个流域系统，除老市区部分为合流系统外，其余均为雨污分流系统。雨水主要依靠穿越市区的河道、明渠和沟涵排放。建成区污水系统按照污水最终流向可划分为郑州新区、五龙口、双桥、马寨、南三环、马头岗、陈三桥和纺织产业园等污水系统。

随着郑州市高速发展，位于市区的王新庄污水处理厂周边用地性质和用地环境发生了很大变化，区域规划为郑州市重要的交通枢纽和城市核心。经新一轮污水规划调整，在城市下游规划新建郑州新区污水处理厂，接纳原王新庄污水处理厂处理的中心城区污水，并承担沿线输送管线下游的物流园系统、中牟刘集组团等更大范围的城市污水处理，总的规划服务范围内建设用地面积为 339.53km²，服务人口为 388.5 万人。同时，进一步提高郑州市城市污水的处理标准，并作为河道补充水改善受纳水体环境状况。

郑州新区污水处理厂总处理规模为 100 万 m³/d，其中一期工程处理规模为 65 万 m³/d，污泥采用厌氧消化工艺处理，再生水脱色规模为 20 万 m³/d，污泥干化规模为 300t/d（含水率 80%），出水水质指标优于《城镇污水处理厂污染物排放标准》GB 18918—2002 一级 A 标准。一期工程于 2015 年底建成通水，实际出水指标优于设计标准，且已满负荷运行。二期工程于 2017 年启动建设，建成后污水处理总规模达到 100 万 m³/d，出水标准将进一步提高，并同步实施 1000t/d（含水率 80%）干化焚烧项目。中心城区污水处理厂情况如表 8-32 所示。

郑州市中心城区污水处理厂情况   表 8-32

污水处理厂名称	规模（万 m³/d）			建设性质
	现状规模	近期规模	远期规模	
五龙口污水处理厂	20	—	20	现状
马头岗污水处理厂	60	—	60	现状
陈三桥污水处理厂	10	—	20	扩建
南三环污水处理厂	10	—	10	现状
双桥污水处理厂	—	—	60	新建
纺织园污水系统	1	—	3	扩建
马寨污水处理厂	5	—	10	扩建
南曹污水处理厂	—	10	25	新建
郑州新区污水处理厂	65	—	100	扩建
合计	171		308	

2. 郑州市污泥处理处置规划

在郑州市排水规划中，根据规划污水处理厂的规模和位置、预测的污泥泥质、污泥的最终出路，对污泥处理处置厂的规模、工艺、布局等进行了规划，规划布局如表 8-33 所示。

根据国内外污泥处理处置的经验，适合郑州市的污泥出路主要为土地利用、卫生填埋和建材利用，目前的处理方法主要有污泥稳定、污泥干化和污泥焚烧。

污泥的处理处置应以污水处理系统的区域为基础，按照集中和分散相结合、处理集约化、处置多样化的原则，近远期结合、分期分步实施。

结合现状污水处理厂、规划污水处理厂用地情况，规划 5 座污泥处理厂，采用堆肥、干化和焚烧 3 种污泥处理方式，以及土地利用、建材利用和卫生填埋 3 种污泥处置途径，污泥处理量为 3400t/d。

郑州市污水处理厂污泥处理处置规划布局   表 8-33

名称	处理方式	位置	服务对象	处理量（t/d）
双桥污泥处理厂	堆肥	与双桥污水处理厂合建	双桥、五龙口、马头岗	600

名称	处理方式	位置	服务对象	处理量（t/d）
马头岗污泥处理厂	消化＋干化	与马头岗污水处理厂合建	马头岗	200
马头岗污泥处理应急工程	板框脱水	与马头岗污水处理厂合建	马头岗	600
八岗污泥处理厂	堆肥	中牟县八岗乡	郑州新区、南三环、南曹、白沙、官渡、航空港	600
郑州新区污泥处理厂	消化＋干化＋焚烧	与郑州新区污水处理厂合建	郑州新区	300（干化）1000（干化＋焚烧）
西部污泥焚烧厂	焚烧	与郑州新力电厂新址毗邻	马寨	100
合计				3400

郑州新区污水处理厂一期工程中实施污泥厌氧消化、干化，根据污泥规划，结合郑州市污泥处置后填埋无库容、土地利用无保障等问题，二期工程中实施污泥干化、焚烧，彻底解决污泥问题。

3. 郑州新区污水处理厂介绍

郑州新区污水处理厂位于郑州中牟县姚家镇，工程建设占地面积为 75.3hm²，其中一期工程占地面积为 49.1 hm²，一期工程处理规模为 65 万 m³/d（含污泥厌氧消化），再生水脱色规模为 20 万 m³/d，污泥干化规模为 300t/d（含水率 80%）。郑州新区污水处理厂分区布置如图 8-72 所示，设计进出水水质如表 8-34 所示。

郑州新区污水处理厂设计进出水水质（mg/L）　　　　　表 8-34

水质指标	设计进水水质	设计出水水质
COD_{Cr}	520	≤40
BOD_5	260	≤10
SS	380	≤10
NH_3-N	58	≤4（5）
TN	65	15
TP	7	≤0.5

8.7.2　污泥处理工艺

1. 污泥量分析

郑州新区污水处理厂污水系统包括了原王新庄污水处理厂的服务范围，王新庄污水处理厂内建设有污泥厌氧消化设施，郑州新区污水处理厂的厌氧消化系统设计应借鉴王新庄污水处理厂污泥厌氧消化运行的经验，并结合郑州市几座污水处理厂的产泥率、污泥泥质等数据分析研究确定。

根据马头岗污水处理厂提供的资料，马头岗污水处理厂污泥产量统计如表 8-35 所示。

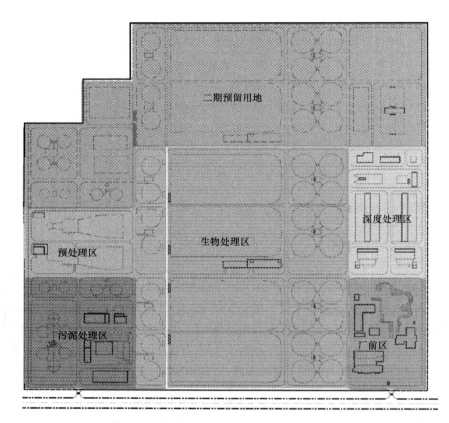

图 8-72　郑州新区污水处理厂平面分区布置图

马头岗污水处理厂污泥产量统计表　　　　　　　　表 8-35

年份 （年）	污水处理量 （万 m³/d）	污泥处理量			
		脱水后（t/d）	脱水后含水率 （%）	干污泥量 （tTS/d）	污泥产率 （tTS/万 m³）
2010	30.53	308.48	76.96	70.64	2.32
2011	33.46	346.31	76.61	80.54	2.41
2012	36.52	341.45	76.56	79.30	2.19

根据王新庄污水处理厂提供的资料，王新庄污水处理厂污泥产量统计如表 8-36 所示。

王新庄污水处理厂污泥产量统计表　　　　　　　　表 8-36

年份 （年）	污水处理量 （万 m³/年）	日均处理 污水量 （万 m³/d）	污泥处理量					
			脱水前 （万 t/年）	脱水后 （万 t/年）	脱水前 含水率 （%）	脱水后 含水率 （%）	干污泥量 （万 tTS/年）	污泥产率 （tTS/万 m³）
2009	14452.51	39.60	72.15	14.81	95.08	76.00	3.55	2.46
2010	15549.74	42.60	75.71	15.89	95.10	76.69	3.70	2.38
2011	15642.82	42.86	68.82	14.65	94.55	74.41	3.75	2.40

注：1. 脱水前污泥量、脱水后污泥量、污水处理量等数据由郑州市中原环保股份有限公司提供；

　　2. 干污泥量、污泥产率为推算值。

2. 污泥产率和污泥量的确定

根据实际情况，由于郑州新区污水处理厂一期主要接纳王新庄污水系统的污水，因此污泥产率和污泥量的确定将以王新庄污水处理厂现状产泥量、保证率下的产泥量并结合保证率水质、设计水质确定的产泥量综合确定。

1）现状平均产泥量

王新庄污水处理厂 2009—2011 年的平均污泥产率为 2.38～2.46tTS/万 m³，平均值为 2.41tTS/万 m³。

2）保证率下的污泥产率和污泥量

王新庄污水处理厂 2009—2011 年不同月均保证率统计的污泥产率如表 8-37 所示，王新庄污水处理厂 2011 年不同日均保证率统计的污泥产率如表 8-38 所示。

王新庄污水处理厂 2009—2011 年不同月均保证率的污泥产率 表 8-37

概率	污泥产率（t/万 m³）
0.95	3.47
0.90	2.94
0.85	2.81

王新庄污水处理厂 2011 年不同日均保证率的污泥产率 表 8-38

概率	污泥产率（t/万 m³）
0.95	3.74
0.90	3.37
0.85	3.11

从表 8-37 和表 8-38 可以看出，同样在 85% 的保证率下，按月均保证率统计的污泥产率为 2.81t/万 m³，按日均保证率统计的污泥产率为 3.11t/万 m³，二者有一定差距。一般来说，按日均保证率统计的污泥产率更准确些。

上述污泥产率是针对厌氧消化后污泥的测定值。由于厌氧消化一般会去除 40% 以上的挥发性固体，考虑到王新庄污水处理厂的污泥中有机物含量平均值一般在 55% 以上，而厌氧消化、脱水后污泥中有机物含量大致为 33%～67%，因此厌氧消化前的原污泥量理论数据应在脱水后污泥量的基础上至少增加 20% 以上。根据王新庄污水处理厂目前的实际运行情况来看，厌氧消化后污泥的削减率仅为 10%～15%，工程暂按 20% 进行计算。

考虑到厌氧消化池的容积较大，一般停留时间在 20d 以上，为节约工程投资，厌氧消化池可按 85% 月均保证率考虑，其未厌氧消化前原污泥产率约为 2.81×1.1＝3.09tTS/万 m³，平均污泥产率为 2.41tTS/万 m³。

3）按设计水质确定的污泥量

由于保证率水质和设计水质的污泥计算相关指标如 BOD_5、SS 都很接近，因此可以按设计水质计算污泥量。

在 65 万 m³/d 设计规模下按设计水质计算污泥量，其计算过程如下：

初沉污泥：干污泥量为 123.5tTS/d，含水率为 97%，污泥量为 4117t/d，初沉池按去除 50%SS 计；

剩余污泥：干污泥量为 108.16tTS/d，含水率为 99.3%，污泥量为 15451t/d；

化学污泥：干污泥量为 13.86tTS/d，含水率为 98%，污泥量为 693t/d；

合计总干污泥量为 245.5tTS/d，折算成污泥产率为 3.78tTS/万 m³。

4）污泥量和污泥产率的确定

在 85% 保证率下原生污泥的产率与按设计水质的计算值基本吻合，说明计算值是可靠的。由于污泥处理受污泥处理设备的影响较大，而且从目前国内各地污水处理厂的运行情况来看，普遍存在污泥处理设备（包括螺杆泵、浓缩机、脱水机）实际运行能力低于其额定能力的现象。因此，一方面在配置设备时留有一定余量；另一方面污泥设施的保证率不宜过小，至少应在85％以上，除厌氧消化池由于有较长的停留时间，保证率可按月均保证率控制外，其余均按日均保证率控制。

按设计水质的计算值作为依据，确定系统的设计污泥量为245.5tTS/d，污泥产率为3.78tTS/万 m^3，其中厌氧消化系统按80％保证率确定污泥量为200tTS/d，污泥产率为3.09tTS/万 m^3。校核进泥量为160tTS/d，平均污泥产率为2.46 tTS/万 m^3。脱水系统按245.5tTS/d设计，干化系统根据规划要求按60tTS/d（折合含水率80％的污泥量为300t/d）设计。

3. 污泥泥质现状和预测

1）王新庄污水处理厂泥质

王新庄污水处理厂2011年6月—2012年6月脱水污泥有机物平均值统计如表8-39所示。

王新庄污水处理厂脱水污泥有机物平均值统计　　　　　表8-39

时间	有机物月平均值（％）	有机物年平均值（％）
2011.06	46.00	
2011.07	34.04	
2011.08	33.32	
2011.09	35.05	43.55
2011.10	39.51	
2011.11	52.20	
2011.12	64.72	
2012.01	63.43	
2012.02	61.51	
2012.03	59.87	
2012.04	66.63	59.04
2012.05	51.90	
2012.06	50.94	
总平均值	51.30	

2）郑州新区污水处理厂泥质分析

由于郑州新区污水处理厂的污水主要为王新庄污水系统服务范围的污水，其泥质和王新庄污水处理厂的泥质相类似，结合王新庄污水处理厂实测泥质，对郑州新区污水处理厂的泥质和污泥农用的泥质分析如表8-40所示。

郑州新区污水处理厂污泥泥质分析　　　　　表8-40

检测项目	污泥农用时污染物控制标准限值（按中性和碱性土壤）	评价
砷（As）及其化合物（以总砷计）（mg/kg）	≤75	达标率94.7％
汞（Hg）及其化合物（以总汞计）（mg/kg）	≤15	达标率84.2％
镉（Cd）及其化合物（以总镉计）（mg/kg）	≤20	达标率100％
铬（Cr）及其化合物（以总铬计）（mg/kg）	≤1000	达标率100％

检测项目		污泥农用时污染物控制标准 限值（按中性和碱性土壤）	评价
铜(Cu)及其化合物(以总铜计)(mg/kg)		≤1500	达标率100%
铅(Pb)及其化合物(以总铅计)(mg/kg)		≤1000	达标率100%
锌(Zn)及其化合物(以总锌计)(mg/kg)		≤3000	达标率100%
镍(Ni)及其化合物(以总镍计)(mg/kg)		≤200	达标率100%
总养分 （mg/kg）	总氮	—	≥15000
	总磷	—	≥5000
	总钾	—	≥3000
有机物含量		—	≥50%
pH		6.5～9	6.5～9
含水率	脱水后含水率	—	≤80%
	干化后含水率	—	≤30%

从目前的运行情况来看，郑州新区污水处理厂进水以生活污水为主，污泥有机分和预测值基本相当。

4. 污泥处理处置工艺流程

二沉池排出的剩余污泥经重力浓缩后和初沉污泥混合，一并进入污泥浓缩机房，浓缩至含水率95%后进入污泥厌氧消化池。污泥经厌氧消化后，进入脱水系统，脱水至含水率80%。经中温厌氧消化后污泥量减少了44tTS/d，污泥总量减为201.5tTS/d，经脱水后污泥含水率为75%～80%，泥饼体积为805～1006m³/d，其中300m³/d污泥采用干化方式进一步脱水，干化后污泥含水率降至30%，体积约为85.7m³/d。郑州新区污水处理厂最终外运出厂的污泥有两种不同含水率的污泥，含水率80%的污泥约为706t/d，含水率30%的污泥约为85.7t/d。污泥处理工艺流程如图8-73所示。

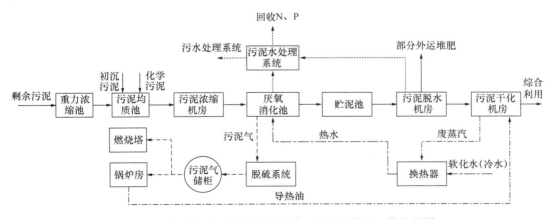

图8-73 郑州市污泥厌氧消化干化工程污泥处理工艺流程图

8.7.3 主要工程设计

1. 污泥区平面布置

污泥厌氧消化按 200tTS/d 设计，采用中温厌氧消化的形式。厌氧消化污泥经脱水后，有 300t/d（含水率约 80%）污泥进入干化系统，干化至含水率 30%。

厌氧消化进泥含固率为 5%～6%，有机物降解率≥45%，污泥产气率≥0.85m³/kgVSS。设计包括污泥浓缩系统、污泥厌氧消化系统、污泥气贮存系统、污泥气脱硫系统、污泥气增压系统、污泥气应急燃烧系统、热量回收利用系统、污泥脱水系统、除臭系统和干化系统等。其中污泥浓缩池 2 座，污泥均质池和污泥浓缩机房 1 座，污泥厌氧消化池 6 座（消化池控制室合建），污泥气脱硫装置 1 座，污泥气贮柜 2 座，污泥气增压机房 1 座，锅炉房 1 座，污泥浓缩池和污泥浓缩机房设置 1 套除臭系统，污泥脱水机房设置 1 套除臭系统。污泥处理设施平面布置如图 8-74 所示。

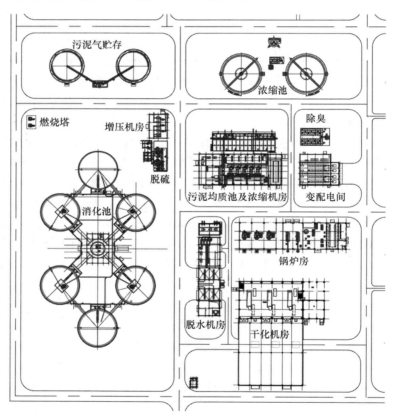

图 8-74 郑州市污泥厌氧消化干化工程污泥处理设施平面布置图

2. 工艺设计

1）污泥浓缩池设计

新建污泥浓缩池 2 座，如图 8-75 所示，将剩余污泥初步浓缩至含水率 98%，减小后续机械浓缩的负荷。污泥浓缩池直径为 25m，有效水深为 4m，总有效容积为 3929m³，停留时间为 4.0h。每座污泥浓缩池内设置一套中心传动污泥浓缩刮泥机，直径为 25m；设置手动铸铁调节堰门 1 台，尺寸为 1200mm×900mm；出水堰板长 74.5m，高度为 250mm。

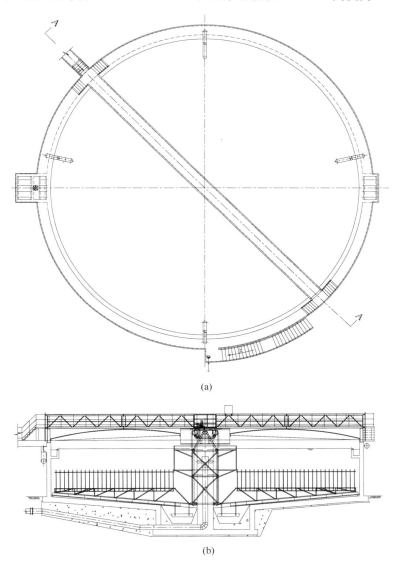

(a)

(b)

图 8-75　郑州市污泥厌氧消化干化工程污泥厌氧浓缩池设计图 (1∶100)

(a) 上层平面图；(b) A-A 剖面图

2）污泥均质池和污泥浓缩机房设计

新建污泥均质池和污泥浓缩机房如图 8-76 所示。污泥均质池和污泥浓缩机房工作时间为 16h。污泥均质池和污泥浓缩机房合建，共 1 座 4 池。主要接纳初沉污泥和污泥浓缩池的污泥，有效水深为 4.6m，总有效容积为 1840m³。污泥均质池上方设置污泥过滤机 4 台，单台流量为 80m³/h，用于过滤初沉污泥，防止絮状物进入厌氧消化池，堵塞厌氧消化池的污泥循环泵。每个污泥均质池内设置 1 台立式潜水搅拌器，功率为 7.6kW，共 4 台。

污泥浓缩机出泥进入浓缩污泥贮泥池，其有效水深为 3.3m，有效容积为 345m³，停留时间为 1.19h。浓缩污泥贮泥池内设潜水搅拌器，功率为 15kW，共 3 台。

污泥浓缩机房内设置污泥浓缩机 5 台（4 用 1 备），单台流量为 200m³/h，干固体通量为 4t/h，浓缩后污泥含水率为 95%。设置自动配制絮凝剂系统 2 套，用于离心浓缩机的絮凝剂制备。干粉制备能力流量为 30~35kg/h，药剂浓度为 0.5%。污泥浓缩机出泥泵采用偏心螺杆泵，共 4 台，单台流量为 70~120m³/h，扬程为 90m。设置 4 台污泥切割机，用于切割进泥中的杂质，避免损坏设备，污泥切割机单台处理能力为 35~200m³/h，电机功率为 4kW。

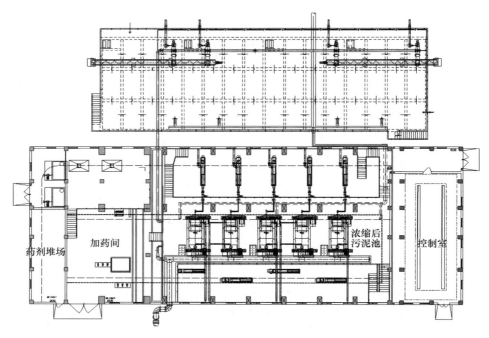

图 8-76　郑州市污泥厌氧消化干化工程污泥均质池和污泥浓缩机房设计图

3）污泥厌氧消化系统设计

污泥厌氧消化工艺是在无氧条件下，通过兼性菌和专性厌氧菌降解有机污染物，分解为以甲烷为主的污泥气。在厌氧消化系统中，产酸细菌生长繁殖快，对环境的适应能力强，而甲烷细菌正好相反，为保持既有利于产酸细菌、又有利于甲烷细菌生长繁殖的环境条件，保证酸性消化阶段和碱性消化阶段两者都处于平衡状态，厌氧消化池中的碱度要求保持在 2000~3000mg/L。

污泥厌氧消化池采用柱形结构，共 6 座，如图 8-77 所示。单池容积为 12700m³，直径为 25m，垂直高度为 32.5m，地面以上高度为 27.4m，地面以下埋深为 5.1m。污泥厌氧消化时间为 20d，采用中温厌氧消化，消化温度为 37℃，污泥气产量为 42000m³/d。

污泥厌氧消化池主要设计参数：

全年平均气温：14.2℃；

春秋季空气计算温度：12℃；

冬季空气计算温度：-4.7℃。

池外介质为土壤时：

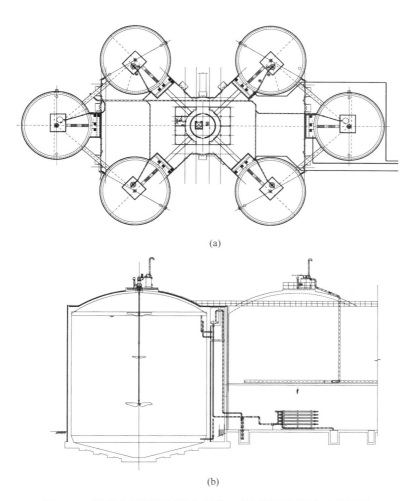

图 8-77　郑州市污泥厌氧消化干化工程污泥厌氧消化池设计图

(a) 平面布置图；(b) 剖面图

全年平均温度：12℃；

冬季土壤计算温度：4.2℃。

每座厌氧消化池总耗热量：

全年日平均耗热量：4245kW；

日最大耗热量：5786kW。

污泥厌氧消化池常用的搅拌方式有污泥气搅拌和机械搅拌。根据国内城市污水处理厂使用污泥气搅拌的经验，污泥气搅拌设备多，工艺复杂，能耗高，接口密封困难，国内外大部分厌氧消化池都使用机械搅拌。单池设多层桨叶搅拌器，功率为 15kW，保证污泥搅拌均匀。

为使原生污泥温度提高到厌氧消化温度以及补偿消化池壳体和管道中的热能损耗，需要对厌氧消化系统进行加热，采用外部换热方式，在污泥厌氧消化池外部设置热交换器，通过锅炉和热交换器的循环热水，对循环于污泥厌氧消化池和热交换器的污泥进行加热。热交换器是污泥在内管流动，而热水在外管流动的双层管式设备。污泥和热水以相反的方向在管内流动，污泥和热水在管内的流速都在 1.0～2.0m/s 范围。

每座厌氧消化池顶部设置一体化顶盖，其功能包括污泥气收集、安全阀、阻火器、泡沫消除器和气体冷却器等。通过向污泥气中喷洒再生水对污泥气进行冷却，同时水也作为阻火器，并吸收部分二氧化碳，提高污泥气热值。此外，喷洒再生水还能去除污泥气中的泡沫，每台一体化顶盖污泥气冷却用水量为 $7.5m^3/h$，消泡时用水量为 $15m^3/h$。

污泥厌氧消化池控制室位于 6 座厌氧消化池中间，控制室和厌氧消化池顶部通过走道板连接，底部通过污泥管廊连接。控制室内设置 6 套泥水换热器，每套污泥量为 $248m^3/h$，温度从 $37℃$ 升高到 $40℃$。热水流量为 $52.25m^3/h$，温度从 $62℃$ 降低到 $47℃$。设置 8 套（6 用 2 备）热交换污泥循环泵，流量为 $250m^3/h$，扬程为 $0.2MPa$。

4）污泥气脱硫系统设计

污泥气中 H_2S 含量约为 5000mg/L，进入粗过滤器后含 H_2S 的污泥气进入生物洗涤塔，在塔内和混合液中的碱反应后脱除 H_2S，生物脱硫后 H_2S 浓度降低至 100mg/L 以下，再进入干式脱硫塔进一步降低至 50mg/L 以下。污泥气脱硫系统设计如图 8-78 所示。

污泥气粗过滤器采用颗粒过滤器形式，用于初滤污泥气中的固体颗粒和冷凝物，以保护后续设备，也作为防止回火的安全装置，共设置 2 套，每套流量为 $1050m^3/h$，压力为 $1～3MPa$。生物脱硫系统、干式脱硫塔各设置 2 套，每套设计流量为 $1050m^3/h$，压力为 $1～3MPa$。

（1）生物脱硫

污泥气通过碱洗塔和碱洗液混合并分离，在此过程中去除 H_2S 和 CO_2，带有硫负荷的水进入微曝气的生物反应器，好氧硫细菌将所有硫化氢氧化成硫单质并回收碱，不含硫化氢（无负载）的洗液将回流至塔中重新使用。分离出来的含硫污泥将被转移出来以供进一步利用或处置。

污泥气从较低处进入碱洗塔，向上穿过填料床，和逆流的碱洗液完全混合，在填料床上方，经过短暂的镇静区，清洁的污泥气通过除雾器留下洗液液滴，然后通过出口离开碱洗塔。带有硫负荷的洗液从填料床底部流入洗液坑。洗液坑和生物反应器构成连通容器，因此带有硫负荷的洗液可以重力自流到生物反应器。洗液坑也作为除气池和水封以防止污泥气进入生物反应器。在设计并控制的氧化环境下，生物反应器内的好氧硫细菌将溶解的硫化物转化成硫单质同时重新生成被消耗掉的苛性钠。好氧硫细菌生长很快，且对变化的工艺环境有很好的适应性。

生物反应器内部有一个分离的、曝气的气室提供除气和泥沉淀区域，水-硫-细菌混合物通过简单的重力溢流堰进入此区域。洗液泵从这里送回洗液以供塔顶重复使用，分离的沉淀池内单质硫泥被去除。硫化氢转化成硫单质是生物作用过程，需要少量的营养物（微量元素）以维持健康的细菌生长和工艺运行。

（2）干式脱硫

利用氧化铁脱硫剂将 H_2S 氧化为硫或硫的氧化物，对污泥气进行脱硫。含有硫化氢的污泥气进入脱硫塔底部，在穿过脱硫剂层到达顶端的过程中，H_2S 和脱硫剂发生化学反应。

含有硫化氢的污泥气首先和底部入口处负载相对高的脱硫剂反应，反应器上部是负载低的脱硫剂层，并和硫化氢浓度相对低的气体接触。脱硫剂可进行再生，当再生效果不佳时，从塔体底部将废弃的脱硫剂排除，在底部排放废弃脱硫剂的同时，相同体积的新鲜脱硫剂加入反应器中。当生物脱硫塔出口污泥气硫化氢浓度≤50mg/L时，干式脱硫塔可超越。

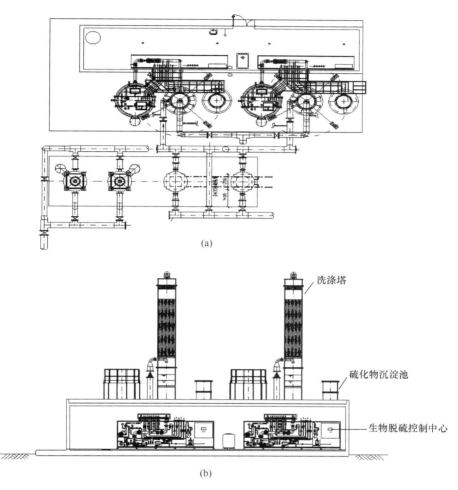

(a)

(b)

图 8-78　郑州市污泥厌氧消化干化工程污泥气脱硫系统设计图

(a) 平面布置图；(b) 剖面图

5）污泥气增压系统设计

设置 1 座污泥气增压风机房，如图 8-79 所示。脱硫后的污泥气通过细过滤器后进入增压风机，输送至锅炉。细过滤器采用陶瓷过滤器，用于去除污泥气中的微小杂质（150～210μm）和少量冷凝水。设置锅炉增压风机 3 套，流量为 750Nm³/h，风压为 35kPa，将污泥气输送至热水锅炉；设置火炬增压风机 2 套，流量为 1500Nm³/h，风压为 15kPa。

6）污泥气贮存系统设计

受厌氧消化池工作状况、气温和泥温变化、污水处理厂水量和泥量变化以及污泥中有机物、脂肪和蛋白质含量变化的影响，污泥气的产气量不稳定，成分也有较大的变化。为了充分合理有效地利用污泥气，设置污泥气贮柜贮存、调节气量，以满足使用设备的需要。设置 2 座双层膜式污泥气贮柜，单座容积为 5000m³，运行压力为 0.8～1.0kPa，如

图 8-80 所示。

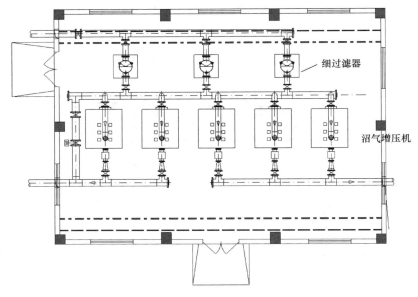

图 8-79　郑州市污泥厌氧消化干化工程污泥气增压风机房设计图

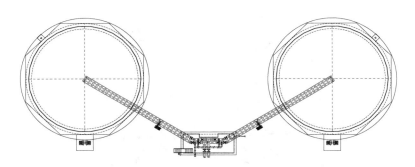

图 8-80　郑州市污泥厌氧消化干化工程污泥气贮柜设计图

　　污泥气贮柜配有 2 台防爆鼓风机，1 用 1 备，鼓风机持续工作以保证系统的污泥气压力，并保证外膜能够承受风和雪的压力。鼓风机通过一根单独的软管与污泥气贮柜连接，鼓风机出口处安装有止回阀以防止气体从鼓风机处流出，止回阀也满足防爆设计。

　　污泥气贮柜自带一套超压保护装置，以防止其紧急情况下产生超压，额定保护压力为 2.5kPa。污泥气贮柜存量检测装置是其重要组成部分，超声波测距仪得到的 4～20mA 模拟量信号和开关位信号主要用于现场气量显示（精确到 0.01m），以及后续污泥气用户设备或污泥气燃烧塔的自动启停控制，并防止污泥气贮柜运行可能产生超压或负压。

　　7）污泥气燃烧塔设计

　　污泥气燃烧塔是为了防止使用污泥气的设备故障时，污泥气贮柜和厌氧消化池顶超压破坏而设立的污泥气焚烧装置，装置设有气压自动点火，装置上部设置消焰导筒，避免火星外溢和对环境气候的影响。设置污泥气燃烧塔 2 座，单座流量为 1500m³/h。

　　8）热量回收利用系统设计

设置锅炉房 1 座，如图 8-81 所示，包括锅炉和热量回收系统。设置热水锅炉 2 台，用于消化污泥加热，额定热功率为 4.2MW，额定压力为 1.0MPa，设计热效率为 95.9%。设置导热油锅炉 3 台，用于污泥干化，额定热功率为 3MW，供油温度为 195℃，回油温度为 165℃。调试初期燃烧天然气，厌氧消化系统稳定运行后，燃烧污泥气。热量回收利用系统稳定运行后，厌氧消化系统污泥加热所需的热量来自于污泥干化的热量回收，热水锅炉仅在干化系统检修时启用。

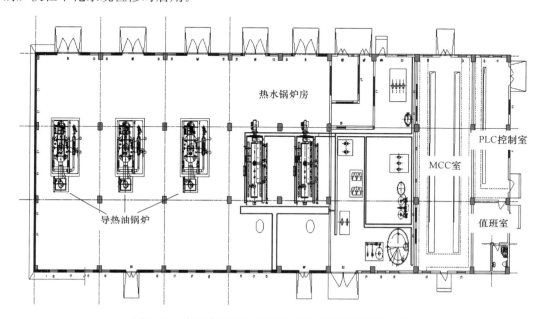

图 8-81　郑州市污泥厌氧消化干化工程锅炉房设计图

热水锅炉配套节能器和高度为 31m 的钢制烟囱。设置板式换热器 2 台，一级循环进口温度为 80～90℃，出口温度为 70℃，流量为 180m³/h；二级循环进口温度为 47℃，出口温度为 62℃，流量为 180m³/h；设置消化污泥换热循环泵 4 台，流量为 113m³/h。设置水力分配器 1 台，体积为 1.8m³。设置闭式冷却塔 3 台，当系统热量富余时可保证系统运行安全。

锅炉热水回路、污泥气脱硫热水回路、污泥加热热水回路等均与水力分配器连接，热水锅炉和水力分配器供回水温度联动，可调节锅炉运行负荷，满足不同泥量下的污泥加热要求。每台泥水换热器设置电动三通阀调节其热水流量，以满足污泥加热出泥温度要求。

9）污泥脱水系统设计

污泥厌氧消化系统处理规模为 200tTS/d，进泥含固率为 5%～6%，厌氧消化系统对有机物的降解率≥45%，出泥含水率为 96%，干固体量为 142tTS/d。

为保证污泥脱水系统的稳定运行，选择脱水设备时，按不考虑厌氧消化系统污泥削减量进行设计。因化学污泥中无机物成分较多，进入厌氧消化池的意义不大，所以化学污泥直接进入污泥脱水系统脱水。考虑脱水污泥在夜间运输较困难，设定污泥脱水系统工作时间为 16h。因此污泥脱水系统设计规模为 245.5tTS/d，污泥流量为 5559m³/d，污泥含水率为 95%。

设置消化污泥贮存池 1 座，分为 2 格，有效容积为 454m³，停留时间为 1.3h，每格设置潜水搅拌器 1 台，功率为 18.5kW。设置离心脱水机 4 台，3 用 1 备，单台流量为 100～150m³/h。污泥进脱水机前，设置 4 台污泥切割机，以保护后续污泥泵和脱水机。设置 4 台污泥进泥泵，采用偏心螺杆泵，污泥切割机、污泥进泥泵流量与污泥脱水系统相互匹配。

设置絮凝剂制备装置 2 套，单套制备能力为 40～60kg/h。脱水后污泥量为 1226m³/d，含水率为 80%。脱水污泥料仓采用混凝土形式，共 4 座，与每台脱水机对应，位于脱水机下方，单座容积为 127.5m³，每座污泥料仓均设置污泥卸料口和连接干化机的出泥口。污泥脱水机房设计如图 8-82 所示。

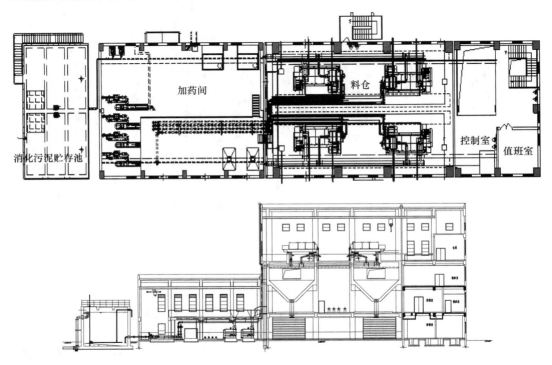

图 8-82 郑州市污泥厌氧消化干化工程污泥脱水机房设计图

10）干化系统设计

干化系统共 3 条生产线，每条生产线处理能力为 100t/d（含水率 80%），干化污泥进泥泵布置于污泥脱水机房内，位于出泥料仓下方。

干化机共 3 台，单条生产线蒸发能力≥3275kgH₂O/h，系统热损失≤5%，采用双桨叶式干化机，功率为 160kW。干化后污泥温度为 100℃，出料配置螺旋输送机，经带式冷却皮带冷却至 40℃，进入干污泥料仓贮存，干污泥料仓容积为 30m³。出料和贮存系统设置 3 套，与 3 条干化生产线对应。污泥干化机房设计如图 8-83 所示。

干化尾气产量为 5479～6049m³/h，设计温度为 94℃，经除尘、冷凝至 60℃ 以下后，进入除臭系统处理达标后排放。

11）除臭系统设计

根据环评批复，经臭气处理系统处理后气体应达到《恶臭污染物排放标准》GB

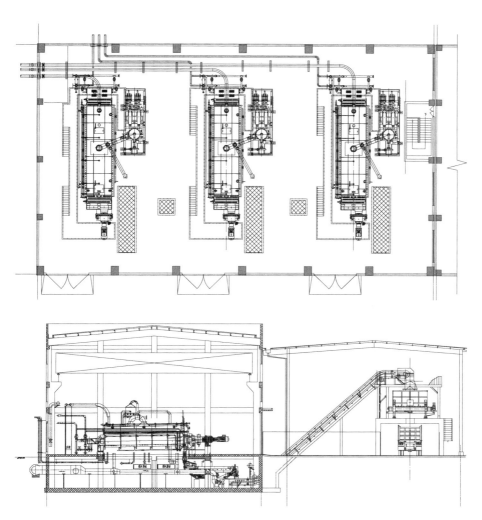

图 8-83　郑州市污泥厌氧消化干化工程污泥干化机房设计图

14554—1993 的厂界二级臭气排放指标，主要指标如表 8-41 所示。

臭气排放指标

表 8-41

控制项目	厂界浓度限值（mg/m³）	控制项目	厂界浓度限值（mg/m³）
硫化氢	0.06	二硫化碳	3.0
甲硫醇	0.007	氨	1.5
甲硫醚	0.07	三甲胺	0.08
二甲二硫醚	0.06	苯乙烯	5.0

　　生物除臭工艺采用生物媒填料作为微生物载体的臭气处理工艺，通过臭气收集系统使臭气通过填料进行生物降解，去除致臭成分，净化后直接排放。

　　除臭系统工艺流程如图 8-84 所示。

　　污泥浓缩池、污泥均质池和污泥浓缩机房设置 1 套除臭系统，除臭风量为 12000m³/h。

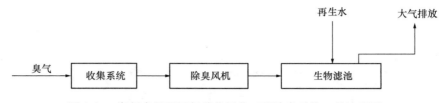

图 8-84　郑州市污泥厌氧消化干化工程除臭系统工艺流程图

消化污泥贮存池、污泥脱水机房和料仓等设置 1 套除臭系统，除臭风量为16000m³/h。

污泥干化机房设置 1 套除臭系统，除臭风量为 65000m³/h。其中干化不凝气体1740m³/h，先经酸洗和碱洗后进入生物除臭系统处理。带式冷却输送机、输送螺旋等除臭收集气体和车间臭气直接进入生物除臭系统处理。

8.7.4　主要经济指标

污泥处理工程包括污泥浓缩系统、污泥厌氧消化系统、污泥脱水系统、污泥干化系统（含锅炉房）等。

1. 工程投资

污泥处理系统直接费约为 4.12 亿元，包括浓缩、消化、脱水和干化系统等。

2. 用地指标

污泥处理区占地面积约为 5.9hm²。

3. 排放指标

1）干化、除臭、脱水、浓缩等废液直接排入厂区污水总管，进入污水处理厂处理。

2）除臭系统达到《城镇污水处理厂污染物排放标准》GB 18918—2002 中表 4 二级标准。

3）锅炉烟气达到《锅炉大气污染物排放标准》GB 13271—2014 中表 3 标准。

8.8　苏州市工业园区污泥处置和资源化利用工程

8.8.1　项目概况

苏州市工业园区污泥处置和资源化利用工程总占地面积约为 2.67hm²，其中一期工程占地面积约为 1.33hm²，总建筑面积为 6990m²；二期工程占地面积为 1.34 hm²，总建筑面积 9948m²。二期工程建成后，总服务污水处理规模为 50 万 m³/d。一期工程按脱水污泥含水率 80% 计设计规模为 300t/d，二期工程设计规模土建为 300t/d，设备安装为200t/d。工程选址位于苏州市工业园区车郭路吴淞江边的东吴热电有限公司厂区内。

工程设计采用热干化＋热电厂掺烧的技术路线，是国内第一例国际先进的污泥处理处置技术路线。设计中充分运用低碳、生态等循环经济理念，污泥处理采用全干化后作为补充燃料和燃煤混烧，干化热源利用东吴热电厂余热中压水蒸气；焚烧烟气处理利用现有热电厂环保设施，循环冷却水以苏州市工业园区第二污水处理厂再生水为主要水源；工艺设备选择两段式技术设备，污泥干化单位蒸发量综合能耗为 0.69kWh/kgH$_2$O，实际运行单位污泥量年均蒸汽消耗量仅为 0.63t/t，为同行业最低。

工程设计针对总体布局、空间结构、通风除臭、管线通道、参观和巡检通道、材料选型、设备自动化等开展全方位的技术优化设计，大幅度提升污泥处理处置工程的技术含金量。

苏州市工业园区污泥处置和资源化利用工程建成后在行业内产生了广泛的影响，相同工艺技术又分别于 2016 年建成扬州污泥干化厂、2018 年建成苏州相城污泥干化厂，为污泥结合电厂掺烧处置积累了典型可复制的宝贵经验。

8.8.2 污泥处理工艺

1. 工艺流程

污泥处理处置流程采用集约化设计，将污泥卸料站、湿污泥贮存池、污泥干化生产线和干污泥卸料斗集中布置在一座建筑物内。自污泥卸料站开始，经过卸料的污泥由污泥螺杆泵输送至湿污泥贮存池，再由湿污泥贮存池泵送至污泥干化生产线，达到全干化的干污泥产品通过刮板输送机送至干煤棚。污泥干化生产线利用热电厂产生的废热蒸汽作为热源。污泥处理工艺流程如图 8-85 所示。

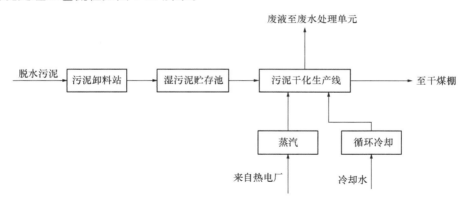

图 8-85　苏州市工业园区污泥处置和资源化利用工程污泥处理工艺流程图

采用两段式或称两级干化工艺，一级干化处理后污泥含固率达到 40%～50%，二级干化处理后污泥含固率可达到 75%～90%。使污泥在一级干化处理阶段具有可塑性时形成颗粒，然后在二级干化处理阶段进行进一步的干化处理。

污泥在可塑性阶段切碎成颗粒和带式干化机的独特设计确保了工艺粉尘产生量极低，设备系统安全可靠。

低温操作、不含粉尘和封闭的环境都是可靠的安全保证，同时不需要特殊的处理措施，如充入惰性气体或采取其他限制性要求。

通过在二级干化处理阶段进行适当调整，可产生不同干度的干污泥颗粒，干污泥产品含固率的范围为 75%～90%。

脱水污泥输送至湿污泥贮存池，然后用污泥泵将其输送至一级干化处理阶段，即薄层干化机，其中心转子在高圆周速度运转的作用下形成污泥薄层，在旋转中心的轴上安装有一套翅片状的装置保证污泥薄层的均匀性，这些翅片向外伸出，推动污泥从干化机的一端移动到另一端。薄层干化机工作原理如图 8-86 所示。

污泥中含有的水分部分蒸发产生的热蒸汽送到一个冷凝装置或热交换器中，为带式干化机提供部分热量，从薄层干化机中抽出来的废气回收热量用于加热带式干化机中的气体。

经过薄层干化机处理后的污泥含固率为 40%～50%，该过程没有粉尘的生成，污泥温度为 85～95℃，蒸发尾汽温度为 110℃。

污泥从薄层干化机出来后，直接落入切碎机上，通过切碎机可形成直径 1～8mm 的面条状污泥。

成型的污泥颗粒通过一个摆动式分配带将其在整个传送带宽度内配送均匀，传送带以一定的速度前进，保证污泥颗粒不会移动，也不产生摩擦。传送带上有一些小孔，有利于热空气的最佳循环。在传送的开始阶段，污泥温度保持在 90℃，带式干化机内部空气的工作温度为 110℃。

带式干化机出口的颗粒长度为 1～10mm，具体数值与污泥中纤维的含量有关。带式干化机工作原理如图 8-87 所示。

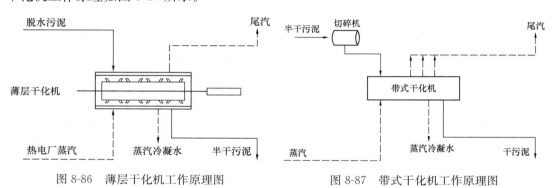

图 8-86　薄层干化机工作原理图　　　　图 8-87　带式干化机工作原理图

2. 工程内容

一期工程主要构（建）筑物有综合楼、高压配电间、污泥干化机房、门卫和配套辅助工程，如供配电、供排水、安全、消防、环境保护等公用设施。

二期工程主要构（建）筑物有污泥干化机房、污泥检测中心、门卫和配套辅助工程，如供配电、供排水、安全、消防、环境保护等公用设施。工业供水单元建设 1 座循环冷却塔为主的综合供水单元。

二期工程建成后，工业冷却水设循环冷却系统和再生水系统两种模式切换运行，确保夏季高温季节和设备检修工况的正常运行。

8.8.3　主要工程设计

1. 工程规模

一期工程设计规模为 60tTS/d，相当于 300t/d 含水率为 80% 的湿污泥；二期工程土建设计规模为 60tTS/d，设备安装设计规模为 40tTS/d，相当于 200t/d 含水率为 80% 的湿污泥。

挥发性固体 VS 平均含量：60%；

污泥有机物平均热值：20920kJ/kgVS；

设计干基热值：12552kJ/kgTS。

2. 总体设计

1）总图布局和物流设计

全厂一、二期工程总图布局立足全局统筹考虑，大门入口处布置集中的绿化小品和公共活动区域，如图 8-88 所示。一、二期工程总占地面积约为 2.67hm²。由辅助生产区、生产管理区和污泥干化处理区三部分组成。污泥干化处理区即一期和二期工程的污泥干化机房。辅助生产区布置有地磅和生产循环冷却水单元。生产管理区有综合楼、污泥检测中心和门卫等。在生产管理区和污泥干化处理区之间设绿化隔离带适当分隔。辅助生产区的冷却水池等布置在厂区北面，污泥干化处理区的污泥干化机房布置在用地范围的中间，将对周边环境的影响降至最小，紧邻东吴热电厂的干煤棚布置干污泥出口，确保物料输送顺畅。

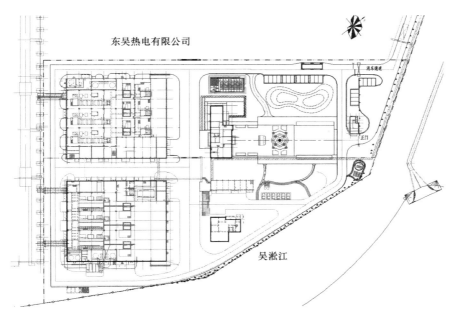

图 8-88　苏州市工业园区污泥处置和资源化利用工程一、二期工程总图布局示意图

厂区道路设计，用于污泥卸料的主干道宽度为 12m，次干道宽度为 6m，人行道宽度为 1.5m。厂区道路满足消防要求，包括一二期高架连廊均设计保证 4.0m 的消防车通行高度的要求。

2）消防安全设计

全厂消防安全设计包括室外和室内消火栓系统设计。车间内的重要生产设施干污泥输送环节因涉及少量粉尘，设计中采用高压细水雾喷淋系统实现防护冷却降温或灭火。污泥干化机房设计不同的消防分区，分类考虑消防设施的布置，如干污泥卸料部分考虑敞开式的设计，防止粉尘集聚和泄压，变配电间按照独立的消防分区设计，干化生产线和辅助设施之间设计消防通道兼顾消防隔离、逃生和参观巡视等功能。

3）空间布局和通道设计

由于污泥干化机房内污泥卸料、输送、干化、除臭、配电、控制等多种功能的集约化布置，不同功能区的空间布局优化设计尤为重要，通道须兼顾参观巡视的人流、通风、除臭、电仪电缆等多重功能的组合，每一种通道均需占据一定的空间，在总体设计阶段须重点协调通道在空间布局中的交叉分布。

整个厂区的核心是生产用污泥干化机房，共2座，每座各设3条生产线及配套电气控制和除臭单元，如图8-89所示。2座污泥干化机房之间设连廊接通，方便参观和日常巡检管理人员的全天候无障碍室内通行。单条生产线按照由北向南布置污泥卸料站、贮泥池、切碎机间和干化生产线。除臭用房布置在生产线的外侧。2个主车间中间布置的是配套办公用房和电气控制用房。除全厂高压供电系统以外的电气控制设施均布置在2个主车间内部。电气控制用房和办公用房连廊侧外立面如图8-90所示。为方便电气控制用房内的设备设施检维修和安装，二楼和三楼分别设有起吊平台和走道，方便作业人员进行设备起吊和搬运作业。

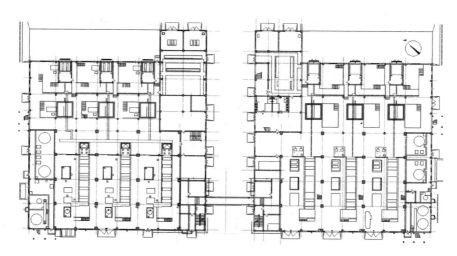

图8-89　苏州市工业园区污泥处置和资源化利用工程一、二期工程污泥干化机房布置图

图8-90　苏州市工业园区污泥处置和资源化利用工程二期工程污泥干化机房通道侧立面图

污泥干化机房内的布置设计保证一横一纵车间内的巡视通道，围绕主车间内的通风、除臭和电气仪表桥架等管线，设计专用的管廊空间或夹层，实现四面通达的设计，方便施工安装。参观巡视通道以自然采光通风为主，体现以人为本的舒适体验。

4）除臭设计

除臭设计是项目的重要组成部分。根据国家标准的要求，首先分清不同等级的恶臭污染源，根据不同强度的污染源设计封闭空间，使高强度污染源的散发空间尽可能小；其次针对密闭空间设计较高的换气次数进行抽风风管的布设。重点恶臭污染源包括切碎机间和污泥卸料池上方封闭空间，换气次数达 18 次/h，形成负压确保高强度的臭气不发生外逸。

恶臭气体的处理采用高强度污染源多级串联，低强度和高强度处理尾气混合处理的方式，同步达到较高的处理标准。

5）辅助用房设计

变配电间、除臭用房、化验室、办公用房、空压站等辅助设施用房尽可能利用主车间的周边空间，结合通道的设计紧凑布置在污泥干化生产线附近，方便人员进出并与主车间的距离最小。

6）工艺参数

一期工程污泥干化设计 3 条生产线，每条生产线规模为 100t/d。二期工程按照同等规模土建设计 3 条生产线，设备安装 2 条生产线。

年运行时间为 7500h。干化产品温度≤40℃，干污泥产品含固率为 75%～90%TS。

干污泥颗粒通过冷却输送机和刮板输送机直接送至干煤棚和燃煤混合掺烧。污泥干化工艺和设备参数如表 8-42 和表 8-43 所示。

苏州市工业园区污泥处置和资源化利用工程污泥干化工艺设计参数　　表 8-42

参数	参数值	参数	参数值
污泥类型	城市污水处理厂脱水后污泥	全干化污泥含固率（%）	75
设计平均湿污泥量（t/d）	500	全干化污泥产品量（t/d）	133.3
最大小时污泥量系数	1.17	干化污泥粒径（mm）	5～8
峰值处理能力（t/d）	585	干化污泥堆密度（kg/m³）	400
相应污水处理量（万 m³/d）	50	干化污泥体积（m³/d）	333.3
湿污泥初始含固率（%）	20	干化污泥存放温度（℃）	<40
绝干固体规模（t/d）	100	水分蒸发量（kgH₂O/h）	15279
		年工作时间（h）	7500

苏州市工业园区污泥处置和资源化利用工程污泥干化设备基本参数　　表 8-43

参数	参数值（属性）	参数	参数值（属性）
工艺名称	蒸汽热源两段式组合型工艺	蒸汽热源	1.2MPa@250℃
干化机加热方式	间接＋直接	工质热值	0.88MPa170℃ 汽化潜热 2763kJ/kg
生产线数量	5 条		
加热工质	水蒸气（厂外直接输送）	设计综合耗热指标	0.8kWh/kg H₂O （2889kJ/kgH₂O）
介质换热方式	蒸汽热传导＋干空气热对流		
干化机净耗热指标	0.65～0.72 kWh/kg H₂O（2345～2596 kJ/kgH₂O）	蒸汽耗量	13.5t/h
		综合电耗指标	0.075kWh/kgH₂O
		循环冷却水（再生水）用量	800m³/h

7）能量和物料平衡

生产线能量和物料平衡系统设计按一般中型电厂余热蒸汽利用方式进行，180℃的饱和蒸汽进入污泥干化生产单元，冬季进泥温度为15℃，达到90%含固率，污泥干化需要的饱和蒸汽量理论计算值为1.09t蒸汽/t污泥，达到75%含固率，污泥干化需要的饱和蒸汽量理论计算值为1.03t蒸汽/t污泥。

采用两级干化工艺最大优势是一级干化产生的尾汽可以多级回热用于二级带式干化机补热，实现20%以上的节能，连续多年生产实践统计值约0.63t蒸汽/t湿污泥。

8）生产线配置

污泥干化系统按进泥含水率为80%进行设计，出泥含水率为10%～25%，5条生产线每条生产线设计蒸发能力为3792kg/h。

9）厂内公共工程

（1）厂区给水系统

厂区给水系统包括办公生活、生产冲洗和冷却、道路和构筑物冲洗、绿化、消防等的用水，由市政供水管提供。生产用水冷却水采用双水源，一是来自附近第二污水处理厂产生的再生水，在污水处理厂检修期间采用自备的生产供水系统，循环冷却水系统采用自来水作为补水。

（2）生产生活污水系统

生产废水主要为生产冲洗水和冷凝冷却污水，废水由管道收集后输送至主废水池，由主废水池直接泵送至第二污水处理厂进水泵房。生活污水设提升泵井提升至厂外市政污水管纳入第二污水处理厂。

（3）厂区雨水排水系统

为保证厂区雨水顺利排放，厂区设雨水泵井1座，保证2年一遇重现期的雨水排放至吴淞江。小雨季节则是通过现有和东吴热电厂的雨水连通管接入东吴热电厂内的雨水泵房再排放至吴淞江。同时考虑污泥卸料区的面源污染，设计将污染的雨水截流至污水管道，同时将部分清洁雨水送至厂区，作为绿化浇洒用水。

雨水泵房设计尺寸：直径5.0m；

雨水泵数量：大泵2套，小泵1套；

大泵流量：500m³/h；

小泵流量：140m³/h；

雨水泵扬程：15m。

（4）过热蒸汽

过热蒸汽采用东吴热电厂余热蒸汽，余热蒸汽参数为200～250℃@0.8MPa（g）过热蒸汽，DN250进厂蒸汽管道在一期工程污泥干化机房内设蒸汽计量间。

（5）供配电设计

全厂供电外线采用两常用20kV电源。建有一座20kV配电间，20kV供电系统采用单母线分段不含母联的接线方式，对应每一座污泥干化机房设1台出线柜。

一期工程设20kV/0.4kV变电所一座，位于一期工程污泥干化机房内，内设2台1600kVA变压器，设计为2台常用，低压系统接线方式为单母线分段含母联。

一、二期工程污泥干化机房内分别设置2间变压器间和1间低压配电间。变压器前设置2套负荷开关柜作为检修隔离。各自分别采用2台1600kVA干式变压器，1用1备，0.4kV低压系统均采用单母线分段含母联的接线方式。

一、二期工程污泥干化机房内总体布局按照 6 条生产线分别设 3 套干化系统 MCC 开关柜和 1 套公共辅助设备 MCC 开关柜。

3. 工艺设计

一、二期工程已安装 5 条生产线，每条生产线由污泥卸料和贮存系统、污泥干化系统、内部热量回收和颗粒污泥冷却系统、冷凝水收集系统、颗粒污泥输送系统、热能传输系统、臭气处理系统、冷却水供给和污水收集系统、公共辅助系统等组成。每条线均可独立运行。

1）污泥卸料和贮存系统设计

设置 6 座地下式污泥接收料斗，用于接收卡车输送来的脱水污泥。系统接收的污泥为污水处理厂内离心脱水机的脱水污泥，污泥卸料前需通过地磅记录卡车内脱水污泥的质量。

污泥接收料斗设在室内，每座料斗的有效贮存量为 20m³，外形尺寸为 3.5m×3.5m×2.5m（长×宽×高）。料斗顶部加盖，盖上装有自动门。通常情况下自动门处于关闭状态。当卡车卸料时，操作人员通过就地按钮开启自动门，脱水污泥通过料斗顶部的网状格栅进入斗内（栅网尺寸为 250mm×250mm）。料斗底部配备滑架系统防止污泥结块或架桥，并将污泥推入卸料螺旋。卸料螺旋将污泥导出并挤入污泥螺杆泵的泵腔中。料斗的自动门、破拱滑架、卸料螺旋均由一个共同的液压站进行集中自动控制。

为了保持良好的操作环境，污泥接收料斗顶部设小房间封闭，机械送风的同时抽风送入臭气处理系统，换气次数达 18 次/h。

污泥接收料斗顶部配备超声波物位计，可对料斗中污泥的料位进行测量，并在顶部配备甲烷气体探测器，用于有害气体探测报警。料斗上方的污泥卸料间配备甲烷和硫化氢气体探测器，用于探测和报警。

每座污泥接收料斗下配备 2 台污泥螺杆泵，用于传送污泥至每座湿污泥贮存池。污泥螺杆泵单台设计能力为 10m³/h，设计输送压力为 2.5MPa。

在污泥螺杆泵后的进料管道上配备金属探测器，防止金属颗粒进入后续的污泥干化系统。

来自污泥接收料斗的脱水污泥在湿污泥贮存池内作短暂的贮存，湿污泥贮存池内同样配备由液压站控制的滑架系统防止污泥结块或架桥。湿污泥贮存池顶部的臭气将和料斗上方卸料间收集的臭气一并送入臭气处理系统。

湿污泥贮存池设计参数：

数量：6 座（1 座预留）；

每座有效容积：100m³；

尺寸：$D×H = 4.0m×7.0m$；

贮存时间：24h；

材质：钢筋混凝土。

湿污泥贮存池顶部配备带有监控和编程程序处理器的超声波料位计，可通过对池中污泥容量的测量达到测量污泥质量的目的，同时在顶部配备一氧化碳和甲烷气体探测器，用于有害气体探测报警。

每座湿污泥贮存池底部配备 1 台污泥螺杆泵，为一条污泥干化生产线进料。每台污泥螺杆泵包括1套一体化的螺旋进料器。污泥螺杆泵单台设计能力为5m³/h，设计输送压力为4.0MPa。

2）污泥干化系统设计

5条污泥干化生产线的设计参数：

生产装置数量：5套；

设计进泥含固率：20%～30%；

设计出泥含固率：75%～90%；

年运行时间：7500h。

每条干化生产线的设计参数：

蒸发能力：3792kgH₂O/h（20%～90%TS）；

设计物料通量：975kgDS/h。

每条干化生产线包括以下4个主要部分：薄层蒸发器、切碎机、带式干化机和工艺一体化的热量回收。

（1）薄层蒸发器

数量：5台；

装机功率：160kW；

设计单机进泥量：975kgDS/h；

设计单机湿泥进泥量：4167kg/h（20%TS）。

（2）切碎机

数量：5台；

装机功率：22kW；

设计单机进泥量：975kgDS/h；

格栅数量：每台2个；

网格尺寸：8mm。

每条干化生产线的切碎机分别安装在一个单独隔离的操作间内，操作间设置通风系统，排放空气送往臭气处理系统。同时操作间内设置硫化氢气体探测器。

在切碎机的出口处，含固率40%～50%的成型污泥颗粒通过左右摆动的分配带送往带式干化机。

（3）带式干化机

数量：5套；

位置：污泥干化机房一层；

单套装机功率：6×0.12kW；

设计单机进泥量：975kgDS/h。

3）内部热量回收和颗粒污泥冷却系统设计

系统数量：5套；

每套系统的组成部分：6台换热器、2台循环风机、1台排风机、1台循环泵、1台冷凝水排水泵、1套排气管。

热量回收装置安装在薄层蒸发器引出的尾汽管和带式干化机的空气循环回路上，其组成包括1台空气冷却器、1台冷凝器、1台再加热器、2台水冷却器和1台托架式臭气风机。

颗粒污泥冷却装置位于带式干化机的下层末端皮带处，颗粒污泥冷却水回路的水循环采用 1 台水泵。

冷却水循环泵设备参数：

每条线的数量：1 台；

类型：离心式；

流量：约 152m³/h；

扬程：25m；

水温范围：30~60℃；

装机功率：18.5kW。

4）颗粒污泥输送系统设计

干污泥出料将通过封闭式系统输送到热电厂的干煤棚，和煤混合进行焚烧发电。颗粒污泥在干化生产线出口处直接落入带盖的刮板输送机上，刮板输送机按照 1 用 1 备方式配备。刮板输送机配备水喷雾喷头确保干污泥输送的消防安全。

5）热能传输系统设计

污泥干化系统的热能采用东吴热电厂提供的过热蒸汽。过热蒸汽首先经过蒸汽饱和系统以形成饱和蒸汽，然后再分配至生产线。在饱和系统启动时，应采用脱盐水作为冷却水以避免罐内和管路内的沉淀，脱盐水水质与热电厂锅炉所需的脱盐水水质相当。

饱和蒸汽罐前方的蒸汽系统管线为初级蒸汽回路，每条干化生产线由两条饱和蒸汽管线提供热能，为二级蒸汽回路。二级蒸汽回路用于调节进入薄层蒸发器和空气再加热器的蒸汽流量。每条处理线配备一个冷凝水罐，饱和蒸汽冷凝过程中形成的冷凝水收集到冷凝水罐中，冷凝水最终回用于热电厂的蒸汽系统。

系统配备二级蒸汽回路为每条干化生产线的空气再加热器提供热能，并调节再加热器进口的蒸汽温度。

初级蒸汽回路参数：

回路数量：5 套；

单回路饱和蒸汽流量：4593kg/h；

饱和蒸汽温度：170℃；

饱和蒸汽压力：0.8MPa（g）。

服务于薄层蒸发器的二级蒸汽回路参数：

回路数量：20 套；

单回路饱和蒸汽流量：932kg/h；

饱和蒸汽温度：170℃；

饱和蒸汽压力：0.8MPa（g）。

服务于空气再加热器的二级蒸汽回路参数：

回路数量：5 套；

单回路饱和蒸汽流量：856kg/h；

饱和蒸汽温度：100℃；

饱和蒸汽压力：0.1MPa（g）。

6）臭气处理系统设计

臭气处理系统设计按照一期和二期工程各自设置 1 套臭气收集和处理系统分别处理一期和二期工程产生的臭气。高强度臭气尽可能采用小空间封闭方式实现抽风除臭，如污泥卸料池、湿污泥贮存池、切碎机间等，与脱水污泥或半干污泥密切接触的空间抽风次数达 18 次/h，依靠大比例换风形成高强度负压，确保臭气不产生外逸。臭气处理系统风量平衡计算如表 8-44 所示。

苏州市工业园区污泥处置和资源化利用工程臭气处理系统风量平衡计算　　　表 8-44

气源类型	区域	容积(m³)或流量(m³/h)	数量	换气次数(次/h)	风量(m³/h)	总计(m³/h)	处理装置
生产线臭气	带式干化机	4000(m³/h)	3	—	12000	12000	化学＋生物
密闭空间工艺气体	污泥卸料池	15	3	18	810	17130	化学＋生物
	污泥卸料站上部空间	100	3	12	3600		
	湿污泥贮存池	70	3	18	3780		
	切碎机间	110	3	18	5940		
	干污泥输送	350	1	6	2100		
	废液池	50	1	18	900		
敞开空间	一楼车间带式干化机周围	4000	3	3	12000	36000	生物滤池

带式干化机产生的高浓度臭气流量约为 12000m³/h，温度为 88℃，相对湿度为 21％，正常运行工况下直接送东吴热电厂焚烧处置，应急工况下进入湿式洗涤塔，再进入化学洗涤＋生物滤池单元处理后排放。

除污泥卸料大厅空间气体抽风直接送生物滤池或东吴热电厂焚烧处理外，其余生产环节产生的臭气均采用抽气风机送东吴热电厂焚烧处置，应急工况下送化学洗涤＋生物滤池单元处理后排放。对于采用生物滤池处理的工况，设置有组织排气管排放经处理后的达标气体，排气管的高度距地面 25m。

一期或二期工程各自送东吴热电厂或进入化学洗涤的臭气总流量为 30000m³/h，空间气体进入生物滤池的总流量为 42000m³/h。一、二期工程主车间内的除臭系统包括冷却塔、次氯酸钠加注塔、氢氧化钠加注塔、生物滤池等。

冷却塔参数：

数量：一期工程 3 座，二期工程 2 座；

内径：500mm；

高度：4840mm；

冷却水流量：3×5m³/h；

水源：再生水。

次氯酸钠加注塔参数：

数量：一期工程 1 座，二期工程 1 座；

内径：3500mm；

填充高度：1200mm；

总高度：6900mm；

药液循环流量：154m³/h。

氢氧化钠加注塔参数：

数量：一期工程1座，二期工程1座；

内径：3500mm；

填充高度：1200mm；

总高度：6900mm；

药液循环流量：154m³/h。

生物滤池参数；

数量：一期工程2座，二期工程2座；

高度：3500mm；

气体流量：2×21000m³/h。

7）消防水池设计

按最大的建筑单体污泥干化机房体量设计，根据相关规范，设置室内消火栓系统，车间外设消防水泵接合器增压，室内消火栓利用厂区自来水管道供水。污泥两级干化的第二级带式干化机内设置水喷雾喷头用于生产线超温时喷水降温，一、二期工程污泥干化机房内干污泥输送系统设置中压细水雾喷淋系统用于防护冷却降温，水喷雾系统消防供水来自消防水池。中压细水雾喷淋系统设计能力为36m³/h。

消防水池平面尺寸为13m×3m，有效水深为1.8m，设计有效容积为70m³。

一期工程消防设备设计参数：

立式增压泵数量：2台，1用1备；

立式增压泵流量：36m³/h；

立式增压泵扬程：80m；

立式增压泵功率：37kW；

气压水罐数量：1个；

气压水罐有效容积：3m³。

二期工程消防设备设计参数：

立式增压泵数量：2台，1用1备；

立式增压泵流量：18m³/h；

立式增压泵扬程：30m；

立式增压泵功率：11kW；

气压水罐数量：1个；

气压水罐有效容积：1.2m³。

一期和二期工程设置DN20-120°雾化角水雾喷头180套，DN20水雾喷头14套。

8）污水排放设计

（1）冷凝污水

从污泥中蒸发的水大部分在能量回收系统中冷凝，经暗渠重力排放至车间外的主废水池。在排放之前，将冷凝水进行冷却处理，使其温度从100℃下降至80℃左右。每条污泥干化生产线配备有一根冷凝水排放管。每台污泥干化机产生的冷凝污水流量约为 $3.3m^3/h$。

（2）污水收集

污泥干化机房产生的废水包括污泥干化机尤其是切碎机产生的废水、臭气处理系统排放的废水等，其排放量和主要污染物如表 8-45 所示。

苏州市工业园区污泥处置和资源化利用工程污水排放量一览表　　　　表 8-45

来源	排放量	主要污染物
污泥干化机冷凝	$20m^3/h$	水温：约 40℃ pH：8～9 含有粉尘
加次氯酸钠塔	$1.3m^3/h$	pH：9～10 氯：1.5g/L 含盐量：150g/L Na_2SO_4：450g/L
加氢氧化钠塔	$1.4m^3/h$	pH：10～11 含盐量：150g/L Na_2SO_4：450g/L
切碎机冲洗	$4.8m^3/h$	
工艺气体洗涤冷却塔	$2.0m^3/h$	
车间冲洗	$1.0m^3/h$	
小计	$732m^3/d$	

按照正常生产，平均污水排放量为 $732m^3/d$。其中一期工程设置的废水池有效容积为 $200m^3$，二期工程设置的废水池有效容积为 $68m^3$。

9）辅助系统设计

辅助系统主要是压缩空气系统。污泥干化生产线要求 0.6MPa 的清洁压缩空气，用于切碎机上自动格栅置换系统运行和蒸汽系统气动阀门的切换运行。一期和二期工程分别在车间一楼安装 2 台空气压缩机、1 个 $2m^3$ 贮气罐和其他辅助配件。

10）冷却水供给设计

一期工程设计的再生水冷却系统，由于来自污水处理厂的再生水水质存在一定的波动，导致系统运行不稳定，因此二期工程另外建设独立的循环水冷却系统，保证全天候的稳定运行。污泥干化机房内所需的冷却水供给系统主要为设备提供冷却水。

对于蒸汽系统内的蒸汽冷凝器所需冷却水采用脱盐水，避免冷凝器结垢。生产冷却水主要用于 3 条处理线的污泥干化设备和臭气处理系统中的冷却塔，供应带式干化机热空气冷却、颗粒污泥冷却空气回路、臭气冷却塔用水等。冷却带式干化机循环热空气，每条处理线耗水量为 $154m^3/h$；冷却颗粒污泥的冷却空气回路，每条处理线耗水量为 $5m^3/h$；在臭气处理系统的冷却塔中冷却臭气，每条处理线耗水量为 $5m^3/h$。

（1）冷却水池和冷却塔设计

设置冷却水池和冷却塔 1 座，平面尺寸为 20.91m×9.6m，其中冷却水池平面尺寸为 15.16m×9.0m，设计有效水深为 1.6m，集水池设计有效容积为 $218.3m^3$。

冷却水经换热升温后，需经过必要的降温处理再循环使用。每条处理线所需冷却水量约为 $165m^3/h$，其中冷却臭气用水直接排至污水收集池，不再循环利用。每条生产线可循环冷却水用量约为160m³/h。冷却塔设计工况为湿球温度29℃，进水温度为37℃，出水温度为32℃，温降为5℃。考虑适度留有余地，选用4套291m³/h冷却塔并联运行，设备尺寸为 $L \times B \times H = 6035mm \times 13500mm \times 5065mm$。

（2）冷却塔补水量

冷却塔的水量损失包括蒸发损失、风吹损失、排污损失和泄漏损失，补充水量约为50m³/h。

（3）循环水泵

循环水泵根据循环水量和循环水冷却系统所需要的总扬程来选型。

循环水泵所需总扬程由换热设备水头损失、系统沿程水头损失、系统局部水头损失、冷却塔布水管处所需自由水头、冷却塔布水管和冷却塔底部集水池水面的几何高差等组成。计算得出循环水泵所需扬程为0.4MPa。冷却塔设置循环水泵4台，3用1备，单泵流量为320m³/h，扬程为40m，电机功率为55kW。

（4）过滤装置

循环冷却水池设置砂滤罐1套，防止冷却水池中的杂质进入水泵或换热设备引起堵塞。砂滤罐处理能力占冷却水循环水量的5%，为48m³/h。

8.8.4　主要经济指标

一期工程于2010年2月28日正式动工，2010年12月基本建成，2011年1月25日A线调试成功并生产出干污泥，2011年4月15日正式竣工运行。

二期工程于2015年6月19日开工，2017年6月15日实现开机进泥调试，2017年12月正式竣工运行。

工程运行后实现吨污泥用汽量由原设计的0.8t/t降低至多年平均为0.65t/t，月平均超500t/d污泥规模的运行单位蒸汽消耗量约为0.63 t/t。一期工程竣工决算总投资为2.1亿元。二期工程竣工决算总投资约为1.5亿元。

8.9　扬州市污泥处置和资源化利用工程

8.9.1　项目概况

扬州市污泥处置和资源化利用工程选址位于扬州市经济技术开发区古渡路，工程总占地面积约为2.67hm²。一期工程占地面积约为1.87 hm²，总建筑面积为8359m²；二期工程占地面积约为0.8hm²，总建筑面积为5230m²。一期工程按脱水污泥含水率80%计，设计规模为300t/d，二期工程设计规模为200t/d。

扬州市污泥处置和资源化利用工程设计采用热干化＋热电厂掺烧的技术路线。设计中充分运用低碳、生态等循环经济先进理念。厂址紧邻扬州第二发电有限责任公司和扬州港口污泥发电有限公司，周边还有扬州市亚东水泥厂。污泥全干化产品可作为补充燃料和燃煤混烧发电，也可以结合水泥厂协同焚烧生产水泥。干化热源利用扬州港口污泥发电厂或者扬州第二热电厂的余热蒸汽。工艺设备选择两段式技术设备，单位能耗相对较低，污泥干化单位蒸发量综合能耗为0.69kWh/kgH$_2$O。一期工程实际运行单位污泥量多年平均蒸汽消耗量仅为 0.65～0.75t/t，在同行业中蒸汽消耗量处于较低水平。

在充分调研国内早期同类项目实际生产运行信息的基础上，工程设计针对总体布局、空间结构、通风除臭、管线通道、参观和巡检通道、材料选型、热回收节能、设备自动化升级等开展全方位的技术优化设计，大幅度提升系统设计水平，高度集约化设计体现污泥处理处置和资源化利用新技术。

8.9.2 污泥处理工艺

1. 工艺流程

污泥处理流程采用高度集约化设计，将污泥卸料站、湿污泥贮存池、污泥干化生产线、干污泥卸料系统集中布置在一座建筑物内，即污泥干化机房。采用自污泥车卸料至干污泥出料的全过程封闭设计，自污泥卸料站开始，卸料后污泥由污泥螺杆泵输送至湿污泥贮存池，再由湿污泥贮存池泵送至污泥干化生产线，达到全干化的产品利用成品料仓短时贮存后装车外运至热电厂和煤掺烧发电。污泥干化生产线利用热电厂产生的余热蒸汽作为热源。余热蒸汽来自两座电厂的双热源确保污泥干化的不间断生产。污泥处理工艺流程如图 8-91 所示。

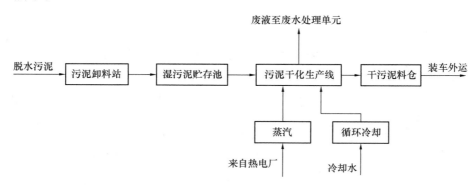

图 8-91　扬州市污泥处置和资源化利用工程污泥处理工艺流程图

污泥干化采用两级干化工艺，一级干化处理后污泥含固率达到 40%～55%，二级干化处理后污泥含固率可达到 75%～90%。污泥在可塑性阶段切碎成颗粒和带式干化机的独特设计确保了工艺粉尘产生量较低，干污泥产品控制含固率不超过 90% 的粉尘产生量低于 3‰；设备和系统安全可靠。针对扬州市污泥含砂量最高达 40% 的特征，设计和调试阶段设定相对较高的一级干化污泥含固率（50%～55%），提高切碎机入口的污泥黏度，降低磨损和阻力，确保产能稳妥可靠。系统设计带式干化机的补充热源采用一级干化废热为主，即污泥一级干化尾汽余热、蒸汽冷凝水余热，同时采用补充蒸汽相结合的方式实现能量最大限度地回收，提高热能回收效率，确保二级带式干化机的工作稳定性和可靠度。

该工程采用的薄层干化机、切碎机、带式干化机与苏州市工业园区污泥处置和资源化利用工程基本类似。

一期工程主要建（构）筑物有综合楼、高压配电间、污泥干化机房、门卫等，配套辅助工程有供配电、供排水、安全、消防、环境保护等公用设施。

二期工程主要建（构）筑物有污泥干化机房、污水处理单元、初期雨水池等，配套辅助工程有供配电、供排水、安全、消防、环境保护等公用设施。

2. 协同掺烧和能源共生

扬州市污泥处置和资源化利用工程选址靠近扬州第二热电厂、扬州港口污泥发电厂和亚东水泥厂等工业企业。污泥干化的蒸汽来源是 $200\sim250℃@0.8MPa$（g）过热蒸汽，有 2 路，一路是扬州第二热电厂，另一路是扬州港口污泥发电厂。经过干化的干污泥颗粒产品作为低品质燃料可以作为扬州第二发电厂或扬州港口污泥发电厂的补充燃料。厂址距离扬州主城区六圩污水处理厂不足 3km。六圩污水处理厂产生的再生水作为循环经济产业园的工业水水源，也是污泥干化生产线的补充水源之一。

3. 污水处理

污泥干化产生的污水须通过市政管道排入六圩污水处理厂，污水在接入市政污水管道前须进行预处理达到《污水排入城镇下水道水质标准》GB/T 31962—2015 的纳管标准后才能排放。为保证污泥干化产生的污水排放合规，在一期工程运行的同时启动规模为 $300m^3/d$ 污水的生产性试验研究。生产性试验污水处理工艺流程如图 8-92 所示。

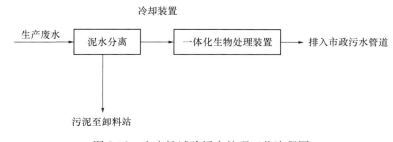

图 8-92　生产性试验污水处理工艺流程图

污泥干化生产废水包括车间冲洗废水、污泥干化冷凝洗涤污水、除臭残液、污泥切碎机冲洗水等。生产废水处理设计采用泥水分离＋一体化生物处理装置的方式，达到纳管标准后再排入市政污水管道。其中一体化生物处理装置采用接触氧化工艺，并补充乙酸钠作为碳源，实现污水的脱氮除磷生物处理。污水生产性试验装置的设计进出水水质如表 8-46 所示。

污水生产性试验装置设计进出水水质（mg/L）　　　　　　　　　　表 8-46

水质指标	设计进水水质	设计出水水质
COD_{Cr}	≤1700	≤500
SS	≤1200	≤400
NH_3-N	≤50	≤45
TN	≤100	≤70
TTS	1500	≤1000

经过生产性试验证明污水处理工艺合理，能够满足纳管排放的要求，且稳定可靠，为污水处理站的设计提供了基本的设计参数。

按照统计数据推算，规模为 500t/d 污泥干化产生的车间冲洗废水、干化尾气冷凝水、除臭残液等生产污水量略超过 500t/d，产生污水的处理规模为 600t/d。据一期工程实际运行监测的数据统计，结合泥质分析预测，污水处理站设计进水水质如表 8-47 所示。

扬州市污泥处置和资源化利用工程污水处理站设计进水水质　　表 8-47

水质指标	设计进水水质	水质指标	设计进水水质
COD_{Cr}(mg/L)	2000	TP(mg/L)	30
BOD_5(mg/L)	400	pH	约 9
SS(mg/L)	1500	Cl^-(mg/L)	2000
NH_3-N(mg/L)	130	TDS(mg/L)	1500
TN(mg/L)	180		

污水处理排放标准参照环评批复执行《污水排入城镇下水道水质标准》GB/T 31962—2015 中表 1 的 A 类指标，主要指标如表 8-48 所示。

扬州市污泥处置和资源化利用工程污水处理站污水排放指标　　表 8-48

水质指标	本次执行标准	水质指标	本次执行标准
COD_{Cr}（mg/L）	500	TN（mg/L）	70
BOD_5（mg/L）	350	TP（mg/L）	8
SS（mg/L）	400	pH	6.5～9.5
NH_3-N（mg/L）	45		

从污泥中蒸发的水大部分在能量回收系统中冷凝，随后经暗渠重力排放至车间外的主废水池。在排放之前，冷凝水先进行冷却处理，温度从 100℃下降至 80℃左右。每条污泥干化生产线配备有一根冷凝水排放管，每条污泥干化生产线产生的冷凝污水量约为 3.3m^3/h。

污泥干化生产废水包括污泥干化机和切碎机产生的废水、臭气处理系统排放的残液和车间冲洗废水等，其排放量和主要污染物如表 8-49 所示。

扬州市污泥处置和资源化利用工程污水排放量一览表　　表 8-49

来源	排放量	主要污染物
污泥干化机冷凝	16.5m^3/h	水温：约 40℃ pH：8～9 含有粉尘
加次氯酸钠塔	1.0m^3/h	pH：9～10 氯：1.5g/L 含盐量：150g/L Na_2SO_4：450g/L
加氢氧化钠塔	1.2m^3/h	pH：10～11 含盐量：150g/L Na_2SO_4：450 g/L
切碎机冲洗	2.8m^3/h	
工艺气体洗涤冷却塔	2.0m^3/h	
车间冲洗	1.0m^3/h	
小计	588m^3/d	

按照正常生产，平均污水排放量约为 588m³/d，确定污水处理站设计规模为 600t/d。采用调节池调节，经泥水分离初次沉淀后送生物处理单元处理，处理达标后排入市政污水管道。污水处理站工艺流程如图 8-93 所示。

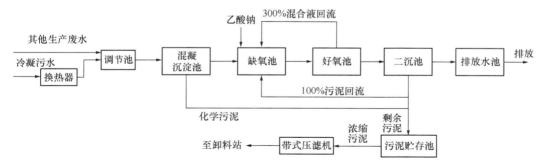

图 8-93　扬州市污泥处置和资源化利用工程污水处理站工艺流程图

干化尾气冷却塔排水由于温度较高，夏季考虑超越污水处理单元直接排放至排放水池。干化冷凝污水采用板式换热器降温后纳入污水处理单元。

8.9.3　主要工程设计

1. 工程规模

一期工程设计规模为 60tTS/d，相当于含水率为 80％的湿污泥 300t/d；二期工程设计规模为 40tTS/d，相当于含水率为 80％的湿污泥 200t/d。

2. 总体设计

1）总图布局和物流设计

全厂总平面布局立足全局统筹考虑，大门入口处布置集中的绿化小品和公共活动区。在生产管理区和污泥干化处理区之间设置绿化隔离带适当分隔。冷却水池等辅助设施设置在厂区东北角，高压配电间设置在厂区入口东侧，一、二期工程分别设置 1 座污泥干化机房，污泥干化生产配电位于一期工程污泥干化机房内，一、二期工程污泥干化机房之间设联络天桥方便生产巡视和人流参观。

工程总平面布置如图 8-94 所示。由辅助生产区、生产管理区和污泥干化处理区三部分组成。生产管理区位于场地南部，主要设置综合楼、广场、高压配电间、门卫、停车场等生活、办公设施。生产管理区和污泥干化处理区设置隔离墙体分隔。污泥干化处理区位于场地中部，包括污泥干化机房、污水处理站、干污泥料仓和联络天桥等。辅助生产区位于场地东北部，主要设置冷却水池和消防水池等干化生产辅助设施。

用于污泥卸料的主干道宽度为 9m，次干道宽度为 6m，人行道宽度为 1.5m。厂区道路按照消防要求环通。

2）消防安全设计

全厂分别设置室外和室内消火栓系统，车间内的重要生产设施如干污泥输送环节设置高压细水雾喷淋系统，实现防护冷却降温或灭火。污泥干化机房按功能划分为不同的消防分区，分类考虑消防设施的布置，干污泥卸料作业部位考虑敞开式的设计，防止粉尘集聚和安全泄压，变配电间按照独立的消防分区考虑安全设计，干化生产线和辅助设施之间设

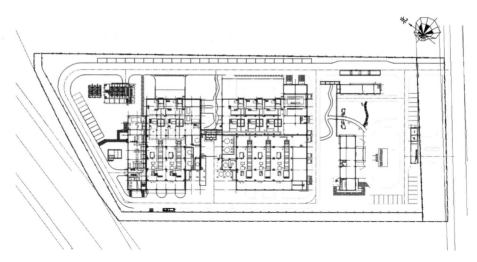

图 8-94　扬州市污泥处置和资源化利用工程总平面布置图

计消防通道兼顾消防隔离、逃生和参观巡视等功能。

3）空间布局和通道设计

由于污泥卸料、输送、干化、除臭、配电、控制等多种功能的高度集约化布置，不同功能区的空间布局优化设计尤为重要，通道设计须兼顾巡视和参观、通风、除臭、电仪电缆等多重通道的组合。每一种通道均需占据较大的空间，在总体设计阶段须重点协调通道在空间布局中的交叉分布。中间巡视通道以自然采光通风为主，屋顶采光和室内借助开放明亮空间开窗采光相结合，凸显以人为本的舒适体验。一期工程污泥干化机房与二期工程污泥干化机房中间设置连廊，巡视和观摩通道可以两侧贯穿，方便室内通行，如图 8-95

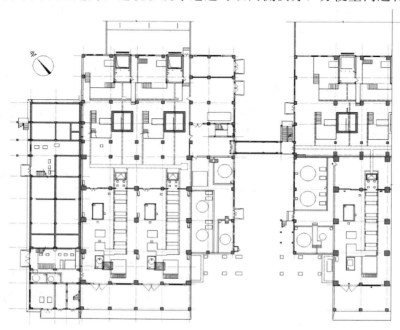

图 8-95　扬州市污泥处置和资源化利用工程污泥干化机房总体布置图

所示。污水处理站位于二期工程主车间的西侧结合二期工程污泥干化机房合并建设。一期工程3条生产线和二期工程2条生产线之间的部位布置除臭车间，除臭残液和两侧主车间产生的冷凝污水、冲洗废水等均合并送至污水处理站预处理后排入市政污水管道。

污泥干化机房主车间自污泥卸料、贮存至干化等的生产全流程建筑剖面布局如图8-96所示。污泥卸料坑低于地面约3.5m，湿污泥贮存池和干化系统进料泵位于主车间的中间部位，湿污泥贮存池和切碎机间之间是消防通道兼管线通道，也可用于参观巡视，直接能看到两侧的生产线设施。主车间的干化生产线部分为上下两层，一层布置带式干化机，二层布置薄层干化机。

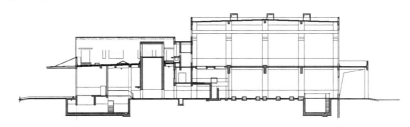

图8-96　扬州市污泥处置和资源化利用工程污泥干化机房剖面图

结合二期工程污泥干化机房建设全厂的污水处理站，如图8-97所示。底层是污水处理站的污水池，污水池上方设置操作层，用于维护安装生产设备。三层是配套的电气控制和管理用房。通过连廊的联络，一期工程主车间、二期工程主车间和污水处理站之间均可实现全天候无障碍通行，方便操作巡视。

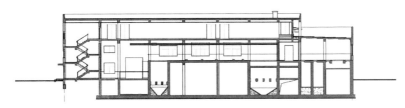

图8-97　扬州市污泥处置和资源化利用工程污水处理站建筑剖面图

4）除臭设计

除臭设计是项目的重要组成部分。根据国家标准的要求，首先分清不同强度的恶臭污染源，根据不同强度的恶臭污染源设计多层次的封闭空间，使高强度污染源的散发空间尽可能小；其次针对不同的密闭空间设计不同的换气次数进行抽风管的布设。重点恶臭污染源切碎机间、污泥卸料池上方封闭空间，换气次数达18次/h，形成负压确保高强度的臭气不发生外逸。

恶臭气体的处理采用高强度多级串联，低强度和高强度处理尾气混合处理的方式，同步达到较高的处理标准，灵活应对工况变化且确保臭气控制最优。

5）辅助用房设计

变配电间、除臭用房、化验室、办公用房、空压站等辅助设施用房尽可能利用主车间的周边空间，结合通道的设计紧凑布置在污泥干化生产线附近，方便人员进出并与主车间内生产线的距离最小。

6) 工艺参数

一期工程设计污泥干化生产线按照 100t/d 一条线，计 3 条生产线；二期工程按照 100t/d 一条线，计 2 条生产线。年运行时间按照 7500h 考核。干污泥产品温度≤40℃，产品含固率为 75%～90%TS。污泥干化工艺基本设计参数如表 8-50 所示，干化技术设备基本参数如表 8-51 所示。

干污泥颗粒通过皮带输送机和斗式提升机直接送至干污泥料仓暂存，然后装车外运和燃煤混合掺烧。为保证干污泥的全封闭装卸作业，干污泥料仓下方设可伸缩卸料管道伸入下方装卸料斗，卡车直接搬运装卸料斗外运。

扬州市污泥处置和资源化利用工程污泥干化工艺基本设计参数 表 8-50

参数	参数值	参数	参数值
污泥类型	城市污水处理厂脱水后污泥	全干化污泥产品量（t/d）	133.3
设计平均湿污泥量（t/d）	500	干化污泥粒径（mm）	5～8
最大小时污泥量系数	1.17	干化污泥堆密度（kg/m³）	400
峰值处理能力（t/d）	585	干化污泥体积（m³/d）	333.3
相应污水处理量（万 m³/d）	80	干化污泥存放温度（℃）	<40
湿污泥初始含固率（%）	20	水分蒸发量（kgH₂O/h）	15279
绝干固体规模（t/d）	100	年工作时间（h）	7500
全干化污泥含固率（%）	75		

扬州市污泥处置和资源化利用工程污泥干化设备基本参数 表 8-51

参数	参数值（属性）
工艺名称	蒸汽热源两段式组合型工艺
干化机加热方式	间接+直接
生产线数量	5 条
加热工质	水蒸气（厂外直接输送）
介质换热方式	蒸汽热传导+干空气热对流
干化机净耗热指标	0.65～0.72 kWh/kgH₂O（560～620kcal/kgH₂O）
蒸汽热源	1.2MPa@250℃
工质热值	0.88MPa170℃汽化潜热 660kcal/kg（75℃显热 123kcal/kg）
设计综合耗热指标	0.8kWh/kgH₂O（690kcal/kgH₂O）
蒸汽耗量	13.5t/h
综合电耗指标	0.075kWh/kg H₂O
循环冷却水（再生水）用量	800m³/h

根据德国排水协会技术规范 ATV-DVWK M379，干化产品含固率<85%属于半干化，干化产品含固率≥85%属于全干化。两段式干化工艺技术可实现 65%～90% 的含固率目标。根据应用经验，结合电厂或水泥协同焚烧的粉尘防爆和臭气控制、能耗、装卸作业方便等多种因素，采用两段式干化工艺产品出泥含固率为 80%±5% 比较合适，能兼顾掺烧、水泥建材利用、土地利用等多种处置途径。

污水处理技术路线采用调节池（含事故池）＋混凝沉淀池＋生物反应池＋二沉池＋排放水池的工艺，生物反应池采用单段式 AO 活性污泥法。污水处理基本设计参数如表 8-52 所示。

扬州市污泥处置和资源化利用工程污水处理基本设计参数　　　　　表 8-52

主要构筑物	参数	参数值
	处理规模（m^3/h）	600
调节池（1座）	有效容积（m^3）	360
	停留时间（h）	14.4
超细格栅（1台）	栅条间隙（mm）	1
混凝沉淀池（1座）	停留时间（h）	3.9
	表面负荷［$m^3/(m^2 \cdot h)$］	1.29
生物反应池（1座2组）	有效容积（m^3）	670
	总停留时间（h）	26.8
	水温（℃）	25
	MLSS（g/L）	3.5
	污泥负荷［$kgBOD_5/(kgMLSS \cdot d)$］	0.1
	总污泥龄（d）	15.2
	总气水比	30：1
	混合液回流比（％）	300
	污泥回流比（％）	100
二沉池（1座2组）	总停留时间（h）	3.36
	表面负荷［$m^3/(m^2 \cdot h)$］	1.01
排放水池（1座）	有效容积（m^3）	78
	总停留时间（h）	3.12

7）能量和物料平衡

生产线能量和物料平衡系统设计按一般大中型电厂余热蒸汽利用方式进行，180℃ 饱和蒸汽进入污泥干化生产单元，冬季进泥温度为 15℃，按照 75％ 出泥含固率，污泥干化需要的饱和蒸汽理论计算值为 308t/d，即吨蒸汽消耗量约为 1.03t 蒸汽/t 污泥。

采用两段式干化工艺最大优势是第一段干化工段产生的尾汽采用多级回热手段用于第二段带式干化机补热，实现 20％ 以上的节能，达到约 0.65～0.75t 蒸汽/t 污泥的设计条件，用于成本测算的平均用汽量按 0.7t 蒸汽/t 污泥计算。

8）生产线配置

一期和二期工程共设置 5 条生产线。干化系统按进泥含水率 80％ 进行设计，出泥含水率为 20％±5％，每条生产线设计蒸发能力为 3792kg/h。

9）供配电工程

一期工程设计供电外线为两路 20kV 常用电源，进线电缆引至 20kV 高压配电间。一期工程设 4 台高压柜，二期工程设 4 台高压柜。20kV 侧为变压器组的接线方式，高压柜采用 KYN28-24 金属铠装中置式开关柜型，一期工程污泥干化机房变压器室内设 2 台 SF6

绝缘负荷开关柜。

一期工程污泥干化机房内设置 20kV/10kV 变电所，设置 2 台 2000kVA 变压器，2 台常用，正常运行时变压器负载率约为 76%。一期工程污泥干化机房内设 1 间低压配电间，为一、二期工程共用，0.4kV 侧为单母线分段含母联的接线方式，低压柜采用 MNS 抽屉式开关柜型。一期工程污泥干化机房内按照 3 条生产线分别设 3 套干化系统 MCC 开关柜和 1 套公共辅助设备 MCC 开关柜。

二期工程污泥干化机房内按照 2 条生产线分别设置 2 套干化系统 MCC 开关柜、1 套公共辅助设备 MCC 开关柜和 1 套污水处理单元 MCC 开关柜。

3. 主要工艺设计

工程安装 5 条生产线，每条生产线均可独立运行。每条生产线由污泥卸料和贮存系统、污泥干化系统、内部热量回收和颗粒污泥冷却系统、冷凝水收集系统、颗粒污泥输送系统、热能传输系统、臭气处理系统、冷却水供给和污水收集系统、污水处理系统、公共辅助系统等组成。

1）污泥卸料和贮存系统设计

一、二期工程共设置 5 条独立的污泥卸料和贮存系统，用于接收卡车输送来自扬州市域和周边区县污水处理厂的脱水污泥。

2）污泥干化系统设计

干化生产线数量：5 条；

设计进泥含固率：20%～30%；

设计出泥含固率：75%～90%；

年运行时间：7500h。

每条干化生产线的设计参数：

蒸发能力：3792kgH$_2$O/h（20%～90%TS）；

设计物料通量：975kg/h。

每条干化生产线包括薄层蒸发器、切碎机、带式干化机和工艺一体化的热量回收等。

干污泥出料通过斗式提升机输送到干污泥料仓，再由干污泥料仓装车运送至发电厂进行掺烧。颗粒污泥在干化生产线出口处直接落入皮带输送机上，干污泥输送系统按照 1 用 1 备方式配备。干污泥输送系统配置水喷雾喷头在超温时防护冷却，确保干污泥输送的消防安全。

3）臭气处理系统设计

一期和二期工程污泥干化机房各自设置 1 套臭气收集和处理系统，分别处理一期和二期工程产生的臭气。高强度臭气尽可能采用小空间封闭方式实现抽风除臭，如污泥卸料池、湿污泥贮存池、切碎机间，抽风次数以每小时 18 次考虑，依靠高频次抽风形成高强度负压确保臭气不产生外逸。其余和臭气散发相关的空间以每小时 6～12 次换气次数补充除臭以加强封闭除臭效果。一、二期工程臭气处理系统风量平衡计算分别如表 8-53 和表 8-54 所示。

一期工程带式干化机产生的高浓度臭气总气体流量约为 12000m^3/h，温度为 88℃，相对湿度为 21%。臭气采用先进入湿式洗涤塔处理后再进入化学单元处理，臭气排气管的高度距地面约 25m。

扬州市污泥处置和资源化利用工程一期工程臭气处理系统风量平衡计算　　　表 8-53

气源类型	区域	容积（m³）或流量（m³/h）	数量	换气次数（次/h）	风量（m³/h）	总计（m³/h）	处理装置
生产线臭气	带式干化机	4000（m³/h）	3	—	12000	12000	化学
密闭空间工艺气体	污泥卸料池	15	3	18	810		化学
	污泥卸料站上部空间	100	3	12	3600		
	湿污泥贮存池	70	3	18	3780	17130	
	切碎机间	110	3	18	5940		
	干污泥输送	350	1	6	2100		
	污水池	50	1	18	900		

化学洗涤的臭气总流量约为 42000m³/h。带式干化机产生的高强度热气体须先进行冷却处理，在冷却塔内使其温度下降至 40℃ 左右，然后再送至化学单元处理。化学洗涤塔设氧化和碱洗两级处理方式，实现高标准臭气处理后由排气管排放。

扬州市污泥处置和资源化利用工程二期工程臭气处理系统风量平衡计算　　　表 8-54

气源类型	区域	容积（m³）或流量（m³/h）	数量	换气次数（次/h）	风量（m³/h）	总计（m³/h）	处理装置
生产线臭气	带式干化机	6000（m³/h）	2	—	12000	12000	臭氧＋化学
密闭空间工艺气体	污泥卸料池	15	2	18	540		化学或生物
	污泥卸料站上部空间	100	2	12	2400		
	湿污泥贮存池	70	2	18	2520		
	切碎机间	110	2	18	3960	19320	
	干污泥输送	350	1	18	6300		
	污水处理单元	400	1	9	3600		
干化车间	空间臭气	5000	1	6	30000	30000	生物滤池

二期工程除臭系统设计在一期工程的基础上进行了优化改进，干化生产线产生的高浓度臭气先进入湿式洗涤塔处理，再进入臭氧单元和化学单元处理。污泥卸料池、湿污泥贮存池、污水处理单元产生的空间气体等采用臭氧氧化＋次氯酸钠氧化＋碱洗＋气液分离的方式处理，带式干化机产生的空间气体单独收集采用生物滤池处理。生物滤池设计规模兼顾污泥卸料池、湿污泥贮存池、污水处理单元等空间气体的风量，带式干化机周边的空间气体不考虑进入化学洗涤系统混合处理。臭气排气管的高度距地面约 25m。臭气处理工艺流程如图 8-98 所示。

4）消防水池设计

厂区最大的单体建筑是一期工程的污泥干化机房，根据消防规范，设置室内消火栓系统，主车间外设消防水泵接合器增压，室内消火栓利用厂区自来水管道供水。污泥两级干

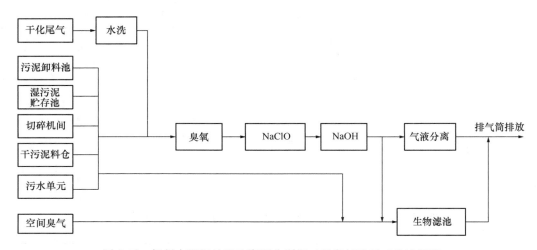

图 8-98　扬州市污泥处置和资源化利用工程臭气处理工艺流程图

化的第二级带式干化机内设置水喷雾喷头用于生产线超温时喷水降温，一、二期工程污泥干化机房内干污泥输送系统设置中压细水雾喷淋系统用于防护冷却降温，水喷雾系统消防供水来自消防水池。

消防水池平面尺寸为 15.4m×3m，有效水深为 1.8m，设计有效容积为 80m³。中压细水雾喷淋系统设计能力为 36m³/h。

消防设备设计参数：

立式增压泵数量：2 台，1 用 1 备；

立式增压泵流量：40L/s；

立式增压泵扬程：97m；

立式增压泵功率：55kW；

气压水罐数量：1 个；

气压水罐有效容积：0.45m³。

一期和二期工程中压细水雾喷淋系统配置 DN20-120°雾化角水雾喷头 150 套，DN20 水雾喷头 20 套。

5）冷却水供给设计

一期工程按照污泥处理规模为 500t/d 设置独立的循环水冷却系统，保证全天候的稳定运行。污泥干化生产线所需的冷却水供给系统为设备提供冷却水，冷却水来源是循环水冷却系统，包括冷却水池和冷却塔。

蒸汽系统内的蒸汽冷凝器所需冷却水采用脱盐水，避免冷凝器结垢。生产冷却水主要用于污泥干化生产设备和臭气处理系统中的冷却塔，供应带式干化机热空气冷却、颗粒污泥冷却空气回路、臭气冷却塔用水等。冷却带式干化机循环热空气，每条处理线耗水量为 154m³/h；冷却颗粒污泥的冷却空气回路，每条处理线耗水量为 5m³/h；在臭气处理系统的冷却塔中冷却臭气，每条处理线耗水量为 5m³/h。

循环冷却水池平面尺寸为 15.4m×9.0m，设计有效水深为 1.6m，集水池设计有效容积约为 220m³。

为保证水质稳定，设计考虑设置砂滤罐 2 套，以防冷却水池中的杂质进入水泵或换热设备引起堵塞。砂滤罐流量为 50m³/h，电机功率为 5.5kW。

冷却水经换热升温后，需经过必要的降温等处理再循环使用。每条处理线所需冷却水量约为 165m³/h，其中冷却臭气用水直接排至污水收集池，不再循环利用。每条生产线可循环冷却水量约为 160m³/h，冷却水总量为 800m³/h。冷却塔设计工况为湿球温度 29℃，进水温度为 37℃，出水温度为 32℃，温降为 5℃。考虑夏天室外温度较高，为达到冷却效果，选用 5 台 320m³/h 冷却塔，根据实际运行情况调控冷却塔的开启数量。单台冷却塔的设备尺寸为 $L \times B \times H = 6035mm \times 3385mm \times 6050mm$。

冷却塔的水量损失包括蒸发损失、风吹损失、排污损失和泄漏损失，补充水量约为 50m³/h。

冷却塔设置循环水泵 4 台，3 用 1 备，单泵流量为 320m³/h，扬程为 55m，电机功率为 75kW。

冷却塔下方设计冷却水池，冷却水池有效容积为大于 10min 的循环水泵泵送水量。

8.9.4 主要经济指标

一期工程主要建筑指标：
污泥干化机房建筑面积：7038m²；
污泥干化机房占地面积：3521m²；
污泥干化机房建筑高度：17.7m；
高压配电间建筑面积：162m²；
高压配电间占地面积：162m²；
综合楼建筑面积：1069m²；
综合楼占地面积：434m²；
门卫建筑面积：40m²；
门卫占地面积：40m²。
二期工程主要建筑指标：
污泥干化机房建筑面积：4170.07m²；
污泥干化机房占地面积：1998.38m²；
污泥干化机房建筑高度：17.7m；
污水处理单元建筑面积：1129.86m²；
污水处理单元占地面积：601.21m²；
污水处理单元高度：11.7m。
2021 年统计吨污泥用汽量月平均约为 280t/d，运行单位蒸汽消耗量约为 0.75t/t。一期工程竣工决算投资为 1.55 亿元。二期工程竣工决算投资约为 1.2 亿元。

8.10 上海市奉贤区污泥高温好氧发酵处理工程

8.10.1 项目概况

上海市奉贤区污泥高温好氧发酵处理工程处理奉贤区东部污水处理厂和西部污水处理

厂产生的污泥，两座污水处理厂的污水处理规模合计为 27 万 m^3/d。工程污泥处理规模为 150t/d（污泥含水率以 80% 计），建设于奉贤区东部污水处理厂内。

工程采用污泥高温好氧发酵处理工艺，污泥发酵后的产物外运至垃圾填埋场用作覆盖土或填埋处置，同时保留用于园林绿化或其他土地利用的可能。因此，污泥高温好氧发酵后的产物根据污泥最终处置出路的不同需相应满足《城镇污水处理厂污泥处置 混合填埋用泥质》GB/T 23485—2009、《城镇污水处理厂污泥处置 园林绿化用泥质》GB/T 23486—2009、《城镇污水处理厂污泥处置 土地改良用泥质》GB/T 24600—2009 和其他相关标准的要求。

8.10.2　污泥处理工艺

1. 膜覆盖高温好氧发酵工艺概述

好氧发酵是在有氧条件下，污泥中的有机物通过好氧发酵微生物的作用进行分解而达到稳定，其代谢产物主要是二氧化碳、水和热，同时污泥温度升高至 55℃ 以上并持续一段时间，可以使污泥中的病原菌等得到杀灭。

污泥高温好氧发酵工艺能降低污泥含水率和杀灭污泥中的病原菌，污泥处理成本较低，如果污泥泥质满足相关标准要求，再增加一定的后续制肥工艺，发酵产品能直接土地利用或种植植物。

膜覆盖高温好氧发酵技术在国外发达国家已经得到广泛应用，该技术的核心是采用一种具有特制微孔的功能膜，其半透气功能可以实现一个较恒定的气候环境，在鼓风的作用下，发酵体内能够形成一个微高压内腔，使堆体供氧均匀充分、温度分布均匀，为好氧发酵构建一个适宜的环境，同时水蒸气和二氧化碳能够借助功能膜的微孔扩散出去，维持发酵堆体膜内外的气流平衡，保证好氧发酵进行充分，使致病性微生物得到有效杀灭，确保发酵产物的卫生水平。

2. 好氧发酵过程

污泥好氧发酵是在有氧条件下，借助好氧微生物（主要是嗜氧菌种）的生物反应作用，使有机物不断被分解转化的过程。好氧发酵过程由升温、高温、降温和腐熟四个阶段组成，每个阶段都存在不同的微生物，它们利用微生物群落在特定的环境中分解有机物，将污泥改良成稳定的腐殖质。污泥经过微生物降解腐熟后，外观呈暗灰色或茶褐色，有泥土霉味，无恶臭味，质地疏松。污泥中含有丰富的有机质和氮、磷、钾等元素，这些都是植物生长所需的重要营养物质，对改良土壤结构具有重要作用。对污泥进行无害化处理，使之成为一种衍生产品加以利用，有利于节约资源，实现可持续发展。

3. 好氧发酵的通风供氧方式

供氧充分是保证污泥好氧发酵顺利进行的关键。好氧发酵的供氧方式主要有静态鼓风供氧和动态翻抛供氧两种方式。静态鼓风供氧是利用鼓风机通过设在发酵堆体内的风管不断地向堆体传输空气，达到供氧的目的。动态翻抛供氧则是利用翻抛机不断翻抛污泥堆体，使物料和空气进行接触，达到补充氧气的目的。

实践表明，在污泥好氧发酵的升温和高温阶段，好氧发酵的耗氧速度很快，特别是在高温阶段，如依靠翻抛机的供氧作用则无法满足要求，容易出现长时间的厌氧反应，同时产生大量臭气和虫卵，对环境造成严重的二次污染。在翻抛机的翻抛过程中，堆体内的温度不稳定，一般呈锯齿形变化，破坏理想的好氧发酵温度升温和保持过程，不利于实现发酵的灭菌功能，达不到发挥高温阶段微生物的快速降解功能。

因此，本工程污泥好氧发酵采用鼓风机供氧，鼓风机供氧量根据堆体温度和氧气浓度的变化由控制系统进行自动控制，这种供氧方式既克服了单一供氧方式的不足，又保证了污泥好氧发酵的稳定性。

8.10.3 主要工程设计

1. 技术方案概述

本工程采用的污泥膜覆盖高温好氧发酵工艺处理方案如下：

1）污泥处理规模为150t/d（含水率80%的脱水污泥）。污泥相对密度为1.05，体积为140m³，混合料含水率要求为63%左右，需加入含水率40%的回料105t，回料相对密度按0.5计算，体积为210m³。为达到污泥好氧发酵所需的C/N，加入园林、秸秆辅料15t，园林、秸秆辅料相对密度约为0.5，实际园林、秸秆辅料体积为30m³，混合料相对密度约为0.71，体积为380m³。

2）通过加入适当比例的回料和辅料，将脱水污泥的C/N和水分调节到适宜范围。一次发酵周期设定为12d，12d后利用装载机进行翻仓，将物料转运到二次发酵仓，二次发酵周期设定为12d，二次发酵后的物料利用装载机运至熟料干化棚进行条堆式堆放，进一步熟化，并可进行不定期的翻堆。一次发酵和二次发酵均采用鼓风机供氧。

3）工程设置一套日处理脱水污泥规模为150t的预处理和发酵条堆布料成套设备，建设一次发酵仓、二次发酵仓各13个，采用序批式发酵模式，每天上满一次发酵条堆1个，工程采用阳光棚，为二次发酵后的熟料进一步腐熟干化处理。

4）通过智能控制系统进行温度和氧气等工艺参数的实时在线监测和反馈控制，促进堆体中高温好氧微生物的快速生长和繁殖，加速污泥的发酵和分解，使污泥堆体在较短的时间内达到稳定化所需的温度，并维持所需的时间，产生大量热量，带走污泥中的水分，杀灭病原菌。

5）对发酵熟料产物进行干化、筛分，部分用作回料加以回用。

2. 工艺流程

污泥膜覆盖高温好氧发酵的工艺流程如图8-99所示。

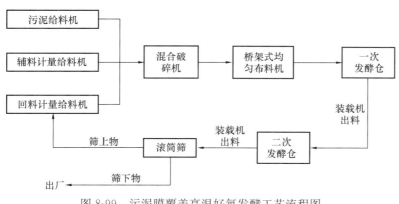

图8-99　污泥膜覆盖高温好氧发酵工艺流程图

脱水污泥进场后卸入专用污泥贮存设备，然后经由污泥螺杆计量后输出。辅料或回料根据对应配比经由相应的专用计量给料机输出，并和污泥同时自动输送进混合破碎机进行混合破碎，破碎后的物料由桥架式均匀布料机布料至一次发酵的仓中，以维持其松散颗粒状态。从奉贤区东部污水处理厂污泥脱水车间到本工程污泥处理设施，污泥不落地，不另设贮料坑，减少了臭气的发生。

污泥混合料在一次发酵仓内借助膜覆盖高温好氧发酵系统进行发酵后，由装载机铲装至二次发酵仓内进行二次发酵。二次发酵完成后，可基本完成污泥的发酵处理，此时的物料既可筛选出来作为污泥好氧发酵的衍生产品，又可作为发酵回料代替辅料进行循环利用。

工程采用部分腐熟的发酵产品作为污泥混合的添加料，不仅可以减少对外购辅料的依赖，而且发酵产品中含有大量微生物，也起到了接种的作用，提高了反应速度，同时也有生物除臭的作用。由于采用了专用混合破碎机，使颗粒做到小而均匀，因此具有氧利用率较高、通风阻力较小、供风量和风压较小、能耗较少的特点。

工程设计中，对日常生产管理人员的巡视路线进行了考虑，车间内各个分区、生产线路上的各个环节均考虑人员巡视通道，确保人流线路的畅通。

3. 主要工艺设计参数

污泥好氧发酵的主要工艺设计参数：

脱水污泥量：150t/d；

脱水污泥含水率：80%；

发酵物料配比：脱水污泥∶发酵成品返料（回料）∶辅料＝10∶7∶1（质量比）；

混合物料含水率：63%；

发酵成品含水率：40%；

外运成品量：39t/d；

发酵总周期：24d，其中一次发酵、二次发酵的周期各为12d；

供氧方式：鼓风机供氧。

4. 分阶段处理目标

污泥采用二次好氧发酵，发酵过程控制和分阶段处理分别达到不同的目标。

污泥一次好氧发酵过程，污泥堆层各测试点温度均保持在55℃以上且持续时间不少于6d，一次发酵的总发酵时间不少于7d；污泥堆层各测试点温度均保持在65℃以上且持续时间不少于4d，一次发酵的发酵时间不少于5d。污泥在发酵过程中，污泥堆层中的氧气浓度维持在5%以上。一次发酵结束时发酵污泥相关指标如表8-55所示。

| 一次发酵结束时发酵污泥相关指标 | 表8-55 |

项目	指标要求
达到无害化卫生标准	蛔虫卵死亡率：95%～100% 粪大肠菌值：大于0.01
耗氧速率要求	小于0.2～0.3（O₂%）/min

污泥二次好氧发酵过程，污泥堆层中的温度不超过50℃，二次发酵的发酵时间约为10～20d，二次发酵污泥堆层中的氧气浓度维持在3%以上。二次发酵结束时发酵污泥相

关指标如表 8-56 所示。

二次发酵结束时发酵污泥相关指标

表 8-56

项目	指标要求
耗氧速率要求	0.1（O_2%）/min 以下
含水率	40% 以下
种子发芽试验	无抑制效应，如绿化利用时，种子发芽指数大于 60%

5. 物料平衡

工程物料平衡如图 8-100 所示。

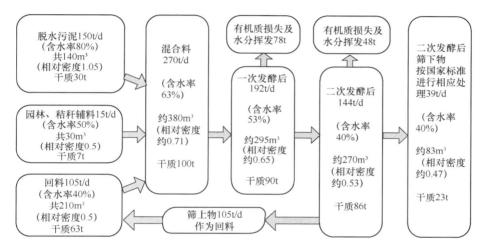

图 8-100　上海市奉贤区污泥高温好氧发酵处理工程物料平衡图

设计脱水污泥处理量为 150t/d，含水率为 80% 的脱水污泥和发酵成品返料（回料）、辅料进行混合，混合均匀后物料含水率约为 63%。经过高温发酵后物料含水率大幅降低，有机质部分分解，经过一次发酵、二次发酵充分腐熟后物料含水率降低到 40% 左右，物料发酵完成后的质量为 144t/d，其中约 105t/d 的发酵成品用作回料和脱水污泥混合，剩余约 39t/d 的发酵成品则外运至填埋场用作填埋场覆盖土或填埋处置。

6. 发酵辅料选择

发酵辅料是指为使发酵过程能够快速进行并为提高产品质量而在污泥中加入的辅助物料。发酵辅料种类很多，根据其作用可分为接种剂、膨胀剂、调节剂等，有些发酵辅料兼具上述几种作用，常用的发酵辅料包括木屑、秸秆、轧棉废料、废纸和煤灰等。

发酵辅料的选择取决于污泥的特性和发酵辅料的来源，发酵辅料的来源随地区的不同和运输距离的远近而不同，甚至会有较大的差异。一般来讲，发酵辅料的选择宜结合工程当地实际，选取当地来源广泛、价格适宜并且能满足污泥发酵要求的物料。

根据奉贤区当地实际，污泥好氧发酵辅料采用苗圃剪枝、落叶等作为辅料来源之一。同时考虑到苗圃剪枝的来源存在一定的不确定性，为确保辅料来源和供给量的稳定性，在利用苗圃剪枝、落叶的基础上，考虑利用稻草等秸秆作为备选辅料。工程项目所在的奉贤区东部污水处理厂周边农田较多，稻草等秸秆来源广泛，价格适宜，可确保辅料的供应

329

第 8 章　工程实例

来源。

7. 厂区总平面设计

工程位于奉贤区东部污水处理厂的东侧，占地面积为 2.83hm²，工程总平面布置如图 8-101 所示。

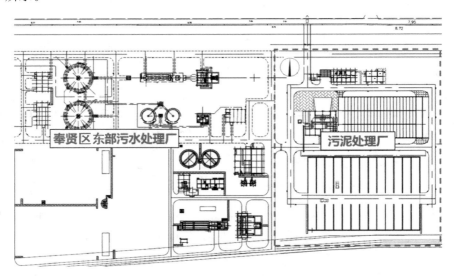

图 8-101　上海市奉贤区污泥高温好氧发酵处理工程总平面布置图

工程主要建（构）筑物参数如表 8-57 所示。

上海市奉贤区污泥高温好氧发酵处理工程主要建（构）筑物参数　　表 8-57

建（构）筑物名称	数量	备注
预处理车间	1 座	28m×22.5m×7.8m
一次发酵仓	1 座	104.5m×35m×1.8m
二次发酵仓	1 座	104.5m×25m×2.2m
地磅	1 座	
门卫	1 座	
综合用房	1 座	
围墙	470m	
大门	2 座	
配电间	1 座	
辅料、回料堆放仓库	1 座	
生物除臭设施	1 座	
变电所	1 座	150m²

一次发酵仓共设 13 个发酵仓，每个发酵仓的平面净尺寸为 35m×7.8m，两侧墙体净高为 1.4～1.6m；发酵仓后设置布料行车平台，平台平面尺寸为 115m×4m，高为 2.8m。

二次发酵仓共设 13 个发酵仓，每个发酵仓的平面净尺寸为 25m×7.8m，两侧墙体净高为 1.8～2.0m。

为便于物料运输，污泥一次发酵仓和二次发酵仓的仓位对称布置，预处理车间和生物除臭设施集中放置。预处理车间如图 8-102 所示，工程厂区全景如图 8-103 所示。

图 8-102　上海市奉贤区污泥高温好氧发酵处理工程预处理车间

（左侧为综合楼，右侧为预处理车间，中间阳光棚为辅料和回料堆放仓库）

图 8-103　上海市奉贤区污泥高温好氧发酵处理工程厂区全景

（左侧为布料平台和污泥一次发酵仓、二次发酵仓，右侧为辅料和回料堆放仓库）

8. 主要建（构）筑物设计

1）预处理车间

辅料、回料和脱水污泥在预处理车间计量并混合破碎后，经出料输送机输送至布料机。预处理车间内部布置如图 8-104 所示。

预处理车间主要机械设备如表 8-58 所示。

图 8-104 上海市奉贤区污泥高温好氧发酵处理工程预处理车间内部布置图

上海市奉贤区污泥高温好氧发酵处理工程预处理车间主要机械设备 表 8-58

机械设备名称	规格	数量
自开闭式污泥受料给料机	$V=15m^3$，$Q=35m^3/h$，$P=7.5kW$	2 台
回料计量给料机	$V=7m^3$，$Q=75m^3/h$，$P=11kW$	1 台
辅料计量给料机	$V=7m^3$，$Q=15m^3/h$，$P=5.5kW$	1 台
污泥螺杆计量提升机	$Q=35m^3/h$，$P=11kW$	2 台
辅料横向输送机	$Q=75m^3/h$，$P=3kW$，$L=5.8m$，$B=650mm$	1 台
辅料纵向输送机	$Q=75m^3/h$，$P=3kW$，$L=3.2m$，$B=650mm$	1 台
混合料进料输送机	$Q=105m^3/h$，$P=7.5kW$，$L=21m$	1 台
污泥混合破碎机	$Q=105m^3/h$，$P=18.5kW$	1 台
混合料横向出料输送机	$Q=105m^3/h$，$P=4kW$，$L=7.5m$	1 台
混合料纵向出料输送机	$Q=105m^3/h$，$P=15kW$，$L=25.3m$	1 台
起重机	$G=5.0t$，$L_k=12.0m$	1 台

2）一、二次发酵仓

预处理车间混合破碎后的污泥混合料由自动布料机均匀布料至一次发酵仓，在一次发酵仓内借助膜覆盖高温好氧发酵系统进行发酵后，由装载机铲装至二次发酵仓内进行二次发酵。污泥布料平台和一、二次发酵仓如图 8-105 所示。

二次发酵后的物料利用装载机运至熟料干化棚进行条堆式堆放，进一步熟化，并可进行不定期的翻堆。一次发酵和二次发酵采用鼓风机供氧，污泥好氧发酵区供氧系统如图 8-106 所示。

污泥一、二次发酵仓主要机械设备如表 8-59 所示。

图 8-105　上海市奉贤区污泥高温好氧发酵处理工程污泥布料平台和一、二次发酵仓

图 8-106　上海市奉贤区污泥高温好氧发酵处理工程污泥好氧发酵区供氧系统

上海市奉贤区污泥高温好氧发酵处理工程一、二次发酵仓主要机械设备　　表 8-59

机械设备名称	规格	数量	安装地点
混合料横向提升输送机	$Q=105\text{m}^3/\text{h}$，$P=11\text{kW}$，$L=56\text{m}$	1 台	一次发酵仓
混合料改向输送机	$Q=105\text{m}^3/\text{h}$，$P=4\text{kW}$，$L=2\text{m}$	1 台	一次发酵仓
移动桁架式双向送料输送机	$Q=90\text{m}^3/\text{h}$，$P=15\text{kW}$，$v=10\text{m/min}$，$L=51\text{m}$	1 台	一次发酵仓
桥架移动式均匀布料机	$P=15\text{kW}$，$v=10\text{m/min}$，$L=120\text{m}$	1 台	一次发酵仓
一次发酵布风系统	风量 $Q=2500\sim3500\text{m}^3/\text{h}$ 风压 $P=2000\text{Pa}$ 风管 $34\text{m}\times4$ 功能膜 $38\text{m}\times12\text{m}$	14 套	一次发酵仓
二次发酵布风系统	风量 $Q=2500\sim3500\text{m}^3/\text{h}$ 风压 $P=2000\text{Pa}$ 风管 $25\text{m}\times4$ 功能膜 $28\text{m}\times12\text{m}$	14 套	二次发酵仓

8.10.4　工程特点

1）臭气影响小。

传统的污泥好氧发酵技术可能存在发酵不均、局部厌氧、能耗高、臭气污染严重和生物气溶胶对周边环境有潜在污染风险等问题。膜覆盖高温好氧发酵采用多项措施从臭气的

产生源、散发途径和治理设施等环节进行控制，有效减小了臭气的影响。

（1）采用的功能膜是一种具有特制微孔的膜，具有半透气功能，能够实现一个较恒定的气候环境，使水蒸气和二氧化碳从发酵体中扩散出去，同时阻断硫化氢、氨气等有害气体的通过。

（2）来自东部污水处理厂的脱水污泥直接卸入专用污泥贮槽中，以负压状态运行，并与辅料和回料同时计量加入混合破碎机，减少臭气发生。

（3）采用的混合破碎机能使混合料颗粒破碎到小而松散状态，使颗粒尺寸≤20mm，发酵过程中氧气能扩散到污泥颗粒内部，从而使堆体内物料和氧气充分接触，避免发酵死角的产生。

（4）工程将污泥进料设置成封闭负压空间，同时收集空间内的气体，收集的气体经风管送入发酵堆体内，借助发酵堆体的过滤吸附作用，实现生物除臭功能，确保工程达标运行。

2）有机有毒有害物质得到有效降解。

由于功能膜覆盖形成一个高湿度和高温环境，最高相对湿度达100%，最高温度达95℃，采用鼓风机供氧保持发酵体内部供氧均匀充分，堆体中的嗜氧微生物能够在适宜的环境下进行大量繁殖，并进行有机物的充分分解，从而使污泥中的有机有毒有害物质得到有效降解。

3）系统高效低能耗运行。

传统好氧发酵工艺的能量主要消耗于发酵过程中的通风供氧，与堆料层阻力、氧气的利用率和风机的选择有关。工程采用的工艺技术，由于破碎污泥颗粒小、比表面积大、氧利用效率高，使得污泥堆料层阻力均匀、布气均匀，可以实现高效低能耗运行。《生活垃圾堆肥处理技术规范》CJJ 52 中规定风量宜为 0.05～0.2m³/(m³·min)，本工程供风量只需 0.02～0.05m³/(m³·min)。《生活垃圾堆肥处理技术规范》CJJ 52 中风压按堆层每升高 1m 增加 1～1.5kPa，本工程 2m 堆高堆料层阻力降远低于 1kPa，采用低中压风机即可实现充分供氧，从而大大降低系统的运行能耗。

4）用发酵产品作为回料，减少对辅料的依赖。

除初次启动时需要外加大量辅料外，正常运行时可采用发酵回料作为辅料的一部分对污泥进行预处理，有效减少对外加辅料的需求，降低工程运行成本。

5）解决了污泥霉变问题。

经高温好氧发酵后的污泥含水率低于 50%，经过简单晾晒可使污泥含水率进一步降低至 40%，从而有效控制污泥的霉变问题。

8.11 合肥市东方热电污泥处理工程

8.11.1 项目概况

合肥市东方热电污泥处理工程位于合肥市新站区热电集团东方热电厂西北侧预留地中。工程服务对象是合肥市区污水处理厂产生的污泥。2011 年合肥市区污水处理厂污泥实际产量约为 422t/d，其中部分污泥送天源热电厂进行焚烧，但受供热负荷影响，年非采暖季节（约 9 个月）的污泥实际焚烧量约为 100t/d，合肥市污泥处理缺口约为 300t/d，因此，工程建设规模为 300t/d（以含水率 80％计）。

8.11.2 污泥处理工艺

合肥市脱水污泥干基高位热值在 9.5～14.2MJ/kg 之间。经干化处理后，可采用焚烧方式进行处理，并能替代一部分燃煤，回收利用有机质。经工艺方案比选，工程采用污泥干化＋热电厂掺烧方案，即利用东方热电厂的蒸汽作为热源，对接收的脱水污泥进行干化处理，干化污泥输送至热电厂进行掺烧，污泥干化后的含水率在 40％以下。污泥干化产生的载气经冷凝处理，冷凝水经由专用废水管道排至附近污水处理厂处理，不凝气体排至热电厂锅炉进行焚烧处理。

污泥处理工艺流程如图 8-107 所示。

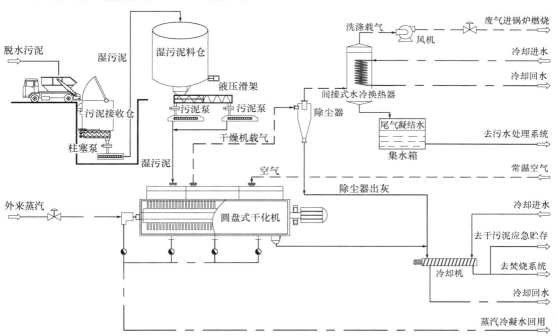

图 8-107　合肥市东方热电污泥处理工程污泥处理工艺流程图

从污水处理厂用车辆运来的含水率 80％的脱水污泥经过地磅称重后卸入地下污泥接收仓，采用柱塞泵将污泥泵送至地面高架的湿污泥料仓中，再用螺杆泵将污泥输送入污泥干化机进行干化处理，处理后污泥的含水率由 80％降至 40％以下。干化机干化处理后的污泥经间接冷却降低温度，经由输送机输送至热电厂中的给煤系统和煤混合，进行掺烧。设置干污泥料仓用于干化污泥的贮存。

地下污泥接收仓和地面高架湿污泥料仓均设置滑架设施，防止污泥架桥，两者均采用碳钢结构，并进行防腐处理。用于输送污泥的柱塞泵和螺杆泵均配备一个矩形进料斗和增大横截面的物料挤压区，并带有进料推进螺旋。

污泥干化机采用圆盘式干化机，主体由一个圆筒形的外壳和一组中心贯穿的圆盘组成，圆盘是中空的，热介质从中流过，并把热量通过圆盘间接传输给污泥，污泥从圆盘和外壳之间通过，接受圆盘传递的热能后水分蒸发，污泥水分形成的水蒸气聚集在圆盘上方的穹顶，通过通风带出干化机。

污泥干化过程产生的载气通过引风机排出干化机，干化机维持微负压运行。干化尾气经除尘器降低粉尘含量后，进入一个间接式水冷换热器进行冷凝处理。冷凝水经由专用废水管道排至附近污水处理厂进行处理。干化过程中产生的不凝气体的主要成分是一些恶臭气体，进入热电厂锅炉进行焚烧处理。此外，污泥贮存产生的臭气经收集后进行除臭处理，处理达标后排放。

为了提高工程运行的安全性，设置 1 套氮气保护系统，用于干污泥料仓和干化机运行时的应急保护。

干化后的污泥量为 100t/d，含水率约为 40%。干化污泥经由输送机输送至热电厂的给煤车间，通过抓斗进入输煤皮带，和煤均匀混合后，进入热电厂锅炉中进行焚烧发电。

8.11.3 主要工程设计

1. 总平面布置

工程位于合肥市东方热电厂内，按不同的功能进行分区，并和热电厂现有设施有机结合，形成一个整体。根据区域功能的不同，主要分为污泥接收贮存区和污泥干化处理区两大区域，采用不同的层高。工程总平面布置如图 8-108 所示。

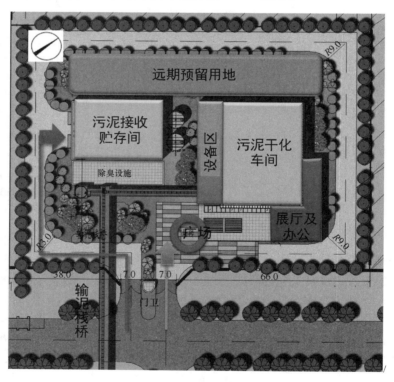

图 8-108　合肥市东方热电污泥处理工程总平面布置图

合肥市主导风向为东南风，因此污泥接收贮存区设置在整个工程的西面。脱水污泥通过车辆运输，经地磅称重后卸入污泥接收贮存间。为便于污泥运输车卸泥并考虑环境因素，污泥接收贮存间南侧统一设置混凝土地坪，北侧设置污泥接收仓，用于贮存脱水污泥。

污泥接收贮存间的东北侧为污泥干化处理区，布置污泥干化车间。污泥干化车间内设置3条污泥干化处理线，还布置有展厅和参观通道。辅助设施包括配电间、控制室、办公室等，集中布置在污泥干化车间的东南侧，和污泥干化车间形成有机整体。引风机、冷凝设备、冷却设备等干化系统运行配套设备集中布置于污泥干化车间的西南侧。

因工程所处的热电厂内已有办公、食堂等生活辅助建筑设施，故本工程不新建生活辅助建筑设施。

整个污泥处理工程占地面积为1.06hm²。工程主要建（构）筑物如表8-60所示。

合肥市东方热电污泥处理工程主要建（构）筑物一览表 表 8-60

建（构）筑物名称	数量	备注
污泥接收和储存间	1座	
污泥干化车间	1座	含配套设施
输泥栈桥	1座	
除臭设施	1座	
门卫	1座	

工程总平面布置中，人流和物流路线分开。物流（主要为脱水污泥运输）利用热电厂物流入口进入，经地磅称重后通过物流大门进入。人流大门和物流大门用绿化带分隔，两者之间设置一座门卫。

工程涉及的蒸汽、除盐水、干化出泥、尾气、给水排水等系统均来自或接至热电厂，结合热电厂现状设施，合理设计相关设施，做到既不影响热电厂的正常运行，又实现污泥处理工程和热电厂的一体化运行。

工程建成后实景如图8-109所示。

图 8-109　合肥市东方热电污泥处理工程建成后实景

2. 污泥接收系统设计

污泥接收系统包括污泥接收、贮存和给料系统，位于厂区西北侧的污泥接收贮存间内。污泥通过车辆运输，卸入地下污泥接收仓内，污泥经柱塞泵输送入地面高架的湿污泥料仓，再经螺杆泵输送入干化机内进行干化处理。污泥接收车间卸料如图8-110所示，污泥接收车间外脱水污泥贮存系统如图8-111所示。

图 8-110　合肥市东方热电污泥处理工程污泥接收车间卸料

图 8-111　合肥市东方热电污泥处理工程污泥接收车间外脱水污泥贮存系统

污泥接收系统的主要设计参数：

地下污泥接收仓数量：2 套；

单套地下污泥接收仓容积：40m³；

污泥柱塞泵数量：2 台；

单台污泥柱塞泵流量：25m³/h；

污泥柱塞泵压力：4MPa；

地上湿污泥料仓数量：2套；

单套地上湿污泥料仓容积：200m³；

污泥螺杆泵数量：4台，3用1备；

单台污泥螺杆泵流量：5m³/h；

污泥螺杆泵压力：2.4MPa。

3. 污泥干化系统设计

污泥干化系统总体设计如图8-112所示。

污泥干化系统的主要设计参数：

污泥干化机数量：3套；

单套污泥干化机污泥处理能力：100t/d（以含水率80％计）；

单套污泥干化机水蒸发能力：2.8t/h；

进泥含水率：80％；

出泥含水率：40％；

干化方式：间接传热；

热源品质：0.5MPa、153℃的饱和蒸汽。

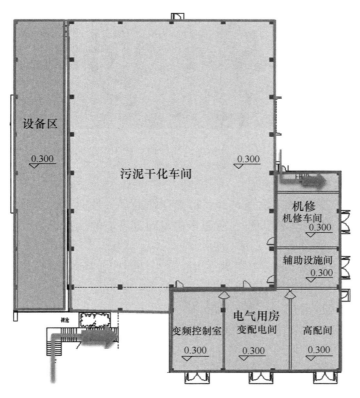

图 8-112　合肥市东方热电污泥处理工程污泥干化系统总体设计图

4. 干污泥输送系统设计

干化后的污泥经车间内的水平皮带输送机和倾斜皮带输送机等输送至室外输泥栈桥。

栈桥内架空的密闭皮带输送机将污泥输送至热电厂的给煤车间内。污泥通过抓斗进入输煤皮带，和煤均匀混合后进入热电厂锅炉中焚烧。皮带输送机全程密闭，设置干污泥料仓，用于干化污泥的贮存，干污泥输送和料仓如图 8-113 所示。

干污泥输送系统的主要设计参数：

皮带输送机：$20m^3/h$，2 套，1 用 1 备；

干污泥料仓：$100m^3$，1 座。

图 8-113　合肥市东方热电污泥处理工程干污泥输送和料仓

5. 臭气处理系统设计

污泥处理全流程采用密闭输送，并对可能存在的臭气外逸点进行负压收集。除臭系统的处理对象为污泥接收和贮存设施、污泥干化车间等可能的泄漏点收集的臭气和污泥干化机停机后残存的载气。

污泥干化机产生的载气经除尘、冷凝后，送至热电厂的锅炉进行焚烧处理。由于热电厂焚烧线运行与污泥干化机载气产生存在一定关系，热电厂焚烧线运行产生蒸汽，蒸汽作为热源维持污泥干化机运行，污泥干化机工作才可能产生载气，因此，在热电厂焚烧线停运的情况下没有载气产生，无需热电厂锅炉除臭处理。污泥干化机内残留的少量载气可通过旁通管路接入除臭系统进行处理。

污泥接收和输送环节中产生的臭气经负压收集后，输送至除臭系统进行处理。

工程设计除臭气量为 $40000m^3/h$，采用 1 套处理规模为 $40000m^3/h$ 的生物滤池＋化学洗涤除臭系统，如图 8-114 所示。臭气经除臭系统处理后，排放的臭气浓度满足《恶臭污染物排放标准》GB 14554—1993 中规定的厂界（防护带边缘）废气排放二级标准，尾气采用一根直径为 1300mm、高度为 15m 的排气筒进行排放。

图 8-114　合肥市东方热电污泥处理工程除臭系统

6. 建筑设计

　　工程建筑采用大块面的材质对比塑造外立面，灰色仿石、块面玻璃幕墙和暖灰色钢构装饰架为方正的工业建筑创造出丰富的立面效果。污泥干化车间建筑立面设计如图 8-115 所示。

图 8-115　合肥市东方热电污泥处理工程污泥干化车间建筑立面设计图

8.11.4　工程特点

1）利用东方热电厂的蒸汽对污泥进行干化处理，通过干化处理将污泥的含水率由80%降至40%以下，干化污泥输送至热电厂，作为燃料和煤混烧，并进行热电联产。

2）采用热电厂的低压蒸汽作为工程污泥干化处理系统的外加辅助热源，节约工程投资和运行成本。

3）吸取国内外类似污泥干化工程的经验，在污泥处理工艺流程、污泥处理设备选型和布置、管道材质选择和布置方面进行优化，如工程针对国内污泥含砂量较高的特点，污泥输送管道和设备均采用耐磨材料等。

4）采用以管道输送设备为核心的脱水污泥输送系统，实现输送系统全封闭，对环境无污染，消除了脱水污泥敞开输送方式造成的环境污染问题。

5）采用集约化布置形式，按功能分区，做到物流、人流和工艺管线的有序布置，节省工程用地。

6）注重污泥在干化处理过程中的臭气处理，针对污泥干化产生的载气中臭气成分变化大、性质复杂的特点，污泥干化载气采用焚烧法作为主要处理工艺，同时采用运行可靠、控制灵活的生物滤池+化学洗涤的两级除臭工艺。针对高温干污泥易散发臭气的特点，在污泥干化机的出料口设置冷却螺旋装置，将污泥冷却到40℃以下，在确保污泥正常输送的同时减少臭气的散发量。针对干污泥输送过程中易散发臭气和粉尘的特点，干污泥全过程密闭输送，对工程中可能存在的臭气外逸点进行负压收集，改善车间内和周边的环境。

7）污泥干化尾气的洗涤采用产生废水量少的间接洗涤工艺，在减少工程需水量的同时，减少外排废水量。

8）注重工程噪声污染防治，对风机、泵等设备设置了隔声、减震等装置，确保工程厂界噪声达到《工业企业厂界环境噪声排放标准》GB 12348—2008 二类标准，尽量减少污泥干化处理工程对环境的影响。

8.12　苏州市相城区有机废弃物协同厌氧处理项目

8.12.1　项目概况

1. 项目简介

苏州市相城区有机废弃物协同厌氧处理项目主要结合相城区一泓污水处理厂改扩建工程，同步建设相城区餐厨垃圾和地沟油等有机废弃物的处理处置设施。有机废弃物的处理结合污水处理厂改扩建和污泥干化厂扩建统一规划论证，同步以循环经济理念全面解决有机废弃物和渗滤液的各项处理难题，避免单独建厂无配套设施带来二次污染问题，实现循环经济、产业协同、节能降耗、安全环保和资源利用的共同目标。现状污水处理厂设计规模为 2 万 m³/d，扩建设计规模为 2 万 m³/d，扩建完成后污水处理厂总设计规模为 4 万 m³/d；餐厨垃圾处理设计规模为 200t/d（含水率 85%），协同厌氧污泥设计规模为 40t/d（含水率 80%）；地沟油处理设计规模为 20t/d。

项目选址位于苏州市相城区广济北路以东、汤家沿河以北，现状一泓污水处理厂内预留扩建用地上；总预留用地面积为 $1.82hm^2$。项目选址距离周边居民区均在 300m 以上，对周边影响较小。项目位置如图 8-116 所示。

图 8-116　苏州市相城区有机废弃物协同厌氧处理项目位置图

2. 工程建设标准

项目执行的环境质量标准包括污泥处理标准、沼液处理标准、臭气治理标准、噪声控制标准、锅炉大气污染物排放标准和污泥气净化相关标准等。

1）污泥处理标准

餐厨垃圾、地沟油预处理或有机废弃物和污泥协同厌氧消化目标按照《城镇污水处理厂污染物排放标准》GB 18918—2002 达到减量化、稳定化、无害化并为资源化准备条件。经过厌氧消化处理后的脱水沼渣达到稳定化指标要求，为进一步的干化掺烧提供合格原料。

2）沼液处理标准

餐厨垃圾厌氧消化过程和后续脱水过程产生的水污染物排放执行国家标准的规定。沼液预处理后结合市政污水处理参考《污水排入城镇下水道水质标准》GB/T 31962—2015的纳管指标，沼渣脱水上清液、餐厨垃圾预处理车间等的冲洗水排放由于在污水处理厂内部，预处理后可结合一泓污水处理厂二期扩建生物反应池和深度处理单元达到高标准的排放要求。

3）臭气治理标准

根据环境影响报告书审批意见，恶臭气体排放厂界执行《恶臭污染物排放标准》GB 14554—1993 中一级标准，以厂区边界为起点设置 100m 卫生防护距离，卫生防护距离内不得有居民住宅等环境敏感目标。

4）噪声控制标准

根据环境影响报告书审批意见，运营期间噪声控制限值按《工业企业厂界环境噪声排放标准》GB 12348—2008 中二类标准执行。

5）锅炉大气污染物排放标准

根据环境影响报告书审批意见，污泥气发电机组废气、污泥气锅炉燃烧废气和火炬燃烧废气排放执行《锅炉大气污染物排放标准》GB 13271—2014 中表 3 燃气标准，排气管高度为 15m。

6）污泥气净化和其他资源化产品指标

对照锅炉大气污染物排放标准，污泥气须控制污染物指标，污泥气提纯除二氧化碳外主要执行《天然气》GB 17820—2018 中二类气技术指标，提纯后的污泥气适用于发电和蒸汽锅炉供热。

由于地沟油和餐厨垃圾分离的油脂总量偏小，采用预处理分离毛油外售作为生物柴油生产原料，毛油的质量控制执行国家标准关于杂质和酸价指标的规定。

8.12.2 污泥处理工艺

1. 处理处置工艺

餐厨垃圾经计量系统、接收系统、自动分选、除渣除砂、固液分离、破碎制浆，然后和经过预处理的脱水污泥进行配比，混合调质后进行协同厌氧消化，厌氧消化产生生物质能源污泥气；沼渣脱水后外运干化掺烧。污泥气经过净化后优先供蒸汽锅炉使用，多余的污泥气用于发电。厌氧消化沼液经过预处理后结合一泓污水处理厂扩建污水处理设施处理后达标排放。地沟油采用熔油捞渣＋加热搅拌＋三相分离技术去杂提纯，生产出的毛油可直接作为生物柴油的生产原料。处理工艺流程如图 8-117 所示。

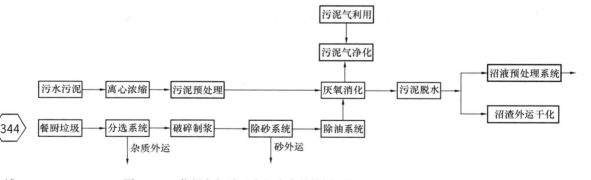

图 8-117　苏州市相城区有机废弃物协同厌氧处理项目处理工艺流程图

餐厨垃圾经专用收运车辆运输抵达厂区后首先进行称重计量，然后进入预处理车间，经卸料平台卸料后进行粗分选，分离出来的大块无机物杂质外运至填埋场处理，分选后制作的浆料进入厌氧消化系统。

污水污泥浓缩至含水率 90％，并经均质预处理和加热后进入厌氧消化系统。

地沟油经专用收运车辆送达厂区后，首先进行熔油捞渣，除渣机分离出的固相物质进入餐厨垃圾预处理系统和餐厨垃圾协同处理，然后加热搅拌进行深度油水杂分离，分离出的粗油脂可贮存外售，分离出的含水率较高的有机固渣和剩余的有机浆液进入厌氧消化系统。

厌氧消化产生的污泥气中含有甲烷、氢气、二氧化碳、硫化氢和其他气体。甲烷浓度通常可达到50％～65％，污泥气经过化学洗涤＋生物脱硫＋干式脱硫净化后向蒸汽锅炉或污泥气发电机供应。

沼液经过预处理后送至一泓污水处理厂和市政污水合并处理，并达标排放。

沼渣经脱水后外运至污泥干化厂进行热干化，干污泥产品车运至望亭发电厂掺烧发电。

2. 建（构）筑物

按照工艺流程，建（构）筑物设施如表8-61所示。

苏州市相城区有机废弃物协同厌氧处理项目建（构）筑物一览表　　　　表8-61

建（构）筑物名称		数量	备注
有机废弃物预处理车间	餐厨垃圾预处理	1座	合建
	地沟油预处理	1座	
	10kV变电所	1座	
厌氧消化单元		2座	
污泥气处理单元		1座	
污泥气贮柜		1座	
余气燃烧塔		1座	
污泥气发电和锅炉房		1座	
地磅		1座	
毛油贮存和输送单元		1座	

8.12.3　主要工程设计

1. 总平面布置

1）布置原则

总平面布置的基本原则是合理组织各种交通流线，力求功能区划明确；满足生产管理、运输等各方面的要求。按功能分区相对集中的原则，总平面布置划分为污水处理区、沼液预处理区、餐厨垃圾预处理区和厌氧消化区等。

2）平面布置

在仅有的1.82hm²可用地上布置有机废弃物处理工程和污水处理厂改扩建工程是一项较大的挑战。在交通和物流合规的基础上充分运用高度集约化的设计理念，厂区内部道路设计环通，以满足消防和运输要求。边门至餐厨垃圾预处理车间之间设主干道宽为6m的双车道以保障厂区内物流运输的通畅；其余次干道宽为4m；道路和建（构）筑物用人行道板连接，人行道宽为1.5～2.0m。

在预留用地上由北向南依次布置厌氧消化、餐厨垃圾预处理、发电机房、沼液预处理、二期工程污水处理等单元。有机废弃物预处理车间设计应根据餐厨垃圾处理工艺的特点，按照工艺流程的顺序，保证有机废弃物处理工艺流程和物料输送顺畅，并具有良好的通风和采光条件，方便臭气的控制和处理。

污水处理在现状 2 万 m³/d 规模的基础上结合有机废弃物处理扩建 2 万 m³/d，并同步达到最新的排放标准。有机废弃物预处理车间的生产冲洗废水、沼渣脱水车间的上清液、污泥气洗涤和除臭洗涤产生的废水在沼液综合处理水池汇总预处理后进入扩建的二期工程生物反应池，处理后达标排放。

厌氧消化区主要包括厌氧反应罐、污泥气水分离单元、污泥气贮柜、污泥气脱硫单元和余气燃烧塔等。

根据厂区人流和物流需要，厂区运输设置两个出入口，进入厂区的物流和人流分离。物流线设计 30t 地磅计量系统。总平面布置如图 8-118 所示。

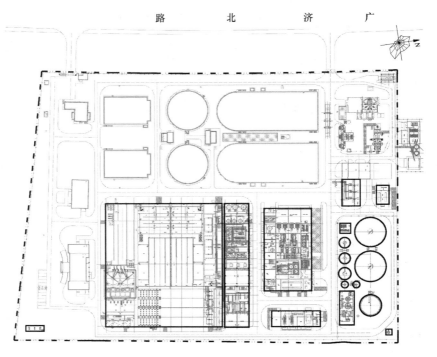

图 8-118　苏州市相城区有机废弃物协同厌氧处理项目总平面布置图

3）高程设计

厂区设计地坪标高为 3.00m，道路中心标高确定为 2.9m。扩建的二期工程充分利用现状污水预处理和深度处理设施的高程，新增深度处理前增加中间提升，实现和现状污水处理高程和尾水排放的衔接。

2. 有机废弃物处理设计

有机废弃物处理工艺采用高效预处理、湿式中温厌氧消化处理技术，工艺流程包括餐厨垃圾进料和预处理、地沟油进料和预处理、污水污泥预处理、湿式中温厌氧消化、污泥气处理和利用、沼渣脱水和沼液预处理等子系统；公用和辅助工程包括供排水、供配电、除臭等结合污水处理厂改扩建工程一并考虑。

餐厨垃圾进料卸料预处理系统和除臭等均集中布置在 1 座预处理车间内，如图 8-119所示。预处理车间自左至右布置卸料大厅、卸料站、预处理分选、细筛分制浆、三相分离和油脂分离、除渣除砂等设施，右侧是配电用房和控制室。预处理车间北侧是进出地下的通道，地下室用于分选后的粗大物料垃圾的装卸和外运。预处理车间南侧是细渣的外运通道和除臭用房等。预处理车间北面和地下通道之间是地沟油的预处理用房。

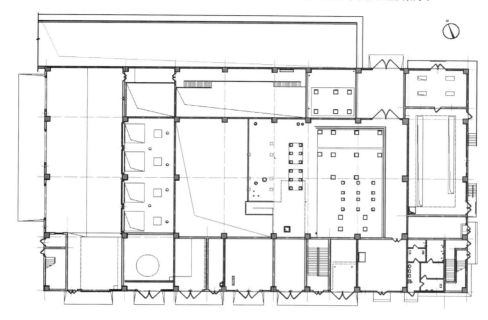

图 8-119　餐厨垃圾预处理车间平面布置图

餐厨垃圾预处理车间的剖面布局如图 8-120 所示，右侧是卸料大厅和卸料站，中部上方布置筛分、分离制浆等设备，下方是油水分离和除渣除砂等水池。左侧地下室上方二楼为配电间、三楼为中控室。

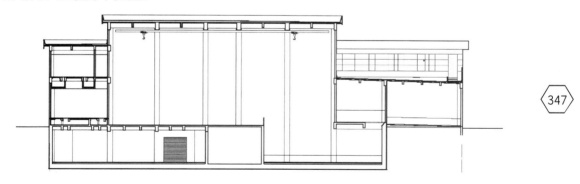

图 8-120　餐厨垃圾预处理车间剖面图

1）餐厨垃圾进料和预处理系统设计

（1）计量称重系统

餐厨垃圾和地沟油收运车进入厂区后，先对车辆进行称重计量。设计采用无人值守智能地磅计量称重系统，即采用无线射频设备自动识别过衡车辆，视频监控系统配合计算机自动完成称重，能自动辨识汽车的牌号、自重、所属单位，能动态称出汽车重量，通过智能化控制自动显示汽车毛重和净重，并将数据实施分类管理。系统还具有数据、图像远传功能，便于称重计量过程的远程监督管理。

（2）物料接收系统

经称重后的餐厨垃圾收运车进入卸料间，设置 2 套平行的物料接收系统，可同时接受两辆餐厨垃圾收运车卸料。

两座卸料池采用钢筋混凝土结构，池顶设两座液压启闭门，当车辆行驶至感应开关处时，卸料池顶液压启闭门自动开启，卸料完成后自动关闭，全过程自动控制，使臭气外逸可能性降至最小。卸料池接收料斗容积为 100m³，能够贮存 1d 的收运量。接收料斗中的餐厨垃圾经料斗螺旋输送装置进入后续的自动分选系统。

卸料间设置自动清洗系统，在车辆卸料完成后，使用约 60℃ 的热水自动冲洗卸料口和车辆，车辆冲洗完成后驶出卸料间。另外，卸料接收过程为重点臭气控制源之一，在接收过程中采用多种方式控制臭气无组织扩散。

卸料大厅设置双道门封闭，收运车到达时，外门打开，里门关闭。收运车进入卸料大厅后，外门关闭，里门打开，收运车进行卸料作业。作业完毕，进行逆向操作。卸料大厅通过臭气收集系统保持负压。

卸料大厅使用快速卷帘门，使臭气和外界彻底隔绝，控制臭气外逸，也便于臭气的收集。

料斗区域和预处理车间其他区域通过建筑隔离墙分隔，且接收料斗在卸料工位对应位置设仓门和卸料口，卸料作业和通风、臭气收集系统联动作业，未卸料仓位仓门保持关闭。

（3）大物质分选系统

大物质分选系统按照物料流程由转鼓洗筛机和旋转滤网等部分组成，实现筛分＋破碎＋再筛分。餐厨垃圾通过无轴螺旋均匀地输送到转鼓洗筛机，通常采用约 60℃ 的热水冲洗。随着转鼓连续不断地转动，转鼓内的垃圾不断跌入洗涤液，上层垃圾由于重力作用压紧下层垃圾，迫使紧贴转鼓内壁的下层垃圾发生变形。主要的食物残渣被水力破碎成小粒径，通过 50mm 鼓筛间隙流入下部沉渣器，洗涤后的细小垃圾和餐厨污水通过筛网进入水力浮选和沉砂分离装置。

转鼓洗筛机筛选出的垃圾和污水直接落入下部的砂水分离器，依靠重力并借助筛洗热水降低流体黏稠度使其保持流动性，轻物质浮选至分离器的上层，相对密度在 1.5 以上的重物质则沉淀至分离器的底部，分离器中部的相对均质物料主要为有机食物残渣，逐步挤压破碎并液化再输送至后续浆料处理单元。重物质如碎玻璃、金属、泥砂、贝壳等在水力旋流作用下迅速沉降至浮选器水斗的底部并通过螺旋外排。塑料碎片和纸张等轻物质则漂浮在分离器中形成浮渣，通过专门的指型撇渣器选择性撇除。

旋转滤网相当于网眼更小的转鼓洗筛机，滤网孔径为 1mm。渣水混合物首先从旋转滤网的一端进入，筛上的细渣进入制浆分选一体机进一步破碎筛分；旋转滤网分离出的液相自流进入撇油池实现油水分离，撇油池内设置蒸汽喷射器控制水温，上层浮油溢流进入泔水油池。泔水油池设计有效容积为 60m³，池内设计蒸汽喷射器加热。分离的泔水油进入三相分离单元，变成毛油、水、浆料，提取毛油后的水和浆料进入厌氧消化系统。

大物质分选系统主要设备参数：

转鼓洗筛机：

数量：2 台；

流量：＞20t/h；

功率：11kW；

筛网孔径：3 组 60mm＋3 组 30mm。

剪切机：

数量：4 台（2 用 2 备）；

流量：50m³/h；

功率：7.5kW；

孔径：5mm。

提升泵：

数量：4 台（2 用 2 备）；

规格：3t/h；

功率：7.5kW。

旋转滤网：

数量：2 台；

流量：10t/h；

滤网孔径：1mm。

进料螺旋：

数量：2 台；

流量：10t/h；

功率：4kW。

（4）制浆分选系统

旋转滤网筛下的粗浆料通过进料螺旋输送至制浆分选一体机。制浆分选一体机兼具精分选和破碎制浆的功能，在对大物质分选筛下物进行精分选的同时，可对粗浆料进行浆化处理。大物质分选筛下物进入制浆分选一体机之后，其中不易破碎的小型金属等杂质由转锤捶打排出系统，塑料碎片、纸张等轻物质由转锤高速旋转离心分离携带出分选机，其余有机固体由转锤破碎制浆，浆料进入贮存池。

制浆分选系统主要设备参数：

制浆分选一体机：

数量：2 台；

流量：10t/h；

功率：37.5kW（变频）。

分选杂物输送机：

数量：1 套；

流量：3t/h；

功率：13kW。

（5）除砂系统

制浆分离出的有机粗浆料在浆料贮存池中通过搅拌器混合均匀后泵送至除砂系统，浆料经过除砂箱、除杂分离机和除砂罐，除杂分离机去除物料中的固渣和惰性物，减小油脂回收提纯和后续处理系统的磨损，除砂罐沉淀后通过砂砾输送机去除和输送有机浆料中的砂砾，分离出来的固渣、砂砾经挤压脱水后外运处置。除砂后的浆料进入高温蒸煮系统。

（6）高温蒸煮系统

经除砂除杂后的有机浆料泵送至高温蒸煮罐，高温蒸煮罐采用蒸汽直喷加热，一方面对有机浆料进行加热，降低浆料黏度，提高油脂分离效果，以利于后续油脂回收系统最大化地回收餐饮垃圾中的油脂；另一方面通过蒸汽加热，在高温和一定机械搅拌作用下使浆料中的有机食物残渣尽可能地液化，再进入后续三相分离中的液相。加热升温调质后的浆料再泵送至油脂回收和提纯系统。

高温蒸煮系统主要设备参数：

高温蒸煮罐：

功能：浆料加热；

数量：3 座；

体积：25m³；

功率：7.5kW。

浆料提升泵：

功能：将浆料输送至油脂回收和提纯系统；

数量：2 台；

流量：25m³/h；

扬程：16m；

功率：5.5kW。

（7）油脂回收和提纯系统

油脂回收和提纯系统的主要处理对象是餐厨垃圾中的油脂，不包括地沟油。系统的主要功能是使浆液中的油脂、固相残渣和有机浆液分离，对粗油脂进行提纯。由于地沟油特性和餐饮垃圾中的油分特性存在较大差异，为了利于系统稳定运行，分别设计相对独立的油脂回收和提纯系统。

经过高温蒸煮后的有机浆料温度为 90℃，经过加热的浆料液体采用三相提油机进行提油，提取含水率为 3% 左右的毛油，同时产生含水率较高的有机固渣和有机浆液。三相提油机分离出的有机固渣和有机浆液在三相出料混合罐中暂存，并通过厌氧进料罐泵送至厌氧消化系统。分离出的毛油在出料缓存罐中暂存，通过毛油提升泵进入毛油贮罐暂存。纯度达 97% 以上的毛油可作为生物柴油的生产原料。

2）地沟油预处理系统设计

（1）熔油捞渣

地沟油收运车收运的地沟油卸入卸料箱，物料进入熔油捞渣机实现加热分离。熔油捞渣机进口处设置一个沥水吊篮进行粗滤，吊篮内废渣通过顶部电动葫芦悬吊卸料。熔油捞渣机顶部设置一面筛板将液相中大于 8mm 的固渣分离，液相则进入加热搅拌罐和调温罐进行后续的油杂分离。

（2）油杂分离

经过捞渣的地沟油在加热搅拌罐中加热分层，加热搅拌罐的上层油进入调温罐进一步加热分层，调温罐的上层油实现分离提纯。加热搅拌罐和调温罐的下层油水混合物排至收集池内缓存后泵送至三相提油机再进行油、水、渣的分离。调温罐分离出的纯度97％以上的油脂，在毛油缓存罐内暂存后泵送至毛油贮罐，可作为生物柴油的生产原料。

（3）污水和固渣处置

熔油捞渣机分离出的固相杂质外运处置，自三相提油机分离出来的有机固相和液相泵送至厌氧消化系统。

3）污水污泥预处理系统设计

一、二期工程二沉池的剩余污泥在沼渣脱水车间利用离心浓缩机浓缩后泵送至污泥预反应罐。污泥在预反应罐内调质后（含水率90％）通过浓缩污泥泵泵送至厌氧进水罐和餐厨浆料混合均匀，调节温度至38℃以上，再泵送至厌氧消化罐。

污水污泥预处理系统主要设计参数：

离心浓缩机数量：2台（1用1备）；

离心浓缩机规格：$40\sim80m^3/h$（$\geqslant600kgTS/h$）；

离心浓缩机功率：75kW＋15kW；

污泥螺杆泵数量：2台（1用1备）；

污泥螺杆泵流量：$10m^3/h$（变频调节）；

污泥螺杆泵压力：30m；

污泥螺杆泵功率：4kW；

污泥预反应罐数量：1座；

污泥预反应罐直径：4m；

污泥预反应罐高度：6m；

污泥预反应有效容积：$50m^3$；

污泥含固率：10％TS；

污泥螺杆泵数量：2台（1用1备）；

污泥螺杆泵流量：$15m^3/h$（变频调节）；

污泥螺杆泵压力：0.3MPa；

污泥螺杆泵功率：4kW；

循环污泥泵数量：1台；

循环污泥泵规格：$10m^3/h$，0.6MPa；

循环污泥泵功率：7.5kW；

搅拌器数量：1台；

搅拌器功率：11kW。

4）湿式中温厌氧消化系统设计

（1）厌氧进料罐

浓缩后经过预处理的污泥和经过预处理的餐厨浆液进入厌氧进料罐均质暂存，保证厌氧消化罐稳定进料。物料在厌氧进料罐内再次均质并完成热量交换，温度达到38℃以上，后续进入厌氧消化罐发酵；多余热量通过冷却塔和换热器带走，实现系统的热量调节。

主要设计参数：

厌氧进料罐：

数量：2座；

体积：500m³；

直径：7m；

高度：13m。

厌氧进料罐搅拌机：

数量：2台；

功率：7.5kW。

厌氧进料罐回流泵：

数量：2台；

流量：20m³/h；

扬程：30m；

功率：5.5kW。

冷却塔：

数量：1台；

流量：150m³/h。

换热器：

数量：1台；

规格：管式换热器。

厌氧进料泵：

数量：螺杆泵2台；

流量：15m³/h；

扬程：30m；

功率：4kW（变频）。

（2）厌氧消化罐

污泥和餐厨垃圾协同处理采用湿式中温厌氧消化工艺。设计配置2座厌氧消化罐。

厌氧消化罐顶安装搅拌器和水封，厌氧消化罐底部设计多点自动排渣装置，避免无机沉渣在厌氧消化罐内富集累积。

厌氧消化罐主要设计参数：

餐厨浆料量：16788kgTS/d；

餐厨浆料含水率：92%；

餐厨浆料体积：205.7m³/d；

挥发性固体含量：80%；

挥发性固体量：13430.4kgVSS/d；

厌氧消化温度：33～35℃；

污泥浆料量：8593kgTS/d；

污泥浆料含水率：90%；

污泥浆料体积：85.9m³/d；

挥发性固体含量：50%；

挥发性固体量：4296.5kgVSS/d；

厌氧消化时间：51.5d；

投配率：5.2%；

厌氧消化罐数量：2座；

厌氧消化罐容积：7980m³；

厌氧消化罐直径：22m；

厌氧消化罐高度：22m。

厌氧消化产生的污泥气经过脱硫单元处理后，由压缩机送至蒸汽锅炉、发电机等污泥气利用单元。

（3）厌氧出水罐

经过厌氧消化充分发酵后产生的沼液泵送至厌氧出水罐。而后进入沼渣脱水系统和沼液预处理系统。

主要设计参数：

厌氧出水罐：

数量：1座；

体积：750m³；

直径：8m；

高度：15m。

污泥回流泵：

数量：螺杆泵2台；

流量：5m³/h；

扬程：30m；

功率：1.5kW。

5）污泥气处理和回收利用系统设计

厌氧消化罐产生的污泥气经池顶污泥气管汇集后，通过汽水分离器分离污泥气中的冷凝水和颗粒物，同时防止火焰回到厌氧消化罐中。污泥气进入污泥气柜贮存。再经汽水分离至净化单元进行脱硫和过滤处理。净化后的污泥气通过增压风机送至各用气单元，同时防止污泥气直接排入大气造成污染，污泥气脱硫后支路通往余气燃烧塔紧急燃烧排放。

污泥气利用单元有污泥气发电机和蒸汽锅炉，锅炉产生的蒸汽用于餐厨垃圾预处理、地沟油预处理和厌氧消化罐加热等。

厌氧消化罐收集净化后的污泥气除二氧化碳指标外符合《天然气》GB 17820—2018中二类气标准。为了确保污泥气燃烧后二氧化硫含量≤50mg/Nm³，经验算复核脱硫后的污泥气硫化氢含量须控制≤20mg/Nm³，同时须保证脱除污泥气中的高沸点组分（CO_2、H_2O等）后的污泥气甲烷浓度≥97%。

污泥气处理系统设计参数：

污泥气平均流量：460Nm³/h；

污泥气高峰流量：598Nm³/h（考虑1.3的高峰系数）；

设计脱硫能力：700Nm³/h。

（1）污泥气脱硫

污泥气脱硫采用湿法洗涤＋生物脱硫＋干式脱硫技术，污泥气脱硫除杂成套设备设计流量为 700Nm³/h。污泥气脱硫后的 H_2S 含量控制目标为≤20mg/Nm³。

（2）污泥气贮存

污泥气产量根据物料衡算为 11045Nm³/d，按照发电机组连续运行，贮气容积按照发电机日用气量的 10%～30% 考虑，设计污泥气贮存空间为 2000Nm³。

设计采用金属外壳的柱形膜式贮气柜，膜式贮气柜设置 2 台污泥气增压风机，污泥气增压风机采用离心式防爆风机。为满足发电机对燃气粉尘含量的控制要求，污泥气增压风机出口采用精密过滤器，能够拦截 3μm 以上的颗粒杂质。

（3）余气燃烧塔

设置余气燃烧塔设备 1 套，采用封闭式火炬实现完全燃烧，设计规模为 700Nm³/h。

（4）污泥气利用方案

结合实际情况，净化后的污泥气一部分送至蒸汽锅炉房、一部分进入污泥气发电机房。蒸汽锅炉产生的蒸汽作为餐厨垃圾预处理、地沟油预处理和厌氧消化等系统的热源。餐厨垃圾预处理系统每天运行时间为 10～14h，污泥气蒸汽锅炉的额定蒸发量为 6t/h，额定蒸汽温度为 165℃，额定蒸汽压力为 0.7MPa。根据有机废弃物预处理和厌氧消化在一年四季运行工况的系统热损失，调节蒸汽锅炉的进气量和蒸发量。蒸汽消耗量如表 8-62 所示。

苏州市相城区有机废弃物协同厌氧处理项目蒸汽消耗量（t/d）　　表 8-62

耗能单元	春/秋季	夏季	冬季
餐厨垃圾预处理系统	24.56	20.16	28.96
地沟油预处理系统	2.78	2.00	2.88
合计	27.34	22.16	31.84

餐厨垃圾和脱水污泥经厌氧消化后，满负荷生产每天污泥气产量为 11045Nm³，甲烷含量预估为 55%，单位污泥气发电量为 2.1kWh/Nm³，则每天可发电量最高为 23193.42kWh，折合装机容量为 966.4kW，设计装机容量 2 台 0.6MW。

6）沼渣脱水系统设计

厌氧消化产生的沼渣和污水处理厂新建混凝沉淀池产生的化学污泥混合进行脱水，每天进入脱水系统的沼渣为 345.4m³，干固体为 11.45tTS。设计 1 座沼渣贮存池，尺寸为 8.22m×9.87m×4m。沼渣经污泥螺杆泵送至污泥离心脱水机脱水，设计脱水系统 1 用 1 备 2 条生产线，沼渣脱水后含固率不低于 20%。

沼渣脱水后泵送至 2 座 25m³ 的污泥料仓，由污泥车运送至污泥干化厂，干化污泥进入电厂协同焚烧处置。脱水沼液经过预处理后进入二期工程污水处理单元实现统一处理和达标排放。

7）沼液预处理系统设计

（1）设计进出水水质

沼液预处理系统设计目标主要指标参照《污水排入城镇下水道水质标准》GB/T 31962—2015 表 1 中 A 类标准规定。沼液预处理系统设计进出水水质如表 8-63 所示。

苏州市相城区有机废弃物协同厌氧处理项目沼液预处理系统设计进出水水质一览表　　表 8-63

项目	沼液进水设计	值沼液出水设计值
进水量（m³/d）	250	250
COD_{Cr}（mg/L）	18000	450
BOD_5（mg/L）	6000	100
SS（mg/L）	5000	100
TN（mg/L）	4000	70
NH_3-N（mg/L）	3000	45
TP（mg/L）	150	20

（2）工艺流程

沼液预处理系统设计工艺路线为 MBR 生化系统＋纳滤系统＋纳滤浓缩液高级氧化。设计纳滤系统的清液产率为 70％，纳滤浓缩液通过高级氧化处理后和纳滤清液送至二期工程污水处理单元处理后达标排放。

（3）工艺设计

厌氧消化液通过进料泵输送至沼渣脱水机，产生的脱水沼液自流至脱水清液池，脱水清液池设置预曝气系统，用于吹脱水中的硫化氢等有害气体，同时抑制出水中的厌氧微生物。脱水清液池的出水由 MBR 进水泵提升并经袋式过滤器过滤后进入混凝气浮池，混凝气浮池分离出的清液进入膜生物反应器实现可生化有机物降解和生物脱氮。厌氧反应去除有机物效果较好，但可能造成进膜生物反应器的 C/N 比失调，因此考虑少量餐厨垃圾有机浆料超越厌氧反应器直接进入膜生物反应器，保证膜生物反应器中反硝化所需的碳源，从而保持系统必要的反硝化率和 pH 值的稳定性。沼液生化处理单元包括反硝化和硝化两个分区，超滤膜分离单元设置在沼液预处理车间内，自硝化池设管道引出至超滤膜分离单元实现泥水分离。

沼液先进入混凝气浮池进行初步的浮选分离悬浮固体，整体平面尺寸为 7m×2.8m。混凝气浮池下方设泥斗排泥。

混凝气浮池设计参数：

有效水深：2.5m；

分离区有效容积：10.5m³；

回流比：0.5；

接触区停留时间：10min；

分离区停留时间：1h；

气固比：0.005。

沼液经混凝气浮池分离后，上清液首先进入反硝化池，同时进入的还有硝化池的回流硝化液和超滤污泥回流液。进水管道上设置电导率仪、电磁流量计和 pH 计，监测生化进水的电导率、pH 值和流量信号。反硝化池实现脱氮功能，将回流硝化液中带入的大量 NO_3^- 和 NO_2^- 还原为 N_2 并释放到空气中。

反硝化池设计参数：

有效水深：8m；

有效容积：755m³；

水力停留时间：3.0d；

污泥浓度：8g/L；

反硝化率：99%；

混合液回流比：12：1。

反硝化池出水由连通孔进入硝化池，硝化池采用射流曝气的方式进行充氧，通过高浓度的好氧微生物作用，污水中的大部分有机污染物在硝化池中降解，氨氮在硝化菌作用下氧化为硝酸盐。

硝化池单组设计参数：

有效水深：8.0m；

有效容积：1500m³；

水力停留时间：6d；

污泥浓度：8g/L。

沼液生化处理系统出水经由超滤进水泵进入超滤系统实现泥水分离，超滤系统采用外置管式超滤膜，设计规模为250m³/d，高峰处理能力为330m³/d。超滤后清液排入超滤清液槽，浓缩液回流至一级反硝化池，剩余污泥排入污泥脱水系统进行处理。沼液生化处理微生物菌体通过高效超滤系统实现分离，确保大于20nm的颗粒物、微生物和悬浮物安全地截留在系统内。

超滤单元为集成模块化装置，所有与系统相关的设备、仪表、膜、在线清洗、自控系统等成套设计模块化制作。超滤系统主要设备包括超滤集成设备、超滤清液槽、超滤清液循环泵等。

超滤系统主要设备参数：

超滤集成设备：

数量：1套；

类型：管式超滤膜（带清洗功能）；

设计流量：250m³/d；

功率：90kW。

超滤清液槽：

功能：超滤清液贮存；

数量：1座；

体积：10m³。

超滤清液循环泵：

功能：超滤清液内部循环；

数量：1台；

流量：20m³/h；

扬程：15m；

功率：3kW。

超滤出水的SS、氨氮、TN等指标均已达到排放标准，但由于超滤清液中含有部分不可生化降解或难生化降解的有机物，极端情况下超滤出水COD_{Cr}尚不能达到排放标准，因此采用纳滤系统对超滤出水进行深度处理，纳滤出水达到《污水排入城镇下水道水质标准》GB/T 31962—2015表1中A类标准，通过清液泵输送至厂内市政污水处理单元。

纳滤采用卷式纳滤膜元件，纳滤膜的分离孔径为 $1\sim10$nm，平均工作压力为 $0.5\sim1.5$MPa。与超滤或反渗透相比，纳滤过程对于分子量小于500的有机分子和一价盐离子几乎不截留，对于二价或多价离子和分子量在500以上的有机分子截留较好。纳滤系统采用在线冲洗和化学清洗。

纳滤浓缩液采用混凝气浮＋中温催化氧化＋中和沉淀＋活性炭过滤的处理工艺。纳滤浓缩液原液 COD_{Cr} 一般高达 $4000\sim6000$mg/L，经过混凝沉淀的纳滤浓缩液 COD_{Cr} 和盐分得到部分去除或降低。

经过初步处理和去除硬度的纳滤浓缩液 COD_{Cr} 大约为 $1600\sim2400$mg/L，进水通过预换热和加热，达到70℃的最佳反应温度并投加催化氧化剂。系统出水采用投加氢氧化钠调节pH和沉淀部分金属离子。经过中温催化氧化处理后的纳滤浓缩液 COD_{Cr} 大约为 $250\sim400$mg/L。

由于系统出水采用投加氢氧化钠调节pH，出水中含有金属盐沉淀物，所以出水设置中和沉淀池后纳入活性炭吸附单元进一步吸附过滤截留难降解有机污染物，控制出水 COD_{Cr} 小于150mg/L后排入二期工程污水处理单元协同处理后排放。

3. 臭气处理设计

1）主要恶臭污染源

恶臭污染源主要来自餐厨垃圾预处理车间、餐厨垃圾和地沟油卸料间、地沟油预处理车间、沼渣脱水机房和废液池、沼液预处理和二期工程污水处理单元等。

恶臭污染源基本可以划分为三大类，分别采取针对性的方案实现收集和处理。

第一类：餐厨垃圾预处理车间、餐厨垃圾和地沟油卸料间、地沟油预处理车间等，这些单体的臭气强度高，臭气量大。

第二类：沼渣脱水机房和废液池、污泥处理和污水预处理单元，这些单体臭气浓度中等、臭气量也中等。

第三类：二期工程污水处理单元，其产生的臭气浓度较低、臭气量较大。

三类恶臭污染源臭气浓度如表8-64～表8-66所示。

苏州市相城区有机废弃物协同厌氧处理项目第一类恶臭污染源臭气浓度　　表8-64

指标名称	指标值
温度（℃）	≤40
硫化氢（mg/Nm³）	≤200
氨（mg/Nm³）	≤500
胺（mg/Nm³）	≤20
甲硫醇（mg/Nm³）	≤20
臭气浓度（无量纲）	约50000

苏州市相城区有机废弃物协同厌氧处理项目第二类恶臭污染源臭气浓度　　表 8-65

指标名称	指标值
温度（℃）	≤40
硫化氢（mg/Nm³）	≤30
氨（mg/Nm³）	≤50
胺（mg/Nm³）	≤5
甲硫醇（mg/Nm³）	≤5
臭气浓度（无量纲）	约 5000

苏州市相城区有机废弃物协同厌氧处理项目第三类恶臭污染源臭气浓度　　表 8-66

指标名称	指标值
温度（℃）	≤40
硫化氢（mg/Nm³）	≤15
氨（mg/Nm³）	≤50
胺（mg/Nm³）	≤1
甲硫醇（mg/Nm³）	≤1
臭气浓度（无量纲）	约 500

2）除臭工程设计

除臭气量的确定原则是在确保臭气不外逸的情况下尽量减少工程投资，工程范围内的臭气量计算如表 8-67 所示，总臭气风量为 50000m³/h。

苏州市相城区有机废弃物协同厌氧处理项目臭气处理规模　　表 8-67

除臭源		空间体积（m³）	换气次数（次/h）	风量（m³/h）	设备规格（m³/h）
餐厨垃圾和地沟油预处理车间	卸料池	129.6	20	2592	25026.4
	沥水收集池	65.88	20	1317.6	
	除渣机房间	309.375	20	6187.5	
	卸料大厅	2150	3	6450	
	出渣间	480	6	2879	
	贮罐	180	20	3600	
	地沟油处理空间	100	20	2000	
沼液预处理单元	硝化池	249.6	3	4049	7980
	反硝化池	124.8	12	1498	
	清水池	72.8	12	874	
	脱水清液池	78	12	936	
	污泥池	52	12	624	
污泥脱水单元	料仓	15	18	540	3214.37
	污泥缓存斗	20	18	360	
	污泥贮存池	64.3	18	11573	
	沼渣贮存池	64.3	18	11573	

除臭源		空间体积（m³）	换气次数（次/h）	风量（m³/h）	设备规格（m³/h）
污水二级处理单元	二期工程生物反应池（好氧区）	1420	1	8350	12826
	二期工程生物反应池（厌氧区、缺氧区）	1492	3	4476	

第一类恶臭污染源采用酸洗或水洗后和其他臭气共同送至碱洗或氧化洗涤＋水洗＋生物滤池＋活性炭吸附工艺，处理后实现达标排放。

第二、三类恶臭污染源采用碱洗或氧化洗涤＋水洗＋生物滤池＋活性炭吸附工艺，处理后实现达标排放。相关除臭工程设施的设计除臭风量和参数如表8-68所示。

苏州市相城区有机废弃物协同厌氧处理项目除臭设计参数　　　表8-68

名称	除臭风量（m³/h）	排气管直径（mm）	风机数量（台）	风机风量（m³/h）	备注
餐厨垃圾和地沟油预处理车间-除臭系统	25000	1000	1	25000	
沼液预处理单元、污泥脱水单元和二期工程生物反应池-除臭系统	25000	1000	1	25000	

8.12.4　主要经济指标

工程于2019年11月开工，2021年6月开始餐厨垃圾带料调试，2022年3月完成餐厨垃圾部分的性能测试实现运行。调试阶段按照单条生产线逐一进行，均按照单线满负荷生产能力100t/d进行调试和试生产。调试期间均实现了单位餐厨垃圾污泥气产量超过60Nm³/t，约10 Nm³/t用于系统加热，剩余50Nm³/t用于发电后供应餐厨垃圾处理和污水处理厂扩建部分的用电。经现场检测稳定运行时污泥气中甲烷含量约为60％～65％。

不计污水处理部分工程投资，污泥和有机废弃物处理部分工程投资约为1.59亿元。主要技术经济指标如表8-69所示。

苏州市相城区有机废弃物协同厌氧处理项目主要技术经济指标一览表　　　表8-69

指标	指标值
日污泥处理量（tTS/d）（含水率80％，t/d）	8（40）
年污泥处理量（tTS/年）（含水率80％，t/年）	2920（14600）
日餐厨垃圾处理量（tTS/d）（含水率85％，t/d）	30（200）
年餐厨垃圾处理量（tTS/年）（含水率85％，t/年）	10950（73000）
日地沟油处理量（t/d）	20
年地沟油处理量（t/年）	7300
系统年运行时间（h）	7500

指标	指标值
劳动定员（操作）（人）	30
概算工程投资（亿元）	1.59
单位总投资（万元/t）	72
单位电耗（kWh/t）	68
可变成本（元/t）	115
总成本（元/t）	320
经营成本（元/t）	175

8.13 镇江市污泥协同处理处置工程

8.13.1 项目概况

1. 背景简介

镇江市从 2012 年开始研究制定餐厨废弃物无害化处理和资源化利用管理的政策法规，出台了《镇江市餐厨废弃物管理办法》（镇政办发〔2012〕65 号），以国家第四批餐厨废弃物资源化利用和无害化处理试点城市为契机，大力推进相关工作，并于 2012 年被批准为江苏省餐厨废弃物资源化利用和无害化处理试点城市，2014 年被批准为国家第四批餐厨废弃物资源化利用和无害化处理试点城市。

镇江市污泥协同处理处置工程将服务范围内的餐厨废弃物和污水处理厂污泥进行集中处理，有效解决了食品安全和二次污染问题，提升了地区的环境质量，保障了镇江市经济、社会和环境的协调可持续发展，为人口在 200 万～300 万人的大中城市餐厨废弃物和污水处理厂污泥处理探索出了一条无害化、资源化技术路线，相关经验可在全国推广。

2. 项目总体介绍

镇江市污泥协同处理处置工程采用餐厨源头预处理＋污泥热水解＋污泥餐厨协同厌氧消化＋沼渣深度脱水干化土地利用＋污泥气净化提纯的组合工艺，建设规模为 260t/d。餐厨废弃物包括餐厨垃圾和废弃油脂，餐厨废弃物服务范围主要包括主城区和扬中市区各餐饮网点产生的餐厨废弃物，建设规模为 140t/d，其中餐厨垃圾 120t/d（含水率以 85% 计），废弃油脂 20t/d。污水污泥服务范围主要包括征润洲污水处理厂、京口污水处理厂和丹徒污水处理厂，建设规模为 120t/d（含水率以 80% 计）。项目选址于京口污水处理厂污泥处理处置预留用地，占地面积为 3hm²，建设投资为 1.59 亿元。

镇江市污泥协同处理处置工程是国内首个采用城市污水处理厂污泥和餐厨废弃物协同处理并成功运行的项目，2016 年 6 月进泥调试并稳定运行至今。运行结果表明，厌氧消化系统运行效果良好，VS 平均降解率可达到 53.5%～79%（与进料中的污泥和餐厨垃圾比例有关），污泥气产率约为 0.51m³/kgVS（投加）。沼渣含水率降至 40% 以下后作为生物炭土进行园林绿化利用；污泥气部分用于厂内污泥热水解加热和厌氧消化罐保温，多余的污泥气提纯压缩后并入城市燃气管网利用，产气量可达 4000Nm³/d 以上；沼液排入京口污水处理厂处理；臭气经生物除臭后达到国家二级排放标准。

3. 处理目标

镇江市污泥协同处理处置工程处理餐厨废弃物和污泥，使其达到《城镇污水处理厂污染物排放标准》GB 18918—2002 的要求，含水率降至 40％以下，实现减量化、稳定化和无害化，并为资源化准备条件，最终达到《城镇污水处理厂污泥处置 园林绿化用泥质》GB/T 23486—2009 的要求。

废弃油脂通过源头制取毛油，再交由有资质的企业集中处理处置，生产生物柴油。

污泥气通过提纯压缩后输送至城市燃气管网利用。

8.13.2 协同处理工艺

工程采用餐厨源头预处理＋污泥热水解＋污泥餐厨协同厌氧消化＋沼渣深度脱水干化土地利用＋污泥气净化提纯的组合工艺，工艺流程如图 8-121 所示，主要包括以下内容：

1）城区京口污水处理厂以外的其他污水处理厂含水率 80％的脱水污泥由车辆运输至厂区；

2）餐厨垃圾由一体化分选打浆预处理车运输至厂区；

3）餐厨垃圾和污水污泥由磅秤称重后卸入卸料站；

4）污水污泥经螺杆泵提升至高温热水解系统；

5）高温热水解排出的污泥经换热冷却后和预处理后的餐厨垃圾、厌氧消化罐的循环

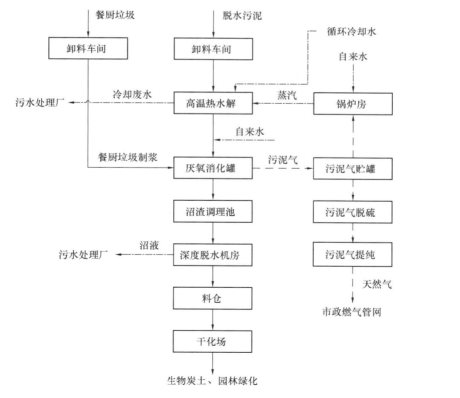

图 8-121　镇江市污泥协同处理处置工程工艺流程图

污泥混合，提升进入厌氧消化罐，有机物在厌氧消化罐内分解产生污泥气；

6）经厌氧消化后的沼渣流入沼渣调理池，暂时贮存调理；

7）调理后的沼渣通过提升泵进入脱水机房，采用脱水机将沼渣含水率降至60%，脱水沼渣输送入料仓暂时贮存；

8）脱水沼渣输送至太阳能干化场，含水率进一步降至40%，外运资源化利用，可作为生物炭土进行园林绿化利用；

9）沼渣脱水过程中产生的沼液排入京口污水处理厂；

10）污泥气进入膜式污泥气贮罐贮存，部分用于厂内污泥气锅炉房，产生蒸汽后供给污泥热水解加热和厌氧消化罐保温，多余的污泥气提纯后制成生物天然气，压缩加臭进入市政燃气管网；

11）尾气通过除臭等设施处理，达到国家有关规定后排放。

8.13.3 主要工程设计

1. 总平面设计

镇江市污泥协同处理处置工程布置在京口污水处理厂污泥处理处置预留用地，形成相对独立的餐厨垃圾和污水污泥协同处理厂。厂内进行功能分区，包括管理和厂前区、卸料区、消化区、脱水区、污泥气净化提纯区和干化区，预留用地作为盆栽、苗圃区暂用地。总平面布置和功能分区如图8-122所示。

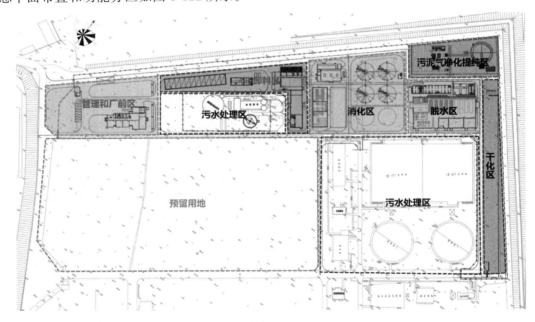

图 8-122　镇江市污泥协同处理处置工程总平面布置和功能分区图

2. 主要系统和构筑物设计

1）餐厨收运预处理系统设计

服务范围内的餐厨废弃物（包括餐厨垃圾和废弃油脂）均采用源头车载预处理设备，避免在厂内集中预处理引起的环境污染问题。

（1）餐厨垃圾收运

餐厨垃圾采用源头预处理，餐厨垃圾源头打浆、分离一体化收运车如图 8-123 所示。收运车密闭性好、可自动装卸、具有保温加热功能。收集装置采用和餐厨垃圾收运车配套的标准方桶，车上设置挂桶机构，将垃圾标准桶提升至车厢顶部，再通过翻料机构将垃圾倒入车厢内，厢体内设置压缩推卸装置、自动破碎分选装置、制浆装置和固渣贮存箱。车下部有大容积污水箱，可贮存压缩沥出的油水，实现固液初步分离。后密封盖采用液压装置开启和关闭，特殊的结构和密封材料可有效防止污水跑漏。收运车备有密封式排料装置，垃圾浆液输送口和餐厨垃圾处理设备对接，实现密封排放，避免二次污染。餐厨垃圾收运至厂区卸料平台后，车载卸料泵口和现场快速接头对接，实施管道动力卸料。车上设置喷水系统，能随时对车上污渍进行清洗。

图 8-123　餐厨垃圾源头打浆、分离一体化收运车

在集中收运过程中，对区域内餐厨垃圾产生的时间和数量进行统计分析，确定最佳收运时间和需要配备的收运车数辆，分别通知餐饮企业和单位，在固定时间、固定地点进行餐厨垃圾的收运，提高运行效率，尽可能减少收集时对周边环境的影响。收运环节监管方面，依托镇江市环卫信息化管理系统的数字环卫平台，以餐厨垃圾和污水污泥协同处理厂为中心，基于车辆卫星定位技术、车辆监管技术、环境监测技术、视频监控技术等先进的电子信息技术，对源头产生、收运过程进行动态监管。

（2）废弃油脂收运

采用废弃油脂源头回收和提纯技术，原理是将餐厨废弃物在产生源头（餐饮企业）当地分选，餐厨废弃物就地静置液相分离（沥水）。固相经餐厨垃圾收运车运送至厂区集中处理，液相进入隔油池，经初级隔油处理后，污水排入污水管道，地沟油抽送入废弃油脂收运车。废弃油脂收运车如图 8-124 所示。废弃油脂收运车上安装有提油机和油脂贮罐，所有液相物料泵入缓冲罐，均质后送入油脂回收和提纯系统，就地车载处理，所产生的污

图 8-124　废弃油脂收运车

水就地排入污水管道，提纯后的成品油纯度为 98％，送入油脂贮罐贮存并运送至油脂加工合作企业。整个过程不需经过餐厨垃圾和污水污泥协同处理厂，可缩短工艺流程，减小厂区运行管理压力。

2）卸料车间设计

卸料车间和中控间、餐厨垃圾除油车间（预留）合建，外形尺寸为 25m×52m×11.5m，其中卸料车间为 25m×17.6m×11.5m，地下部分为 19.2m×17.4m×4.5m，中控间为 11.7m×10.5m×4.5m，预留餐厨垃圾除油车间为 22m×10.5m×4.5m。处理目标为餐厨垃圾和污泥卸料，并去除砂和其他杂质，便于后续进行厌氧处理。

餐厨垃圾、污泥进料相对集中，便于管理。为了尽可能减少卸料产生的臭气外逸，卸料池设置液压启闭盖，仅在卸料时开启。卸料厅设置电动堆积门，仅在收运车进出时打开，卸料厅和卸料池通过臭气收集系统保持负压，控制气体外逸，便于臭气的收集。料斗区域和车间其他区域通过隔离墙分隔，对此区域重点设置臭气收集系统，收集的臭气集中处理。

卸料车间分为污泥卸料池和餐厨垃圾卸料池。外厂含水率 80％的脱水污泥车运至卸料车间，卸入污泥卸料池，污泥卸料池下设置螺旋输送机，将污泥输送至污泥稀释池进行稀释。污泥卸料池设置 2 座污泥料斗，总容量为 120m³，外形尺寸为 8.4m×4.2m×9.5m。餐厨垃圾料斗为备用设备，正常条件下源头打浆的餐厨垃圾由收运车直接泵送入分选机。餐厨垃圾料斗设置 2 条独立的工作线，餐厨垃圾卸料在接收料斗内，每个接收料斗容量为 30m³。餐厨垃圾料斗设置于卸料平台下，每座料斗设置 2 套双螺旋输送出料装置，料斗底部设置沥水孔，沥水统一收集后进入沥水收集箱。餐厨垃圾经由料斗自身的输送出料装置进入后续输送螺旋，提升进入除砂、分选系统。

卸料车间设置浓缩脱水间一处，京口污水处理厂污泥经污泥泵提升后输送至卸料车间缓冲罐，经螺旋挤压浓缩脱水一体机脱水至含水率 80％后和外厂脱水污泥统一进入污泥卸料池。

卸料车间的主要设备包括：

（1）自动分选机

自动分选机的主要功能是对餐厨垃圾中的塑料、织物和硬质不易破碎的无机物如砂、金属等进行分离，设备处理能力为 6～10t/h，设置 2 台，有机浆料由柱塞泵送入厌氧消化罐。

（2）螺旋挤压浓缩脱水一体机

根据水质情况和现状污泥产量，京口污水处理厂一期工程污泥产量约为 800m³/d（以含水率 99.4%计），采用螺旋挤压浓缩脱水一体机脱水至含水率 80%左右。设置 2 台（1 用 1 备）螺旋挤压浓缩脱水一体机，工作周期为 8h，单台流量为 100m³/h，功率为 130kW，配套设置进出泥螺杆泵。

3）污泥热水解站设计

由于微生物细胞壁和细胞膜的天然屏障作用，微生物所分泌的水解酶对有机物进行水解的速率较低，因此水解是污泥厌氧生化降解的控制性步骤，工程采用热水解作为改善污泥厌氧消化性能的预处理技术。

污泥热水解设备占地为 36.8m×13.4m，处理能力为 24tDS/d（120t/d，含水率以 80%计）。并联 2 条处理线，以满足检修和维护的需求。经过热水解的物料动力黏度不大于 0.3Pa·s。设备满足污泥预浆化和高温热水解反应的要求，可实现 160～180℃高温 1MPa 高压热水解，兼顾 70～100℃中温热水解的反应需求。主要设备包括浆化热水解一体化装置 2 套和出料泵 4 台（2 用 2 备），每台流量为 20m³/h，扬程为 60m。附属设备包括蒸汽回收利用系统、冷却降温系统，保证出料温度满足后续厌氧消化反应的要求，并能够灵活调节，应对不同工况、不同季节的变化。污泥热水解站如图 8-125 所示。

图 8-125　镇江市污泥协同处理处置工程污泥热水解站

4）厌氧消化罐设计

厌氧消化是本工程的核心，由进料、厌氧消化和保温增温等系统组成。污泥、餐厨垃圾经预处理后，进入均质调节池，均质调节池直径为 2.8m、高为 3m，对于热水解后的污泥起到贮存、降温等作用。工程采用中温厌氧消化系统，厌氧消化罐反应温度在 35℃左右，设计采用锅炉蒸汽对厌氧消化罐进行保温加热。

（1）进料方式

物料经预处理后由螺杆泵向厌氧消化罐分批进料，螺杆泵设置 2 台（1 用 1 备），每台流量为 30m³/h，扬程为 40m。切碎机能切碎进料中的长纤维状物质，设置 2 台（1 用 1 备），每台流量为 30m³/h。

（2）厌氧消化罐设计

共设置 4 座厌氧消化罐，统一规格，便于消化过程中互为备用。厌氧消化罐布置如图 8-126 所示。厌氧消化罐直径为 16m，有效水位为 14m，单座容积为 3200m³，有效容积为 2800m³。厌氧消化罐工作温度为（38±1）℃，每天处理量为 410t，进料 TS 浓度为 10%，物料停留时间为 25～30d。

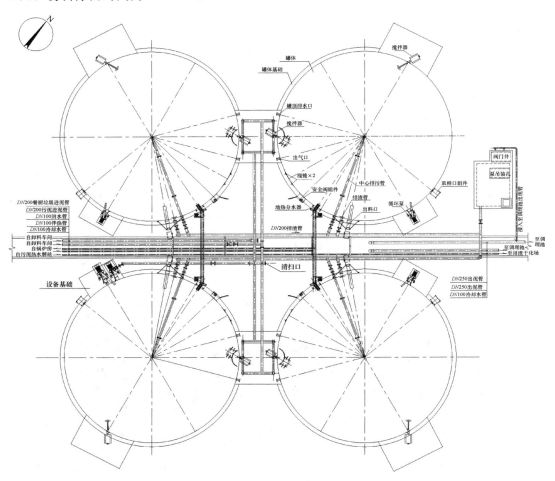

图 8-126　镇江市污泥协同处理处置工程厌氧消化罐布置图

厌氧消化罐结构形式为地上利普罐、锥形密封顶结构。罐体控制液位以下 0.5m 至罐顶采用不锈钢板，罐底至控制液位以下 0.5m 采用镀锌钢板，内壁面进行防腐处理。控制液位以上的工艺孔管均采用不锈钢材料，控制液位以下的材料均为碳钢材料镀锌处理，安装后和内壁面一起做防腐处理。罐顶和罐体下部各设置一个人孔，罐体壁面上、下各设置一处温度在线测量仪，罐壁面设置双法兰液位计。厌氧消化罐外部设置双层厚岩棉加单层挤塑板保温层，外设彩色钢板外保护板。

为使进料均匀分布于罐内并和厌氧微生物充分接触，保证罐内料液温度均匀并提高污泥气产量，每座厌氧消化罐内设置 2 台推进搅拌器，单台功率为 15kW，转速为 18r/min，搅拌轴和桨叶均采用碳钢材质，传动轴采用不锈钢材质。每座厌氧消化罐还设置 2 台（1 用 1 备）回流泵，通过厌氧消化液回流防止结壳，单台流量为 $30m^3/h$，扬程为 20m。厌氧消化罐下部进料，罐体上部溢流出料进入下一个处理单元，顶部污泥气输出。

（3）保温和增温措施

厌氧处理单元设计为中温，最佳温度范围为 35~38℃。为保证厌氧消化系统的正常运行，必须对系统实施整体保温和增温措施。

系统整体保温包括管道和阀门保温、厌氧消化罐体保温，采用岩棉等材料对厌氧消化罐进行强化保温。

增温主要是厌氧消化罐增温。厌氧消化系统采用热交换器循环加热方式，通过锅炉和热交换器的循环热水，对循环于厌氧消化罐和热交换器的浆液进行加热，来自均质池的新鲜物料首先和厌氧循环消化液混合，再进入热交换器进行换热。

热交换器后的管路上设置温度传感器，温度传感器和热水管路上的电动调节阀设计为 PID 调节，即温度传感器测得的传感信号反馈给系统 PLC，通过 PLC 实时调节热水管路上电动调节阀的开启度，达到恒温控制的目的。另外，厌氧消化罐设置额外的温度传感器，便于实际运行过程中和循环管路上的温度传感器进行温度校验，确定 PID 调节所需设置的温度值。

（4）污泥气输送

厌氧消化产生的污泥气收集输送至污泥气净化提纯利用系统。污泥气管路设置阻火器，厌氧消化罐设置微压传感器，起到防爆安全作用。

（5）防硫化氢危害

餐厨垃圾浆料中含有一定量的硫酸根离子，硫酸根离子本身对厌氧微生物不存在抑制毒害作用，但在厌氧消化过程中硫酸根离子向硫酸盐还原菌（SRB）提供电子受体，使其和产甲烷菌竞争有机物中的电子，产生对厌氧微生物有毒害抑制作用的硫化氢，引起甲烷产量的减少，并且降低厌氧消化系统 COD 去除率。由于硫化氢在水中溶解度较高，因此在厌氧消化过程中需采取一定的措施防止硫化氢对厌氧微生物产生毒害作用。

厌氧消化罐设置三氯化铁投加系统，避免厌氧消化过程中产生的硫化氢对厌氧微生物的抑制作用。投加的三氯化铁和厌氧消化过程中产生的游离硫化氢能够迅速反应形成硫化亚铁沉淀，降低厌氧消化罐内的游离硫化氢含量，产生的硫化亚铁沉淀随定期的排泥排出系统。厌氧消化系统管路设置酸洗系统，防止管路结垢。

5）沼渣调理和沼液贮池设计

消化后的沼渣首先自流排入沼渣调理池，投加 $FeCl_3$ 调理剂，投加量约为 5%，对沼渣进行改性，便于后续压滤机对沼渣进行压滤脱水。调理后的沼渣排入均质池暂存，然后通过进泥螺杆泵送入压滤机进行压滤脱水。另外，来自深度脱水机的滤液排入沼液贮池，再排入京口污水处理厂进水泵房。沼渣调理和沼液贮池为 1 座一体化半地下式构筑物，外形尺寸为 34.1m×7.4m×5.4m。

6）综合脱水车间设计

综合脱水车间由深度脱水机房（含污泥泵房、加药间）和配电间合建，采用框架结构，外形尺寸为 54.5m×28.6m×12m，其中配电间高为 8m。

沼渣脱水系统主要用于对消化稳定后的沼渣进行深度脱水处理，包括沼渣进料系统、隔膜压滤机、压榨系统、清洗系统、沼渣反吹系统等。消化后进行脱水的沼渣量为283m³/d（含水率91.3%）。深度脱水机房外形尺寸为54.5m×18.9m×12m，屋内设平台，一层设置压滤机配套辅助设备，二层设置4台隔膜板框式压滤机，出泥由下部螺旋输送机输送至沼渣料仓。

高、低压配电间的外形尺寸为40.5m×9m×8m，负责整个工程的配电控制。

7）干化场设计

干化场由滚筒生物干化车间和太阳能干化场组成，采用钢结构，外形尺寸为166m×13.3m×4.2m，其中滚筒生物干化车间高为10.5m。

滚筒生物干化车间外形尺寸为27.5m×13.3m×10.5m，设置2台（1用1备）滚筒生物干化机，合计处理能力为65t/d（含水率60%），干化后含水率降至50%。热源采用厂区污泥气，配套料斗、风机、电机、减速机和皮带输送机等设备。

太阳能干化场由暖房（干化棚）、翻抛机、通风设备、地热、测试仪器和电控系统等部分组成。脱水沼渣在此干化，进一步降低沼渣含水率，减小沼渣体积。沼渣经太阳能干化后达到含水率40%的要求，干化产物满足《城镇污水处理厂污泥处置 园林绿化用泥质》GB/T 23486—2009的要求，在出泥端通过铲车将干化后的沼渣送入卡车外运用作盆栽和苗圃用土（也可用于镇江市市政绿化）。干化棚尺寸为140m×13m×4.2m，有效摊晒面积为1540m²，摊晒高度为5cm。太阳能干化场如图8-127所示。

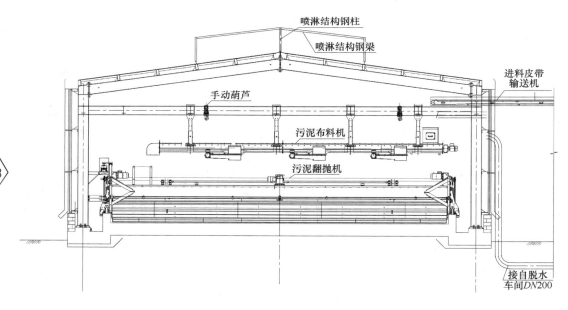

图 8-127 镇江市污泥协同处理处置工程太阳能干化场设计图

8）干式污泥气贮存柜设计

工程设置双膜贮气柜1座，用于贮存污泥气，缓冲生产量和使用量的平衡，保证后续供气连续均匀。贮气柜直径为16m，有效容积为2000m³，贮气时间为3.5h。贮气柜采用双层膜球形结构，外膜抗拉强度≥6000N，起到抗紫外线、抗老化的作用，内膜为耐折叠、耐腐蚀、耐老化的专用膜，甲烷渗透度＜125cm³/(m²·h·MPa)。贮气柜的主要配套设备包括：

（1）空气压力调节器：保护贮气柜外膜的空气限压保护器，设置1台，安装于干式贮气柜旁。

（2）正压保护器：保护贮气柜内膜的污泥气限压保护器，设置1台，安装于干式贮气柜旁，连接在污泥气进口管道上。

（3）凝水器：用于收集并排除污泥气中的冷凝水，进出尺寸为$DN200$，设置2台，安装于干式贮气柜外进出气管道上。

（4）干式阻火器：防止回火，保证贮气柜的安全，进出尺寸为$DN200$，设置1台，安装于干式贮气柜出口管道上凝水器之后。

（5）超声波测距仪：实时测量内膜中的污泥气贮存量，并输出4～20mA的电流信号至控制室，设置1套，安装于干式贮气柜顶部。

（6）贮气柜外膜鼓风机：支撑干式贮气柜外膜，使其始终处于球形状态，设置1台，安装于干式贮气柜旁。

9）污泥气净化提纯利用系统设计

污泥气净化提纯利用系统包括污泥气预处理系统以及提纯和余热利用系统，工艺流程为预处理（→燃烧塔）→压缩→胺法脱碳→TSA变温吸附脱水→加臭→缓冲罐→城市燃气管网。污泥气首先进行预处理，脱除H_2S、H_2O和粉尘等杂质，满足提纯系统对进气品质的要求，净化后的气体送入污泥气提纯设备进行脱碳，压缩后达到民用天然气二类气的指标要求，进入市政燃气管道，市政燃气管道的压力为0.4MPa。

产品气甲烷浓度≥95%，设计甲烷回收率≥99%，电耗分别为0.536kWh/m³（产品气）、0.332kWh/m³（原料气）。原料气参数如表8-70所示，产品气技术指标如表8-71所示。

镇江市污泥协同处理处置工程污泥气原料气参数　　　　　表8-70

参数		参数值	设计值
流量	m³/d	约5600	
	m³/h	约354	400
甲烷（%）		约55	55
二氧化碳（%）		约37	37
氮气（%）		0.4	0.4
硫化氢（mg/m³）		≤1000	1000
水		饱和	饱和
温度（℃）		常年＞0	20
设计入口压力（kPa）		12～20	15

注：1. 设计所取数值均为同类项目经验数据综合而成；
　　2. 气体体积的标准参比条件是压力101.325kPa（绝压），温度20℃；
　　3. 绝压＝表压+101.325kPa，若无特殊说明，一律使用表压。

项目		一类	二类	三类
高位发热量[a]（MJ/m³）	$\geqslant$	36.0	31.4	31.4
总硫（以硫计）[a]（mg/m³）	$\leqslant$	60	200	350
硫化氢[a]（mg/m³）	$\leqslant$	6	20	350
二氧化碳（%）	$\leqslant$	2.0	3.0	—
水露点[b,c]（℃）		在交接点压力下，水露点应比输送条件下最低环境温度低5℃		

[a] 气体体积的标准参比条件是压力 101.325kPa，温度 20℃；

[b] 在输送条件下，当管道管顶埋地温度为 0℃时，水露点应不高于－5℃；

[c] 进入输气管道的天然气，水露点的压力应是最高输送压力。

（1）污泥气预处理装置

污泥气首先经过粗过滤，进入脱硫系统脱除 H_2S，脱硫后的污泥气进入细过滤器，过滤去除 $50\mu m$ 以上的杂质，随后进入换热器，将气体降温，使气体中的水蒸气冷凝，达到脱水的目的。再经罗茨风机加压，使污泥气压力满足提纯设备对压力的要求，最后经精密过滤器去除 $3\mu m$ 以上的杂质，使污泥气中的粉尘粒径和含量达到提纯设备对粉尘的要求。运行过程中产生的冷凝液收集后，送至污水处理系统处理。当提纯设备检修，或污泥气量超出其处理能力时，脱硫塔后的气体经燃烧塔前处理系统过滤后，由罗茨风机送至燃烧塔燃烧后排放。污泥气预处理工艺流程如图 8-128 所示。

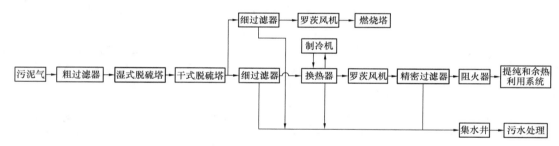

图 8-128　镇江市污泥协同处理处置工程污泥气预处理工艺流程图

（2）污泥气提纯装置

污泥气提纯装置的设备和仪表配置如表 8-72 所示。

镇江市污泥协同处理处置工程污泥气提纯装置设备和仪表配置　　　　表 8-72

设备名称	主要规格和参数	数量	备注
罗茨风机		2 台	防爆，变频控制，1用1备
一级压缩机		1 台	防爆，变频控制
脱碳系统	非标成套	1 套	包括吸附塔、再生塔、换热器、水泵、阀门、仪表等
干化系统	非标成套	1 套	包括吸附塔、阀门、循环风机、过滤器等
加臭系统	成套	1 套	加臭机、贮液罐
缓冲罐	碳钢	1 台	
过程仪表	成套	1 套	甲烷、二氧化碳在线分析仪，压力、温度、流量等测量仪表

设备名称	主要规格和参数	数量	备注
控制系统	PLC 控制系统	1 套	PLC 控制柜和上位机
冷却循环水系统	$80m^3/h$，玻璃钢	1 套	冷却塔、水池、水泵等
蒸汽锅炉	500kg/h	1 套	

（3）燃烧塔

燃烧塔是一种安全设施，在设备检修期间，燃烧塔可作为消纳污泥气的主要处理设备；在污泥气利用系统运行期间，燃烧塔可作为气量调节的手段；异常情况下，燃烧塔还可以作为污泥气的紧急放散口。工程采用封闭式燃烧塔，处理量为 $1000Nm^3/h$。燃烧塔技术参数如表 8-73 所示。

镇江市污泥协同处理处置工程燃烧塔技术参数　　　　　　　　表 8-73

参数	参数值
处理能力（Nm^3/h）	1000
负荷变化范围（Nm^3/h）	$50\sim1000$
压力变化范围（kPa）	$1\sim15$
设计负荷：最小负荷	$50:1$
甲烷体积含量（%）	$30\sim65$
气体在塔内停留最短时间（s）	1
平均燃烧温度（℃）	$500\sim900$
燃尽率（%）	>99
离开燃烧塔外部 1m 处的噪声（dB）	55

燃烧塔系统主要由过滤器、塔体、升压风机和阻火器等组成，还包括连接的管道、阀门、测量仪表和控制调节设备。燃烧塔系统的入口预留配对法兰与外管线连接，燃烧塔塔体的入口处设置阻火器，防止回火。污泥气首先通过手动蝶阀、紧急切断阀（电动/气动蝶阀），进入含液气分离功能的初级过滤器脱除液态的水分和 $10\mu m$ 以上的大颗粒灰尘，然后进入罗茨风机加压，罗茨风机的升压能力为 40kPa，将来气压力升高以满足燃烧塔燃烧的要求。罗茨风机入口设置电动阀，用于系统的自动关断。经过除尘、加压后的污泥气分三路进入封闭式燃烧塔，第一路为长明灯，第二路为小燃烧器，第三路为大燃烧器，保证收集的气体进入燃烧塔后完全燃烧。燃烧塔系统设置三级自动点火工艺，首先利用高压包放电产生电火花，然后点燃液化气，再用点燃的液化气引燃污泥气。这样的设置配合吹扫风机，能有效防止污泥气在燃烧塔内爆燃，提高燃烧塔系统的安全性。

10）污泥浓缩池设计

污泥浓缩池用于京口污水处理厂剩余污泥浓缩，其直径为 14m。剩余污泥经泵井提升后进入污泥浓缩池，污泥经浓缩后含水率为 95%～97%，通过设置在浓缩脱水间的螺杆泵进入脱水机。浓缩池上设置玻璃钢盖板和臭气收集系统。

11）锅炉房设计

锅炉房单独设置，采用《燃气（油）锅炉房工程设计施工图集》02R110 中 $3\times4t/h$ 的蒸汽锅炉房，平面尺寸为 19.8m×15.4m。锅炉房内设置 2 台全自动燃气蒸汽锅炉，1

用 1 备。蒸汽锅炉的工作时间为 24h，蒸汽供给污泥热水解使用的时间为 24h。锅炉房的烟囱直径为 500mm，高度为 15m。

12）除臭设计

臭气源主要包括卸料车间、污泥热水解站、厌氧消化罐、沼渣调理和沼液贮池、脱水车间和干化场等。

卸料车间采用两道防臭措施，一是污泥卸料斗液压盖板仅在卸料时打开，减少暴露周期，卸料斗三面设置围挡，顶部设置集中收集罩，提高收集效果，餐厨浆液全密闭卸料；二是卸料大厅设置电动堆积门，在卸料车出入时开启，平时尽可能关闭。

污泥热水解站热水解系统进料或泄压时间歇排放的少量蒸汽均送至除臭设备处理后排放大气。

厌氧消化罐为密封罐体，无臭气逸出，上部污泥气由风机抽送进入污泥气净化和提纯设备。

沼渣调理和沼液贮池为全密封结构，局部设置检修口，顶部均布臭气抽吸管道，将臭气抽送进入除臭设备，通风量维持盖板内部的微负压状态，臭气不会逸出。

脱水车间沼渣脱水系统主要用于对消化稳定后的沼渣进行深度脱水处理，压滤机在卸料过程中会有臭气释放，脱水的滤液如暴露于大气也会产生臭气。所有可能产生臭气的环节均设置密封结构，同时配备臭气抽吸管道，将臭气输送至除臭设备。

干化场为阳光棚结构，需要通过通风机将湿度较大的气体排出，并由送风机送入干燥和温度较高的空气，从而完成干化过程。由于污泥和餐厨垃圾中的有机物均经过厌氧消化降解，有机成分的比例已大大降低，致臭因素也随之降低。工程将所有排风引入除臭设备进行处理，以防对周边大气造成影响。

按不同的除臭对象分别选定适当的除臭风量，设计臭气量为 45000m³/h，臭气收集量如表 8-74 所示。

镇江市污泥协同处理处置工程臭气收集量一览表　　　　表 8-74

构筑物		净空体积或面积（m³ 或 m²）	换气倍数[m³/(m³·h)或 m³/(m²·h)]	臭气量（m³/h）	备注
卸料车间	车间下层	1000	3	3000	
	车间上层和卸料厅	4000	3	12000	
	卸料池	500	3	1500	
	车间设备			1000	
污泥热水解站	间歇泄压气			1000	
脱水车间	车间面积	1000	10	10000	
	车间设备			4000	
沼渣调理池		50	3	150	
沼液贮池		200	10	2000	
干化场		2000	3	6000	
合计				40650	
设计臭气量				45000	

工程对卸料池等臭气产生源进行局部区域隔离、负压收集以避免臭气外逸，臭气收集率达到90%以上，收集后的臭气送入生物滤池除臭装置进行处理，去除率在90%以上，处理后由15m排气筒高空排放。排放标准执行《城镇污水处理厂污染物排放标准》GB 18918—2002和《恶臭污染物排放标准》GB 14554—1993的二级标准。

设置生物除臭设备2套。生物除臭设备A安装在卸料车间屋面，设计除臭风量为20000m³/h，设备外形尺寸为15.5m×7.0m×3.5m；配备离心风机2台，单台风量为10000m³/h，风压为3000Pa，采用变频控制；pH在线监测系统1套，用于监测填料出水的pH；补充水管1根，直径为32mm，水量为10～20m³/h，水压为20m；循环水泵2台，单台流量为40m³/h，扬程为25m。生物除臭设备B安装在脱水车间附近，设计除臭风量为25000m³/h，最大处理能力可达到50000m³/h，设备外形尺寸为13.5m×10.0m×3.5m；配备离心风机2台，单台风量为25000m³/h，风压为3000Pa，采用变频控制；pH在线监测系统1套；直径32mm的补充水管1根，水量为10～20m³/h，水压为20m；循环水泵2台，单台流量为40m³/h，扬程为25m。

8.13.4 工程特点

1) 协同厌氧消化提高了污泥气产量。

我国污水污泥有机质含量普遍较低，单独厌氧消化存在营养不足、产气率低的难题，而餐厨垃圾有机质含量高，可以和污水污泥有机质含量偏低互补。餐厨垃圾易酸化，单独厌氧消化易出现酸累积、盐含量过高而导致系统不稳定等问题，污泥中的碱度可以缓解餐厨垃圾厌氧处理中的酸抑制。污水污泥和餐厨垃圾进行协同厌氧消化，可以增大消化底物中的有机物含量，提高厌氧消化污泥气产量。

2) 全流程高效利用生物质能。

污泥通过热水解提升其可降解有机质比例，提高污泥气产量。干化环节充分利用热水解余热，对脱水污泥进一步减量化。污泥气除用于污泥热水解加热和消化罐保温外，其余经预处理、提纯、压缩后，纳入市政燃气管网。沼渣干化后可作为生物炭土进行园林绿化利用。

3) 节地40%以上。

通过污水污泥和餐厨垃圾协同处理的规模效应可以实现节地的目标，场地中卸料、厌氧处理、脱水、污泥气净化、厂区管理等设施可以共用，与分开处理相比，可节地约41%。

4) 经济效益显著。

从投资角度来看，将污水污泥和餐厨垃圾协同处理可以降低单位投资成本，据测算，工程费用比分开处理减少约26%。从运营角度来看，协同处理的水、电、药剂用量和劳动定员等都低于分开处理，运营成本比分开处理减少约17%。

5) 环境效益良好。

餐厨垃圾采用源头分离打浆，有效减轻了厂内压力，改善了厂区操作环境。厂前区引入海绵城市理念，环境优美，颠覆了餐厨垃圾和污水污泥厂脏和臭的观念。

8.13.5 主要经济指标

工程主要技术经济指标如表8-75所示。

指标	指标值
日污泥处理量（tDS/d）（含水率 80%，t/d）	24（120）
年污泥处理量（tDS/年）（含水率 80%，t/年）	8760（43800）
日餐厨垃圾处理量（tDS/d）（含水率 85%，t/d）	18（120）
年餐厨垃圾处理量（tDS/年）（含水率 85%，t/年）	6570（43800）
劳动定员（人）	85
概算总投资（万元）	15900
工程费用（万元）	13295
单位总投资（万元/t）	66.25
单位电耗（kWh/t）	72.82
可变成本（元/t）	88.21
总成本（元/t）	277.78
经营成本（元/t）	168.61

8.14　泰州市污泥协同处理处置工程

8.14.1　项目概况

泰州市污泥协同处理处置工程位于泰州市农业开发区红旗良种场三工区东市资源循环利用基地内。项目一期工程投资为 2.38 亿元，主体工艺采用预处理＋厌氧消化工艺。处理对象和规模为餐饮垃圾 130t/d、厨余垃圾 50t/d、污水污泥 100t/d、粪便 15t/d 和地沟油 30t/d，合计有机废弃物为 325t/d。结合项目特点和周边需求，餐饮垃圾、污水污泥、粪便和厨余垃圾协同厌氧消化处理，在提高系统产气量的同时，进一步增加系统运行的稳定性。工程包括综合预处理系统、厨余预处理系统、厌氧消化系统、污泥气贮存和利用系统、污水处理系统、油脂处理系统、臭气处理系统等。项目布置如图 8-129 所示。

图 8-129　泰州市污泥协同处理处置工程项目布置图

工程从可持续发展战略的角度出发，通过采用可靠的工艺、先进的技术、优质的设备和方便的控制模式，最大限度减小对周边环境的负面影响，建设成为现代、先进、环保、集约的现代化厨余垃圾污泥协同处理厂，为提升泰州市厨余垃圾和污水污泥的处理水平、提高公众健康水平、改善投资环境、促进区域环境保护和经济协调发展做出了重要贡献。

8.14.2 协同处理工艺

工程项目采用厨余预处理＋污水污泥和粪便协同厌氧消化＋沼渣脱水＋污泥气净化发电＋油脂提取的组合工艺，工艺流程如图 8-130 所示。

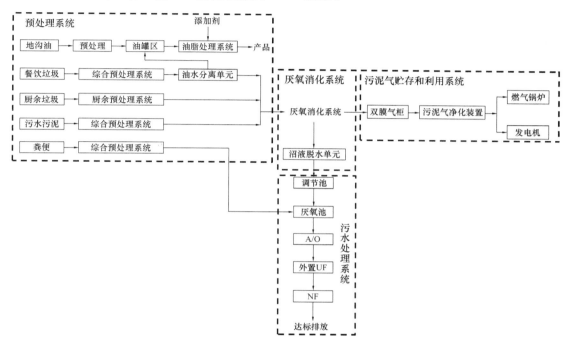

图 8-130 泰州市污泥协同处理处置工程工艺流程图

1. 预处理系统

餐饮垃圾经破碎、生物质分离和螺压脱水后，浆料通过三相分离机进行分离，油脂输送至室外毛油罐，浆液通过螺杆泵送至厌氧消化系统。

厨余垃圾经破碎、磁选、风选、水解和生物质分离后，浆料通过柱塞泵送至厌氧消化系统。

污水污泥主要为污水处理厂处理过程中产生的剩余脱水污泥，污泥进入料斗后通过螺杆泵送至厌氧消化系统和餐饮、厨余预处理浆料协同厌氧消化处理。

粪便采用一体化接收预处理装置，通过管道密闭对接卸料，其中的杂质通过一体化接收预处理装置中的螺旋分离并输出，粪水则泵入污水处理系统的厌氧段水解酸化处理。

地沟油通过设置双道门的密闭车间卸料至隔油池，经沉淀分离后，利用输送泵将油水混合物送至卧螺离心机，经初步分离后的油脂送至碟片分离机进一步进行油水分离，固相部分外运焚烧，液相部分作为有机浆液进入厌氧消化系统。

餐饮油脂中含有的水分和杂质等通过油脂净化系统分离出去，并和地沟油一同制取润滑油。

2. 厌氧消化系统

经预处理后的餐饮、厨余浆料和污水污泥经压力泵送至厌氧消化罐底部的返混料箱内，三种物料在返混料箱内加热到厌氧消化所需的温度，再通过进料泵提升至厌氧消化罐进行厌氧消化处理。

3. 污泥气贮存和利用系统

厌氧消化产生的污泥气进入双膜气柜，调节产气量和用气量的平衡关系，污泥气经过脱硫净化后经增压风机输送至用气设施单元。净化后的污泥气主要用于燃气锅炉产生蒸汽，剩余部分污泥气通过发电机进行热电联产，应急情况下污泥气通过燃烧塔燃烧排放。

4. 污水处理系统

设施产生的沼液量为 $258.6m^3/d$、粪便污水为 $15m^3/d$、地沟油废水为 $7.86m^3/d$、生产废水为 $120m^3/d$，其中沼液、粪便污水和地沟油废水属于高浓度废水，拟采用水解酸化工艺进行预处理后和生产废水混合进行后续处理。水解酸化处理规模为 $280m^3/d$，结合生产废水 $120m^3/d$，确定污水处理规模为 $400m^3/d$，采用调节池＋水解酸化＋MBR＋膜深度处理的处理工艺。

8.14.3　主要工程设计

1. 餐饮垃圾预处理系统设计

新建一座综合预处理车间，主要包括卸料大厅、预处理设备间、脱水机房、出渣间和办公室辅助用房等。

综合预处理车间一层平面布置如图 8-131 所示，二层平面布置如图 8-132 所示，剖面如图 8-133 所示。

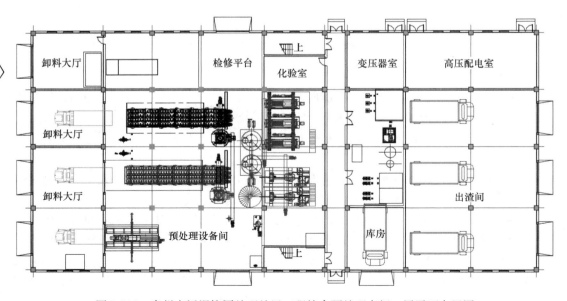

图 8-131　泰州市污泥协同处理处置工程综合预处理车间一层平面布置图

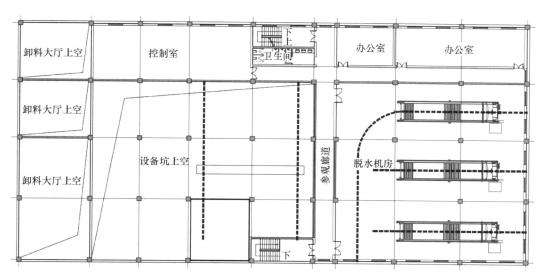

图 8-132　泰州市污泥协同处理处置工程综合预处理车间二层平面布置图

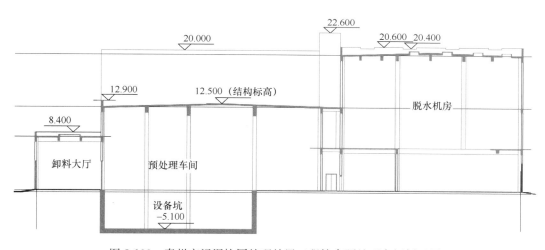

图 8-133　泰州市污泥协同处理处置工程综合预处理车间剖面图

　　综合预处理系统餐饮垃圾设计规模为 130t/d，设置 1 条预处理线，包括接料、物料输送单元、杂物分选单元和油水分离单元等。

　　物料称重后由车辆运至综合预处理车间内的进料口，物料被倒进接料斗内，接料斗底部设置螺旋破碎给料机，且在底部设置集液箱，用于收集餐饮垃圾在输送过程中所沥出的有机浆液，并且可去除浆液中的杂质，然后将浆液泵送至后续系统。

　　餐饮垃圾经螺旋破碎给料机进入生物质分离器，实现有机质和无机质的有效分离。分离出的塑料、纸张等无机质回收处理。为保证后续单元稳定运行，需将预处理后的浆料中的油脂分离，分离出的浆料进行油水分离，经油水分离单元分离后的固相和液相进入厌氧消化系统，分离出的油相进入室外毛油罐暂存。工艺流程如图 8-134 所示。

　　1）接料

　　设置接料斗 1 台，容积为 150m³。接料斗内通入蒸汽加热，接收斗上部设置不均匀孔

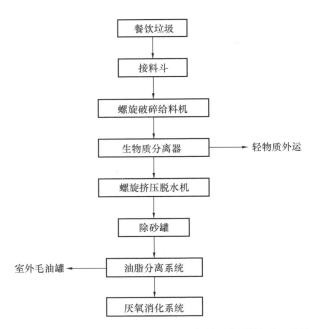

```
          ┌─────────────┐
          │  餐饮垃圾   │
          └──────┬──────┘
                 │
          ┌──────┴──────┐
          │   接料斗    │
          └──────┬──────┘
                 │
          ┌──────┴──────┐
          │ 螺旋破碎给料机 │
          └──────┬──────┘
                 │
          ┌──────┴──────┐
          │  生物质分离器 │────────→  轻物质外运
          └──────┬──────┘
                 │
          ┌──────┴──────┐
          │ 螺旋挤压脱水机 │
          └──────┬──────┘
                 │
          ┌──────┴──────┐
          │   除砂罐    │
          └──────┬──────┘
                 │
  室外毛油罐 ←───┤  油脂分离系统 │
          └──────┬──────┘
                 │
          ┌──────┴──────┐
          │  厌氧消化系统 │
          └─────────────┘
```

图 8-134　泰州市污泥协同处理处置工程餐饮垃圾预处理工艺流程图

径过滤格栅；顶部空间密封，内部设置除臭抽风口。

2）物料输送单元

接料斗底部设置 4 根进料螺旋输送机，同时具有破碎功能，便于后续工艺制浆。餐饮垃圾游离水在倾斜螺旋输送过程中依靠重力自流实现固液分离，进入集液箱。物料输送设备如图 8-135 所示。

图 8-135　物料输送设备

3）杂物分选单元

餐饮垃圾采用自动分选设备，分选出餐饮垃圾中的塑料、纸张、玻璃、竹木、贝壳、陶瓷、金属和大件垃圾等杂物。物料经螺旋破碎给料机进入生物质分离器分离杂物，并经破碎、粉碎后制成浆液，制浆后的浆料颗粒直径在 8mm 以下。生物质分离器如图 8-136 所示。

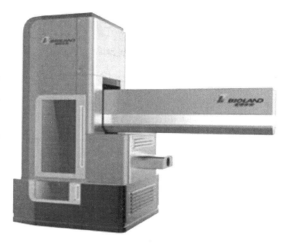

图 8-136　生物质分离器

4）油水分离单元

为防止厌氧消化罐中油脂过多而影响厌氧消化效果，餐饮垃圾在进入厌氧消化系统之前需采用螺旋挤压脱水机和油水分离机将其中的油脂尽可能去除。

2. 厨余预处理系统设计

新建厨余预处理车间 1 座，包括卸料间、垃圾斗、抓斗控制室、预处理车间、运渣间和配电间辅助用房等。

厨余预处理车间平面布置如图 8-137 所示，剖面如图 8-138 所示。

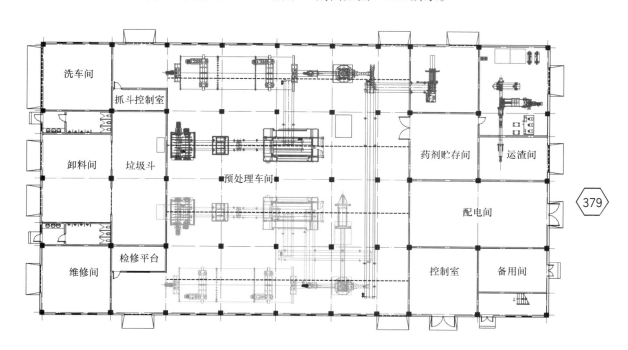

图 8-137　泰州市污泥协同处理处置工程厨余预处理车间平面布置图

厨余预处理系统设计规模为 50t/d，考虑厨余垃圾来料的不确定性，设置 2 条厨余预处理线，1 用 1 备。厨余预处理工艺流程如图 8-139 所示。

称重后的厨余垃圾由车辆运至厨余预处理车间内的卸料大厅，并被倒进卸料坑内。厨

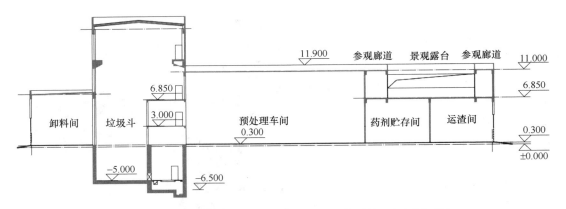

图 8-138　泰州市污泥协同处理处置工程厨余预处理车间剖面图

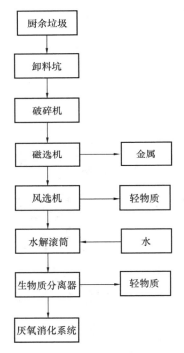

图 8-139　泰州市污泥协同处理
处置工程厨余预处理
工艺流程图

余预处理系统内设置 2 套（1 用 1 备）接收系统，卸料坑内的厨余垃圾通过液压抓斗进入破碎机，经过破碎的厨余垃圾通过磁选机将黑色金属选出，经过磁选的厨余垃圾进入风选机，将其中较轻的塑料、纸张分选出。经过风选的厨余垃圾通过皮带机进入水解滚筒内水解，水解后的物料经过生物质分离器将其中 90% 左右的塑料等无机物分离出来并打包外运，有机质经过生物质分离器破碎打浆制成粒径 8mm 以下的浆料，浆料通过螺旋输送机输送至厌氧进料泵，再经过厌氧进料泵输送至厌氧消化系统返混料箱。

厨余预处理系统由接料输送单元、破碎分选单元和物料水解单元等组成。

1）接料输送单元

接料输送单元包括卸料大厅、卸料坑和抓斗。

卸料坑外形尺寸为 18m(长)×7m(宽)×6m(高)，容积为 700m³。卸料坑配置抓斗控制室和桥式抓斗起重机，操作人员在控制室通过抓斗控制物料输送，满足收集车随时卸料和不间断供料。抓斗如图 8-140 所示。

2）破碎分选单元

破碎分选单元包括破碎机、磁选机、风选机和生物质分离器等。

厨余垃圾进入磁选机和风选机之前，首先进行破碎，便于后续系统正常运行。

磁选机用于去除厨余垃圾中的有色金属，防止其对生物质分离器和厌氧进料泵造成磨损。磁选过程是将固体废物输入磁选机后，磁性物料在不均匀磁场作用下被磁化，从而受磁场吸引力的作用，使磁性颗粒吸附在圆筒上，并随圆筒进入排料端排出，非磁性颗粒由于所受的磁场作用力很小，仍留在废弃物中被排出。

风选机采用正压式，通过重力和风力筛选将厨余垃圾中的塑料、纸张等分离出去，保障后续工艺正常运行。

图 8-140　抓斗

3）物料水解单元

物料水解单元主要设备为水解滚筒。经过破碎筛选后的厨余垃圾进入水解滚筒中进行高效生化水解反应，固态物质水解成可溶于水的物质，使厨余垃圾固态部分大量减少，从而达到减量化的目的。

3. 污泥预处理系统设计

污泥预处理系统设计规模为 100t/d，设置 1 条预处理线。

污泥为污水处理厂处理过程中产生的剩余脱水污泥，含水率为 80%，pH 为 6.5～7.5。

设置污泥斗 1 套，总容积为 50m³。考虑到污水污泥的黏性较大，污泥斗底部自带滑架，污水污泥进入污泥斗后直接通过螺杆泵进入厌氧消化系统。螺杆泵共 2 台，1 用 1 备，处理能力为 30t/h，进料含固率为 20%。

4. 粪便预处理系统设计

粪便预处理规模为 15t/d，设置 1 条预处理线。

采用一体化接收预处理装置，快速接头对接方式卸料，避免卸料过程对环境造成污染。粪便中的杂质通过一体化接收预处理装置中的螺旋分离并输出，粪水进入污水处理系统的厌氧单元。

一体化接收预处理装置设计参数：

数量：1 套；

处理规模：>8t/h；

进料含固率：1%；

贮料能力：10t。

5. 地沟油预处理单元设计

地沟油预处理规模为 30t/d，设置 1 条预处理线，处理工艺流程如图 8-141 所示。

地沟油收集车进入预处理车间后，通过双道门进入密闭卸料间将地沟油卸入隔油池，经初步沉淀分离后，利用输送泵将油水混合物送入离心脱水机，经初步分离后的油脂送入碟片分离机进一步油水分离，固相部分外运焚烧，液相作为有机浆液进入厌氧消化系统。经碟片分离机分离后的油脂进入室外毛油罐暂存，固相残渣外运焚烧。

主要设备参数：

1）螺压脱水机

数量：2台（1用1备）；

处理能力：10～15t/h；

进料含固率：15%～18%；

脱水后固相含固率：＞35%；

液相含固率：＜5%。

2）油脂离心脱水机进料泵

数量：2台（1用1备）；

处理能力：15m³/h；

扬程：25m。

3）油脂离心脱水机

数量：2台；

处理能力：10～15m³/h；

进料含固率：4%～5%；

出料固相含固率：＞20%；

液相含固率：＜2%。

4）碟片分离机进料泵

数量：2台；

处理能力：5m³/h；

扬程：25m。

5）碟片分离机

数量：2台；

处理能力：5m³/h；

水相含油率：＜0.3%；

油相含水率：＜3%。

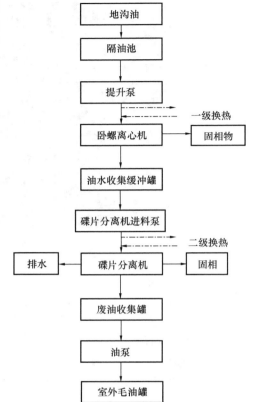

图 8-141　泰州市污泥协同处理处置工程地沟油预处理工艺流程图

6. 油脂处理系统设计

由于地沟油的组分特性和餐饮垃圾中的油分存在差异，因此设置相对独立的地沟油回收提纯系统。餐饮垃圾中的油水通过油脂净化系统将其分离，并和地沟油一同制取润滑油或植物沥青，油脂处理系统设计规模为30t/d。

润滑油制取工艺包括预处理、酯化、酯交换、脱臭、润滑油精制、甘油浓缩和甲醇回收等，制取工艺流程如图 8-142 所示。

7. 厌氧消化系统设计

厌氧消化系统主要包括 6 座厌氧消化罐，其中 1 座为厨余厌氧消化罐干式运行、2 座为餐饮厌氧消化罐湿式运行、2 座为污泥厌氧消化罐干式运行和 1 座备用厌氧消化罐，对

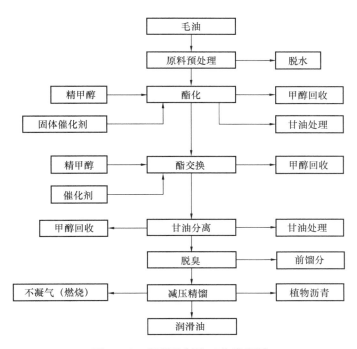

图 8-142　润滑油制取工艺流程图

应设置 1 座厨余污泥罐、1 座餐饮污泥罐和 1 座污泥污泥罐。

厌氧消化区平面布置如图 8-143 所示。

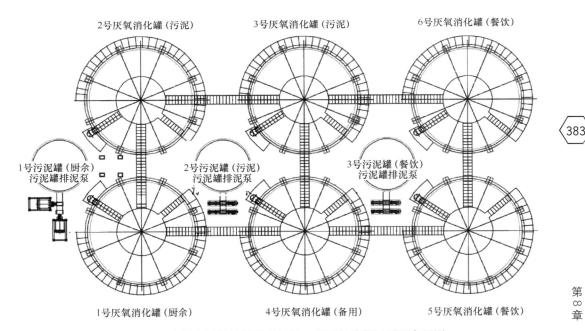

图 8-143　泰州市污泥协同处理处置工程厌氧消化区平面布置图

厌氧消化系统主要由厌氧消化罐和沼液脱水单元组成，其中沼液脱水车间和预处理车间合建。厌氧消化系统的主要功能是将分选制浆后的浆液进行厌氧消化产生污泥气资源化利用，厌氧消化后的沼液经离心脱水后进入污水处理系统调节池。

经过预分选后的混合有机物进入厌氧消化罐底部的反混料箱内，包括分选后的垃圾和污泥、从厌氧消化罐返混后的物料和水蒸气，三种物质在返混料箱内加热到厌氧消化所需的温度，再通过进料泵提升至厌氧消化罐进行厌氧消化处理。厌氧消化产生的污泥气进入后续处理和利用单元；厌氧消化产生的沼液一部分返混至返混料箱内，另一部分进入后续处理单元。

厌氧消化系统近期处理量为餐饮垃圾 130t/d、厨余垃圾 50t/d 和污水污泥 100t/d，由于厌氧消化罐长时间运行后罐体内部容易积累油脂和浮渣，运行一定时间后需要清罐检修，所以厌氧消化罐都是 1 用 1 备。

沼液脱水车间和预处理车间合建，沼液脱水间歇运行。离心脱水后的沼渣经螺旋输送机输送至出渣间内的沼渣暂存箱内，由车辆运至焚烧厂，脱水清液通过重力流进入污水处理系统调节池。

主要设备参数：

1）厌氧消化罐

数量：6 座；

消化温度：40℃；

停留时间：25d；

单罐有效容积：1250m³；

进料含固率：15％～20％；

污泥气甲烷含量：≥55％；

pH：5.5～7.5。

2）污泥罐

数量：3 座；

有效容积：180m³。

3）污泥罐排泥泵

数量：8 台；

流量：20m³/h；

扬程：30m。

4）沼渣板框脱水机

数量：2 套；

脱水量：290m³/d；

进渣含水率：91.23％；

出渣含水率：≤60％。

5）污泥板框脱水机

数量：1 套；

脱水量：154m³/d；

进渣含水率：98％～99％；

出渣含水率：≤60％。

6）离心脱水机（厨余物料）

数量：1台；

脱水量：10～15t/h；

进料含固率：15%～18%；

固相含固率：>35%；

液相含固率：<5%。

7）离心脱水机（厨余浆液）

数量：1台；

脱水量：10～15t/h；

进料含水率：98%；

出料含水率：≤80%。

8. 污泥气系统设计

污泥气系统包括污泥气贮存单元、污泥气脱硫单元、污泥气利用单元和燃烧单元。

污泥气在利用前需进行脱硫和过滤处理，并设置贮气设施，调节产气量和用气量的平衡关系。预处理后的污泥气首先满足燃气锅炉的需求，生产饱和蒸汽，供工艺生产使用，剩余部分通过发电机进行热电联产，应急情况下污泥气通过燃烧塔燃烧排放。

污泥气贮存和利用系统工艺流程如图 8-144 所示。

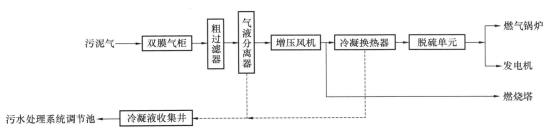

图 8-144　泰州市污泥协同处理处置工程污泥气贮存和利用系统工艺流程图

厌氧消化系统产生的污泥气经双膜气柜缓冲贮存后，进入脱硫系统脱除大部分硫化氢，气液分离脱除水分后经罗茨风机增压进入锅炉系统，剩余污泥气通过发电机进行热电联产，在发电的同时，利用烟气余热产生蒸汽供给厂区自用，对其缸套水进行余热回收利用。污泥气发电除满足厂区自用外，多余电量可以热电联产并网。设置安全燃烧塔 1 座，污泥气可不经脱硫直接进入燃烧单元，从而保证整个系统的安全和稳定运行。

1）污泥气贮存单元

由于厌氧消化罐本身工作状态的波动和厨余废弃物进料特性、进料量的变化，导致厌氧消化罐的产气量处于变化的不平衡状态。为保证各用气单元的连续均匀供气，需在系统中设置气柜进行调节。

设置双膜气柜 1 座，有效容积为 2000m³。由于气囊式双膜气柜的内膜靠风机提供压力，因此配有气囊防爆型风机 1 台，电机功率为 2.2kW。双膜气柜如图 8-145 所示。

2）污泥气脱硫单元

由于污泥气中的含硫量随餐厨垃圾性质变化很大，并呈一定的波动性，如果不经过脱除处理，将会对后续设备造成严重的腐蚀，因此必须对污泥气中的硫化氢进行脱除。考虑

图 8-145　双膜气柜

到项目后续利用要求，采用干法脱除大部分硫化氢。干法脱硫连续再生工艺具有脱硫容量高、床层阻力小、操作方便、可连续再生和再生工艺简单等特点。

厌氧消化系统产生的污泥气中 H_2S 的浓度范围为 $300\sim3000mg/L$。污泥气经净化处理后 H_2S 浓度须低于 $200mg/L$。

3）污泥气利用单元

产生的污泥气分两部分利用，一部分用于锅炉产生蒸汽供厌氧消化系统物料加热；剩余部分通过发电机进行热电联产，在发电的同时，利用烟气余热产生蒸汽供给厂区自用，对其缸套水进行余热回收利用。污泥气发电除满足厂区自用外，多余电量可以热电联产并网。净化后的污泥气，经调压器调压后进入油气两用锅炉作为燃料生产蒸汽。当工程启动和出现故障时，使用轻柴油作为备用燃料。由市场采购来的燃油，通过油罐车卸入地下油罐。由油泵将地下油罐中的燃油泵入日用油箱，再经过过滤器送至污泥气锅炉内燃烧。

（1）污泥气锅炉

近期，污泥气总产量约为 $24900m^3/d$，污泥气产量波动范围在 $\pm20\%$ 内，其中 $5150m^3/d$ 用于燃气锅炉产蒸汽，$19750m^3/d$ 通过管道输送至发电系统进行发电。

远期，污泥气总产量约为 $33240m^3/d$，污泥气产量波动范围在 $\pm20\%$ 内，其中 $6800m^3/d$ 用于燃气锅炉产蒸汽，$26440m^3/d$ 通过管道输送至发电系统进行发电。

（2）污泥气发电

近期，供发电机发电的污泥气量为 $19750m^3/d$，污泥气中甲烷含量按 55% 计算，污泥气日发电量约为 $43440kWh$，近期配置 $1500kW$ 发电机组 1 套，发电机组后配备 $1t/h$ 余热蒸汽锅炉 1 台，利用内燃机产生的约 $700℃$ 余热烟气作为热源，产生的缸套水温度为 $85℃$，用于厌氧消化罐的保温，供水温度为 $85℃$，回水温度为 $65℃$。

远期，供发电机发电的污泥气量为 $26440m^3/d$，污泥气中甲烷含量按 55% 计算，污泥气日发电量约为 58170kWh，远期配置 1500kW 发电机组 2 套，发电机组后各配备 1t/h 余热蒸汽锅炉 1 台，利用内燃机产生的约 700℃ 余热烟气作为热源，产生的热水缸套水温度为 85℃，用于厌氧消化罐的保温，供水温度为 85℃，回水温度为 65℃。

4）燃烧单元

污泥气属易燃易爆气体，根据《大中型沼气工程技术规范》GB/T 51063—2014、《环境空气质量标准》GB 3095—2012、《大气污染物综合排放标准》GB 16297—1996 的要求，需要设置后备处理措施，多余的污泥气由燃烧塔燃烧处理。紧急情况下，整个系统内所有的污泥气进入燃烧塔燃烧处理，以避免因污泥气泄漏而导致的安全隐患。

燃烧塔接收到操作信息后，自动点燃，在污泥气没有传送到达燃烧塔时，燃烧塔的点燃是通过前期导入天然气或煤气实现的。通过燃烧塔底部的控制阀控制燃烧塔的温度，当阀门开启后，冷空气进入，从而达到降温的效果。由于污泥气中甲烷含量不稳定，为避免对装置造成损害，控制温度是必要的。燃烧系统的控制是通过设置在燃烧塔内的温度计和火焰探测器来实现的。当燃烧塔的温度高于 1100℃ 或低于 760℃ 时燃烧系统就会自动关闭，同时若火焰探测器没有探测到火焰，燃烧系统也会自动关闭。

设有燃烧塔 1 套，其设计原则是在 1h 内将所有的污泥气燃烧完。

燃烧塔主要参数：

气体类型：厌氧消化产生的污泥气；

成分：甲烷 46%～65%；

温度：40℃；

单套处理流量：1200m³/h；

燃烧温度：760～982℃；

燃烧率：98%～99%。

9. 污水处理系统设计

污水处理系统设计规模为 400m³/d，设计进出水水质如表 8-76 和表 8-77 所示。出水水质标准是根据环境影响报告书批复中《污水排入城镇下水道水质标准》GB/T 31962—2015 表 1 标准和泰州市城北污水处理厂纳管标准确定的。

泰州市污泥协同处理处置工程污水处理系统设计进水水质　　表 8-76

指标	指标值	指标	指标值
COD$_{Cr}$（mg/L）	40000	TN（mg/L）	3000
BOD$_5$（mg/L）	15000	NH$_3$-N（mg/L）	2300
SS（mg/L）	3000	pH	6～9

泰州市污泥协同处理处置工程污水处理系统设计出水水质　　表 8-77

指标	指标值	指标	指标值
COD$_{Cr}$（mg/L）	350	TN（mg/L）	45
BOD$_5$（mg/L）	300	pH	6～9
SS（mg/L）	250	总磷（mg/L）	2.5
NH$_3$-N（mg/L）	35	动植物油（mg/L）	100

针对厨余沼液水质情况，采用水解酸化＋MBR＋膜深度处理的处理工艺，确保水质达标排放。处理设施主要包括调节池、A/O生化反应池和污水膜处理车间，污水处理工艺流程如图 8-146 所示。

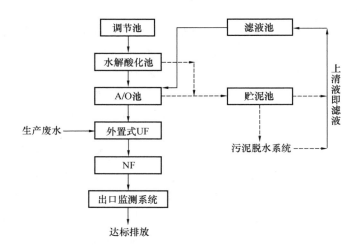

图 8-146　泰州市污泥协同处理处置工程污水处理工艺流程图

10. 臭气处理系统设计

1）臭气来源

臭气主要来源包括：

（1）污水处理水池液面散发的臭气；

（2）综合预处理车间、厨余预处理车间物料和空气接触非密封区域产生的臭气；

（3）厨余车转运和卸料过程中因落料和非密闭产生的臭气；

（4）预处理车间污水沟污水积留产生的臭气。

2）臭气控制措施

（1）优化交通组织，减少厂内环境污染。

设置专用的垃圾收集车辆进厂出入口，在确保进出物流畅通的条件下，尽量减少运输车辆通过的路径，减少运输过程车辆的污染。

（2）运输车辆和工艺设备密封，减少臭气外逸。

厨余垃圾采用统一的密闭式专用运输车辆运输，保证运输过程中的全密闭。

（3）车间合理分区，适当土建隔断、气流阻断，减少臭气外逸。

预处理车间合理分区和布置，通过集约化的布局对臭气进行集中控制和处理，避免臭气无组织排放。

预处理车间出入口处，通过双道门的设计，将车辆卸料集中在较小的空间，并形成负压，同时辅助于外道门的风幕系统，控制车辆进出时臭气的外逸，并将空间内的臭气集中收集，卸料空间的臭气按上述卸料过程中夏季的最不利环境进行设计，确保卸料环节臭气得到最大程度的有效收集。

（4）需除臭的污水水池均进行加盖，减少臭气外逸。

（5）车间内定时喷洒植物液，降低工作环境的臭气浓度。

为保护环卫工作人员身体健康，改善预处理车间室内空气品质，在车间浓度较高的卸料回转场地和卸料大厅设置植物提取液空间雾化喷淋设备，定时喷洒植物液，降低室内臭气浓度。

（6）合理设置臭气收集点，精心布置臭气收集系统，确保臭气处理系统在同等收集风量和投资下，最大程度降低车间内臭气浓度。

在预处理车间采用设备区域除臭密封加罩局部排风和臭气浓度较高区域全面排风相结合的排风系统，在车间臭气浓度较高区域合适位置设排风口收集臭气，保持车间各设备接触物料区域处于局部微负压状态，避免臭气外逸。

各需除臭的污水水池加盖后设收集管道，保持水池区域处于微负压状态。

（7）采用可靠的臭气处理工艺，确保除臭处理达标。

预处理车间选用 2 套处理能力为 55000m³/h 的化学洗涤＋生物滤池组合臭气处理系统，污泥处理系统选用 1 套处理能力为 9000m³/h 的生物滤池组合臭气处理系统，厂界满足《恶臭污染物排放标准》GB 14554—1993、《工业企业设计卫生标准》GBZ 1—2010 和《环境影响报告书》的要求。

8.14.4　工程特点

工程主要具有以下特点：

1）为国内首座建成运行的多种类有机质废物协同厌氧消化处理厂，处理对象包括餐饮垃圾、厨余垃圾、污水污泥、粪便和地沟油等，根据物料自身特性，餐饮垃圾和粪便经预处理后进入厌氧消化罐湿式运行，厨余垃圾和污水污泥经预处理后进入厌氧消化罐干式运行，多种有机物物料分质协同厌氧消化后，生化特性显著改善，有机负荷达到较高水平，为国内多种类有机质废物协同厌氧处理起到成功的示范作用。

2）采用先进高效、多元耦合、资源再生的处理工艺，针对项目中有机废物种类多、来源广的特点，餐饮垃圾采用螺旋破碎＋生物质分离＋螺压脱水的预处理工艺，厨余垃圾采用破碎＋磁选＋风选＋水解预处理＋生物质分离的预处理工艺，污水污泥、粪便则直接和厨余垃圾预处理后浆料均质后进行高效厌氧消化处理，产生的污泥气作为锅炉能源产蒸汽进行厂内供热，剩余部分热电联产并网。餐饮垃圾预处理产生的油脂和预处理后的地沟油厂内酯化制备润滑油和植物沥青再利用。

3）体现了集约化设计理念。设计以厌氧消化为核心，合理分区，充分运用竖向空间，布局紧凑，工艺流线、车辆流线、人员流线简洁顺畅。

4）尽显现代、高效的特点。主要建（构）筑物均沿厂区道路布置，整个建筑群体布置上整齐有序、总平面疏密合理。建筑形体上高低错落，体量之间穿插变化，重点突出。单体设计以规整的长方形为主，通过合理的总平面布局创造舒适的室内外环境，减少能耗和排放。

8.14.5　主要经济指标

项目一期工程总投资为 2.38 亿元，主要技术经济指标如表 8-78 所示。

指标	指标值	指标	指标值
总占地面积（m²）	45898.2	建筑系数（%）	30.5
建筑面积（m²）	16795	绿地率（%）	41.0
建（构）筑物占地面积（m²）	13998	生产总成本（万元/年）	5630.8
道路、场地铺砌面积（m²）	13080	处理总成本（元/t）	371.7
绿化面积（m²）	18820	经营成本（元/t）	309.8
容积率（%）	36.6	政府补贴价（元/t）	350.0

8.15　上海市海滨污泥处理处置工程

8.15.1　项目概况

根据最新的《上海市污水处理系统及污泥处理处置规划》，浦东新区南片属于杭州湾沿岸片区，规划范围包括浦东中部和南部临港新城以及奉贤区东南部的临港物流园区，服务面积为 760km²。浦东新区南片规划 2 座污水处理厂，规划远期（2035 年）污水处理设计规模为 75 万 m³/d，其中海滨污水处理厂远期规模为 40 万 m³/d，临港污水处理厂远期规模为 35 万 m³/d，片区内的污水处理厂污泥均集中到上海市海滨污泥处理处置工程进行处理处置。根据预测，到 2020 年片区内污水处理厂产生湿污泥量（含水率 80%）为 450t/d；2025 年为 619t/d；2035 年为 825t/d。按处理设施设计规模不低于污泥产量的 1.2 倍，确定上海市海滨污泥处理处置工程建设规模一期工程为 800t/d（含水率 80%），二期工程为 1200t/d（含水率 80%）。规划技术路线选择干化焚烧工艺。一期工程采用 EPC 形式于 2019 年 6 月开工，2021 年 8 月竣工验收后运行。

上海市海滨污泥处理处置工程是上海市中心城区继石洞口、白龙港、竹园之后的第四座大型污泥焚烧示范厂。与其他 3 座污泥焚烧厂类似，项目在执行服务片区污泥处理处置任务的同时还肩负着行业示范教育和技术推广的重任，为长三角地区和同行业发展提供全过程咨询管理和技术信息的平台，项目总体目标是融合生产、教育培训、技术研发等科技教育综合职能。

8.15.2　污泥处理工艺

污泥干化焚烧工艺采用涡轮薄层干化＋鼓泡式流化床焚烧技术，烟气处理采用静电除尘＋烟烟换热＋湿式洗涤＋布袋除尘工艺高效率去除污染物。因区域内工业企业废水排放，存在镍、汞等少量重金属超标，烟气处理技术在工艺流程、设备参数等系统设计上重点兼顾重金属污染物的控制。

污泥处理工艺流程起自脱水污泥卸料输送至污泥预干化单元，预干污泥泵送进入鼓泡式流化床焚烧炉，焚烧炉出口烟气利用空预器和余热锅炉实现热能的高效率回收，烟气处理达标后排放。污泥处理处置工艺流程如图 8-147 所示。

污泥焚烧采用鼓泡式流化床污泥专用焚烧炉系统，全球已有 100 多个采用鼓泡式流化

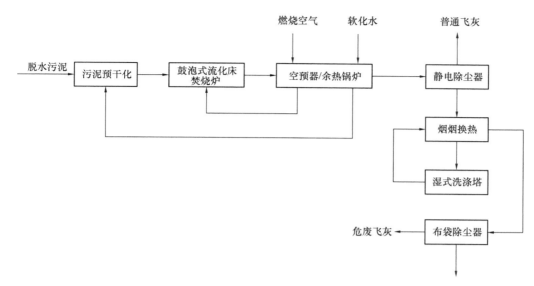

图 8-147 上海市海滨污泥处理处置工程污泥处理处置工艺流程图

床技术的单独污泥焚烧厂案例。鼓泡式流化床污泥专用焚烧炉通过预加热空气实现脱水污泥或预干污泥的直接焚烧，焚烧炉出口 850℃ 的热烟气通过空预器换热到 650℃，回收了近 1/3 的烟气能量，可以接受较低热值的污泥或含水率较高的污泥，降低污泥干化和输送的难度，保证干化的安全性，并且有利于氮氧化物的排放控制。系统尽可能以简单节能的预干化方式达到污泥的自持燃烧条件，污泥和补充燃料以喷嘴喷入炉膛并采用多点均匀进料；密相区进料结合悬浮段补充燃烧，燃烧均匀充分，可提高容积负荷，控制流化床区恰当且均匀的温度条件完成完全燃烧，从而避免局部过热形成炉渣。焚烧炉下方设置专用的高温风箱，接收高温预热空气；顶部设置穿顶式配气结构，实现烟气排放前的整流。启动燃烧器为设置在流化床下方的高温风箱，能实现快速启动，有利于短时间停炉后再启炉。悬浮段设计气速严格控制在 0.92～0.64m/s，有助于砂和烟气的分离，尽可能降低烟气中颗粒物的浓度。

污泥干化焚烧生产线主要包括污泥接收和贮存系统、污泥预干化系统、鼓泡式流化床焚烧炉系统、余热回收和热量补充系统、烟气处理系统、公共辅助系统。

1）污泥接收和贮存系统

污泥接收仓接收各污水处理厂送至污泥处理厂的车运或泵送脱水污泥，含固率为 18%～25%TS，湿污泥贮存池缓存脱水污泥，并向污泥预干化系统送料。

2）污泥预干化系统

污泥预干化系统通过涡轮薄层干化机按设定目标调整污泥入炉含固率，于半干污泥仓暂存并压力泵送至焚烧炉。污泥干化冷凝器利用再生水或循环冷却水冷却干化产生的废汽，冷凝污水经废液池合并送至海滨污水处理厂，经扩建工程沉砂池后进入污水处理主流程。干化不凝气体送入焚烧炉悬浮段彻底氧化分解，有效促进氮氧化物排放控制。

3）鼓泡式流化床焚烧炉系统

鼓泡式流化床焚烧炉系统包括焚烧炉、启动燃烧器、辅助燃烧器、流化风机、二次风抽风机、燃气和各种介质管路及阀门仪表等。半干污泥仓内污泥通过高压柱塞泵以管道输送方式向鼓泡式流化床焚烧炉连续稳定送料，在设定温度 850～1000℃下完成污泥的彻底氧化分解。启动燃烧器和辅助燃烧器用于启动焚烧炉或在焚烧过程中热值不足时补充燃料。一次风系统设置流化风机向焚烧炉提供流化和助燃空气，预干化产生的不凝气体作为二次风进入炉焚烧。

4) 余热回收和热量补充系统

余热回收和热量补充系统包括空预器和余热锅炉。空预器利用高温烟气对流化空气进行预热，根据进料负荷和热值等工况变化调节预热温度。余热锅炉回收烟气余热并产生蒸汽用于污泥的预干化，锅炉水回收蒸汽凝结水、补充软化水，并向锅炉提供处理后的软化水。

当进料因负荷或泥质因素造成入炉总热值不足时，补充天然气至焚烧炉的悬浮段，用于维持相对恒定的燃烧温度保证烟气达标排放。

5) 烟气处理系统

烟气处理系统的静电除尘器对烟气进行初级除尘，产生的普通飞灰气力输送至灰贮仓。烟烟换热利用静电除尘后的中温烟气和经过湿式洗涤后的低温烟气换热，实现烟气进入布袋除尘器之前的升温。湿式洗涤塔对烟气降温至饱和温度以下，并通过投加 NaOH 溶液吸收烟气中的酸性气体。湿式洗涤塔产生的无机污水排放至废液池汇集后送回海滨污水处理厂污水处理主流程。烟气在进入布袋除尘器前注入粉末活性炭和消石灰粉，吸附烟气中的汞和二噁英等气态污染物。布袋除尘器截留反应副产物和烟气中残余的药剂形成粉尘状危废飞灰。烟气处理排放执行上海市地方标准《生活垃圾焚烧大气污染物排放标准》DB31/768—2013。

6) 公共辅助系统

公共辅助系统包括压缩空气供应、冷却水供应、除臭系统、飞灰预处理、污水处理、雨水排水与供配电设施等，共同组成完整的工艺流程。生产冷却水和污水处理、雨水排水与海滨污水处理厂充分结合实现生态友好、环境和谐的共生系统。

8.15.3　主要工程设计

上海市海滨污泥处理处置一期工程设计规模为 800t/d，远期设计规模为 1200t/d。总图布置预留远期扩建工程用地，工程设计按一期工程规模的干化焚烧工艺进行。

生产线设计应连续运行，全量处理所产生的污水污泥。然而，按计划停机维修期间其连续运行会受到影响，由于输入故障或其他性能异常也会导致计划外的停机，这些情况均须纳入系统设计统筹考虑。

为保障生产线全年有效运行并兼顾生产线年停机维护保养时间，系统设计连续生产时间按年运行不少于 7500h 计，高峰设施能力按设计规模的 1.3 倍计。

1. 工程规模

一期工程设计规模为 800t/d，远期设计规模为 1200t/d。

挥发性固体 VS 平均含量：≥50%；

污泥有机质平均热值：≥20.93MJ/kgVS；

低质干基高位热值：10.5 MJ/kgTS（2020 年）；

中期干基高位热值：11.7 MJ/kgTS（2029—2030 年）；

13.0MJ/kgTS（2039—2040 年）；

远期干基高位热值：14.2MJ/kgTS（2049—2050 年）。

2. 总体设计

工程选址原状为待开发的吹填海滩地。根据各建（构）筑物具体功能的不同，同时结合地块特点，将污泥处理厂划分为三个功能区，即厂前区（包括消防水池和回用水池）、污泥干化焚烧区和远期预留用地等。根据工艺流程和上海地区主导风向，将污泥干化焚烧区设于厂区西北侧，厂前区位于厂区东侧靠近东海大道方向。主出入口位于东海大道。根据专项规划，地块用地面积为 4.67hm²，主要用地指标如表 8-79 所示。

上海市海滨污泥处理处置工程用地指标一览表　　　　表 8-79

项目	占地面积	占地率（%）
总用地面积	4.67hm²	100
建（构）筑物占地面积	1.71hm²	36.6
道路、广场占地面积	1.44hm²	30.8
总绿化面积（远期预留用地近期绿化、屋顶绿化）	1.52hm²	32.6
围墙长	1310m	

一期工程建设污泥干化焚烧车间、35kV 变电所、飞灰预处理车间、2 号变电所、综合楼、门卫、消防和回用水池、雨水泵井、地磅、进厂自动伸缩门、进泥自动伸缩门、进厂平开大门等。靠近西侧大堤为今后预留的污泥专用大门，作为永久性污泥车辆运输通道使用。总体建筑设计按照简洁现代的去工业化风格，厂区绿化和建筑小品布局保持相同的设计风格。总体建筑景观作为区域发展引领示范，今后污水处理厂改扩建将沿用污泥处理厂的建筑和景观风貌进行后续统一匹配改造。总平面布置如图 8-148 所示。

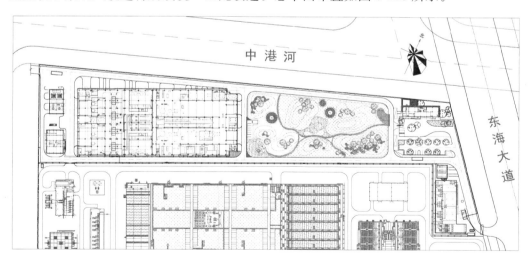

图 8-148　上海市海滨污泥处理处置工程总平面布置图

污泥干化焚烧车间工艺流程和总图平面布置一致。厂区西侧是污泥进料地磅、飞灰预处理车间、高压配电用房等，中部是一期工程的污泥干化焚烧车间，今后扩建的污泥干化焚烧车间位于一期工程污泥干化焚烧车间的东侧，靠近东海大道一侧是厂前区，有综合楼、冷却水和消防水单元、雨水泵房和厂前区配套的变电所等。污泥干化焚烧车间的西侧是污泥进料卸料大厅和卸料站，车间自西向东依次布置有湿污泥贮存池、污泥干化焚烧MCC控制室、干化焚烧生产线等，干化焚烧生产线的配套设施分别布置在中间和南北两侧，北侧是石英砂和药剂、普通飞灰收集为主的配套设施，南侧是辅助锅炉和软化水系统等。中间部位底层是焚烧用的流化风机房，二层和三层分别是操作人员办公用房和展示空间，以及少量的生产配套设施，如锅炉水监测、ID 风机房等。污泥干化焚烧车间平面布局如图 8-149 所示。

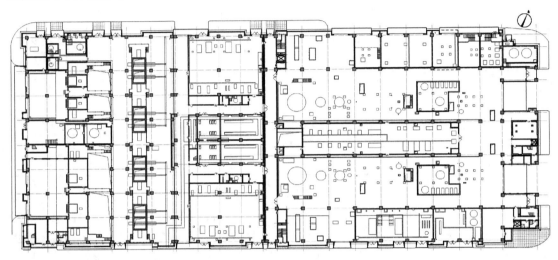

图 8-149   上海市海滨污泥处理处置工程污泥干化焚烧车间平面布置图

从污泥干化焚烧车间南侧看车间的外立面如图 8-150 所示。自左至右分别是污泥卸料站和湿污泥贮存池、污泥干化部分、污泥焚烧和烟气生产线、尾气烟囱等。污泥焚烧和烟气生产线单层布置，辅助设施在三层，屋面、墙板、楼梯等均采用装配式建筑构件，缩短施工周期、提升景观效果，建筑立面简洁整齐。污泥干化焚烧生产线所需要的大量电缆和给水排水管道布置在车间下方的地下管廊内，与湿热的车间内部环境隔离，方便检修安装和日常巡视。

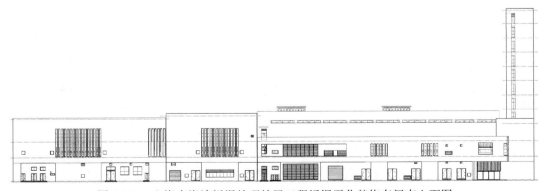

图 8-150   上海市海滨污泥处理处置工程污泥干化焚烧车间南立面图

3. 高程设计和脱水污泥进料

综合考虑工艺系统要求和现场实际情况，区域规划道路和河道实施滞后，现状道路防汛大堤一般高于规划地块标高。结合污泥处理厂建成后的运行便利，厂区地坪设计标高和厂外规划道路一致，规划厂区地块标高定为 4.8m，建筑室内地坪标高为 5.1m。烟囱高度为 60m，除臭尾气烟囱高度为 28m，即高于车间最高处 3m 以上。

项目建成初期海滨污水处理厂、临港污水处理厂的脱水污泥采用车运运送到地下污泥接收仓，污泥从接收仓泵入湿污泥贮存池，再通过螺杆泵泵送至干化系统干化，半干污泥利用柱塞泵送入焚烧炉焚烧。

海滨污水处理厂扩建工程实施后，将全厂污泥包括现状和扩建工程总计为 40 万 m³/d 的污水污泥一并泵送至干化焚烧车间的地下污泥接收仓。污泥卸料站设计和污水处理厂扩建工程的脱水污泥泵送衔接匹配。

4. 能量物料平衡

主要工程设计参数：

污泥设计负荷：160tTS/d（干固体）；

处理总量：58400tTS/年（365d/年）；

脱水污泥设计含固率：18%～25%TS（平均含固率20%TS）。

一期工程设计规模为 800t/d，设置 2 条生产线，采用涡轮薄层干化机和鼓泡式流化床焚烧炉。设计采用焚烧的烟气余热热能回收于干化污泥。待干化的污泥含水率为 80%，经能量物料平衡计算，确定干化后污泥含固率应在 30%～38%TS，干化段蒸发量指标为 730～800kcal/kgH$_2$O。干化焚烧系统设计按照 30 年全寿命周期进行测算，根据实际泥质检测结果结合上海地区污泥干化焚烧系统进料干基热值变化规律，即 10 年左右上升 1256kJ/kg 推算，2020 年干基热值为 10.5 MJ/kg，2030 年干基热值为 11.7MJ/kg，2040 年干基热值为 13.0MJ/kg，2050 年干基热值达到 14.2MJ/kg。以 1t/h 含水率 80% 的脱水污泥进料模拟计算，污泥干化焚烧系统热能平衡测算如表 8-80 所示。

上海市海滨污泥处理处置工程污泥干化焚烧系统热能平衡测算表 表 8-80

项目	2020 年（基准年）	2030 年	2040 年	2050 年
污泥进料量（t/h）	1	1	1	1
进料污泥含水率（%）	80	80	80	80
干化后污泥含固率（%TS）	38	35	32.5	30
污泥干基热值（MJ/kg）	10.5	11.7	13.0	14.2
焚烧系统自热平衡（MJ/kg）	4.20	4.32	4.40	4.50
污泥干化段热能消耗（kW）	398	369	338	300
干污泥可利用余热（kW）	230	258	285	313
余热锅炉效率（%）	80	80	80	80
烟气再加热（kW）	0	0	0	0
外部补充净热量（kW）	214	162	110	50
补充天然气（Nm³/h）	22.5	17.1	11.6	5.2

计算结果即按照 2020 年至 2050 年之间假定污泥的热值变化导致的系统补充天然气的数值。上海地区使用的新疆天然气热值一般在 36～40MJ，东海天然气热值为 42MJ。总体评估污泥干化焚烧采用薄层干化机和鼓泡式流化床焚烧炉今后运行期间的单位脱水污泥天然气消耗量预计在 12～30Nm³/t 范围变化。用于成本测算的取值假定按照 30 年的计算期，运行 15 年作为平均计算的取值，成本测算天然气补充约为 15Nm³/t。

按照污泥处理规模为 160tTS/d、含固率 20％TS 的污水处理厂污泥，干化后污泥含固率 38％TS 进行计算。运行年测算关键参数：

干化机进泥：33.3t/h（平均 20％TS）；

干化机出泥：17.5t/h（38％TS）；

干化蒸汽输入：24.5t/h（0.9MPa@180℃）；

焚烧炉风量：32500 Nm³/h；

焚烧烟气流量：56500 Nm³/h。

5. 主要工艺设计

全厂与工艺有关的消防和冷却水、飞灰预处理、35kV 高压供电、2 号配电间、雨水排放等公用辅助设施分别单独建设，干化焚烧生产线自脱水污泥进料至尾气烟囱排放均布置在一座干化焚烧车间内。干化焚烧车间分为污泥接收贮存间、污泥干化机房、污泥焚烧车间三大部分。

污泥接收贮存间平面尺寸为 54.1m×87.7m，包括 2 座 40m³ 地下污泥接收仓、2 座 100m³ 地下污泥接收仓、8 座 100m³ 湿污泥贮存池和除臭车间等。

污泥干化机房平面尺寸为 78.2m×25.7m，设置 8 套干化机、4 套半干污泥仓和柱塞泵泵送系统。

污泥焚烧车间平面尺寸为 94.2m×78.7m，设置 2 条焚烧线，包括焚烧炉、烟气处理、余热回收和蒸汽循环设施等。

一期工程生产线设置 8 套干化机＋2 套焚烧炉和热回收系统＋2 条烟气处理线。

1) 污泥接收贮存设计

（1）接收和贮存系统设计参数

污泥干固体量：160tTS/d；

进泥含固率：20％TS；

进泥量：38.9t/h；

地下污泥接收仓数量及规模：2 座 40m³＋2 座 100m³；

湿污泥贮存池数量及规模：8 座 100m³；

地磅数量：2 台套。

（2）地磅称量装置设计参数

量程：0～60t；

分度值：20kg；

称台尺寸：15m×3.4m；

功率：0.05kW；

静态精度：中准确度（Ⅲ）。

每一处地磅房和门卫值班室合建，设专用管理用房。

（3）40m³污泥接收仓设计参数

数量：2座；

单体有效容积：40m³；

材料：混凝土。

破拱滑架：

数量：2套；

驱动方式：液压；

尺寸：4m×4m。

污泥螺杆泵：

数量：4套；

单机额定能力：10m³/h；

驱动方式：液压；

输送压力：1.6MPa。

（4）100m³污泥接收仓设计参数

数量：2座；

单体有效容积：100m³；

材料：混凝土。

破拱滑架：

数量：2套；

驱动方式：液压；

尺寸：10m×4m。

污泥螺杆泵：

数量：4套；

单机额定能力：10m³/h；

驱动方式：液压；

输送压力：1.6MPa。

（5）湿污泥贮存池设计参数

数量：8座；

单池有效容积：100m³；

尺寸：4.0m×4.0m；

有效高度：7.0m。

湿污泥贮存池传输泵：

数量：8套；

类型：螺杆；

单机最大流量：10m³/h；

驱动方式：电动；

输送压力：2.4MPa；

功率：37kW。

2）干化工艺设计

干化工艺设计须考虑干化机蒸发能力、干化技术成熟性、系统运行可靠性等多种因素。因污泥中无机颗粒对干化机的磨损，干化机需经常性检修，因此干化系统设计需重点考虑干化机冗余备用确保不会因干化影响焚烧线工作。

干化系统按进料污泥含水率80％设计，出泥含固率为30％～38％TS；实际最佳工况因进料负荷、热值、含砂量不同会有少量漂移，须在调试和试运行阶段摸索经验再明确提供给操作管理人员准确可控的操作范围。

设计2条工艺生产线，单线干化机总蒸发能力约为19.5t/h，单线设置4台干化机，每台干化机蒸发能力约为4.9t/h。

污泥干化系统设计参数：

污泥干固体量：160tTS/d；

进泥含固率：20％TS；

进泥量：39t/h；

出泥含固率：38％TS（30％～38％TS可调）；

出泥量：17.5t/h；

蒸汽输入：11.7t/h（0.9MPa@180℃）；

污泥蒸发水汽：21.5t/h（0.1MPa@100℃）；

干化机数量：8台；

单线蒸发量：2688kg/h（最大）；

最大蒸发能力：2.7t/h；

冷凝液化器数量：4套；

冷凝液化器额定换热能力：2500kW；

冷却水类型：再生水；

不凝气风机数量：4套；

不凝气风机流量：400m³/h；

不凝气风机扬程：5kPa；

不凝气风机功率：5.5kW。

3）焚烧工艺设计

考虑到投资和维护费用的经济性，设计选用鼓泡式流化床焚烧炉。

污泥焚烧系统基本设计参数：

处理量：58400tTS/年；

运行时间：7500h/年；

处理能力：7.8tTS/h。

焚烧炉应全天候安全地处理所有来自污水处理厂的污泥，但是焚烧炉每年需要进行正常的停炉检修，一般停炉检修周期约为1～2个月。若采用1条焚烧线，则在焚烧炉停炉检修期间所有污泥将得不到焚烧处理，即使干化机正常工作，干化污泥需要很大的贮存空间；焚烧炉恢复工作后，完全消纳停炉期间产生的干化污泥需要很长时间。若采用2条焚烧线，则 2 条线可以轮换检修，单条焚烧线的检修时间不宜超过 3 个月，并且可以选择错峰检修，即仅在污泥产量的低谷期进行检修。工程选择 2 座焚烧炉，并要求其能够在单条生产线高峰时处理全部脱水污泥，长时间停炉检修时则利用现有的深度脱水设施，深度脱水掺烧或填埋处置。

污泥焚烧系统主要设计参数：

进泥含固率：$38\%TS$；

进泥量：$17.5t/h$；

净热值：约 $4.2MJ/kg$；

供气量：$17568m^3/h$；

烟气流量：$27275m^3/h$；

焚烧炉出口温度：$850℃/950℃$（最小/最大）；

垃圾焚烧蒸汽接入温度：预估 $180℃$；

蒸汽需求量（$0.9MPa@180℃$）：$11.7t/h$；

焚烧线数量：2 条；

砂贮存罐数量及规模：1 座，$30m^3$；

鼓泡式流化床焚烧炉数量：2 套；

鼓泡式流化床焚烧炉热负荷能力：$20MW$；

鼓泡式流化床焚烧炉燃烧室内直径：$4.66m$；

半干污泥进料泵数量：4 套（柱塞泵）；

半干污泥进料泵进料量：$10m^3/h$；

半干污泥进料泵功率：$75kW$；

流化风机数量：2 套；

流化风机风量：$23000m^3/h$；

流化风机功率：$350kW$；

余热锅炉数量：2 套；

余热锅炉压力：$1.0MPa$；

余热锅炉温度：$220℃$；

余热锅炉蒸汽产量：$12t/h$。

4）烟气处理工艺设计

烟气处理工艺一般和焚烧线协调配置，如 2 条焚烧线采用 1 条烟气处理线，则设备体积较大，运行时会产生烟气量的波动，自动控制较难，不利于烟气处理稳妥达标。因此烟气处理线规格数量保持和焚烧线配置一致。

烟气处理系统设计参数：

反应器进口烟气量：$62540m^3/h$；

反应器进口温度：$220℃$；

循环冷却水量：$422m^3/h$；

苛性钠溶液投加量：$801kg/h$；

活性炭投加量：$8kg/h$；

消石灰投加量：24kg/h；

袋式过滤器进、出口烟气量：28105kg/h、28095kg/h；

袋式过滤器出口温度：120℃；

灰分贮存罐数量及规模：2座，160m³；

活性炭贮存罐数量及规模：1座，5m³；

消石灰贮存罐数量及规模：1座，10m³；

苛性钠贮存罐数量及规模：2座，60m³；

湿式洗涤塔数量：2套；

烟囱数量及尺寸：2×1210m，1座，$H=60m$；

干式静电除尘器数量：2套；

干式静电除尘器处理烟气量：49000m³/h；

烟气急冷器数量：2套；

烟气急冷器处理烟气量：49000m³/h；

布袋除尘器数量：2套；

布袋除尘器处理烟气量：52000m³/h；

碱洗塔数量：2套；

碱洗塔风量：44000m³/h；

碱洗塔循环水量：150m³/h（第一级）；

250m³/h（第二级）；

引风机数量：2套；

引风机总风量：54000m³/h；

引风机单机功率：315kW。

5）除臭系统设计

自污泥卸料至污泥入炉焚烧等生产区域产生的臭气分高浓度臭气和低浓度臭气两类。高浓度臭气包括污泥接收仓和湿污泥贮存池的臭气、薄层干化机尾气不凝气体和半干污泥料仓臭气等。低浓度臭气主要是污泥卸料站上部空间和卸料作业大厅、废液池、灰渣间等空间的臭气，经计算约为30000m³/h，低浓度臭气收集后送至低浓度臭气处理系统。

正常生产期间，高浓度臭气由抽气风机收集后直接输送至污泥焚烧炉焚烧处置。应急状态如生产负荷与臭气负荷不匹配的工况，高浓度臭气送至专用化学除臭系统处理后再和低浓度臭气合并处理。

高浓度臭气应急处理系统处理风量为35000m³/h，采用酸洗＋碱洗＋次氯酸钠组合化学洗涤方式预处理，化学预处理后接入低浓度臭气处理系统处理；低浓度臭气处理系统总规模为70000m³/h（含高浓度臭气35000m³/h），采用生物滤池＋活性炭滤池组合工艺，处理后经28m高烟囱排放。

6）飞灰预处理设计

污泥经2条焚烧线焚烧后由静电除尘产生的普通飞灰约为64t/d，静电除尘产生的普通飞灰外运生产水泥。一期工程布袋除尘产生的危废飞灰约为1.92t/d，布袋除尘产生的危废飞灰按远期 3 条焚烧线总量约为 2.88t/d。考虑设计危废飞灰螯合预处理设施规模为 5t/h。危废飞灰在污泥焚烧厂内飞灰预处理车间完成预处理装袋后外运至危废填埋场进行填埋处置。

8.15.4　主要经济指标

上海市海滨污泥处理处置工程于 2019 年 6 月开工，2020 年 12 月底实现一条线点火调试，2021 年 8 月完成性能测试后移交生产运行单位。项目总投资 11.5 亿元，直接工程投资约 10 亿元。满负荷生产单位脱水污泥运行成本约为 506 元/t。2021 年正式移交生产后在单线 60％左右负荷生产工况实现接近自热平衡焚烧，单位脱水污泥补充天然气最佳工况能控制实现 $8 \sim 15 \mathrm{Nm}^3/\mathrm{t}$。

参 考 文 献

[1] 王磊. 我国重点流域城市污水处理厂污泥产率调研[J]. 中国给水排水，2018，34(14)：23-27.

[2] 王磊. 城市污水厂污泥产率季节变化与影响因素分析[J]. 净水技术，2018，37(6)：36-40.

[3] 戴晓虎，张辰，章林伟，等. 碳中和背景下污泥处理处置与资源化发展方向思考[J]. 给水排水，2021，47(3)：1-5.

[4] 杭世珺，傅涛，戴晓虎，等. 技术路线没有走通，产业没有融通，政策缺乏贯通 污泥出路困境如何破？[J]. 环境经济，2019(2)：34-39.

[5] 胡维杰. 我国污水处理厂污泥处理处置需关注的若干内容[J]. 给水排水，2019，45(3)：35-41.

[6] 张辰，段妮娜，张莹，等. 污水处理厂污泥独立焚烧工艺路线及适用性解析[J]. 给水排水，2021，47(1)：41-48.

[7] 胡维杰. 城镇污水污泥燃煤电厂协同焚烧技术解析[J]. 中国给水排水，2021，37(8)：24-31.

[8] 陈祥，徐福银，包兵，等. 污泥处理产物和产品园林利用的分析[J]. 给水排水，2017，43(6)：41-44.

[9] 中华人民共和国住房和城乡建设部. 室外排水设计标准：GB 50014—2021[S]. 北京：中国计划出版社，2021.

[10] 中华人民共和国住房和城乡建设部. 城镇污水处理厂污泥处理处置技术指南（试行）[M]. 北京：中国建筑工业出版社，2012.

[11] 段妮娜，王逸贤，王磊，等. 我国污泥处理处置主流技术路线的发展概况及制约因素[J]. 城市道桥与防洪，2019(11)：86-89，13.

[12] 张辰，段妮娜，张莹，等. 污水处理厂污泥独立焚烧工艺路线及适用性解析[J]. 给水排水，2021，47(1)：41-48.

[13] 曹晓哲，林莉峰，胡维杰. 碳中和背景下污泥干化焚烧工程的热平衡和节能降耗研究[J]. 给水排水，2022，48(7)：51-56.

[14] 谭学军，王磊. 我国重点流域典型污水厂污泥处理处置方式调研与分析[J]. 给水排水，2022，48(14)：1-8.

[15] 住房城乡建设部工程质量安全监管司. 市政公用工程设计文件编制深度规定[M]. 北京：中国建筑工业出版社，2013.

[16] 高廷耀，顾国维，周琪. 水污染控制工程：下册[M]. 第4版. 北京：高等教育出版社，2015.

[17] 张自杰. 排水工程：下册[M]. 北京：中国建筑工业出版社，2015.

[18] 中华人民共和国生态环境部. 城镇污水处理厂污泥处理处置污染防治最佳可行技术指南（试行）[EB/OL]. （2010-03-01）[2022-06-01]. https://www. mee. gov. cn/gkml/hbb/bgg/201003/W0201003 10402829058583. pdf.

[19] 王洪臣. 我国污水处理业的发展历程与未来展望[J]. 环境保护，2012(15)：19-22.

[20] WU B，WANG H，LI W，et al. Influential mechanism of water occurrence states of waste-activated sludge：Potential linkage between water-holding capacity and molecular compositions of EPS[J]. Water research，2022，213：118169.

[21] 张辰，孙晓，王恩顺，等. 无接种污泥的厌氧消化系统启动策略研究[J]. 中国给水排水，2011，27(13)：12-15.

[22]　段妮娜，董滨，戴翎翎，等. 有机固体废弃物高含固厌氧消化的研究与应用[J]. 环境工程，2016（9）：119-124.

[23]　胡维杰. 污水厂污泥消化处理系统关键的几个技术问题[J]. 中国市政工程，2013（6）：55-57，105.

[24]　DAI X H，GAI X，DONG B. Rheology evolution of sludge through high-solid anaerobic digestion[J]. Bioresource technology，2014，174：6-10.

[25]　胡维杰，邱凤翔，卢骏营. 白龙港污泥厌氧消化对干化焚烧的影响研究[J]. 中国给水排水，2019，35(14)：32-35.

[26]　刘洪涛，郑海霞，陈俊，等. 城镇污水处理厂污泥处理处置工艺生命周期评价[J]. 中国给水排水，2013，29(6)：11-13.

[27]　张辰，胡维杰，生骏. 上海市白龙港污水处理厂污泥厌氧消化工程设计[J]. 给水排水，2010，36(10)：9-11.

[28]　陈俊，陈同斌，高定，等. 城市污泥好氧发酵处理技术现状与对策[J]. 中国给水排水，2012，28(11)：105-108.

[29]　李姝娟，李振远. 国内外污泥堆肥化技术研究[J]. 再生资源与循环经济，2011，4(6)：42-44.

[30]　梅晓洁，唐建国，张悦. 城镇污水处理厂污泥稳定化处理产物转化机理及可利用价值揭示[J]. 给水排水，2018，44(11)：11-19.

[31]　张辰，王逸贤，谭学军，等. 城镇污水处理厂污泥处理稳定标准研究[J]. 给水排水，2017，43(9)：137-140.

[32]　WEI L. Methods，mechanisms，models and tail gas emissions of convective drying in sludge：A review[J]. Science of the total environment，2022，845：157376.

[33]　钱柯贞，陈德珍，段妮娜，等. 城市污水污泥干化-焚烧系统热力分析[J]. 热力发电，2022，51(5)：48-54.

[34]　FOLADORI P，ANDTEOTTOLA G，ZIGLIO G. Sludge reduction technologies in wastewater treatment plants[M]. IWA，2010.

[35]　胡维杰，邱凤翔，卢骏营. 上海市白龙港污泥干化焚烧工程工艺设计与思考[J]. 中国给水排水，2019，35(4)：54-58.

[36]　郝晓地，陈奇，李季，等. 污泥干化焚烧乃污泥处理/处置终极方式[J]. 中国给水排水，2019，35(4)：35-42.

[37]　胡维杰，周友飞. 城镇污水处理厂污泥单独焚烧工艺机理研究[J]. 中国给水排水，2019，35(10)：15-20.

[38]　王刚. 国内外污泥处理处置技术现状与发展趋势[J]. 环境工程，2013，31(Sup1)：530-533，593.

[39]　李辉，吴晓芙，蒋龙波，等. 城市污泥焚烧工艺研究进展[J]. 环境工程，2014，32(6)：88-92.

[40]　王飞，张盛，王丽花. 燃煤耦合污泥焚烧发电技术研究进展[J]. 洁净煤技术，2022，28(3)：82-94.

[41]　胡维杰. 城镇污水污泥燃煤电厂协同焚烧技术解析[J]. 中国给水排水，2021，37(8)：24-31.

[42]　乔旭. 垃圾焚烧厂协同焚烧污泥的工艺研究[J]. 中国资源综合利用，2022，40(5)：70-73.

[43]　杭世珺，关春雨，戴晓虎，等. 污泥水泥窑协同处置现状与展望(上)[J]. 给水排水，2019，45(4)：39-43，49.

[44]　杭世珺，关春雨，戴晓虎，等. 污泥水泥窑协同处置现状与展望(下)[J]. 给水排水，2019，45(5)：41-45.

[45]　中华人民共和国住房和城乡建设部，中华人民共和国生态环境部，中华人民共和国科技部. 城镇污水处理厂污泥处理处置及污染防治技术政策(试行)[EB/OL]. (2009-02-18)[2022-06-01]. https：//www. mee. gov. cn/ywgz/fgbz/bz/bzwb/wrfzjszc/200903/t20090303_134820. shtml.

[46]　中华人民共和国住房和城乡建设部，中华人民共和国国家发展和改革委员会. 城镇污水处理厂污

泥处理处置技术指南（试行）［M］. 北京：中国建筑工业出版社，2012.

［47］ 国务院. 水污染防治行动计划（水十条）［EB/OL］.（2015-04-16）［2022-06-01］. https：//wenku. baidu. com/view/556cb6af87868762caaedd3383c4bb4cf7ecb76c. html.

［48］ 上海市规划和国土资源管理局. 上海市城市总体规划（2017-2035 年）［EB/OL］.（2017-12-15）［2022-06-01］. https://ghzyj. sh. gov. cn/cmsres/1c/1c3ad7e8ebf5486c898c02f06616fb8c/1bc3674ead17e0e475 c5f1a3b 5982ead. pdf

［49］ 江苏省人民政府. "两减六治三提升"专项行动方案［EB/OL］.（2016-12-01）［2022-06-01］. http:// www. szwz. gov. cn/wzqdoc/szwz/uploadfile/8f556050-1975-404d-86ca-9f25e3f2e6eafd321974-89cd-4d6e-9e70-164235097e63. pdf

［50］ German Environmental Agency. Sewage sludge disposal in the federal republic of Germany［M］. 2018.

［51］ 日本下水道协会. 下水道施设计画·设计指针及解说（2019 年版）［M］. 2019.

［52］ 国家污泥处理处置产业技术创新战略联盟专家委员会. 注重资源利用的污泥处理处置工程实践 ［J］. 给水排水，2014，40（4）：11-16.

［53］ 陈海，王玥，刘东海. 大连市夏家河污泥处理厂的工艺设计与运行经验［J］. 中国给水排水，2010，26（12）：42-45.

［54］ 李霞，李国金，郭淑琴，等. 郑州王新庄污水处理厂污泥消化系统设计与运行［J］. 给水排水，2007，33（7）：13-16.

［55］ 蒋玲燕，杨彩凤，胡启源，等. 白龙港污水处理厂污泥厌氧消化系统的运行分析［J］. 中国给水排水，2013，29（9）：33-37.

［56］ 王福浩，李慧博，陈晓华. 青岛麦岛污水处理厂的污泥中温消化和热电联产［J］. 中国给水排水，2012，28（2）：49-51.

城镇污水污泥处理处置工程规划与设计